普通高等教育"十三五"土木工程系列规划教材

现代高层建筑施工

主　编　刘宏伟
副主编　李　隽
参　编　朱　华　　金芳芳　　张荣兰

机械工业出版社

本书按照现行规范编写。全书除绪论外分为 11 章，主要介绍了高层建筑施工的一般规律、工程问题及关键施工技术。内容包括绪论、高层建筑施工测量、高层建筑深基坑工程、大体积混凝土施工、高层建筑施工用垂直运输机械、高层建筑施工用脚手架、高层混凝土结构建筑施工、高层钢结构建筑施工、高层建筑装饰工程施工、高层建筑施工质量和施工安全控制、装配式建筑施工、建筑业信息化及 BIM 技术应用等。

本书注重理论与实践的结合，重要章节内容都有典型工程案例作为支撑，特别增加了高层建筑施工质量安全控制、装配式建筑施工、建筑业信息化及 BIM 技术应用等内容。每章章前设有"教学提示"和"教学要求"，方便教学。

本书可作为高等院校土木工程、工程管理、工程造价、房地产开发与管理、建筑电气与智能化、建筑学等相关专业的本科教材，也可作为同类专业专科和成人教育教材，还可作为从事土建类工程技术及管理工作的相关人员的参考书。

本书配有 PPT 电子课件，免费提供给选用本书作为教材的授课教师，需要者请登录机械工业出版社教育服务网（www.cmpedu.com）注册，免费下载。

图书在版编目（CIP）数据

现代高层建筑施工/刘宏伟主编. —北京：机械工业出版社，2019.9
普通高等教育"十三五"土木工程系列规划教材
ISBN 978-7-111-63357-0

Ⅰ.①现… Ⅱ.①刘… Ⅲ.①高层建筑-建筑施工-高等学校-教材
Ⅳ.①TU974

中国版本图书馆 CIP 数据核字（2019）第 165792 号

机械工业出版社（北京市百万庄大街 22 号　邮政编码 100037）
策划编辑：刘　涛　责任编辑：刘　涛　高凤春　刘丽敏
责任校对：李　杉　封面设计：张　静
责任印制：孙　炜
保定市中画美凯印刷有限公司印刷
2019 年 10 月第 1 版第 1 次印刷
184mm×260mm · 18.75 印张 · 501 千字
标准书号：ISBN 978-7-111-63357-0
定价：48.00 元

电话服务　　　　　　　　　　网络服务
客服电话：010-88361066　　机　工　官　网：www.cmpbook.com
　　　　　010-88379833　　机　工　官　博：weibo.com/cmp1952
　　　　　010-68326294　　金　书　网：www.golden-book.com
封底无防伪标均为盗版　　机工教育服务网：www.cmpedu.com

前　言

　　"现代高层建筑施工"是土木工程、工程管理、工程造价、房地产开发与管理以及建筑电气与智能化、建筑学等相关专业的一门专业课程。本书结合现代高层建筑的结构形式和技术发展，系统地介绍了高层建筑施工测量、深基坑工程、大体积混凝土施工、垂直运输机械、脚手架及新型脚手架体系、装饰工程以及高层钢结构建筑和高层混凝土结构建筑施工（包括常用工艺、适用条件、技术方法），以及高层建筑施工新技术、新工艺、新方法、新政策。为契合现代高层建筑发展趋势和我国建筑业发展的政策导向，本书特别增加了高层建筑施工质量安全控制、装配式建筑施工、建筑业信息化及 BIM 技术应用等内容。

　　现代高层建筑施工涉及内容广泛，技术系统复杂，本书由理论知识丰富同时具备很强的工程实践能力的教师编写，突出了以下特点：注重介绍现代高层建筑施工新理论、新技术、新工艺、新设备及新方法的应用；按照现代高层建筑的特点，对施工全过程相关知识进行系统分析，条理清晰，逻辑性强，重点内容结合工程案例分析；注重学生独立思考能力和分析解决问题能力的培养；较同类教材增加了施工质量安全控制、装配式建筑施工、建筑业信息化及 BIM 技术应用等内容。另外，书中相关内容依据最新规范和行业标准编写。

　　本书编写分工如下：高层建筑施工测量的内容由金芳芳编写；高层建筑深基坑工程的内容由张荣兰编写；大体积混凝土施工、高层建筑施工用脚手架、高层建筑施工用垂直运输机械、高层混凝土结构建筑施工的内容由李隽编写；高层钢结构建筑施工的内容由朱华编写；绪论、高层建筑装饰工程施工、高层建筑施工质量安全控制、装配式建筑施工、建筑业信息化及 BIM 技术应用的内容由刘宏伟编写。全书由刘宏伟、李隽负责统稿和校核。本书获得江苏省高校品牌专业建设工程及盐城工学院教材基金资助出版。

编　者

目　　录

绪　　论

0.1　高层建筑的概念

我国《民用建筑设计通则》（GB 50352—2005）规定，民用建筑按地上层数或高度分类划分应符合下列规定：

1）住宅建筑按层数分类：一层至三层为低层住宅，四层至六层为多层住宅，七层至九层为中高层住宅，十层及十层以上为高层住宅。

2）除住宅建筑之外的民用建筑高度不大于24m者为单层和多层建筑，大于24m的为高层建筑（不包括建筑高度大于24m的单层公共建筑）。

3）建筑高度大于100m的民用建筑为超高层建筑。

现行《建筑设计防火规范》（GB 50016—2014）规定高层民用建筑分为两类，对于建筑高度大于54m的住宅建筑（包括设置商业服务网点的住宅建筑）以及高度大于50m的公共建筑、建筑高度大于24m以上部分任一楼层建筑面积大于1000m²的建筑、医疗、图书馆、广播电视等重要公共建筑为一类高层民用建筑；建筑高度大于27m，但不大于54m的住宅建筑（包括设置商业服务网点的住宅建筑）以及其他高层公共建筑为二类高层建筑。

每个国家对高层建筑的设定标准不同，美国规定高度大于24.6m或7层以上的建筑视为高层建筑。日本把高度大于31m或8层及以上的建筑视为高层建筑。英国把高度大于24.3m的建筑视为高层建筑。

1972年国际高层建筑会议将高层建筑分为4类：第一类为9~16层（最高50m），第二类为17~25层（最高75m），第三类为26~40层（最高100m），第四类为40层以上（高于100m）。

0.2　高层建筑发展史

从遥远的古代起，无论中外，都有人企望建造高耸的建筑，但这仅是一种幻想。于是，人们想出了种种替代的办法，例如，建筑物本身无法造得高大，便先堆筑出实心的高台子，然后在台顶造房。距今五六千年前，中东地区的两河流域出现被称为山岳台的建筑（图0-1）。它们下部是分层堆筑的高台，周边有坡道或阶梯通往上面，在台顶上建造房屋。在中美洲，古代的玛雅人、多尔台克人、阿兹台克人和印加人也有类似的建筑，被称为金字塔式庙宇，它们都是为了宗教性目的而造。这类建筑有的被称为"通天塔"，通天是建造这类建筑物的人的内心目的。

欧洲中世纪的哥特式教堂通常建有很高的钟楼。德国乌尔姆大教堂（14~16世纪）的钟楼高达161m。在那个时代，砖石建筑达到这样的高度是非常不容易的，尽管钟楼内部空间狭小，不能容纳一般的活动，但仍是中世纪建筑史上一项了不起的成就。

在我国，古人也早就想造高楼，同样也采取在高台上建房子的办法。战国时期，各国统治者竞相建造这样的建筑，所谓"天子有三台"（灵台、时台、囿台）。灵台以观天文，时台以观四时施化，囿台以观鸟兽鱼鳖。东汉末年，曹操在邺城曾建有名的"铜雀三台"（铜雀、金凤、冰井）（图 0-2）。君王之外，有钱人也都偏重建高楼。《洛阳伽蓝记》说"清河王怿……第宅丰大，逾于高阳。西北有楼出凌云台，俯临朝市，目极京师，古诗所谓西北有高楼，上与浮云齐者也。"这些都是我国古代建筑史上的高台建筑。

图 0-1　山岳台

图 0-2　铜雀台

我国先前建造的最多的高耸的建筑物是佛塔。现存年代最早的砖塔是河南登封的嵩岳寺塔（图 0-3）。它建于公元 509 年（北魏永平二年），是少见的十二边形的塔，底层直径10.6m，高 37.045m，壁体厚 2.5m，中间是一个 5m 直径的空腔。此后历史上各朝各代都建造了许多塔，除嵩岳寺塔外，其他著名的塔有大理三塔、释迦塔、山西洪洞县广胜上寺飞虹塔（俗称琉璃塔）等。这些塔点缀着我国大地，成为许多地方的标志性建筑。各式各样的塔的优美身影，融入周围的环境，积淀在人民的集体记忆之中，难以忘怀。

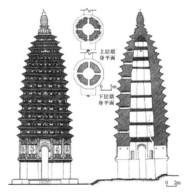

图 0-3　嵩岳寺塔

山西大同的应县木塔为"佛宫寺释迦塔"（图 0-4），建于公元 1056 年，即辽代清宁二年。塔为八角形，从外面看是五层，但内部又有四个暗层，实有九层，塔的总高度为67.3m，最底一层直径 30.27m，最上一层直径 19m 多，木塔外形庞大，内部空间宽阔，内部有楼梯通向各层，人可以上到顶层。它是一座可以容纳人在其中活动的超过 60m 高的高层建筑。除木塔基座用砖石，塔顶和各层挑檐铺瓦外，其他部分竟全部由木材构成，其余部件也全部用的是木材。应县木塔以其原有的木料在原址屹立了九百六十多年，它不仅是我国而且是全世界现存最古老和最高大的木构建筑。

图 0-4　应县木塔

　　上面所举的这些历史上著名的建筑，只是历史年代当时建筑领域中的特例。在当时这些建筑少而又少，相对今天的高层建筑来说也并非很高，很多建筑的实用性不强。原因在于19世纪以前，房屋的高度受所用的土、木、砖、石等主要建筑材料本身性能的限制，社会生产和生活也没有使用高层房屋的实际需要。因而，在用砖石盖房子的地方，建筑物一般不超过六层，在用木料造房子的地区，一般多为单层和两层建筑，超过三层的就不多见了。

　　世界高层建筑及其发展经历：

　　18世纪末至19世纪末，工业革命带来了生产力的发展与经济的繁荣，欧洲和美国在这个时期，城市化发展迅速，城市人口高速增长。为了在较小的土地范围内获得更多的使用面积，建筑物不得不向高空发展。同时，钢结构的发展和电梯的出现则促成了多层、高层建筑的大量建造。19世纪初，英国出现铸铁结构的多层建筑（矿井、码头建筑），但铸铁框架通常是隐藏在砖石表面之后。1840年之后的美国，锻铁梁开始代替脆弱的铸铁梁。熟铁架、铸铁柱和砖石承重墙组成笼子结构，是迈向高层建筑结构的第一步。19世纪后半叶出现了具有横向稳定能力的全框架金属结构。幕墙概念产生，房屋支撑结构与围护墙分离。在建筑安全方面，防火技术与安全疏散意识逐步提高。19世纪60年代，美国已出现给水排水系统、电气照明系统、蒸汽供热系统和蒸汽机通风系统。

1870年后，高层建筑的技术发展进入了新的阶段。纽约公正生命保险大厦被认为是高层建筑的早期版本，因为除了高度和结构外，它采用了几乎全部必需的高层建筑技术元素。建筑采用装饰性的法国双重斜坡屋顶，虽只有5层，但高度达到130ft（1ft＝0.3048m，约40m），并且在办公楼中首次使用电梯，是电梯建筑或原始高层建筑的最早实例。1871年芝加哥发生火灾，建筑中铁部件的失败教训促成了建筑防火设计的进步。建造者开始在铁梁和铁柱外面覆盖面砖，并应用空心砖楼板，提高金属骨架的耐火性能。1879年，威廉·詹尼设计的第一拉埃特大厦，这个七层货栈是砖墙与混凝土混合结构。1889年巴黎建起高324m的埃菲尔铁塔，1889年工程师埃菲尔在铁塔的斜腿上使用了双轿箱的水力电梯，其中一部能到塔顶（图0-5）。

图 0-5　埃菲尔铁塔

芝加哥在高层建筑发展史上具有重要的意义，1820 年的芝加哥只是一个遥远的湖边小镇，在南北战争后城市迅速发展，成为美国开发西部的前哨和航运与铁路枢纽。这时期城市人口高速增长，城市发展恶性膨胀，规划、建筑质量低劣。1871 年 10 月 8 日夜，芝加哥郊区的一个农家牛棚里，一头母牛踢倒了一盏油灯，牛棚随即起火，在风力作用下，火势不断扩大、蔓延，最终越过两道河流，一直烧到芝加哥的市中心。两天之内，烧毁房屋 18000幢，10 万人无家可归，300 人被烧死。火灾中，外露的铸铁被熔化，熔化的铁水使火焰不能到达的地方起火。火灾后对建筑防火变得更加重视，重建计划开始考虑使用防火材料和技术。1880 年后的十余年间，芝加哥取得高层建筑发展史上的辉煌成就，吸引了一批有才华的建筑工程师聚集到芝加哥，如：詹尼（设计第一栋高层建筑——家庭生命保险大厦）、布思海姆（设计信托大楼——第一个采用大面积玻璃外墙）、鲁特（设计蒙纳诺克大楼——世界最高砖结构建筑）、沙里文（高层建筑之父）。在这一批巨匠的不断努力下，形成了影响深远的"芝加哥学派"。这时期的建筑有一个革命性的建筑技术，就是放弃传统的石头承重墙，采用一种轻型的铸铁结构和石头或陶砖外墙，框架与外墙分离。

图 0-6　芝加哥家庭生命保险大楼

1885 年建成 10 层高的家庭生命保险大厦，通常被认为是世界第一栋高层建筑（图 0-6）。结构上没有承重墙，整个建筑的质量由金属框架支承，圆形铸铁柱子内填水泥灰，1~6 层为锻铁工字梁，其余楼层用钢梁。砖石外立面、窗间墙和窗下墙为砖石构造，像幕墙一样挂在框架之上。建筑史称它为"钢铁结构进化中决定性的一步"。从此，高层建筑经历了一个多世纪的蓬勃发展。

芝加哥高层建筑风格经过三次演变：一是原始高层建筑风格，强调水平部分，顶部为府邸式；二是扩展府邸式风格或三段式构图，运用柱式隐喻（如基座、柱身、柱头），伸长中间部分（装饰为罗马式或哥特式，如大檐口、半圆拱、薄檐口、砖石结构）；三是商业风格（"芝加哥框架"），不强调立面构图，而是明确地表现支撑结构和自然的表面，形象特征为大方窗，无檐口，窗下墙凹部有装饰或无装饰，块状和板状体量。

图 0-7　深圳发展中心大厦

我国高层建筑的发展历史较为复杂，除了寺庙、塔等历史建筑外，近代很少有高层建筑。新中国成立以后，我国的高层建筑发展主要分为四个阶段：新中国成立到 20 世纪 60 年代；20 世纪 60 年代到 80 年代；20 世纪 80 年代到 90 年代；20 世纪 90 年代末至今。1959 年建成 12 层的北京民族饭店，1968 年建成 27 层的广州宾馆，1974 年建成 17 层的北京饭店，1976 年建成超过100m 高的广州白云宾馆，1990 年建成主体高度 146m 的钢结构建筑——深圳发展中心大厦（图 0-7），同期建造的香港中国银行大厦地上达 70 层（图 0-8）。20 世纪 90 年代末至今是我国高层建筑发展的最重要时期，高层建筑在全国各地蓬勃发展，如 1998 年落成的 420m 高的上海金茂大厦，2008 年落成的 492m 高的环球金融中心，2016 年落成的 632m 高的上海中心大厦（图 0-9）等。这些高层建筑使得我国的高层建筑建造技术进入世界的先进行列。

相对于上海的高层建筑蓬勃发展，北京的高层建筑发展经历了一个发展、控制、发展、再控制的历史过程。1979—1990 年，北京建设处于高速发展阶段，年竣工建筑总面积从 500 万 m^2 递增至 1000 万 m^2 以上，10 层以上高层建筑年竣工建筑面积从 30 万 m^2 递增至 400 万 m^2 以上。1989 年 12 月，北京市政府为保护首都历史文化名城特点，发布严格控制高层住宅建设的第 42 号令，高层住宅建设迅速减少。其他高层建筑由于 1990 年亚运会闭会后，大型公共建筑兴建较少等原因而下降。但从 1993 年以来，北京建设进入新的高速发展阶段，建设用地紧张，适当提高建筑层数势在必行。1994 年 1 月，北京市政府批准修改控高令，2003 年北京市政府废止 1989 年发布控制高层住宅建设的第 42 号令。2002 年和 2003 年，年竣工建筑总面积突破 3000 万 m^2，年竣工高层建筑面积突破 1300 万 m^2。

图 0-8　香港中国银行大厦

图 0-9　上海中心大厦

1989—1991 年建成的北京最高建筑曾分别采用钢筒中筒结构和钢框架、预制剪力墙结构。其中，1998 年建成的中国工商银行总行营业办公楼采用钢框架-支撑结构（图 0-10）；

图 0-10　中国工商银行总行营业办公楼

1999 年建成的国贸二期与 1989 年建成、平立面相同的国贸一期相比，钢框架外柱柱距由 3m 扩大到 9m，核心筒由钢结构改为现浇型钢混核心筒。

2000 年至今，钢框架——现浇型钢混核心筒结构发展迅速，如北京 CBD 的 LG 大厦、北京财富中心大厦（图 0-11）、世纪财富中心和城建大厦等；全钢结构也在采用，如中关村金融中心和北京电视中心等。除上述钢结构和钢混结构工程外，北京近年高层写字楼和综合楼的竖向结构选型基本上为现浇框架-剪力墙和框架-核心筒结构，跨度较大的屋盖和梁则较多选用钢结构。2007 年建成的高 330m、80 层的北京国贸三期与国贸一期、国贸二期一起构成 110 万 m² 的建筑群，是至今全球最大的国际贸易中心（图 0-12）。

图 0-11　北京财富中心大厦

图 0-12　北京国贸中心

0.3　高层建筑的结构体系

高层建筑主要有四大结构体系：框架结构、剪力墙结构、框架-剪力墙结构和筒体结构。

1. 框架结构体系

框架结构体系由楼板、梁、柱及基础四种承重构件组成。由梁、柱、基础构成平面框架，它是主要承重结构，各平面框架再由联系梁连接起来，即形成一个空间结构体系，是高层建筑中常用的结构形式之一。

框架结构体系的优点是建筑平面布置灵活，能获得大空间，建筑立面也容易处理，结构自重轻，计算理论也比较成熟，在一定高度范围内造价较低。其缺点是结构本身柔性较大，抗侧力能力较差，在风荷载作用下会产生较大的水平位移，在地震荷载作用下，非结构构件破坏比较严重。

框架结构的合理层数一般是 6~15 层，最经济的层数是 10 层左右。由于框架结构能提供较大的建筑空间，平面布置灵活，广泛应用于办公、住宅、商店、医院、旅馆、学校及多层工业厂房和仓库中。

2. 剪力墙结构体系

在高层建筑中为了提高房屋结构的抗侧力刚度，在其中设置的钢筋混凝土墙体称为"剪力墙"，剪力墙的主要作用在于提高整个房屋的抗剪强度和刚度，墙体同时也作为维护及房间分格构件。

剪力墙结构中，由钢筋混凝土墙体承受全部水平和竖向荷载，剪力墙沿横向、纵向正交布置或沿多轴线斜交布置，刚度大，抗震性能好，空间整体性好。剪力墙结构墙体较多，不容易布置面积较大的房间，为了满足旅馆布置门厅、餐厅、会议室等大面积公共用房的要求，可以将部分底层或部分层取消剪力墙代之以框架，形成框支剪力墙结构。在框支剪力墙中，底层柱的刚度小，形成上下刚度突变，在地震作用下底层柱会产生很大内力及塑性变形，因此，在地震区一般不允许采用框支剪力墙结构。

3. 框架-剪力墙结构体系

在框架结构中布置一定数量的剪力墙，可以组成框架-剪力墙结构，这种结构既有框架结构布置灵活、使用方便的特点，又有较大的刚度和较强的抗震能力，因而广泛地应用于高层建筑中的写字楼和酒店。

4. 筒体结构体系

随着建筑层数、高度的增长和抗震设防要求的提高，以平面工作状态的框架、剪力墙组成的高层建筑结构体系，往往不能满足要求。这时可以由剪力墙构成空间薄壁筒体，成为竖向悬臂箱形梁，加密柱子，以增强梁的刚度，也可以形成空间整体受力的框筒，由一个或多个筒体为主抵抗水平力的结构称为筒体结构。通常筒体结构有：

（1）框架-筒体结构。中央布置剪力墙薄壁筒，由它受大部分水平力，周边布置大柱距的普通框架，这种结构受力特点类似框架-剪力墙结构。

（2）筒中筒结构。筒中筒结构由内、外两个筒体组合而成，内筒为剪力墙薄壁筒，外筒为密柱组成的框筒。由于外柱很密，梁刚度很大，门密洞口面积小，因而框筒工作不同于普通平面框架，而有很好的空间整体作用，类似一个多孔的竖向箱形梁，有很好的抗风和抗震性能。

（3）成束筒结构。在平面内设置多个剪力墙薄壁筒体，每个筒体都比较小，这种结构多用于平面形状复杂的建筑中。

（4）巨型框架结构体系。巨型框架结构是由若干个巨柱（通常由电梯井或大面积实体柱组成）以及巨梁（每隔几层或十几个楼层设一道，梁截面一般占一至二层楼高度）组成一级巨型框架，承受主要水平力和竖向荷载，其余的楼面梁、柱组成二级结构，它只是将楼面荷载传递到第一级框架结构上去。这种结构的二级结构梁柱截面较小，使建筑布置有更大的灵活性和平面空间。

根据《高层建筑混凝土结构技术规程》（JGJ 3—2010）以及《高层民用建筑钢结构技术规程》（JGJ 99—2015），高层建筑的结构体系包括以下几种：

1）框架结构（包括钢框架-支撑结构和混凝土框架结构）。

2）剪力墙结构。

3）框架-剪力墙结构（包括钢框架-混凝土剪力墙结构）。

4）部分框支剪力墙结构。

5）框架核心筒结构（包括钢框架-混凝土核心筒结构、钢桁架-核心筒结构、筒中筒钢结构、束筒钢结构）。

6）筒中筒结构。

7）钢混结构（由钢框架、型钢混凝土、钢管混凝土和混凝土筒体结合而成的高层建筑）。

近年来，全球高层建筑发展迅速，表0-1和表0-2统计了当前全球和我国排名前十位建筑。

表 0-1 全球高度排名前十位建筑

序号	名称	国家	建筑高度/m	状态
1	王国大厦	沙特阿拉伯	1007	在建
2	哈利法塔	阿联酋	828	使用
3	印度塔	印度	720	在建
4	武汉绿地中心	中国	636	在建
5	东京晴空塔	日本	634	使用
6	上海中心大厦	中国	632	使用
7	高银金融117大厦	中国	621	在建
8	麦加皇家钟塔饭店	沙特阿拉伯	601	使用
9	平安国际金融大厦	中国	592.5	使用
10	世界贸易中心一号楼	美国	541	使用

表 0-2 我国高度排名前十位建筑

序号	名称	城市	建筑高度/m	状态
1	武汉绿地中心	武汉	636	在建
2	上海中心大厦	上海	632	使用
3	高银金融117大厦	天津	621	在建
4	平安国际金融大厦	深圳	529.5	使用
5	周大福金融中心	广州	530	使用
6	周大福滨海中心	天津	530	在建
7	中信大厦(中国尊)	北京	528	使用
8	101大厦	台北	509	使用
9	上海环球金融中心	上海	492	使用
10	香港环球贸易广场	香港	484	使用

0.4　现代高层建筑施工的特点

高层建筑具有地基深度深、施工技术高、难度大、高处作业多、工程工期长、工程量大等特点（图 0-13）。

1. 地基深度深

因为高层建筑的高度增高，为了保证建筑的整体稳定性，需要加深地基深度，一般来说地基埋置深度应在建筑物高度的 1/12 以上，桩基不宜小于建筑物高度的 1/15，还至少要有一层地下室，埋深一般要在 5m 以上，超高层建筑的基础埋深要在 20m 以上。因为较深的地基深度，地基问题处理复杂困难，在软土地基，基础设计方案就有多种选择，对工期和造价的影响比较大。因此，深基础开挖技术是高层建筑施工的一大重点。

2. 施工技术高、难度大

一般高层建筑是以钢筋混凝土为主，超高层建筑以钢-混凝土组合结构和钢结构为主。在高层建筑施工中，材料使用量大，钢-混凝土组合结构和钢结构超高层建筑涉及的垂直运输量大，混凝土输送高度高，对起重设备等要求高，钢结构构件的起吊和连接施工等难度大。这些都给施工提出了更高的技术要求。

3. 高处作业多

高层建筑的自身高度高，为了满足建筑施工材料垂直运输以及功能要求，各种材料、设备等需要运送到相应的位置，导致垂直运输的工作量大、难度高。特别是施工过程中很多构件和设备是在高处完成安装，给安全和质量带来很大的隐患，更要防止物体坠落等安全事故的发生。

4. 工程工期长

高层建筑施工周期比较长，特别是超高层建筑，施工周期都会在 2 年以上，施工期间会涉及冬季、雨季等不利天气施工问题。很多标志性的超高层建筑，从基础施工到装饰装修工程完成交付使用可能需要 5 年以上的时间，施工工期长也会带来相应的质量安全隐患。

5. 工程量大

高层建筑是一个系统集成项目，工程量非常大，工艺复杂，施工过程中广泛采用新技术、新工艺、新方法、新材料。对一些特殊的大型高层建筑，经常是边设计边施工，工程施工过程涉及很多单位和部门，工种交叉普遍存在，这些综合因素导致了高层建筑施工管理、组织和协调的难度较大。因此，高层建筑施工的过程需要精心准备，分工协作，加强施工的集中和统一管理。

a) 帝国大厦　　　　　　b) 上海陆家嘴　　　　　　c) 哈利法塔

图 0-13　典型世界高层建筑

第1章 高层建筑施工测量

教学提示：本章介绍高层建筑的定位放线、标高测量、竖向控制、变形观测、高层建筑施工常用测量仪器，要求重点掌握施工过程中各工序测量要点，从场地平整、建筑物定位、基础施工、轴线传递、变形观测以及竣工图绘制等内容和知识要点。

教学要求：高层建筑施工测量的主要任务是轴线测量、水平控制、标高控制、变形控制等，严格控制水平和竖向偏差。重点是保证建筑的平面位置及垂直、保证建筑的形状及标高符合设计、保证沉降观测工作的质量。掌握高层建筑常规测量仪器的组成、使用、检验与校正。掌握高程、角度和距离的基本测量方法和放样方法。能根据高层建筑施工特点正确选用测量仪器和测量方法。熟悉现代测绘新仪器和新测量技术的应用。

　　高层建筑施工测量是指在施工阶段全过程为控制建筑精度所进行的测量工作。其主要任务是在施工阶段将设计在图纸上的建筑物的平面位置和高程，按设计与施工要求，以一定的精度测设（放样）到施工作业业面上，作为施工的依据，并在施工过程中进行一系列的测量控制工作，以指导和保证施工按设计要求进行。

　　高层建筑施工测量是直接为工程施工服务的，它既是施工的先导，又贯穿于整个施工过程。从场地平整、建筑物定位、基础施工到墙体施工、建筑物构件安装等工序，都需要进行施工测量，才能使建筑物各部分的尺寸、位置符合设计要求。其主要内容有：

　　1）建立施工控制网。

　　2）依据设计图要求进行建筑物的放样。

　　3）每道施工工序完成后，通过测量检查各部位的实际平面位置及高程是否符合设计要求。

　　4）随着施工的进展，对高层建筑物进行变形观测，作为鉴定工程质量和验证工程设计、施工是否合理的依据。

1.1　高层建筑定位放线

　　建筑物的定位放线，根据设计给定的定位依据和定位条件进行。当定位依据是既有建（构）筑物时，要会同建设单位和设计单位到现场，对定位依据的建（构）筑物的边、角、中线、标高等具体位置，进行明确的指定和确认，必要时进行拍照，以便查证和存档。

　　当定位依据是规划红线、道路中心线或场地平面控制网时，在同建设单位和设计单位在现场当面交桩后，要根据各点的坐标值、标高值校算其间距、夹角和高差，并实地校测各桩位是否正确，若有不符，应请建设单位妥善处理。

　　高层建筑在根据场地平面控制网定位之前，应校测所用控制桩点的点位，以防误用有碰动和沉降变形的桩位。

1.1.1　根据既有建筑物定位

如图 1-1 所示，*ABCD* 为既有建筑物，*MNQP* 为新建高层建筑，*M′N′Q′P′* 为该高层建筑的矩形控制网（在基槽外，作为开挖后在各施工层上恢复中线或轴线的依据）。根据既有建（构）筑物定位，常用的方法有三种：延长线法、平行线法、直角坐标法。而由于定位条件的不同，各种方法又可分成两类情况：一类情况是如图 1-1 中的 1)，它是仅以一栋既有建筑物的位置和方向为准，用图 1-1 中 1) 所示的 *y*、*x* 值确定新建高层建筑物位置；另一类情况则是以一栋既有建筑物的位置和方向为主，再加另外的定位条件，如图 1-1 中 2) 中的 *G* 为现场中的一个固定点，*G* 至新建高层建筑物的距离 *y*、*x* 是定位的另一个条件。

1. 延长线法

如图 1-1a 所示，是先根据 *AB* 边，定出其平行线 *A′B′*；安置经纬仪在 *B′*，后视 *A′*，用正倒镜法延长 *A′B′* 直线至 *M′*；若为图 1-1a 1) 情况，则再延长至 *N′*，移经纬仪在 *M′* 和 *N′* 上，定出 *P′* 和 *Q′*，最后校测各对边长和对角线长；若为图 1-1b 2) 情况，则应先测出 *G* 点至 *BD* 边的垂距 y_G，才可以确定 *M′* 和 *N′* 位置。一般可将经纬仪安置在 *BD* 边的延长点 *B′*，以 *A′* 点为后视点，测出 ∠*A′B′G*，用钢尺量出 *B′G* 的距离，则 $y_G = B'G \times \sin(\angle A'B'G - 90°)$。

2. 平行线法

如图 1-1b 所示，先根据 *CD* 边，定出其平行线 *C′D′*。若为图 1-1a 1) 情况，新建高层建筑物的定位条件是其西侧与既有建筑物西侧同在一直线上，两建筑物南北净间距为 *x*。则由 *C′D′* 可直接测出 *M′N′Q′P′* 矩形控制网；若为图 1-1b 2) 情况，则应先由 *C′D′* 测出 *G* 点至 *CD* 边的垂距 x_G 和 *G* 点至 *AC* 延长线的垂距 y_G，才可以确定 *M′* 和 *N′* 位置，具体测法基本同前。

3. 直角坐标法

如图 1-1c 所示，先根据 *CD* 边，定出其平行线 *C′D′*。若为图 1-1a 1) 情况，则可按图示定位条件，由 *C′D′* 直接测出 *M′N′Q′P′* 矩形控制网；若为图 1-1b 2) 情况，则应先测出 *G* 点至 *BD* 延长线和 *CD* 延长线的垂距 y_G 和 x_G，然后即可确定 *M′* 和 *N′* 位置。

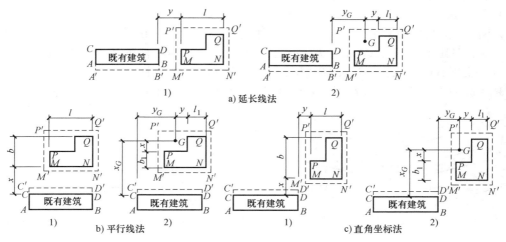

图 1-1　根据既有建筑物定位

1.1.2　根据规划红线、道路中心线或场地平面控制网定位

常用的定位方法有以下四种。

1. 直角坐标法

图 1-2 为某饭店定位情况。它是由城市规划部门给定的广场中心 E 点起，沿道路中心线向西量 $y=123.300m$ 定 S 点，然后由 S 点逆时针转 $90°$ 定出建筑群的纵向主轴线——X 轴，由 S 点起向北沿 X 轴量 $x=84.200m$，定出建筑群的纵轴 (X) 与横轴 (Y) 的交点 O。

2. 极坐标法

图 1-3 为五幢 25 层公寓，1~4 号楼的西南角正布置在半径 $R=186.000m$ 的圆弧形地下车库的外缘。定位时可将经纬仪安置在圆心 O 点上，用 $0°00'00''$ 后视 A 点后，按 1~5 号点的设计极坐标数据（极角、极距），由 A 点起依次定出各幢塔楼的西南角点 1、2、3、4、5，并实量各点间距作为校核。

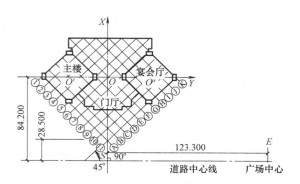

图 1-2 某饭店直角坐标法定位图（单位：m）

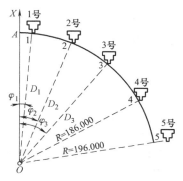

图 1-3 建筑物极坐标法定位图

3. 交会法

图 1-4 为某重要路口北侧折线形高层建筑 $MNQP$，其两侧均为平行道路中心线，间距为 d。定位时，先在规划部门给出的道路中心线上定出 1、2、3、4 点，并根据 d 值及外围控制线的距离定出各垂线上的 1′、2′、3′、4′点，然后由 1′2′ 与 4′3′ 两方向线交会定出 S' 点，最后由 S' 点和建筑物四廓尺寸定出矩形控制网 M' S' N' Q' R' P'。

4. 综合法

以图 1-5 某高层 $MNQP$ 为例，其定位条件是：M 点正落在 AB 规划红线上，MN 平行 BC 规划红线，且距 G 点为 $8.000m$。为了定位，首先要确定 MN 相对于 BC 边的位置。因此，先在 B 点上安置经纬仪，测出 $\angle ABC$ 和 $\angle GBC$，并量出 BG 间距；算出 MN 至 BC 的垂直距离 $MM_1=8.000m+BG\times\sin\angle GBC$ 和 $M_1B=MM_1\times\cot(180°-\angle ABC)$。

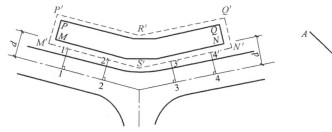

图 1-4 建筑物交会法定位图

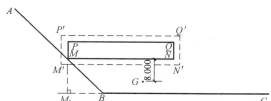

图 1-5 建筑物综合法定位图（单位：m）

当求出 MM_1 和 M_1B 后，以 BC 边为准，用直角坐标法、极坐标法或交会法等测定矩形控制网 M' N' Q' P'，并用所给定位条件进行检测。

在建筑物矩形控制网的四边上，测定建筑物各大角的中线或轴线控制桩（也称为引桩）。测设时要以各边的两端控制桩为准，量通尺测定该边上各轴线控制桩后，再校核各桩间距。若高层竖向使用外控法施测时，还要将主要轴线准确地延长到距建筑物高度以外、能稳固保留桩位的地方，或附近既有建筑物的墙面上。

高层建筑物基础开挖均较深，基槽四周多设护坡桩，桩顶砌矮墙以防雨水。这样，又可在此矮墙顶面上测设出各中线、轴线的位置，用以作为基槽内测设中线、轴线的依据。

根据建筑物各轴线桩或控制桩，按基础图撒好基槽灰线。这道工序精度要求不高，但很容易出差错。因此，在经自检合格后，要提请有关部门和建设单位验线。

验线时首先要检查定位依据的正确性和定位条件的几何尺寸，再检查建筑物矩形控制网和建筑四廓尺寸及轴线间距，这是保证建筑物定位条件和本身尺寸正确性的重要措施。验线时决不可只检查建筑物的自身四廓尺寸，而不检查建筑物的定位情况，这样可能会造成建筑物位置的漏检，致使整个建筑物定位不正确。此外，验线时不仅要检查建筑物矩形网和各大角桩位、槽线情况，还要检查各轴线，尤其是主要轴线的控制桩（引桩）桩位是否准确和稳定，因为它是挖槽后，各施工层放线和高层竖向控制的基本依据。另外，沿规划红线兴建的高层建筑，在放线后，还要由城市规划部门验线，经验线合格后，方可破土开工，以防新建高层建筑压、超红线。

1.2　高层建筑标高测量

1. 施工放样允许误差规定

《工程测量规范》（GB 50026—2007）的 8.3.11 条专门对于建筑物放样轴线投测和标高传递的偏差做了要求（表 1-1）。

表 1-1　建筑物施工放样的允许误差

项　目	内　容		允许偏差/mm
基础桩位放样	单排桩或群桩中的边桩		±10
	群桩		±20
各施工层上放线	外围主轴线长度 L/m	$L \leqslant 30$	±5
		$30 < L \leqslant 60$	±10
		$60 < L \leqslant 90$	±15
		$90 < L$	±20
	细部轴线		±2
	承重墙、梁、柱边线		±3
	半承重墙边线		±3
	门窗洞口线		±3
轴线竖向投测	每层		3
	总高 H/m	$H \leqslant 30$	±5
		$30 < H \leqslant 60$	±10
		$60 < H \leqslant 90$	±15
		$90 < H \leqslant 120$	±20
		$120 < H \leqslant 150$	±25
		$150 < H$	±30
标高竖向传递	每层		±3
	总高 H/m	$H \leqslant 30$	±5
		$30 < H \leqslant 60$	±10
		$60 < H \leqslant 90$	±15
		$90 < H \leqslant 120$	±20
		$120 < H \leqslant 150$	±25
		$150 < H$	±30

注：建筑全高 H 竖向投测偏差不应超过 $3H/10000$，且不应大于上表值，对于不同的结构类型或不同的投测方法，其竖向允许偏差的要求略有不同。

通常，测量允许误差等于2倍测量中误差。建筑物标高误差由测量误差、施工误差组成，而建筑物标高误差的允许值，可查相关结构施工规范。

2.±0.000以下标高测法

为控制基础和±0.000以下各层的标高，在基础开挖过程中，应在基坑四周的护坡钢板桩或混凝土桩（选其侧面竖直且规正者）上各涂一条宽10cm的竖向白漆带。用水准仪根据附近栋号的水准点或±0.000水平线，测出各白漆带上顶的标高；然后用钢尺在白漆带上量出±0.000以下，各负（-）整米数的水平线；最后，将水准仪安置在基坑内，校测四周护坡桩上各白漆带底部同一标高的水平线，当误差在±5mm以内时，则认为合格。在施测基础标高时，应后视两条白漆带上的水平线以作校核。

3.±0.000以上标高测法

±0.000以上标高测法，主要是用钢尺沿结构外墙、边柱或楼梯间等向上竖直测量。一般高层建筑至少要由三处向上引测，以便于相互校核和适应分段施工的需要。引测步骤是：

1）先用水准仪根据两个栋号水准点或±0.000水平线，在各向上引测处准确地测出相同的起始标高线（一般多测+1.000m标高线）。

2）用钢尺沿铅直方向，向上量至施工层，并画出正（+）米数的水平线，各层的标高线均应由各处的起始标高线向上直接量取。高差超过一整钢尺长时，应在该层精确测定第二条起始标高线，作为再向上引测的依据。

现行《高层建筑混凝土结构技术规程》（JGJ 3—2010）规定：标高的竖向传递，应从首层起始标高线竖直量取，且每栋建筑应由三处分别向上传递；当三个点的标高差值小于3mm时，应取其平均值；否则应重新引测。

3）将水准仪安置到施工层，校测由下面传递上来的各水平线，误差应在±6mm以内。在各层抄平时，应后视两条水平线以作校核。

4.标高施测要点

1）观测时尽量做到前后视线等长。测设水平线时，最好采用直接调整水准仪的仪器高度，使后视时的视线正对准水平线，前视时则可直接用铅笔标出视线标高点，然后用铝合金直尺以硬铅笔画水平线。这种测法比一般在木板上标记出视线再量反数的测法，能提高精度1~2mm，但只能测出各层在+1.300m或+1.400m处的标高线。

2）由±0.000水平线向下或向上量高差时，所用钢尺应经过检定，量高差时尺身应铅直并用标准拉力，同时要进行尺长和温度改正（钢结构不加温度改正）。

3）采用预制构件的高层结构施工时，要注意每层的高差不要超限，同时更要注意控制各层的标高，防止偏差积累使建筑物总高度偏差超限。为此，在各施工层标高测出后，应根据偏差情况，在下一层施工时对层高进行适当的调整。

4）为保证竣工时±0.000和各层标高的正确性，应请建设单位和设计单位明确：在测定±0.000水平线和基础施工时，如何对待地基开挖后的回弹与整个建筑在施工期间的下沉影响；在钢结构工程中，钢柱负荷后对层高的影响。不少高层建筑在基础施工中将总下沉量在基础垫层的设计标高中预留出来，取得了较好的效果。

1.3　高层建筑竖向控制

当高层建筑施工到±0.000后，随着结构的升高，要将首层轴线逐层向上投测，用以作为各层放线和结构竖向控制的依据。其中，以建筑物外廓轴线和控制电梯井轴线的投测更为重要。《高层建筑混凝土结构技术规程》（JGJ 3—2010）规定以下轴线应向上投测：建筑物外廓轴线；伸缩缝、沉降缝两侧轴线；电梯间、楼梯间两侧轴线；单元、施工流水段分界轴线。

高层建筑轴线的竖向投测，常采用下列两类方法：外控法、内控法；另外还可用内外控综合法。无论使用哪类方法向上投测轴线，都必须在基础工程完成后，根据建筑场地平面控制网，校测建筑物轴线控制桩后，将建筑轮廓和各细部轴线精确地弹测到±0.000首层平面上，作为向上投测轴线的依据。

1. 高层建筑竖向投测允许偏差

正倒镜投点间距，层间竖向测量偏差不应超过±3mm，建筑全高（H）竖向测量偏差不应大于：

1）$H \leqslant 30m$，±5mm。

2）$30m < H \leqslant 60m$，±10mm。

3）$60m < H \leqslant 90m$，±15mm。

4）$90m < H \leqslant 120m$，±20mm。

5）$120m < H \leqslant 150m$，±25mm。

6）$150m < H$，±30mm。

2. 外控法

当施工场地比较宽阔时，多使用此法。施测时主要是将经纬仪安置在高层建筑附近进行竖向投测，故此法也称为经纬仪竖向投测法。由于场地情况的不同，安置经纬仪的位置不同，又分为三种投测方法：延长轴线法、侧向借线法、正倒镜挑直法。

（1）延长轴线法。此法适用于场地四周宽阔，能将高层建筑轮廓轴线延长到建筑物的总高度以外，或附近的多层或高层建筑物顶面上，并可在轴线的延长线上安置经纬仪，以首层轴线为准，向上逐层投测。如图1-6所示的甲仪器安置在轴线的控制桩上，后视首层轴线后，抬起望远镜将轴线投测到施工层上。

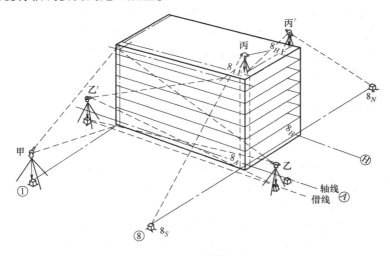

图 1-6　延长轴线法

此法误差由照准目标误差、投点标志误差、经纬仪竖轴不铅直的影响误差，以及现场振动、风吹、日晒等影响组成。在正倒镜投测取中时，该误差不超过以上精度要求，说明此法可用。

（2）侧向借线法。此法适用于场地四周较小，高层建筑四廓轴线无法延长，但可将轴线向建筑物外侧平行移出，俗称借线。移出的尺寸应视外脚手架的情况而定，尽量不超过 2m。

（3）正倒镜挑直法。此法适用于四廓轴线虽可延长，但不能在延长线上安置经纬仪的情况。此法精度高于前两种方法。因此，当用前两种方法时，可每隔几层用正倒镜挑直法校测一次，以提高精度。

3. 内控法

当施工场地窄小，无法在建筑物之外的轴线上安置仪器施测时，多使用此法。施测时在建筑物的首层测设室内控制网，用垂准线原理进行竖向投测，故此法也称为垂准线投测法。由于使用仪器的不同，又分为三种投测方法：吊线坠法、天顶准直法、天底准直法。

（1）吊线坠法。吊线坠法是使用较重的特制线坠悬吊，以首层靠近建筑物轮廓的轴线交点为准，直接向各施工层悬吊引测轴线。施测中，如果采取的措施得当，使用线坠引测铅直线是既经济、简单，又直观、准确的方法。一般在 3~4m 层高的情况下，只要认真操作，由下一层向上一层悬吊铅直线的误差不会大于 ±3mm。若采取依次逐层悬吊 16 层，其总误差不会大于 $\pm 3mm \sqrt{16} = \pm 12mm$，此精度能满足规范要求。但在使用吊线坠法向上引测轴线中，要特别注意以下几点：

1）线坠的几何形体要规正，质量要适当（1~3kg）。吊线要用编织线或没有扭曲的细钢丝。

2）悬吊时要上端固定牢固，线中间没有障碍，尤其是没有侧向抗线。

3）线下端（或线坠尖）的投测人，视线要垂直结构面，当线左、线右投测小于 3~4mm 时，取其平均位置，两次平均位置之差小于 2~3mm 时，再取平均位置，作为投测结果。

4）投测中要防风吹和振动，尤其是侧向风吹。

5）在逐层引测中，要用更大的线坠（如 5kg）每隔 3~5 层，由下面直接向上放一次通线，以作校测。

6）若用铅直塑料管套住吊线，下端用专门的观测仪器，其精度还可提高。

（2）天顶准直法。天顶方向是指测站点正上方、铅直指向天空的方向。天顶准直法就是使用能测设天顶方向的仪器，进行竖向投测，故也称为仰视法。常用测设天顶方向的仪器有以下五种：配有 90°弯管目镜的经纬仪、激光经纬仪、激光铅直仪、自动天顶准直仪、自动天顶-天底准直仪。

天顶法仪器均安置在施工层的下面。因此，施测中要注意对仪器的安全采取保护措施，防止落物击伤，并经常对光束的竖直方向进行检校。观测时间最好选在阴天又无风的时候，以保证精度。

（3）天底准直法。天底方向是指过测站点、铅直向下所指的方向。天底准直法就是使用能测设天底方向的仪器，进行竖向投测，故也称为俯视法。测设天底方向的仪器，除自动天顶-天底准直仪外，常用的有以下两种：

1）垂准经纬仪。测法是先在首层地面上精确地测定方形控制网，各点预埋铁板，面上划线，并用红漆标记。在每层楼面的方形网基准点处，均预留孔洞（洞口处用砂浆做成 20mm 高的防水斜坡），以便进行投测。

2）自动天底准直仪。此种仪器用法同前。由于天底准直法是将仪器安置在施工层上，将底层轴线铅直投测上来，故适用于现浇钢筋混凝土工程，既安全又能保证精度。

4. 内外控综合法

由于受场地的限制，在高层建筑施工中，尤其是超高层建筑施工中，多使用内控法进行竖向控制，但因内控制法所用内控网的边长均较短，一般多在 20~50m 之间，每次向施工面上投测后，虽可对内控网各边长及各夹角的自身尺寸进行校测与调整，但检查不了内控网在施工面上的整体位移与转动。为此近年来，在一些超高层建（构）筑物的施工中，多使用内外控互相结合的测法，以互相校核。

1.4　变形观测

高层建筑施工从施工准备到竣工后的一段时间，应进行沉降、位移和倾斜等变形观测，包括两部分：一是高层建筑施工对邻近建筑物和护坡桩的影响，日照对在建建筑物的影响；二是在建建筑物各部位的变形。前一部分观测由施工单位承担，后一部分观测一般多由勘测专业单位承担。

一般规定变形观测的误差应小于变形量的 $1/20 \sim 1/10$。为此，变形观测应使用精密水准仪（S_1、$S_{0.5}$）、精密经纬仪（J_2、J_1）和精密的测量方法。每项工程至少要有三个稳固可靠的基准点，并每半年复测一次。所用仪器、设备要固定，观测人员要固定，观测的条件、环境基本相同，观测的路线、镜位、程序、方法要固定。

1. 沉降观测

（1）高层建筑施工对邻近建（构）筑物影响的观测。打桩（包括护坡桩）和采用井点降低地下水位等，均会使邻近建（构）筑物产生不均匀的沉降、裂缝和位移等变形。为此，在打桩前，除在打桩、井点降水影响范围以外设基准点，还要根据设计要求，对距基坑一定范围的建（构）筑物上设置沉降观测点，并精确地测出其原始标高。以后根据施工进展，及时进行复测，以便针对变形情况，采取安全防护措施。

（2）施工塔式起重机基座的沉降观测。高层建筑施工使用的塔式起重机基座随着施工的进展，塔身逐步增高，尤其在雨季时，可能会因塔基下沉、倾斜而发生事故。因此，要根据情况及时对塔基四角进行沉降观测，检查塔基下沉和倾斜状况，以确保塔式起重机运转安全，工作正常。

（3）地基回弹观测。一般基坑越深，挖土后基坑底面的原土向上回弹量越大，建筑物施工后其下沉也越大。为了测定地基的回弹值，基坑开挖前，在拟建高层建筑的纵、横主轴线上，用钻机打直径 100mm 的钻孔至基础底面以下 $300 \sim 500$mm 处，在钻孔套管内压设特制的测量标志，并用特制的吊杆或吊锤等测定标志顶面的原始标高。当套管提出后，测量标志即留在原处，在套管提出后所形成的钻孔内装满熟石灰粉，以表示点位。待基坑挖至底面时，按石灰粉的位置，轻轻找出测量标志，测其标高。然后，在浇筑混凝土基础前，再测一次标高，从而得到各点的地基回弹值。地基回弹值是研究地基土体结构和高层建筑物地基下沉的重要资料。

（4）建筑物的沉降观测。沉降观测是高层建筑变形观测的主要内容。当浇筑基础底板时，就按设计指定的位置埋设好临时观测点。一般浮筏基础或箱形基础的高层建筑，应沿纵、横轴线和基础周边设置观测点。观测的次数与时间应按设计和规范要求。一般第一次观测应在观测点安设稳固后及时进行。以后结构每升高一层，将临时观测点移上一层并进行观测，直到 ±0.000 时，再按规定埋设永久性观测点。然后每施工一层、复测一次，直至竣工。工程竣工后的第一年内要测四次，第二年测两次，第三年后每年测一次，至下沉稳定为止。

沉降观测的等级、精度要求、适用范围及观测方法，应根据工程需要按表 1-2 中相应等级的规定选用。

2. 建筑物的位移观测

当建筑物在平面位置上发生位移时，应根据位移的可能情况，在其纵向和横向上分别设置观测点和控制线，用经纬仪视准线法或小角度法进行观测。和沉降观测一样，水平位移观测也分为四个等级，各等级的适用范围同表 1-2，各等级的变形点的点位中误差分别为：一等为 ±1.5mm，二等为 ±3.0mm，三等为 ±6.0mm，四等为 ±12.0mm。

表 1-2 沉降观测的等级、精度要求、适用范围及观测方法

等级	标高中误差/m	相邻点标高中误差/mm	适用范围	观测方法	往返较差、附合或环线闭合差/m
一等	±0.3	±0.1	变形特别敏感的高层建筑、高耸构筑物、重要的文物古建筑等	参照国家一等水准测量外，尚需双转点，视线 ≤15m，前后视距差 ≤0.3m，视距累积差 ≤1.5m	$0.15\sqrt{n}$
二等	±0.5	±0.3	变形比较敏感的高层建筑、高耸构筑物、重要的文物古建筑和重要建筑场地的滑坡监测等	一等水准测量	$0.30\sqrt{n}$
三等	±1.0	±0.5	一般性的高层建筑、高耸构筑物和滑坡监测等	二等水准测量	$0.60\sqrt{n}$
四等	±2.0	±1.03	观测精度要求较低的建筑物、构筑物和滑坡监测等	三等水准测量	$1.40\sqrt{n}$

注：n 为测站数。

3. 建（构）筑物竖向倾斜观测

一般要在进行倾斜观测的建（构）筑物上设置上、下两点或上、中、下多点观测标志，各标志应在同一竖直面内。用经纬仪正倒镜法，由上向下投测各观测点的位置，然后根据高差计算倾斜量；或以某一固定方向为后视，用测回法观测各点的水平角及高差，再进行倾斜量的计算。

1.5 常用测量仪器概述

早期的测量工作，主要用罗盘仪、游标经纬仪以及测绳、皮尺等仪器，劳动强度大，测量速度慢，精度低。随着社会的发展和科技的进步，20 世纪 40 年代出现的光学玻璃度盘，用光学转像系统可以把度盘对经位置的刻画重合在同一平面上，这样比起早期的游标经纬仪大大提高了测角精度，而且体积小、质量轻、操作方便。到了 20 世纪 60 年代，随着光电技术、计算机技术和精密机械技术的发展，1963 年 Fennel 终于研制了编码电子经纬仪，从此常规的测量方法迈向自动化的新时代。经过 20 世纪 70 年代电子测角技术的深入研究和发展，到了 20 世纪 80 年代出现了电子测角技术的大发展。电子测角技术从最初的编码度盘测角，发展到光栅度盘测角和动态法测角。特别是 20 世纪 80 年代以后，水准仪与经纬仪的读数为电子数字化显示，测量仪器进入了自动化、电子化和数字化的时代。当前的建筑测量仪器已由单一传统产品进入光学、精密机械、卫星、电子和计算机结合的光电子技术时代。下面简要介绍当前高层建筑施工测量中常用的测量仪器。

1. 工程水准仪（S_3、S_2）

其望远镜放大倍数为 24~28 倍，微倾气泡水准仪已被自动补偿水准仪所代替，精度为每公里往返测高差平均值的中误差 m 为 ±3~2mm，这是施工现场使用最多的水准仪。图 1-7 是（S_2 级）自动补偿水准仪。

2. 精密水准仪（N_3）

其望远镜清澈明丽，放大超过 40 倍，内置平行板测微器可直读至 0.1mm，估读至

0.01mm，升降螺旋有刻度，可测度小竖直角和坡度变化。其专供大地一等水准测量、地震变形、沉降观测等应用，如图 1-8 所示。

图 1-7　S_2 级自动补偿水准仪　　　　　　　　　图 1-8　N_3 精密水准仪

$S_{1.5}$、$S_{0.7}$ 也属于精密水准仪，既可用于普通工程水准，又可用于工程沉降观测。

3. 工程经纬仪（J_6、J_2）

J_6、J_2 光学经纬仪（图 1-9）是目前施工现场使用最多的经纬仪，但逐渐将被数字化显示的电子经纬仪（图 1-10）所代替。电子经纬仪测角后视时可直接置 0°00′00″，前视时则直接显示角度数值，而不用测微估读，因此实测中，无论精度、速度均比同精度的光学经纬仪效果好，并可自动记录、储存数据。

图 1-9　J_6、J_2 光学经纬仪　　　　　　　　　图 1-10　电子经纬仪

4. 全站仪

全站仪，即全站型电子测距仪（图 1-11），是一种集光、机、电为一体的高技术测量仪器，是集水平角、垂直角、距离（斜距、平距）、高差测量功能于一体的测绘仪器。与光学经纬仪比较，电子经纬仪将光学度盘换为光电扫描度盘，将人工光学测微读数代之以自动记录和显示读数，使测角操作简单化，且可避免读数误差的产生。因其一次安置仪器就可完成该测站上全部测量工作，所以称为全站仪。目前世界上全站仪的品牌主要有徕卡、拓普康、尼康、南方、索佳等。全站仪广泛用于地上大型建筑和地下隧道施工等精密工程测量或变形

监测领域。

全站仪与光学经纬仪区别在于度盘读数及显示系统，光学经纬仪的水平度盘和竖直度盘及其读数装置是分别采用编码盘或两个相同的光栅度盘和读数传感器进行角度测量的。根据测角精度可分为 0.5″、1″、2″、3″、5″、7″等几个等级。

图 1-11　全站仪

按外观结构全站仪可分为两类：

（1）积木型（Modular，又称为组合型）。早期的全站仪，大都是积木型结构，即电子速测仪、电子经纬仪、电子记录器各是一个整体，可以分离使用，也可以通过电缆或接口把它们组合起来，形成完整的全站仪。

（2）整体型（Integral）。随着电子测距仪进一步的轻巧化，现代的全站仪大都把测距、测角和记录单元在光学、机械等方面设计成一个不可分割的整体。其中，测距仪的发射轴、接收轴和望远镜的视准轴为同轴结构。这对保证较大垂直角条件下的距离测量精度非常有利。

按测量功能全站仪可分成四类：

（1）经典型全站仪（Classical Total Station）。经典型全站仪也称为常规全站仪，它具备全站仪电子测角、电子测距和数据自动记录等基本功能，有的还可以运行厂家或用户自主开发的机载测量程序。其经典代表为徕卡公司的 TC 系列全站仪（图 1-12）。

图 1-12　TCRP 全站仪

（2）机动型全站仪（Motorized Total Station）。在经典全站仪的基础上安装轴系步进电动机，可自动驱动全站仪照准部和望远镜的旋转。在计算机的在线控制下，机动型全站仪可按计算机给定的方向值自动照准目标，并可实现自动正倒镜测量。徕卡 TCM 系列全站仪就是典型的机动型全站仪。

（3）无合作目标型全站仪（Reflectorless Total Station）。无合作目标型全站仪是指在无反射棱镜的条件下，可对一般的目标直接测距的全站仪。因此，对不便安置反射棱镜的目标进行测量，无合作目标型全站仪具有明显优势。如徕卡 TCR 系列全站仪，无合作目标距离测程可达 1000m，可广泛用于地籍测量、房产测量和施工测量等。

（4）智能型全站仪（Robotic Total Station）。在自动化全站仪的基础上，仪器安装自动目标识别与照准的新功能，因此在自动化的进程中，全站仪进一步克服了需要人工照准目标的重大缺陷，实现了全站仪的智能化。在相关软件的控制下，智能型全站仪在无人干预的条件下可自动完成多个目标的识别、照准与测量。因此，智能型全站仪又称为"测量机器人"，典型的代表有徕卡的 TCA 型全站仪等。

按测距仪测距全站仪可以分为三类：

（1）短距离测距全站仪。测程小于 3km，一般精度为 ± （5mm+5×10^{-6}），主要用于普通测量和城市测量。

（2）中测程全站仪。测程为 3~15km，一般精度为 ± （5mm+2×10^{-6}）、± （2mm+2×10^{-6}），通常用于一般等级的控制测量。

（3）长测程全站仪。测程大于 15km，一般精度为 ± （5mm+1×10^{-6}），通常用于国家三角网及特级导线的测量。

第 2 章　高层建筑深基坑工程

教学提示：基坑工程是为保护基坑施工、地下结构的安全和周边环境不受损害而采取的支护、基坑土体加固、地下水控制、土方开挖与回填等工程的总称，包括勘察、设计、施工、开挖、监测等。

教学要求：本章对基坑工程的概念及现状、特点、设计内容、设计依据、设计计算方法进行概述，介绍高层建筑深基坑工程勘察、设计、施工、开挖、监测的方法。要求重点掌握深基坑工程的支护类型、方法选择及设计、施工工艺、监测方法。

2.1　基坑工程概述

2.1.1　基坑工程概念、特点、产生事故的原因及现状

1. 基本概念

基坑工程是为了保护基坑施工、地下结构的安全和周边环境不受损害而采取的支护、基坑土体加固、地下水控制、土方开挖与回填等工程的总称，包括勘察、设计、施工、开挖、监测等流程。基坑工程是集地质工程、岩土工程、结构工程和岩土测试技术于一身的系统工程。其主要内容：工程勘察、支护结构设计与施工、土方开挖与回填、地下水控制、信息化施工及施工安全及周边环境保护等。

2. 特点

（1）基坑工程具有较大的风险性。基坑支护体系一般为临时措施，其荷载、强度、变形、防渗、耐久性等方面的安全储备较小。

（2）基坑工程具有明显的区域特征。不同区域具有不同的工程地质和水文地质条件，即使同一城市也可能会有较大差异。

（3）基坑工程具有明显的环境保护特征。基坑工程的施工会引起周围地下水位变化和应力场的改变，导致周围土体的变形，对相邻环境会产生影响。

（4）基坑工程理论尚不完善。基坑工程是岩土、结构及施工相互交叉的科学，且受到多种复杂因素相互影响，其在土压力理论、基坑设计计算理论等方面尚待进一步发展。

（5）基坑工程具有很强的个体特征。基坑所处区域地质条件的多样性，基坑周边环境的复杂性、基坑形状的多样性、基坑支护形式的多样性，决定了基坑工程具有明显的个体特征。

3. 导致基坑工程事故的主要原因

1）设计理论不完善。许多计算方法尚处于半经验阶段，理论计算结果尚不能很好反映工程实际情况。

2）设计者概念不清、方案不当、计算漏项或错误。

3）设计、施工人员经验不足。实践表明，工程经验在决定基坑支护设计方案和确保施

工安全中起着举足轻重的作用。

4. 现状

我国 20 世纪 70 年代以前的基坑都比较浅，如上海多层、高层建筑均为 4m 深的单层地下室。北京 20 世纪 70 年代地铁建设出现 20m 深的基坑，20 世纪 80 年代后广东、上海、天津等城市的深基坑工程陆续增加，21 世纪以来，我国高层建筑发展迅速，各类深基坑工程层出不穷，特别是 2018 年建成的上海佘山世茂洲际酒店（世茂深坑酒店），深坑酒店共 19 层，其中坑表以上 3 层，地平面下 16 层（其中水面以下 2 层），总建筑面积约 6 万 m^2，刷新了人们对深基坑工程基坑深度的传统观念。我国在 20 世纪 90 年代后期开始编制基坑支护技术规程，1999 年行业标准《建筑基坑支护技术规程》编制完成，现修订为《建筑基坑支护技术规程》（JGJ 120—2012）。《建筑地基基础设计规范》（GB 50007—2011）有"基坑工程"一章，而新修订的《建筑边坡工程技术规范》（GB 50330—2013）是目前国内第一本较完整、系统的建筑边坡（含基坑）工程技术标准。

实践表明，基坑工程这个历来被认为是实践性很强的岩土工程问题，发展至今天，已迫切需要理论来指导、充实、完善。基坑的稳定性、支护结构的内力和变形以及周围地层的位移对周围建筑物和地下管线等的影响及保护的计算分析，有关稳定、变形的理论，对解决这类实际工程问题仍然有非常重要的指导意义。所以，目前在工程实践中采用理论导向、量测定量和经验判断三者相结合的方法。基坑工程的理论，包括考虑应力路径的作用、土的各向异性、土的流变性、土的扰动、土与支护结构的共同作用理论、有限单元法、系统工程等，逐渐形成专门的学科——基坑工程学。

2.1.2 支护结构类型

支护结构由挡土结构、支撑结构组成。当支护结构不能起到止水作用时，可同时设置止水帷幕或采取坑内外降水。

1. 基坑支护结构的分类

基坑支护结构可以分为桩墙式支护结构和实体重力式支护结构两大类。

（1）桩墙式支护结构。桩墙式支护结构常采用钢板桩、钢筋混凝土板桩、柱列式灌注桩、地下连续墙等。支护桩、墙插入坑底土中一定深度，上部呈悬臂或设置锚撑体系。此类支护结构应用广泛，适用性强，易于控制支护结构的变形，尤其适用于开挖深度较大的深基坑，并能适应各种复杂的地质条件，设计计算理论较为成熟，各地区的工程经验也较多，是基坑工程中经常采用的主要形式。

（2）实体重力式支护结构。实体重力式支护结构常采用水泥土搅拌桩挡墙、高压旋喷桩挡墙、土钉墙等。此类支护结构截面尺寸较大，依靠实体墙身的重力起挡土作用，按重力式挡土墙的设计原则计算。墙身也可设计成格构式或阶梯形等多种形式，无锚拉或内支撑系统，土方开挖施工方便，适用于小型基坑工程。土质条件较差时，基坑开挖深度不宜过大。土质条件较好时，水泥搅拌工艺使用受限制。土钉墙结构适应性较大。

2. 常用的支护结构形式

挡土结构和支撑结构的常用形式如图 2-1 和图 2-2 所示。

2.1.3 基坑工程设计内容

1. 基坑支护结构设计的极限状态

基坑支护结构设计应满足两种极限状态的要求。

（1）承载能力极限状态。基坑工程的承载能力极限状态要求不出现以下各种状况：

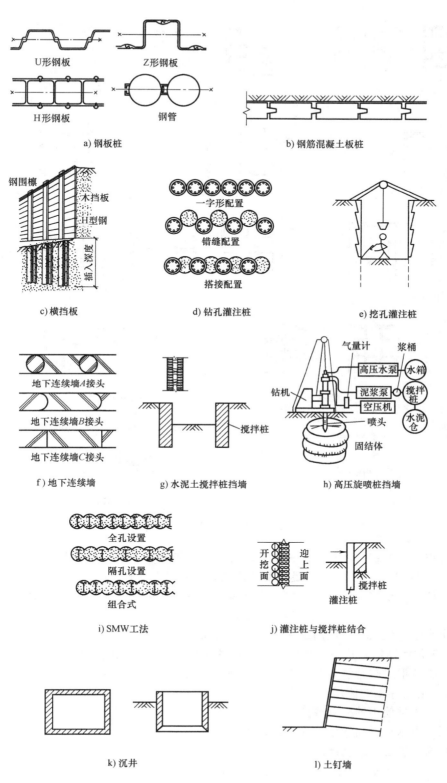

图 2-1　挡土结构的类型

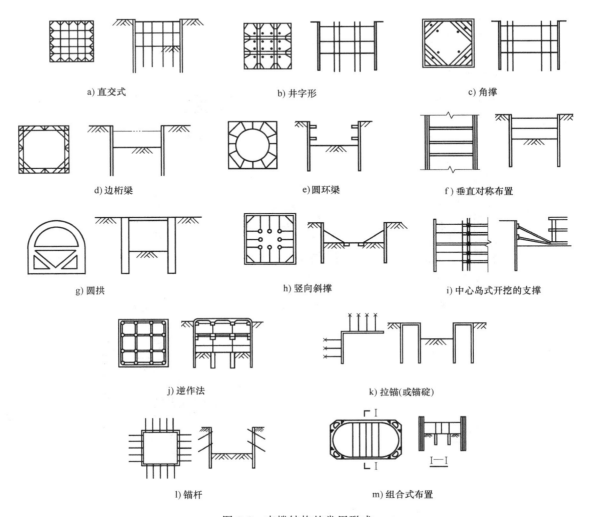

图 2-2　支撑结构的常用形式

1）支护结构的结构性破坏——挡土结构、锚撑结构折断、压屈失稳，锚杆的断裂、拔出，挡土结构地基基础承载力不足等使结构失去承载能力的破坏形式。

2）基坑内外土体失稳——基坑内外土体整体滑动，坑底隆起，结构倾倒或踢脚等破坏形式。

3）止水帷幕失效——坑内出现管涌、流土或流砂。

（2）正常使用极限状态。基坑的正常使用极限状态要求不出现以下各种状况：

1）基坑变形影响基坑正常施工、工程桩产生破坏或变位；影响相邻地下结构、相邻建筑、管线、道路等正常使用。

2）影响正常使用的外观或变形。

3）因地下水抽降而导致过大的地面沉降。

2. 基坑支护结构的设计内容

1）支护结构体系的选型及地下水控制方式。

2）支护结构的强度和变形计算。

3）基坑内外土体稳定性计算。

4）基坑降水、止水帷幕设计。

5）基坑施工监测设计及应急措施的制定。

6）施工期可能出现的不利工况验算。

以上设计内容，可以分成三个部分：其一是支护结构的强度变形和基坑内外土体稳定性设计；其二是对基坑地下水的控制设计；其三是施工监测，包括对支护结构的监测和周边环境的监测。

软土地区的深基坑坑底以下土层较软，加固坑内被动区土体，可减小支护桩入土深度、基坑变形。加固范围由计算或类似工程经验确定。加固的方法常用喷射注浆、深层搅拌。深层搅拌局部加固的形式如图 2-3 所示。

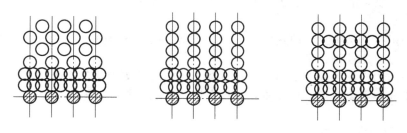

图 2-3　深层搅拌局部加固的形式

2.1.4　基坑工程设计依据

1）岩土工程勘察报告。区别基坑工程的安全等级进行专门的岩土工程勘察，或与主体建筑勘察一并进行，但应满足基坑工程勘察的深度和要求。区别基坑工程的规模和地质环境条件复杂程度进行分阶段勘察和施工勘察。具体要求详见有关章节。

2）建筑总平面图、工程用地红线图、地下工程的建筑、结构设计图。

3）邻近建筑物的平面位置，基础类型及结构图、埋深及荷载，周围道路、地下设施、市政管道及通信工程管线图、基坑周围环境对基坑支护结构系统的设计要求。

在基坑工程的设计中，支护结构、降水井、观测井及止水帷幕、锚拉系统等构件，均不得超越工程用地红线范围。

2.1.5　支护结构设计计算方法综述

实体重力式支护结构按重力式挡土墙的设计原则计算，主要涉及支承挡墙自重的地基承载力及稳定验算，而稳定验算以条分法为主。

桩墙式支护结构必须按土与支护结构共同作用的原则进行设计计算，即结构内力与支护结构的刚度、岩土体变形有关。按土与支护结构共同作用的原则进行分析是一个较难的课题，即使采用有限元法（考虑因素多，如模拟开挖过程；得到的结果也多，如可得到坑周土位移），由于土性是复杂多变的，选择完全符合工程特点的土的计算参数是十分困难的；另外，基坑支护结构与土共同工作的条件远较一般基础工程复杂。

目前，支护结构计算的静力平衡法和等值梁法还在广泛使用于桩墙式支护结构。这些方法都未考虑土与结构的相互作用，显然只是在特定条件下方可使用——实际应仅用于地层条件及环境条件较好的小型基坑。

用于桩墙式支护结构的弹性抗力法，又称为侧向弹性地基反力法、地基反力法、土抗力法、竖向弹性地基梁的基床系数法等，属于承受水平荷载的弹性地基梁分析的范畴，能较好地反映基坑开挖和回填过程各种工况和复杂情况对支护结构受力的影响，例如：施工过程中基坑开挖、支撑设置、失效或拆除、荷载变化、预加压力、墙体刚度改变、与主体结构板、墙的结合方式、内撑式挡土结构基坑两侧非对称荷载等的影响；结构与地层的相互作用及开挖过程中土体刚度变化的影响；支护结构的空间效应及支护结构与支撑系统的共同作用；反映施工过程及施工完成后的使用阶段墙体受力变化的连续性。因此对于地层软弱、环境保护要求高的基坑、多支点支护结构或空间效应明显的支护结构，宜采用弹性抗力法。弹性抗力法的计算精度主要取决于一些基本计算参数的取值是否符合实际，如墙背和墙前土压力的分布、支撑的刚度等。各地可通过地区经验加以完善；还需注意在淤泥质地层中，由于难以反映土体的流变特性，计算的墙体水平位移可能偏小，应通过工程实践予以调整。弹性抗力法可求得较为符合实际的内力及变形，但仍无法考虑非线性的条件，也无法求得基坑周围地面的沉降。

因此，必须根据基坑支护的具体方法，分析支护结构各部分与土的相互作用条件，选取适当的算法，才能比较符合实际。

影响支护结构变形和地面变形的因素复杂，目前尚无实用的理论计算方法可用于工程实践，在工程设计中主要依据设计经验和工程类比及采取控制性措施解决。

2.2　基坑工程勘察

本节针对基坑工程，介绍《建筑边坡工程技术规范》（GB 50330—2013）相关内容。勘察是准确认识基坑的需要，是基坑工程设计的依据，也是基坑工程事故的多发点。因此，规范规定建筑边坡（含基坑）应做专门的岩土工程勘察；大型的和地质环境条件复杂的边坡宜分阶段勘察；地质环境复杂的一级边坡工程应进行施工勘察。当某边坡作为主体建筑的环境时要求进行专门性的边坡勘察，往往是不现实的，此时对于二级、三级边坡也可结合对主体建筑场地勘察一并进行的。岩土体的变异性一般都比较大，对于复杂的岩土边坡很难在一次勘察中就将主要的岩土工程问题全部查明；而且对于一些大型边坡，设计往往也是分阶段进行的。当地质环境条件复杂时，岩土差异性就表现得更加突出，往往即使进行了初勘、详勘还不能准确地查明某些重要的岩土工程问题，这时进行施工勘察就很重要。

建筑边坡的勘探范围应包括不小于岩质边坡高度或不小于1.5倍土质边坡高度以及可能对建（构）筑物有潜在安全影响的区域。控制性勘探孔的深度应穿过最深潜在滑动面进入稳定层不小于5m，并应进入坡脚地质剖面最低点和支护结构基底下不小于3m。

（1）边坡工程勘察报告应包括下列内容。

1）在查明边坡工程地质和水文地质条件的基础上，确定边坡类别和可能的破坏形式。

2）提供验算边坡稳定性、变形和设计所需的计算参数值。

3）评价边坡的稳定性，并提出潜在的不稳定边坡的整治措施和监测方案的建议。

4）对需进行抗震设防的边坡应根据区划提供设防烈度或地震动参数。

5）提出边坡整治设计、施工注意事项的建议。

6）对所勘察的边坡工程是否存在滑坡（或潜在滑坡）等不良地质现象，以及开挖或构筑的适宜性做出结论。

7）对安全等级为一级、二级的边坡工程应提出沿边坡开挖线的地质纵、横剖面图。地质环境条件复杂、稳定性较差的边坡宜在勘察期间进行变形监测，并宜设置一定数量的水文长观孔。

岩土的抗剪强度指标应根据岩土条件和工程实际情况确定，并与稳定性分析时所采用的计算方法相配套。

（2）边坡工程勘察前应取得以下资料。

1）附有坐标和地形的拟建边坡支挡结构的总平面布置图。

2）拟建支挡结构的性质、结构特点及拟采取的基础形式、尺寸和埋置深度。

3）边坡高度、坡底标高和边坡平面尺寸。

4）拟建场地的整平标高和挖方、填方情况。

5）场地及其附近已有的勘察资料和边坡支护形式与参数。

6）边坡及其周边地区的场地等环境条件资料。

分阶段进行勘察的边坡，宜在搜集已有地质资料的基础上先进行工程地质测绘。测绘工作宜查明边坡的形态、坡角、结构面产状和性质等，测绘范围应包括可能对边坡稳定有影响的所有地段。

（3）边坡工程勘察应查明下列内容。

1）地形地貌特征。

2）岩土的类型、成因、性状、覆盖层厚度、基岩面的形态和坡度、岩石风化和完整程度。

3）岩、土体的物理力学性能。

4）主要结构面特别是软弱结构面的类型和等级、产状、发育程度、延伸程度、结合程度、风化程度、充填状况、充水状况、组合关系、力学属性和与临空面的关系。

5）气象、水文和水文地质条件。

6）不良地质现象的范围和性质。

7）坡顶邻近（含基坑周边）建（构）筑物的荷载、结构、基础形式和埋深，地下设施的分布和埋深。

边坡工程勘探宜采用钻探、坑（井）探和槽探等方法，必要时可辅以硐探和物探方法。

勘探线应垂直边坡走向布置，详勘的线、点间距可按规范表或地区经验确定，且每一单独边坡段勘探线不宜少于两条，每条勘探线不应少于两个勘探孔。

主要岩土层和软弱层应采集试样进行物理力学性能试验，土的抗剪强度指标宜采用三轴试验获取。每层岩土主要指标的试样数量：土层不应少于六个，岩石抗压强度不应少于九个。岩体和结构面的抗剪强度宜采用现场试验确定。对有特殊要求的岩质边坡宜做岩体流变试验（岩石在静载作用下随时间推移而强度降低的现象称为流变效应）。

边坡岩土工程勘察工作中的探井、探坑和探槽等，在野外工作完成后应及时封填密实。当需要时，可选部分钻孔埋设地下水和边坡的变形监测设备，其余钻孔应及时封堵。建筑边坡工程的气象资料收集、水文调查和水文地质勘查应满足下列要求：

1）收集相关气象资料、最大降雨强度和十年一遇最大降水量，研究降水对边坡稳定性的影响。

2）收集历史最高水位资料，调查可能影响边坡水文地质条件的工业和市政管线、江河等水源因素，以及相关水库水位调度方案资料。

3）查明对边坡工程产生重大影响的汇水面积、排水坡度、长度和植被等情况。

4）查明地下水类型和主要含水层分布情况。

5）查明岩体和软弱结构面中地下水情况。

6）调查边坡周围山洪、冲沟和河流冲淤等情况。

7）论证孔隙水压力变化规律和对边坡应力状态的影响。建筑边坡勘察应提供必需的水文地质参数，在不影响边坡安全的条件下，可进行抽水试验、渗水试验或压水试验等。

建筑边坡勘察除应进行地下水力学作用和地下水物理、化学作用的评价以外，还宜考虑雨季和暴雨的影响。

2.3 地下水控制

2.3.1 高层建筑深基坑地下水控制

地下水控制就是为保证支护结构、基坑开挖、地下结构的正常施工，防止地下水变化对基坑周边环境产生影响所采用的截水、降水、排水、回灌等措施。地下水控制通常有两种做法：集水坑排水与井点法排水。

1. 集水坑排水

集水坑排水（图2-4）是施工中应用最普遍的排水方法，又称为表面排水法。在基坑开挖时，坑底四周挖好边沟，并挖1或2个集水井，使坑内积水由边沟流至集水井，然后由集水井用抽水机向外排水。要求排水能力要大于基坑的渗水量，因此，施工前必须对基坑的渗水量进行估算，以便正确拟定排水措施，配足排水设备。

2. 井点法排水

井点法排水，通常也称为人工降低地下水位法或井点降水法（图2-5），是在基坑开挖前，在基坑四周埋设一定数量的滤水管（井），利用抽水设备抽水使所挖的土始终保持干燥状态的方法。井点降水法所采用的井点类型有：轻型井点、喷射井点、电渗井点、管井井点、深井井点等。

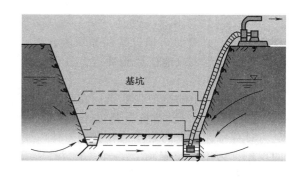

图 2-4 集水坑排水

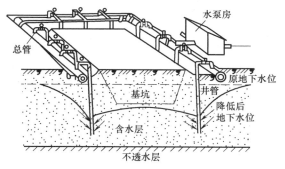

图 2-5 井点降水

基坑渗水量的大小与土的透水性、基坑内外的水头差、基坑坑壁围护结构的种类及基坑渗水面积等因素有关。估算渗水量的方法有两种：一是通过抽水试验；另一种是利用经验公式估算。前者是在工地的试坑或钻孔中，进行直接的抽水试验，其所得的数据比较可靠，但试验费事，而且要在工地现场进行。后者方法简便，但估算结果准确性差。

地下水控制的设计和施工应满足支护结构设计要求，根据场地及周边工程地质条件、水文地质条件和环境条件并结合基坑支护和基础施工方案综合分析、确定。地下水控制方法详细可分为集水明排、降水、截水和回灌等形式单独或组合使用。

在地下水位高的地区开挖较深的基坑，如无能挡水的支护结构，多数要降水。对软土地区的深基坑，即便设有挡水的支护结构，基坑外的地下水不会流入基坑，但为了便于机械挖土，也多需在挖土前进行坑内降水，同时降水后能提高被动土压力，有利于支护结构的稳定和减少变形。其中，井点降水是使用较多的地下水控制方法：在基坑开挖前，预先在基坑四周埋设一定数量下部带滤管的井点管，在基坑开挖前和开挖过程中，利用真空设备不断抽取地下水，使地下水位降至坑底以下，不使地下水在基坑开挖过程中流入坑内。

3. 地下水控制方法选择

在软土地区，当基坑开挖深度超过 3m 时，一般就要采取井点降水。地下水控制方法有多种，适用条件见表 2-1。选择降水方法时，应根据土层情况、降水深度、周围环境、支护结构种类等综合考虑，当因降水而危及基坑及周边环境安全时，宜采用截水或者回灌方法。

表 2-1　地下水控制方法适用条件

方法名称		土　类	渗透系数 /(m/d)	降水深度 /m	水文地质特征
降水	集水明排		7.0~20.0	<5	
	真空井点	填土、粉土、黏性土、砂土	0.1~20.0	单级<6 多级<20	上层滞水或水量不大的潜水
	喷射井点		0.1~20.0	<20	
	管井	粉土、砂土、碎石土、可溶岩、破碎带	1.0~200.0	>5	含水丰富的潜水、承压水、裂隙水
截水		黏性土、粉土、砂土、碎石土、岩溶土	不限	不限	
回灌		填土、粉土、砂土、碎石土	0.1~200.0	不限	

当基坑底为隔水层且层底作用有承压水时，应进行坑底突涌验算，必要时可以采取水平封底隔渗或钻孔减压措施，保证坑底土层稳定。否则一旦发生突涌，将会给施工带来很大隐患和质量安全事故。

水井按照水井底部是否达到不透水层及进水条件可以分为完整井和非完整井。完整井是指贯穿整个含水层，在全部含水层厚度上都安装有过滤器并能全断面进水的井。非完整井是未完全揭穿整个含水层，或揭穿整个含水层，但只有部分含水层厚度上进水的井。

按照地下水是否有压力可以分为承压井和潜水井，如图 2-6 所示。埋藏在上、下两个稳定隔水层之间的水称为承压水。井口的位置低于承压水水位的称为自流井。井口位置高于承压水水位的称为承压井。钻到潜水中的井是潜水井。潜水受重力影响，具有一个自由水面（即随潜水量的多少上下浮动），一般由高处向低处渗流。

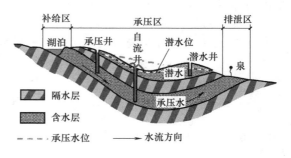

图 2-6　承压井和潜水井

计算假定：

1）含水层均质各向同性。

2）水流为层流。

3）水流为稳定流。

4）水井出水量不随时间而变化。

根据《建筑基坑支护技术规程》（JGJ 120—2012），基坑涌水量的计算方法如下：

均质含水层潜水完整井的基坑降水总涌水量可按下式计算（图 2-7）：

$$Q = \pi k \frac{(2H - s_d) s_d}{\ln\left(1 + \dfrac{R}{r_0}\right)} \tag{2-1}$$

式中　　Q——基坑降水总涌水量（m^3/d）；

　　　　k——渗透系数（m/d）；

　　　　H——潜水含水层厚度（m）；

　　　　s_d——基坑地下水位的设计降深（m）；

　　　　R——降水影响半径（m）；

　　　　r_0——基坑等效半径（m）；可按 $r_0 = \sqrt{A/\pi}$ 计算；

　　　　A——基坑面积（m^2）。

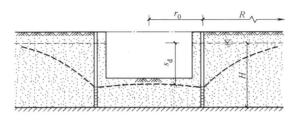

图 2-7　均质含水层潜水完整井的基坑降水总涌水量计算

均质含水层潜水非完整井的基坑降水总涌水量可按下式计算（图 2-8）：

$$Q = \pi k \frac{H^2 - h^2}{\ln\left(1 + \dfrac{R}{r_0}\right) + \dfrac{h_\text{m} - l}{l}\ln\left(1 + 0.2\,\dfrac{h_\text{m}}{r_0}\right)}$$

（2-2）

$$h_\text{m} = \frac{H + h}{2}$$

（2-3）

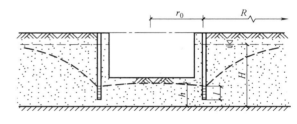

图 2-8　均质含水层潜水非完整井的基坑降水总涌水量计算

式中　　h——降水后基坑内的水位高度（m）；

　　　　l——过滤器进水部分的长度（m）。

均质含水层承压水完整井的基坑降水总涌水量可按下式计算（图 2-9）：

$$Q = 2\pi k \frac{M s_\text{d}}{\ln\left(1 + \dfrac{R}{r_0}\right)}$$

（2-4）

式中　　M——承压水含水层厚度（m）。

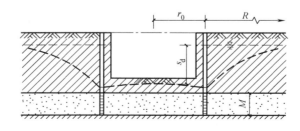

图 2-9　按均质含水层承压水完整井的基坑降水总涌水量计算

均质含水层承压水非完整井的基坑降水总涌水量可按下式计算（图 2-10）：

$$Q = 2\pi k \frac{Ms_{d}}{\ln\left(1+\dfrac{R}{r_0}\right)+\dfrac{M-l}{l}\ln\left(1+0.2\dfrac{M}{r_0}\right)} \tag{2-5}$$

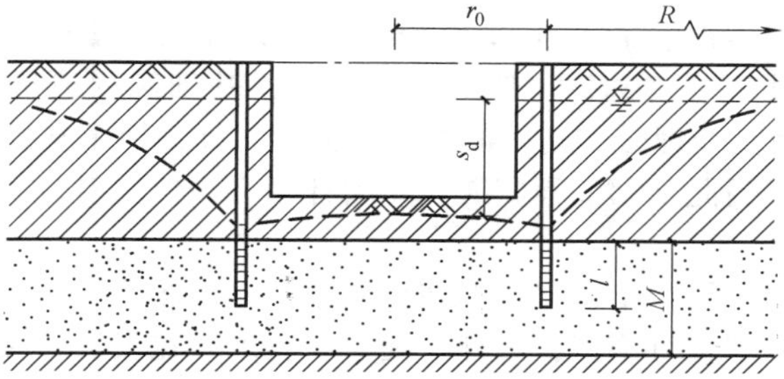

图 2-10　均质含水层承压水非完整井的基坑降水总涌水量计算

均质含水层承压-潜水完整井的基坑降水总涌水量可按下式计算（图 2-11）：

$$Q = \pi k \frac{(2H_0-M)M-h^2}{\ln\left(1+\dfrac{R}{r_0}\right)} \tag{2-6}$$

式中　H_0——承压水含水层的初始水头。

2.3.2　流砂成因及防治

流砂是土体的一种现象，通常细颗粒、颗粒均匀、松散、饱和的非黏性土容易发生这个现象。流砂的形成是多种多样的，但它对建筑物的安全和正常使用影响极大。可以通过预防等手段制止流砂现象。

当基坑开挖到地下水位以下时，有时坑底土会进入流动状态，随地下水涌入基坑，这种现象称为流砂现象。此时，基底土完全丧失承载能力，施工条件恶化，严重时会造成边坡塌方，甚至危及邻近建筑物。

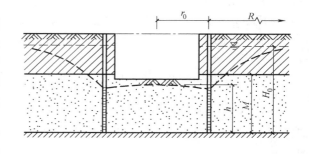

图 2-11　均质含水层承压-潜水完整井的基坑涌水量计算

1. 形成原因

产生流砂现象的原因有内因和外因。

内因：取决于土的性质。当土的孔隙比大、含水率大、黏粒含量少、粉粒多、渗透系数小、排水性能差等均容易产生流砂现象。因此，流砂现象极易发生在细砂、粉砂和亚黏土中，但是否发生流砂现象，还取决于一定的外因条件。

外因：是地下水在土中渗流所产生的动水压力（渗流力）的大小。当单位颗粒土体受到的向上的渗流力大于或等于其自身重力，则土体发生悬浮、移动，流砂形成。

2. 流砂的危害

基础是建筑物十分重要的组成部分。它对建筑物的安全和正常使用影响极大，在实际施工过程中必须结合工程地质条件、建筑材料及施工技术等因素，并将上部结构与地基基础综合考虑，使基础工程安全可靠、经济合理、技术先进，便于施工。在基础施工过程中，如果没有解决好这一问题，基础就会跟着砂层一起流动，发生位移，这样地基基础的持力层就会发生变化，这对建筑物来说是十分有害的，也是绝对不容许有这种现象发生的。实践证明，建筑物的事故很多是与地基基础有关的。例如著名的意大利比萨斜塔的倾斜就是由于地基的不均匀沉降而造成的。我国上海工业展览馆建于 1954 年，总重 10000t，地基为厚 14m 的淤泥软质黏土。建成后，当年地基下沉 0.6m，目前大厅累计沉降量达 1.89m。因此我们在进行施工时，必须要认真处理好基础，一般多层建筑中，基础工程造价约占总造价的 20%～25%，对高层建筑或需地基处理时，则所需费用更大。另外，地基基础属于隐蔽工程，一旦出现事故，不容易处理。因此基础工程实属百年大计，必须慎重对待。

3. 处理对策

随着我国国民经济的发展，不仅要选择在地质条件好的场地上从事建设，而且有时不得不在地质条件不良的地基上进行施工；另外，随着科技的日益发展，结构荷载增大，对变形要求越来越严，因此必须要选择最恰当的地基处理方法来施工。只有充分认识了流砂的形成原因和流砂的危害才能采取切实有效的方法来进行处理。在进行基础施工之前先认真阅读地质勘查报告书，对砂层的厚度、地下水位的高低等地质状况有个比较直观的认识，这样才能便于我们采取何种施工方法来进行施工。

在实际施工过程中，通常处理基础的方法有换土垫层法、深层密实法、排水固结法、化学加固法、加筋法等。

4. 防治流砂途径和措施

由于在细颗粒、松散、饱和的非黏性土中发生流砂现象的主要条件是动水压力的大小和方向。当动水压力方向向上且足够大时，土转化为流砂，而动水压力方向向下时，又可将流砂转化成稳定土。因此，在基坑开挖中，防治流砂的原则"治流砂必先治水"。

防治流砂的主要途径有：减少或平衡动水压力；设法使动水压力方向向下；截断地下水流。其具体措施有：

（1）枯水期施工法。枯水期地下水位较低，基坑内外水位差小，动水压力小，就不易产生流砂。

（2）抢挖并抛大石块法。分段抢挖土方，使挖土速度超过冒砂速度，在挖至标高后立即铺竹、芦席，并抛大石块，以平衡动水压力，将流砂压住。此法适用于治理局部的或轻微的流砂。

（3）设止水帷幕法。将连续的止水支护结构（如连续板桩、深层搅拌桩、密排灌注桩等）打入基坑底面以下一定深度，形成封闭的止水帷幕，从而使地下水只能从支护结构下端向基坑渗流，增加地下水从坑外流入基坑内的渗流路径，减小水力坡度，从而减小动水压力，防止流砂产生。

（4）人工降低地下水位法。采用井点降水法（如轻型井点、管井井点、喷射井点等），使地下水位降低至基坑底面以下，地下水的渗流向下，则动水压力的方向也向下，从而水不能渗流入基坑内，可有效防止流砂的发生。因此，此法应用广泛且较可靠。

此外，采用地下连续墙、压密注浆法、土壤冻结法等，阻止地下水流入基坑，以防止流砂发生。

5. 防治原则

1）减少或消除基坑内外地下水的水头差，例如采取先在基坑范围外以井点降低地下水后开挖，或在不排水基坑内以抓斗等工具进行水下挖土等施工方法。

2）增长渗流路径，例如沿坑壁打入深度超过坑底的板桩，其长度足以使受保护土体内的水头梯度小于临危梯度。

3）在向上渗流出口处地表用透水材料覆盖压重以平衡动水力。

2.4 深基坑工程设计

2.4.1 基坑工程的内容及勘察设计

高层建筑上部结构传到地基上的荷载很大，为此多建造补偿性基础。为了充分利用地下空间，有的设计有多层地下室，所以高层建筑的基础埋深较深，施工时基坑开挖深度较大。

《建筑基坑支护技术规程》（JGJ 120—2012）对基坑支护的定义如下：为保护地下主体结构施工及基坑周边环境的安全，对基坑采用的临时性支挡、加固、保护与地下水控制的措施。

常见的基坑支护形式主要有：排桩、钢板桩、地下连续墙、地连墙+支撑、水泥挡土墙、土钉墙（喷锚支护）、逆作拱墙以及上述两种或者两种以上方式的合理组合等。

支护结构的设计和施工，影响因素众多，如土层种类及其物理力学性能、地下水情况、周围形境、施工条件和施工方法、气候等因素都对支护结构产生影响；再加上荷载取值的精确性和计算理论方面存在的问题，要想使支护结构的设计完全符合客观实际，目前还存在一定的困难。为此，如施工过程稍有疏忽或未严格按照设计规定的工况进行施工，都易产生恶性事故，造成巨大的经济损失和社会影响，并严重拖延工期，在这方面已有不少教训。为此，虽然支护结构多数皆属施工期间挡土、挡水、保护环境等所用的临时结构，但其设计和施工都要采取极其慎重的态度，在保证施工安全的前提下，尽力做到经济合理和便于施工。

1. 勘察内容

基坑支护工程的工程地质勘查一般应与主体结构工程结合起来，除工程主体结构的工程勘察报告应具有的内容外，主要包括以下内容：

1）需要进行基坑设计的工程，勘察时应包括基坑工程勘察的内容。在初步勘察阶段，应根据岩石工程条件，初步判定开挖可能发生的问题和需要采取的支护措施；在详细勘察阶段，应针对基坑工程设计的要求进行勘察；在施工阶段，必要时尚应进行补充勘察。

2）基坑工程勘察的范围和深度应根据场地条件和设计要求确定。勘察深度宜为开挖深度的 2~3 倍，在此深度内遇到坚硬黏性土、碎石土和岩层，可根据岩土类别和支护设计要求减少深度。勘察的平面范围宜超出开挖边界外开挖深度的 2~3 倍。在深厚软土区，勘察深度和范围尚应适当扩大。在开挖边界外，勘察手段以调查研究、搜集已有资料为主，复杂场地和斜坡场地应布置适量的勘察点。在受基坑开挖影响和可能设置支护结构的范围内，应查明岩土分布，分层提供支护设计所需的抗剪强度指标。土的抗剪强度试验方法，应与基坑工程设计要求一致，符合设计采用的标准，并应在勘察报告中说明。

3）当场地水文地质条件复杂，在基坑开挖过程中需要对地下水进行治理（降水或者隔渗）时，应进行专门的水文地质勘查。

4）当基坑开挖可能产生流砂、流土、管涌等渗透性破坏时，应有针对性地进行勘察，分析评价其产生的可能性及对工程的影响。当基坑开挖过程中有渗流时，地下水的渗流作用宜通过渗流计算确定。

5）基坑工程勘察，应进行环境状况调查，查明邻近建筑物和地下设施的现状、结构特点以及对开挖变形的承受能力。在城市地下管网密集分布区，可通过地理信息系统或其他档案资料链接管线的类别、平面位置、埋深和规模，必要时应采用有效方法进行地下管线探测。

6）在特殊性岩土分布区进行基坑工程勘察时，可根据规范相应规定进行勘察，对软土的蠕动和长期强度，软土和极软土的失水崩解，膨胀土的膨胀性和裂隙性以及非饱和土增湿软化等对基坑的影响进行分析和评价。

7）基坑工程勘察，应根据开挖深度、岩土和地下水条件以及环境要求，对基坑边坡的处理方式提出建议。

8）边坡的局部稳定性、整体稳定性和坑底抗隆起稳定性。坑底和侧壁的渗透稳定性，挡土结构和边坡可能发生的变形，降水效果和降水对环境的影响，开挖和降水对邻近建筑物和地下设施的影响。

9）与基坑开挖有关的场地条件、土质条件和工程条件在勘察报告中要提出处理方式、计算参数和支护结构选型的建议，提出地下水控制方法、计算参数和施工控制的建议，提出施工中可能遇到的问题的防治措施以及环境保护和监测工作的建议。

10）地下障碍物勘察包括是否存在旧建（构）筑物的基础和桩，是否存在废弃的地下室、水池、设备基础、人防工程、废井、驳岸等，是否存在厚度较大的工业垃圾和建筑垃圾。

11）基坑周围邻近建筑物状况调查主要包括周围建筑物的分布及其与基坑边线的距离，周围建（构）筑物的上部结构形式、基础结构及埋深、有无桩基和对沉降差异的敏感程度，需要时要收集和参阅有关设计图和设计文件。

12）基坑周围地下管线状况调查主要包括煤气管道、上下水管道、电缆等。

2．基坑支护结构的设计内容及原则

基坑支护结构设计应从稳定、强度和变形三个方面满足设计要求。稳定指基坑周围土体的稳定性，即不发生土体的滑动破坏，因渗流造成流砂、流土、管涌以及支护结构、支撑体系的失稳。强度指支护结构，包括支撑体系或锚杆结构的强度应满足构件强度和稳定设计的要求。变形指因基坑开挖造成的地层移动及地下水位变化引起的地面变形，不得超过基坑周围建筑物、地下设施的变形允许值，不得影响基坑工程基桩的安全或地下结构的施工。基坑工程施工过程中的监测应包括对支护结构和对周边环境的监测。

（1）基坑支护结构设计的主要内容。基坑支护结构设计的主要内容包括：支护结构体系的方案和技术经济比较；基坑支护体系的稳定性验算；支护结构的强度、稳定和变形计算；地下水控制设计；对周边环境影响的控制设计；基坑土方开挖方案；基坑工程的监测要求。

随基坑开挖，通过对支护结构桩、墙及其支撑系统的内力、变形的测试，掌握其工作性能和状态。通过对影响区域内的建筑物、地下管线的变形监测，了解基坑降水和开挖过程中对其影响的程度，做出在施工过程中基坑安全性的评价。

（2）基坑支护结构设计的原则。

1）安全可靠。

2）经济合理。

3）便利施工。

根据《建筑基坑支护技术规程》（JGJ 120—2012），基坑支护作为一个结构体系，应要满足稳定和变形的要求，即通常规范所说的承载能力极限状态和正常使用极限状态。所谓承载能力极限状态，对基坑支护来说就是支护结构破坏、倾倒、滑动或周边环境的破坏，出现较大范围的失稳，一般的设计要求是不允许支护结构出现这种极限状态的。而正常使用极限状态则是指支护结构的变形或是由于开挖引起周边土体产生的变形过大，影响正常使用，但未造成结构的失稳。因此，基坑支护设计相对于承载力极限状态要有足够的安全系数，不致使支护产生失稳，而在保证不出现失稳的条件下，还要控制位移量，不致影响周边建筑物的安全使用。作为设计的计算理论，不但要能计算支护结构的稳定问题，还应计算其变形，并根据周边环境条件，控制变形在一定的范围内。一般的支护结构位移控制以水平位移为主，主要是水平位移较直观，易于监测。水平位移控制与周边环境的要求有关，这就是通常规范中所谓的基坑安全等级的划分，对于基坑周边有较重要的构筑物需要保护的，则应控制小变形，此即为通常的一级基坑的位移要求；对于周边空旷，无构筑物需保护的，则位移量可大一些，理论上只要保证稳定即可，此即为通常所说的三级基坑的位移要求；介于一级和三级之间的，则为二级基坑的位移要求。

3. 基坑支护结构的安全等级

根据《建筑基坑支护技术规程》（JGJ 120—2012），基坑支护设计时，应综合考虑基坑周围环境和地质条件的复杂程度、基坑深度等因素，对同一基坑的不同部位，可采用不同的安全等级（表 2-2）。

表 2-2　支护结构的安全等级

安全等级	破 坏 后 果
一级	支护结构失效、土体过大变形对基坑周边环境或主体结构施工安全的影响很严重
二级	支护结构失效、土体过大变形对基坑周边环境或主体结构施工安全的影响严重
三级	支护结构失效、土体过大变形对基坑周边环境或主体结构施工安全的影响不严重

基坑支护是一种特殊的结构方式，具有很多的功能。不同的支护结构适应于不同的水文地质条件，因此，要根据具体问题，具体分析，从而选择经济、适用、安全的支护结构。

（1）承载能力极限状态设计。承载能力极限状态表现形式：

1）支护结构构件或连接因超过材料强度而破坏，或因过度变形而不适于继续承受荷载或出现压屈、局部失稳。

2）支护结构及土体整体滑移。

3）坑底土体隆起而失稳。

4）对支挡式结构，坑底土体丧失嵌固能力而使支护结构推移或倾覆。

5）对锚拉式支挡结构或土钉墙，土体丧失对锚杆或土钉的锚固能力。

6）重力式水泥土墙整体倾覆或滑移。

7）重力式水泥土墙、支挡式结构因其持力土层丧失承载能力而破坏。

8）地下水渗流引起的土体渗透破坏。

支护结构、基坑周边建筑物和地面沉降、地下水控制的计算和验算应采用下列设计表达式：

1）支护结构构件或连接因超过材料强度或过度变形的承载能力极限状态设计，应符合式（2-7）的要求：

$$\gamma_0 S_d \leqslant R_d \tag{2-7}$$

式中　γ_0——支护结构重要性系数，按照规程规定采用；

S_d——作用基本组合的效应（轴力、弯矩等）设计值；

R_d——结构构件的抗力设计值。

对临时性支护结构，作用基本组合的效应设计值应按照式（2-8）确定：

$$S_d = \gamma_F S_k \tag{2-8}$$

式中　γ_F——作用基本组合的综合分项系数，按照规程规定采用；

S_k——作用标准组合的效应。

2）整体滑动、坑底隆起、挡土构件嵌固段推移、锚杆与土钉拔动、支护结构倾覆与滑移、土体渗透破坏等稳定性计算和验算，均应符合式（2-9）的要求：

$$\frac{R_k}{S_k} \geqslant K \qquad (2\text{-}9)$$

式中　R_k——抗滑力、抗滑力矩、抗倾覆力矩、锚杆和土钉的极限抗拔承载力等土的抗力标准值；

　　　S_k——滑动力、滑动力矩、倾覆力矩、锚杆和土钉的拉力等作用标准值的效应；

　　　K——稳定性安全系数。

（2）正常使用极限状态。正常使用极限状态表现形式：

1）造成基坑周边建（构）筑物、地下管线、道路等损坏或影响其正常使用的支护结构位移。

2）应地下水位下降、地下水渗流或施工因素而造成基坑周边建（构）筑物、地下管线、道路等损坏或影响其正常使用的土体变形。

3）影响主体地下结构正常施工的支护结构位移。

4）影响主体地下结构正常施工的地下水渗流。

由支护结构的位移、基坑周围建筑物和地面沉降等控制的正常使用极限状态设计，应符合式（2-10）的要求：

$$S_d \leqslant C \qquad (2\text{-}10)$$

式中　S_d——作用标准组合的效应（位移、沉降等）设计值；

　　　C——支护结构的位移、基坑周边建筑物和地面沉降的限值。

支护结构构件按照承载能力极限状态设计时，作用基本组合的综合分项系数（γ_F）不应小于1.25。对安全等级为一级、二级、三级的支护结构，其结构重要性系数（γ_0）分别不应小于1.1、1.0、0.9。各类稳定性安全系数（K）应按照《建筑基坑支护技术规程》（JGJ 120—2012）各章的规定取值。

支护结构重要性系数与作用基本组合的效应设计值的乘积（$\gamma_0 S_d$）可采用下列内力设计值表示：

弯矩设计值M：

$$M = \gamma_0 \gamma_F M_k \qquad (2\text{-}11)$$

剪力设计值V：

$$V = \gamma_0 \gamma_F V_k \qquad (2\text{-}12)$$

轴向力设计值N：

$$N = \gamma_0 \gamma_F N_k \qquad (2\text{-}13)$$

式中　M_k——按作用标准组合计算的弯矩值（kN·m）；

　　　V_k——按作用标准组合计算的剪力值（kN·m）；

　　　N_k——按作用标准组合计算的轴向拉力或轴向压力值（kN·m）。

2.4.2　支护结构设计的荷载及其组合

支护结构的荷载应包括下列项目：

1）土压力。

2）水压力（静水压力、渗流压力、承压水压力）。

3）基坑周围的建筑物及施工荷载引起的侧向压力。

4）温度应力。

5）临水支护结构的波浪作用力和水流退落时的渗透力。

6）作为永久结构时的相关荷载。其中，对一般支护结构，其荷载主要是土压力和水压力。

1. 土压力与水压力

准确地确定支护结构上的荷载需要根据土的抗剪强度指标并通过土压力理论进行计算。土力学中土压力计算采用库仑土压力理论和朗肯土压力理论。众多的土力学工作者指出了库仑和朗肯土压力理论的许多不足之处，但至今仍未提出更完善的新理论。

土的抗剪强度指标的影响因素十分复杂，从土层天然状态下经过的应力历史，基坑开挖时的应力路径，排水条件，加载、卸载特性，剪胀、剪缩特性，在试验时直接剪切或三轴剪切，计算时采用总应力法还是有效应力法，都会对土压力值产生很大的影响。如饱和软黏土，采用水土分算或是水土合算其侧向荷载可相差 25%～35%；同时这种软土，采用不固结不排水或是用固结不排水其土压力可相差 30%～40%。库仑和朗肯土压力理论只能计算极限平衡状态下的土压力，而在基坑支护中，当结构的变形不能使土体处于极限平衡状态时，其土压力值可相差 30%～70%。

因此，确定作用在支护结构上的荷载时，要按土与支护结构相互作用的条件确定土压力，采用符合土的排水条件和应力状态的强度指标，按基坑影响范围内的土性条件确定由水土产生的作用在支护结构上的侧向荷载。

大量工程实践结果表明，在基坑支护结构中，当结构发生一定位移时，可按古典土压理论计算主动土压力和被动土压力；当支护结构的位移有严格限制时，按静止土压力取值；当按变形控制原则设计支护结构时，土压力可按支护结构与土相互作用原理确定，也可按地区经验确定；当土层有地下水时，无黏性土一般不考虑出现孔隙水压力，土压力采用水土分算法，总应力、有效应力抗剪强度指标相同；当土层有地下水时，黏性土土压力采用水土合算法、不固结不排水抗剪强度指标，或采用水土分算法、固结不排水抗剪强度指标；当土层有地下水时，一般不考虑渗流作用对土压力的影响；有地区经验时，土压力的分布可按可靠的地区工程经验确定。土压力的水土分算法或是水土合算法涉及的问题比较多，难以做出简单的结论，各地也有各自不同的工程经验，目前工程界较为能够接受上述算法。

（1）静止土压力。静止土压力标准值，可按下式计算：

$$e_{0ik} = \left(\sum_{j=1}^{i} \gamma_j h_j + q \right) K_{0i} \tag{2-14}$$

式中　e_{0ik}——计算点处的静止土压力标准值（kN/m^2）；

　　　γ_j——计算点以上第 j 层土的重度（kN/m^3），地下水位以上取天然重度，地下水位以下取浮重度；

　　　h_j——计算点以上第 j 层土的厚度（m）；

　　　q——地面的均布荷载（kN/m^2）；

　　　K_{0i}——计算点处的静止土压力系数，宜由试验确定，当无试验条件时，对砂土可取 0.34～0.45，对黏性土可取 0.5～0.7。

（2）主动土压力和被动土压力。可按朗肯公式或库仑公式，坑边有超载情况下土压力的计算，以及朗肯公式、库仑公式参见《土力学》相关教材。

（3）水土分算法。水土分算法按朗肯理论计算主动与被动土压力时，按下式计算：

$$e_{aik} = \left(\sum_{j=1}^{i} \gamma_j h_j + q \right) K_{ai} - 2c'_i \sqrt{K_{ai}} + \gamma_w z_i e_{aik} \tag{2-15}$$

$$e_{pik} = \left(\sum_{j=1}^{i} \gamma_j h_j + q \right) K_{pi} + 2c'_i \sqrt{K_{pi}} + \gamma_w z_i \tag{2-16}$$

式中　e_{aik}、e_{pik}——计算点处的主动、被动土压力标准值（kN/m^2），当 $e_{aik} < 0$ 时，$e_{aik} = 0$；

q——地面均布荷载（kN/m^2）；

γ_j——计算点以上第 j 层土的重度（kN/m^3），地下水位以上取天然重度，地下水位以下取浮重度；

h_j——第 j 层土的厚度（m）；

γ_w——水的重度（kN/m^3）；

z_i——地下水位至计算点的深度（m）；

K_{ai}、K_{pi}——计算点处的朗肯主动、被动土压力系数，$K_{ai} = \tan2(45° - 0.5\varphi'_i)$，$K_{pi} = \tan2(45° + 0.5\varphi'_i)$；

c'_i、φ'_i——计算点处土的有效应力（kPa）、抗剪强度指标（°）。

（4）水土合算法。水土合算法按朗肯理论计算主动与被动土压力时，按下式计算：

$$e_{aik} = \left(\sum_{j=1}^{i} \gamma_j h_j + q \right) K_{ai} - 2c_i\sqrt{K_{ai}} \tag{2-17}$$

$$e_{pik} = \left(\sum_{j=1}^{i} \gamma_j h_j + q \right) K_{pi} - 2c_i\sqrt{K_{pi}} \tag{2-18}$$

式中 e_{aik}、e_{pik}——计算点处的主动、被动土压力标准值（kN/m^2），当 $e_{aik} < 0$ 时，$e_{aik} = 0$；

q——地面均布荷载（kN/m^2）；

γ_j——计算点以上第 j 层土的重度（kN/m^3），地下水位以上取天然重度，地下水位以下取饱和重度；

h_j——第 j 层土的厚度（m）；

γ_w——水的重度（kN/m^3）；

K_{ai}、K_{pi}——计算点处的朗肯主动、被动土压力系数，$K_{ai} = \tan2(45° - 0.5\varphi'_i)$，$K_{pi} = \tan2(45° + 0.5\varphi'_i)$；

c_i、φ'_i——计算点处土的总应力（kPa）、抗剪强度指标（°）。

式（2-17）、式（2-18）的主动土压力的分布有临界深度问题，在与地面均布荷载组合时存在不同观点：一是令式（2-17）或式（2-18）等于0，求主动土压力分布的临界深度，从而确定与地面均布荷载组合后的主动土压力分布；二是假设土的主动土压力部分等于0，求主动土压力分布的临界深度，然后再组合两种主动土压力，确定分布。另外，土的土压力与地面均布荷载的土压力，理应分属于永久荷载、可变荷载，荷载设计值组合时应分别乘以分项系数1.2、1.4。因此，土的土压力与地面均布荷载的土压力采取先分别确定二者的分布，再进行标准值或设计值的组合，比较合理。

（5）渗流作用对土压力的影响。在基坑内外存在地下水位差，墙后土体的渗流作用应通过流网分析计算，计算过程比较烦琐，绘制流网通常较困难。

2. 支护结构设计的荷载组合

支护结构设计的荷载组合应按照《建筑结构荷载规范》（GB 50009—2012）与《建筑结构可靠度设计统一标准》（GB 50068—2001），并结合支护结构受力特点进行。但在《建筑边坡工程技术规范》（GB 50330—2013）、《建筑基坑支护技术规程》（JGJ 120—2012）、《建筑地基基础设计规范》（GB 50007—2011）中，支护结构设计的荷载组合并不统一。以下1）~6）为《建筑边坡工程技术规范》（GB 50330—2013）对支护结构设计的规定：

1）按地基承载力确定挡土结构基础底面积及其埋深时，荷载效应组合应采用正常使用极限状态的标准组合，相应的抗力应采用地基承载力特征值。

2）支护结构的稳定性和锚杆锚固体与地层的锚固长度计算时，荷载效应组合应采用承载能力极限状态的基本组合，但其荷载分项系数均取 1.0，组合系数按现行国家标准的规定采用。

3）在确定支护结构截面尺寸、内力及配筋时，荷载效应组合应采用承载能力极限状态的基本组合，并采用现行国家标准规定的荷载分项系数和组合值系数；支护结构的重要性系数 γ_0 参照《建筑边坡工程技术规范》（GB 50330—2013）关于边坡的安全等级划分。安全等级为一级、二级、三级分别取 1.1、1.0、0.9。

4）计算锚杆变形和支护结构水平位移与垂直位移时，荷载效应组合应采用正常使用极限状态的准永久组合。

5）在支护结构抗裂计算时，荷载效应组合应采用正常使用极限状态的标准组合，并考虑长期作用影响。

6）抗震设计（支护结构不进行，编者注）的荷载组合和临时性边坡（使用时间不超过两年；以上 1）~5）针对使用时间超过两年的永久性边坡，编者注）的荷载组合应按现行有关标准执行。

《建筑地基基础设计规范》（GB 50007—2011）关于支护结构设计荷载组合的不同之处：支护结构构件截面设计，按由永久荷载效应控制的基本组合简化规则确定，即

$$S_d = \gamma_F S_k \tag{2-19}$$

式中　S_d——荷载效应基本组合的设计值；

　　　γ_F——综合荷载分项系数，一般不小于 1.25；

　　　S_k——荷载效应的标准组合值。

《建筑基坑支护技术规程》（JGJ 120—2012）关于支护结构设计的荷载组合：结构内力（包括截面弯矩设计值、截面剪力设计值）及支点力的设计值，分别为其计算值乘 $1.25\gamma_0$。其中"计算值"为荷载效应的标准组合值，即荷载用标准值计算支护结构截面弯矩计算值、截面剪力计算值及支点力计算值。"1.25"为与《混凝土结构设计规范》（GB 50010—2010）配套的荷载综合分项系数。

2.4.3　桩墙式支护结构的内力、变形及配筋计算

桩墙式支护结构设计，应按基坑开挖过程的不同深度、基础底板施工完成后逐步拆除支撑的工况设计。

桩墙式支护结构的设计计算包括以下内容：

1）支护桩插入深度的确定。

2）支护结构体系的内力分析和结构强度设计。

3）基坑内外土体的稳定性验算。

4）基坑降水设计和渗流稳定验算。

5）基坑周围地面变形的控制措施。

6）施工监测设计。基坑支护体系的设计是一项综合性很强的设计，应做到设计要求明确，施工工况合理，决不能出现漏项的情况。

桩墙式支护结构可能出现倾覆、滑移、踢脚等破坏现象，也产生很大的内力和变形，其内力与变形计算常用的方法有：极限平衡法和弹性抗力法两种。

1. 极限平衡法

极限平衡法假设基坑外侧土体处于主动极限平衡状态，基坑内侧土体处于被动极限平衡状态，桩在水、土压力等侧向荷载作用下满足平衡条件。常用的有：静力平衡法和等值梁法。静力平衡法和等值梁法分别适用于特定条件；另外，静力平衡法和等值梁法计算支护结

构内力时假设：施工自上而下；上部锚杆内力在开挖下部土时不变；立柱在锚杆处为不动点。

（1）静力平衡法计算悬臂式支护结构。悬臂式支护桩主要靠插入土内深度形成嵌固端，以平衡上部土压力、水压力及地面荷载形成的侧压力。

静力平衡法假设支护桩在侧向荷载作用下可以产生向坑内移动的足够的位移，使基坑内外两侧的土体达到极限平衡状态。悬臂桩在主动土压力作用下，绕支护桩上某一点转动，形成在基坑开挖深度范围外侧的主动区及在插入深度区内的被动区，如图 2-12 所示。

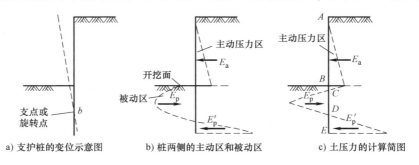

a) 支护桩的变位示意图　　b) 桩两侧的主动区和被动区　　c) 土压力的计算简图

图 2-12　悬臂式支护桩的土压力分布图

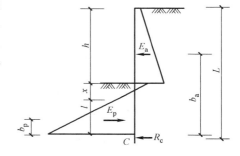

对上述计算图形，H. Blum 建议以图 2-13 的图形代替。在插入深度达到旋转点以下部分的作用以一个单力 R_c 代替，在满足绕桩脚 C 点 $\sum H = 0$，$\sum M_c = 0$ 的条件，求得悬臂桩所需的极限嵌固深度。支护桩的设计长度 L 按下式计算：

$$L = h + x + K \tag{2-20}$$

式中　h——基坑深度；

　　　x——坑底至桩上土压力为零点的距离；

　　　K——经验系数，H. Blum 建议 $K = 1.2$。

图 2-13　悬臂支护桩在无黏性土
中的土压力分布图

由图 2-13 所示的计算简图即可求得桩身各截面的内力，最大弯矩的位置在基坑底面以下，可根据剪力为零的条件确定。

（2）静力平衡法计算锚撑挡土结构。挡土结构入土深度较小或坡脚土体较软弱时，可视挡土结构下端为自由端，用静力平衡法计算插入深度、内力（图 2-14）。

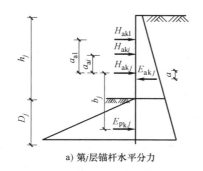
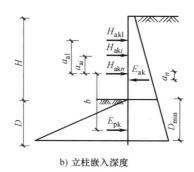

a) 第 j 层锚杆水平分力　　　　　　　　　　b) 立柱嵌入深度

图 2-14　静力平衡法计算简图

锚杆水平分力可按下式计算：

$$H_{akj} = E_{akj} - E_{pkj} - \sum_{i=1}^{j-1} H_{aki} \qquad (2\text{-}21)$$

式中　H_{akj}——相应于作用的标准组合时，第 j 层锚杆水平分力值（kN）；

　　　H_{aki}——相应于作用的标准组合时，第 i 层锚杆水平分力值（kN）；

　　　E_{akj}——相应于作用的标准组合时，挡墙后侧向主动土压力合力值（kN）；

　　　E_{pkj}——相应于作用的标准组合时，坡脚地面以下挡墙前侧向被动土压力合力值（立柱在坡脚地面以下岩土层内的被动侧向压力）（kN）。

最小入土深度 D_{min} 可按下式计算确定：

$$E_{pk}b - E_{ak}a_n - \sum_{i=1}^{n} H_{aki}a_{ai} = 0 \qquad (2\text{-}22)$$

式中　E_{ak}——相应于作用的标准组合时，挡墙后侧向主动土压力合力值（kN）；

　　　E_{pk}——相应于作用的标准组合时，挡墙前侧向被动土压力合力值（kN）；

　　　H_{aki}——相应于作用的标准组合时，第 i 层锚杆水平分力值（kN）；

　　　a_n——E_{ak} 作用点到 H_{akn} 作用点的距离（m）；

　　　b——E_{pk} 作用点到 H_{akn} 作用点的距离（m）；

　　　a_{ai}——H_{aki} 作用点到 H_{akn} 作用点的距离（m）。

立柱入土深度可按下式计算：

$$h_r = \xi h_{r1} \qquad (2\text{-}23)$$

式中　h_r——立柱入土深度（m）；

　　　ξ——增大系数，对一级、二级、三级边坡分别为 1.5、1.4、1.3；

　　　h_{r1}——挡墙最低一排锚杆设置后，开挖高度为边坡高度时立柱的最小入土深度（m）。

立柱的内力可根据锚固力和作用于支护结构上侧压力按常规方法计算。

（3）等值梁法计算锚撑挡土结构。挡土结构入土深度较大或为岩层或坡脚土体较坚硬时，可视立柱下端为固定端，用等值梁法计算插入深度、内力。

对单支点支护桩，如图 2-15d 所示，在 BC 段中弯矩图的反弯点 D 处切断，并在 D 处设置支点形成 AD 梁，则 AD 梁的弯矩将保持不变。因此 AD 梁即为 AC 梁上 AD 段的等值梁。

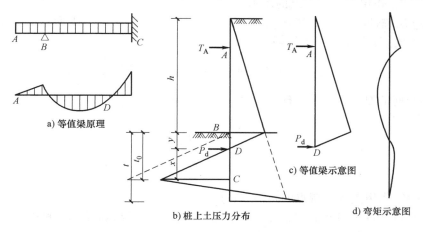

图 2-15　等值梁法计算单支点支护桩简图

反弯点的位置通常与基坑底面下土压力等于零的位置相近，因此应用等值梁法计算时常以土压力为零的位置代替，如图 2-15b 和图 2-15c 所示。先求得土压力为零点的 D 点的位置，得等值梁 AD，求得简支梁 AD 的支座反力 T_A 及 P_d。将 DC 段视为一简支梁，下部嵌固作用以一个单力 R_c 代替，由图 2-15b 按 P_d 对 C 点的力矩等于 DC 段上作用的土压力对 C 点的力矩的条件求得 x 值，临界插入深度 t_0 即可求得。对多支点支护桩的等值梁法计算（图 2-16），原理同等值梁法计算单支点支护桩（图 2-15a）。

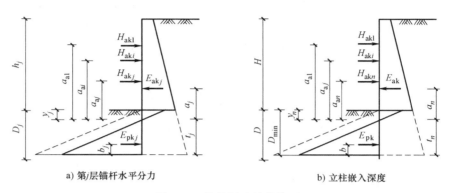

a) 第 j 层锚杆水平分力 b) 立柱嵌入深度

图 2-16　等值梁法计算简图

坡脚地面以下立柱反弯点到坡脚地面的距离 y_n 可按下式计算：

$$e_{ak} - e_{pk} = 0 \tag{2-24}$$

式中　e_{ak}——相应于作用的标准组合时，挡墙后主动土压力值（kN/m）；

　　　e_{pk}——相应于作用的标准组合时，挡墙前侧向被动土压力值（kN/m）。

第 j 层锚杆的水平分力可按下式计算：

$$H_{akj} = \frac{E_{akj} a_j - \sum_{i=1}^{j-1} H_{aki} a_{ai}}{a_{aj}} \tag{2-25}$$

式中　a_j——E_{akj} 作用点到反弯点的距离（m）；

　　　a_{aj}——H_{akj} 作用点到反弯点的距离（m）；

　　　a_{ai}——H_{aki} 作用点到反弯点的距离（m）。

以上第 j 层锚杆的水平分力 H_{akj}，由 $j = 1$，2，3，$\cdots$，$j-1$ 等逐步计算而得（相应求 $j-1$ 次 y_j）；当求 H_{akj} 时假设 $1 \sim j-1$ 层锚杆的水平分力不变。

$j = n$ 时，$y_j = y_n$，等值梁在反弯点处的支点力为 $E_{ak} - \sum_{i=1}^{n} H_{aki}$。与单支点支护桩求临界插入深度 t_0 相同的原理，可求立柱的最小入土深度 h_r，即

$$h_r = y_n + t_n \tag{2-26}$$

$$t_n = \frac{E_{pk} b}{E_{ak} - \sum_{i=1}^{n} H_{aki}} \tag{2-27}$$

式中　b——E_{pk} 作用点到反弯点的距离（m）。

立柱设计嵌入深度可按式（2-23）计算。立柱的内力可根据锚固力和作用于支护结构上的侧压力按常规方法计算。

计算挡墙后侧向压力时，在坡脚地面以上部分计算宽度应取立柱间的水平间距，在坡脚地面以下部分计算宽度对桩应取 $0.9 \times (1.5D + 0.5)$，其中 D 为桩的直径。挡墙前坡脚地面以

下被动压力，应考虑墙前岩土层稳定性、地面是否有限等情况，按当地经验折减使用。

2. 弹性抗力法

弹性抗力法也称为土抗力法或侧向弹性地基反力法，将支护桩作为竖直放置的弹性地基梁，支撑简化为与支撑刚度有关的二力杆弹簧；土对支护桩的抗力（地基反力）用弹簧来模拟（文克尔假定），地基反力的大小与支护桩的变形成正比。其计算简图如图 2-17 所示。弹性抗力法计算支护桩的内力通常采用杆系有限元法；有限元法用于支护桩分析主要有两类：求解弹性地基梁的杆系有限元法、连续介质有限元法，后者为较新方法。

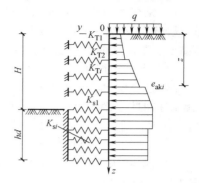

图 2-17　弹性抗力法计算简图

将桩作为一个竖向的弹性地基梁来考虑，即假定桩侧土为 Winkler 离散线性弹簧。据此可导出桩在水平力及桩端弯矩作用下的基本挠曲方程：

$$EI \frac{\mathrm{d}^4 y}{\mathrm{d}z} + \bar{p}(z, y) - \bar{p}(z) = 0 \tag{2-28}$$

任意深度桩侧土反力与该点的水平位移成正比，表示为

$$\bar{p}(z, y) = k(z) y b_0 \tag{2-29}$$

式（2-29）中 $k(z)$ 为地基土水平抗力系数，根据工程实践，当前一些地区基坑规范（规程）和行业标准建议，地基水平抗力系数采用 m 法较为切合实际，即 $k(z) = m(z)$。

所以，式（2-27）变换为

$$EI \frac{\mathrm{d}^4 y}{\mathrm{d}z} + m(z) y b_0 - \bar{p}(z) = 0 \tag{2-30}$$

对于图 2-17 所示的支护结构的计算模式，上述微分方程将有下面两种具体形式：

1）在基坑开挖面以上（$0 \leqslant z \leqslant H$）：

$$EI \frac{\mathrm{d}^4 y}{\mathrm{d}z} - e_{aki} b_s = 0 \tag{2-31}$$

2）在基坑开挖面以下（$z > H$）：

$$EI \frac{\mathrm{d}^4 y}{\mathrm{d}z} + m b_0 (z - H) y - e_{aki} b_s = 0 \tag{2-32}$$

式中　z——支护结构顶至计算点的距离（m）；

　　　b_s——载荷计算宽度（m），地下连续墙和水泥土墙取单位宽度，排桩取桩中心距；

　　　y——计算点水平位移（m）。

弹性地基杆系有限元法一般步骤如下：

1）将桩、墙沿竖向划分为 n 个单元，则有 $n+1$ 个节点个数。

2）计算桩、墙单元的刚度矩阵 $[K_E]^e$，并组装梁的总刚度矩阵 $[K_E]$。

3）计算支撑（或拉锚）刚度矩阵 $[K_T]$。

4）计算地基刚度矩阵 $[K_S]$。

5）组装支护结构总刚度矩阵 $[K]$。

6）计算总的荷载向量 $\{F\}$。

7）高斯法解总平衡方程，得位移向量 $\{U\}$。

8）将 $\{U\}$ 回代总平衡方程，求出各节点处桩、墙内力及支撑力（或拉锚力）。

相关计算如下：

1）结构离散化。离散化是将结构划分为有限个单元，如图 2-18 所示。单元划分时应考虑土层分布、地下水位、支撑（拉锚）位置、基坑深度等因素，即通常是以土层变化处、锚撑处、基坑底面处以及外荷载作用为节点，将梁划分成若干个单元，各单元相互间仅在边界上的节点处相连接。

2）桩、墙单元的刚度矩阵 $[K_E]^e$。如图 2-19 所示的支护结构的任意梁单元 e，其节点为 i、j。由于荷载作用在平面 zy 内，所以梁单元处于平面弯曲状态。各节点的力为剪力 Q 和弯矩 M，节点位移为沿 y 轴方向的线位移 y 和在 zy 平面内的转角 θ。图中所示的节点力 Q、节点位移的方向为正，M 顺时针为正。

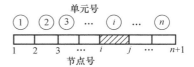

图 2-18　单元划分示意图

单元节点力向量和节点位移向量为

$$\{F\} = [Q_i, M_i, Q_j, M_j]^T \tag{2-33}$$

$$\{\delta\}^e = [y_i, \theta_i, y_j, \theta_j]^T \tag{2-34}$$

由位移法得到

$$[K_E]^e \{\delta\}^e = [F]^e \tag{2-35}$$

$$[K_E]^e \frac{E^e I^e}{l^{e3}} \begin{pmatrix} 12 \\ 6l^e & 4l^{e2} \\ -12 & -6l^e & 12 \\ 6l^e & 2l^{e2} & -6l^e & 4l^{e2} \end{pmatrix} \tag{2-36}$$

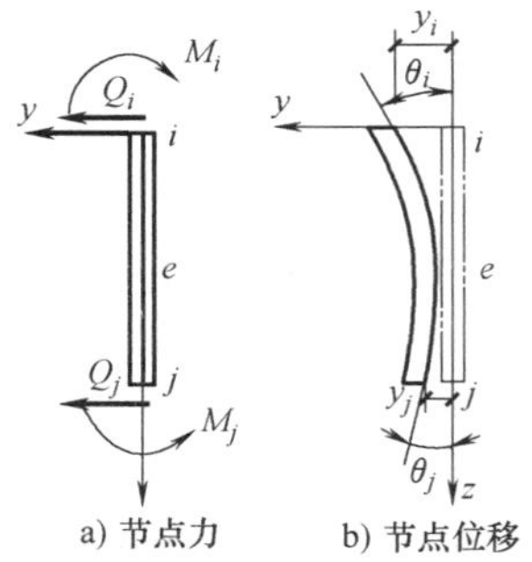

图 2-19　单元分析示意图
a) 节点力　　b) 节点位移

式中　E^e、I^e、l^e——单元 e 的弹性模量、截面惯性矩和长度。

令

$$[K_E]^e = \frac{E^e I^e}{l^3} \begin{pmatrix} [K_{11}]^e & [K_{12}]^e \\ [K_{21}]^e & [K_{22}]^e \end{pmatrix} \tag{2-37}$$

组装梁的总刚度矩阵 $[K_E]$，总刚度矩阵中的子块为相关单元的单元刚度矩阵中的相应子块的叠加。

$$[K_E]^e \begin{pmatrix} [K_{11}]^1 & [K_{12}]^1 & & & & 0 \\ [K_{21}]^1 & [K_{22}]^1 + [K_{11}]^2 & [K_{12}]^2 & & & \\ & [K_{21}]^2 & [K_{22}]^2 & & & \\ & & & \cdots & & \\ & & & & [K_{22}]^{n-1} + [K_{11}]^n & [K_{12}]^n \\ 0 & & & & [K_{21}]^n & [K_{22}]^n \end{pmatrix} \tag{2-38}$$

3）计算支撑（或拉锚）刚度矩阵 $[K_T]$。

① 内支撑刚度系数。内支撑刚度系数根据支撑体系的平面框架结构与排桩、地下连续墙共同作用确定。当基坑近似矩形、周边支护结构荷载相同、支撑体系采用等距离对撑及角撑布置时，水平刚度系数可按下式计算：

$$K_T = \frac{2\eta E_z A_z}{LS} \left(\frac{1}{1 + \dfrac{\eta E_z A_z x^2}{12 LSE_j I_j}} \right) \sin\theta_T \tag{2-39}$$

式中　η——与支撑松弛有关的折减系数，它取决于施工误差、圈梁的变形以及混凝土蠕变引起的内支撑梁刚度的降低，一般取 $0.5 \sim 1$；

E_z——支撑构件材料的弹性模量（kN/m^2）；

A_z——支撑构件断面面积（m^2）；

L——支撑构件的受压计算长度（m）；

S——支撑的水平间距（m）；

E_j——腰梁材料的弹性模量（kN/m^2）；

I_j——腰梁截面惯性矩（m^4）；

x——计算点至支撑点的距离（m），$0 \leqslant x \leqslant S/2$；

θ_T——当支撑垂直于墙面（桩面）布置时，角撑与腰梁之间的夹角，当支撑为对角支撑时，取 $90°$。

上述公式是采用手算来计算内支撑水平刚度系数的方法。但是，对于内支撑结构布置形式复杂的情况，比较有效的方法是将整个内支撑当成一个平面框架体系，在其周边作用一个单位荷载，运用有限单元法计算腰梁各点的法向位移，各点位移的倒数就是要求的该点的水平刚度系数。

② 锚杆的水平刚度系数。锚杆的水平刚度系数应根据锚杆基本试验确定；当无试验资料时，可按下式估算：

$$K_T = \frac{3A_S E_S E_C A_C}{(3l_f E_C A_C + E_S A_S l_a)\cos\alpha_T} \tag{2-40}$$

式中　A_S——杆体截面面积（m^2）；

E_S——杆体弹性模量（kN/m^2），可查表；

E_C——锚固体组合弹性模量（kN/m^2）；

A_C——锚固体截面面积（m^2）；

l_a——锚固体锚固段长度（m）；

l_f——锚杆自由段长度（m）；

α_T——锚固体水平夹角（°）。

锚固体组合弹性模量：

$$E_C = \frac{A_S E_S + E_m(A_C - A_S)}{A_C} \tag{2-41}$$

式中　E_m——锚固体中浆体弹性模量（kN/m^2）。

支撑（或拉锚）刚度矩阵 $[K_T]$ 为

$$[K_T] = \begin{pmatrix} K_{T1} & & & 0 \\ & K_{T2} & & \\ & & \cdots & \\ 0 & & & K_{Tn_1} \end{pmatrix} \tag{2-42}$$

式中　n_1——支撑（或拉锚）的层数。

4）计算地基刚度矩阵 $[K_S]$。地基土的弹性支点刚度可按下式计算：

$$K_S = mb_0(z - H) \tag{2-43}$$

地基刚度矩阵为

$$[K_S] = \begin{pmatrix} K_{S1} & & & 0 \\ & K_{S2} & & \\ & & \cdots & \\ 0 & & & K_{Sn_2} \end{pmatrix} \tag{2-44}$$

式中 n_2——地基土弹簧支点数。

5）地基土与支护结构的刚度矩阵的集成。根据节点变形协调条件，梁单元的位移应等于该节点处的地基变形或支撑（或拉锚）结构的变形。对于地基土和支撑（或拉锚）结构，假定他们不发生转角，则若将 $[K_T]$、$[K_S]$ 扩展成与 $[K_E]$ 同阶的矩阵，使相应于转角项充零，就能将它们进行叠加得地基土与支护结构的刚度矩阵 $[K]$。

地基土与支护结构的总体平衡方程为

$$[K]\{U\} = \{P\} \tag{2-45}$$

式中 $[K]$——$[K] = [K_E] + [K_T] + [K_S]$；

$\{U\}$——总位移向量；$\{U\} = [y_1, \theta_1, y_2, \theta_2, \cdots, y_n, \theta_n, y_{n+1}, \theta_{n+1}]^T$ (2-46)

$\{P\}$——总荷载向量。

6）总荷载向量 $\{P\}$ 计算。如图 2-20 所示，作用在支挡结构上的荷载为均布荷载（土压力）。将其化为节点上的等效荷载向量为

$$[F]^e = \left(\frac{l^e}{20}(10q_1 + 3q_2), -\frac{l^{e2}}{60}(5q_1 + 2q_2), \frac{l^e}{20}(10q_1 + 7q_2), -\frac{l^{e2}}{60}(5q_1 + 2q_2) \right)^T \tag{2-47}$$

令

$$\{F\}^e = [\{F_1\}^e, \{F_2\}^e]^T$$

则

$$\{P\} = [\{F_1\}^1, \{F_2\}^1 + \{F_1\}^2, \{F_2\}^2 + \{F_1\}^3, \cdots \{F_1\}^{n+1} + \{F_2\}^{n+1}]^T \tag{2-48}$$

对于支撑（或拉锚）的预应力，应按集中荷载叠加到上述总荷载向量中去。

7）解方程求位移。

增加边界条件：在墙桩、顶处剪力和弯矩为零，采用高斯法，解式（2-45），得 $\{U\}$。

上述求解出的位移 $\{U\}$ 是当前开挖工况下的变形，它应作为下一工况计算的初始值。

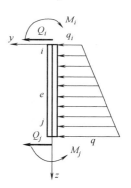

图 2-20 单元荷载示意图

8）求各节点的桩、墙内力，支撑（或拉锚）支点力和被动侧地基土反力。

① 将位移回代方程可计算出桩、墙的弯矩和剪力，或在完成下述②、③后，根据静力平衡法进行计算。

② 支撑（或拉锚）支点力计算。第 j 层支撑（或拉锚）处支点力的计算公式为

$$T_i = K_{ti}(y_{ti} - y_{t0i}) \tag{2-49}$$

式中 y_{ti}——第 i 层支撑处的水平位移值（m）；

y_{t0i}——第 i 层支撑处在支撑设置前的水平位移值（m）。

③ 被动侧地基土反力。被动侧地基土反力为

$$P_{si} = K_{si}y_{si} \tag{2-50}$$

式中 y_{si}——计算单元 i 的土体位移（m）。

2.4.4　基坑的稳定性分析

基坑工程的稳定性主要表现为以下几种形式：

1) 整体稳定性。
2) 倾覆及滑移稳定性。
3) 基坑底隆起稳定性。
4) 渗流稳定性。

1. 整体稳定性验算

大量工程实践经验表明，整体稳定破坏大体是以圆弧滑动破坏面的形式出现，条分法是整体稳定分析最常使用的方法。最危险的滑动面上诸力对滑动中心所产生的抗滑力矩与滑动力矩应符合下式要求：

$$M_R / M_S \geqslant 1.2 \tag{2-51}$$

式中　M_R——抗滑力矩；

　　　M_S——滑动力矩。

对无支护结构的基坑，验算方法见《土力学》教材。对有支护结构的基坑，需计算圆弧切桩与圆弧通过桩尖时的基坑整体稳定性，圆弧切桩时需考虑切桩阻力产生的抗滑作用，即每延米中桩产生的抗滑力矩 M_p（图 2-21），可按下式计算：

$$M_p = R \cos\alpha_i \sqrt{\frac{2M_c \gamma h_i (K_p - K_a)}{d + \Delta d}} \tag{2-52}$$

式中　M_p——每延米中的桩产生的抗滑力矩（$kN \cdot m/m$）；

　　　α_i——桩与滑弧切点至圆心连线与垂线的夹角（°）；

　　　M_c——每根桩身的抗弯弯矩（$kN \cdot m/$单桩）；

　　　h_i——切桩滑弧面至坡面的深度（m）；

　　　γ——h_i 范围内土的重度（kN/m^3）；

K_p、K_a——土的被动与主动土压力系数；

　　　d——桩径（m）；

　　　Δd——两桩间的净距（m）。

对于地下连续墙、重力式支护结构 $d + \Delta d = 1.0 m$。

当滑动弧面切于锚杆时，应计入弧外锚杆抗拉力对圆心产生的抗滑力矩。

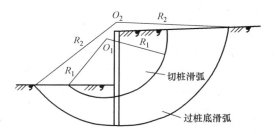

图 2-21　有支护结构的基坑整体稳定性验算

2. 倾覆及滑移稳定性验算

重力式支护结构的倾覆和滑移稳定性验算的计算简图如图 2-22 所示。

抗倾覆稳定性按下式验算：

$$K_a = \frac{E_p b_p + WB/2}{E_a b_a} \tag{2-53}$$

式中　K_a——抗倾覆安全系数，$K_a \geqslant 1.3$；

　　　b_a——主动土压力合力点至墙底的距离（m）；

　　　b_p——被动土压力合力点至墙底的距离（m）；

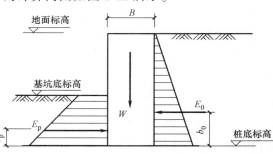

图 2-22　重力式支护结构的倾覆和滑移稳定性验算的计算简图

W——重力式支护体的重力（kN/m）；

B——重力式支护体的宽度（m）；

E_a——主动土压力（kN/m）；

E_p——被动土压力（kN/m）。

抗滑移稳定性按下式验算：

$$K_h = \frac{E_p + W_\mu}{E_a} \tag{2-54}$$

式中　K_h——抗滑移安全系数，$K_h \geqslant 1.2$；

W_μ——重力引起的基底摩擦力（kN/m）；

μ——墙底与土之间的摩擦系数，当无试验资料时，可取：对淤泥质土 $\mu = 0.2 \sim 0.50$，黏性土 $\mu = 0.25 \sim 0.40$，砂土 $\mu = 0.40 \sim 0.50$。

桩墙式悬臂支护结构的水平推移和抗整体倾覆稳定验算计算简图如图 2-23 所示，应满足下列条件：

$$\frac{E_p b_p}{E_a b_a} \geqslant 1.3 \tag{2-55}$$

$$\frac{E_p}{E_a} \geqslant 1.2 \tag{2-56}$$

式中　E_p、b_p——被动侧土压力的合力及合力对支护结构底端的力臂；

E_a、b_a——主动侧土压力的合力及合力对支护结构底端的力臂。

桩墙式锚撑支护结构的水平推移和抗整体倾覆稳定验算计算简图如图 2-24 所示，应满足下列条件：

$$\frac{E_{pk} b_k + \sum T_i a_i}{E_{ak} a_k} \geqslant 1.3 \tag{2-57}$$

$$\frac{E_{pk} + \sum T_i}{E_{ak}} \geqslant 1.2 \tag{2-58}$$

式中　E_{pk}、b_k——被动侧土压力的合力及合力对支护结构底端的力臂；

E_{ak}、a_k——主动侧土压力的合力及合力对支护结构底端的力臂；

T_i、a_i——第 i 层锚撑的支点力及其对转动轴的力臂。

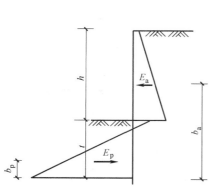

图 2-23　桩墙式悬臂支护结构的水平推移和
抗整体倾覆稳定验算计算简图

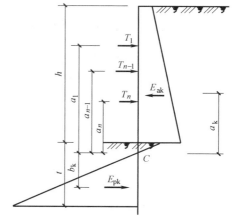

图 2-24　桩墙式锚撑支护结构的水平推移和
抗整体倾覆稳定验算计算简图

3. 基坑底隆起稳定性验算

对饱和软黏土，抗隆起稳定性的验算是基坑设计的一个主要内容。基坑底土隆起，将会导致支护桩后地面下沉，影响环境安全和正常使用。隆起稳定性验算的方法很多。可按地基规范推荐的以下条件进行验算（图 2-25）：

$$\frac{N_c \tau_0 + \gamma t}{\gamma(h+t)+q} \geq 1.6 \qquad (2\text{-}59)$$

式中　N_c——承载力系数，条形基础时 $N_c = 5.14$；

τ_0——抗剪强度，由十字板试验或三轴不固结不排水试验确定（kPa）；

γ——土的重度（kN/m³）；

t——支护结构入土深度（m）；

h——基坑开挖深度（m）；

q——地面荷载（kPa）。

以上公式依据 Terzaghi 地基承载力公式而来：$p_u = \gamma t N_q + c N_c + 1/2 \gamma b N_\gamma$，$\varphi = 0$ 时，$N_c = 5.14$，$N_q = 1$，$N_\gamma = 0$。

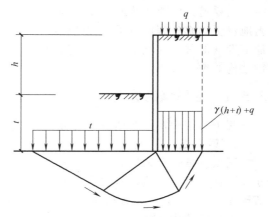

图 2-25　基坑底隆起稳定性验算

4. 渗流稳定性验算

当渗流力（或动水压力）大于土的浮重度时，土粒则处于流动状态，即流土（或流砂）。当坑底土上部为不透水层，坑底下部某深度处有承压水层时，应进行承压水对坑底土产生突涌稳定性验算，如图 2-26 所示。

（1）流土（或流砂）稳定性验算。渗流力（或动水压力）可由流网计算，也可按以下简化方法计算，如图 2-26 所示。

流土（或流砂）首先发生在离坑壁大约为挡土结构嵌入深度一半的范围内（$h_d/2$），可按紧贴挡土结构的最短路线来计算最大渗流力，则渗流力或动水压力 j 为

$$j = \frac{h'}{h'+2h_d}\gamma_w \qquad (2\text{-}60)$$

式中　h'——坑内外水头差（m）；

h_d——挡土结构入土深（m）；

γ_w——水的重度（kN/m³）。

上式表明了要避免发生流土（或流砂）的挡土结构最小嵌入深度。

（2）突涌稳定性验算。按下式验算，如图 2-27 所示：

$$j = \frac{\gamma_m(t+\Delta t)}{P_w} \geq 1.1 \qquad (2\text{-}61)$$

式中　γ_m——透水层以上土的饱和重度（kN/m³）；

$(t+\Delta t)$——透水层顶面距基坑底面的深度（m）；

P_w——含水层水压力（kPa）。

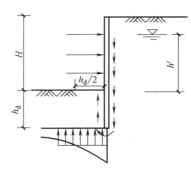

图 2-26　流土（或流砂）稳定性验算

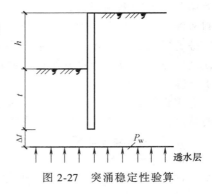

图 2-27　突涌稳定性验算

2.5　基坑工程施工

无论是高层建筑还是地铁的深基坑工程，由于都是在城市中进行开挖，基坑周围通常存在交通要道，已建建筑或管线等构筑物，这就涉及基坑开挖问题。伴随着城市土地的稀缺，土地资源的充分利用成了工程建设必须考虑的重点话题，在实现向上空间的局限后，如何往地下发展促进了基坑支护工程的迅速崛起。伴随它的崛起，基坑开挖的安全合理，将考验支护结构的类型选择。

2.5.1　围护墙的选型

支护结构中常用的挡墙结构有下列一些类型：

1. 钢板桩

钢板桩是带有锁口的一种型钢，其截面有直线形、U 形、Z 形及 S 形等，有各种大小尺寸及联锁形式。且这种联动装置可以自由组合以便形成一种连续紧密的挡土或者挡水墙的钢结构体（图 2-28）。钢板桩按生产工艺划分为冷弯薄壁钢板桩和热轧钢板桩两种类型。

钢板桩的优点：

1）承载力强，自身结构轻，钢板桩构成的连续墙体具有很高的强度与刚性。

2）水密性好，钢板桩连接处锁口结合紧密，可自然防渗。

3）施工简便，能适应不同的地质情况和土质，可减少基坑开挖土方量，作业占用场地较小。

4）耐久性好，视使用环境的差异，寿命可长达 50 年。

图 2-28　钢板桩

5）施工环保，取土量和混凝土用量大幅减少，可有效保护土地资源。

6）作业高效，极适于快速实施防洪、塌陷、流砂、地震等救灾抢险与预防。

7）材料可回收反复使用，在临时性工程中，可重复使用 20～30 次。

8）与其他单体构造物相比，墙体较轻且具有较大的适应变形能力，适于各类地质灾害的预防处理。

"拉森"钢板桩是享誉土木工程领域已久的建筑材料，应用于各种复杂条件下的护土结构。1902 年，德国国家主工程师 Tryggve Larssen 在不来梅开发制作了世界上第一块 U 形剖面铆凸互锁的钢制板桩。1914 年，两边都能联锁的板桩问世，一直被世界绝大多数的板桩制造商沿用至今。最为古老的拉森 U 形板桩被 Giken Kochi 公司安放在总部展示以纪念 U 形板桩的发展历史。每块 U 形板桩的两边的"U 形突出"设计可以用来联锁相邻的板桩。互锁结构可以形成一个水密结构从而增加板状结构的强度。它可广泛应用于工程领域围堰和泥土支撑。

拉森钢板桩具有高强度、轻型、隔水性、施工简单、耐久性良好、费用低、互换性良好的特点。其还可重复使用，不受天气条件的制约。

2. 钢筋混凝土板桩

钢筋混凝土板桩具有强度高、刚度大、取材方便、施工简易等优点。其外形可以根据需要设计制作，榫槽结构可以解决接缝防水，与钢板桩相比不必考虑拔桩问题，因此在基坑工程中占有一席之地，在地下连续墙、钻孔灌注桩排桩式挡墙尚未发展以前，基坑围护结构基本采用钢板桩和混凝土板桩。

由于国内长期以来仅限于锤击沉桩，且锤击设备能力有限，桩的尺寸、长度受到一定限制，基坑适用深度有限，钢筋混凝土板桩应用和发展一度低迷。随着沉桩设备的发展，且沉桩方法除锤击外又增加了液压沉桩、高压水沉桩，支撑方式从简单的悬臂式、锚碇式发展到斜地锚和多层内支撑等各种形式，给钢筋混凝土板桩带来了广泛的应用前景。

适用范围：

1）开挖深度小于 10m 的中小型基坑工程，作为地下结构的一部分，则更为经济。

2）大面积基坑内的小基坑即"坑中坑"工程，不必坑内拔桩，降低作业难度。

3）较复杂环境下的管道沟槽支护工程，可替代不便拔除的钢板桩。

4）水利工程中的临水基坑工程，内河驳岸、小港码头、港口航道、船坞船闸、河口防汛墙、防浪堤及其他河道海塘治理工程。

钢筋混凝土板桩制作不受场地限制，可以现场或工厂制作，钢筋混凝土板桩制作一般采用的养护方式有自然养护和蒸汽养生窑中养护。制作场地应制作同条件养护的混凝土试块，以便确定板桩的起吊、翻身和运输条件。

由于钢筋混凝土板桩的特殊构造和特定的用途，制作时要求必须保证板桩墙的桩顶在一个设计水平面上，板桩墙轴线在一条直线上，榫槽顺直、位置准确。

钢筋混凝土板桩沉桩施工：

1）沉桩方法。沉桩方法包括打入法、水冲插入法和成槽插入法，目前最常用的还是打入法。打入法分单桩打入、排桩打入（或称为屏风法）或阶梯打入等。封闭式板桩施工还可以分为敞开式和封闭式打入。所谓封闭式打入就是先将板桩全部通过导向架插入桩位后使桩墙合龙后再打入地下，此种打入方法有利于保证板桩墙的封闭尺寸。

2）沉桩前的准备工作。

① 桩材准备。板桩应达到设计强度的 100%，方可施打，否则极易打坏桩头或将桩身打裂。施打前要严格检查桩的截面尺寸是否符合设计要求，误差是否在规定允许范围之内，特别对桩的相互咬合部位，无论凸榫或凹榫均须详细检查以保证桩的顺利施打和正确咬合，凡不符合要求的均要进行处理。板桩的运输、起吊、堆放均要保证不损坏桩身，不出现裂缝。

② 异型板桩的制作。异型板桩包括转角用的角桩，调整桩墙轴线方向倾斜的斜截面桩，调整桩墙长度尺寸的变宽度桩以及起导向和固定桩位作用的导桩等。异型板桩可用钢材制作或采用其他种类桩，如 H 型钢桩等。转角桩制作比较复杂，板桩墙转角也可以不采用角桩而施工成 T 形封口（即转角处板桩墙相互不咬合，而相互垂直贴合）。

3）钢筋混凝土板桩制作。工艺流程：测量放线→清除板桩纵轴线范围上的障碍物→打桩机定位→施打导向围檩桩→制作、搭设导向围檩→沉起始桩（定位桩）→插桩→送沉桩→对已沉好的桩进行夹桩→做好安全标志。

① 围檩的制作。在拟打板桩墙的两侧平行于板桩墙设置导向围檩装置，以保证板桩的正确定位，桩体的垂直及板桩墙体的顺直。

② 定位桩施打（即起始桩，或称为首根桩）。定位桩以后的板桩将会顺着定位桩的顺直度入土，以后的板桩墙将以此为依据插入。

③ 插入板桩。定位桩基本插打到位后即可依次插入其他板桩。将板桩顺着定位桩（或前一根已插桩到位的桩）的凹槽在导向围檩内逐一插桩到位，插入土体的深度根据桩长、打桩架高度及地质情况等因素而定。当地质较硬时，可采用钢制桩尖，在桩上端及桩顶加钢板套箍或增加钢筋并提高混凝土强度等级以提高板桩抗锤击能力。

④ 拆除导向围檩装置。板桩屏风墙体形成并确认不会因为拆除导向围檩装置后导致墙体倾斜、晃动，即可将导向围檩装置拆除并按施工流水布置进行下一导向围檩的施工。为能与下一施工段接口平顺，导向装置保留最后一段不拆，与下一施工段顺接。

⑤ 送打板桩。围檩装置拆除后即可对已插桩成屏风墙体的板桩墙逐一打到设计标高。送打板桩的顺序与插入板桩时顺序相反，即后插的板桩先送，先插的板桩后送。在送打过程中发现相邻桩体有带下或板桩出现倾斜（指顺板桩墙方向）时，要考虑再分层送打板桩。分层送打板桩的顺序一般与上述相同。每一屏风段墙体的最后几根桩不送打，与下一施工段流水接口。

对沉桩过程中，出现桩顶破碎、桩身裂缝、沉桩困难等常见质量问题的预防及处理方法与混凝土预制桩施工质量控制类似。

预制钢筋混凝土板桩的凹凸榫的尺寸及顺直度不满足设计要求是造成脱榫的主要原因，故施工前必须逐根检查验收，避免上述桩体打入土中。

当桩尖与桩身不在同一条轴线上或沉桩过程中桩尖的某一侧遇到硬土或异物时桩身会产生转动（即桩横断面与板桩墙轴线产生夹角），若不及时采取措施，必然出现脱榫。首先认真验收预制桩，桩尖与桩身不在同一轴线上的桩不能使用。

板桩墙前、后方向的倾斜，在插桩时注意桩尖与桩顶控制在一条垂直线上（即桩顶与围檩槽保持在同一垂直线上）即可。因此起始桩的定位要求零误差控制，确认无误后再插桩。

板桩在逐根沉入后常会向墙体形成方向（即桩体凹榫方向）倾斜。主要原因是插（打）入时，插（打）桩的桩体靠已打入的一侧与前一根桩之间的摩擦阻力大于另一侧与土体的侧摩擦阻力。另外板桩的桩尖除了定位桩外一般在凹榫侧有斜角，因为有该斜角的存在，板桩在打入过程中会越打越向前一根桩靠紧。采用屏风法施工而不采用逐根打入法工艺，可以从根本上减少桩体倾斜发生的概率。

3. 钻孔灌注桩排桩挡墙

灌注桩是指在工程现场通过机械钻孔、钢管挤土或人力挖掘等手段在地基土中形成桩孔，并在其内放置钢筋笼、灌注混凝土而做成的桩（图 2-29）。依照成孔方法不同，灌注桩又可分为沉管灌注桩、钻孔灌注桩和挖孔灌注桩等几类。钻孔灌注桩是按成桩方法分类而定义的一种桩型。常用直径 600~1000mm，做成排桩挡墙，顶部浇筑钢筋混凝土圈梁，设内支撑体系。我国各地都有应用，钻孔灌注桩排桩挡墙是支护结构中应用较多的一种。

灌注桩排桩挡墙的刚度较大，抗弯能力强，变形相对较小，在土质较好的地区已有 7~8m 悬臂，在软土地区坑深不超过 14m 皆可用之，经济效益较好。但其永久保留在地基土中，可能为日后的地下工程施工造成障碍。由于目前施工时它难以做到相切，桩之间留有 100~150mm 的间隙，挡水效果差，有时将它与深层搅拌水泥土桩挡墙组合应用，前者抗弯，后者做成防水帷幕起挡水作用。

图 2-29 钻孔灌注桩排桩挡墙

4. 深层搅拌水泥土桩挡墙

深层搅拌水泥土桩挡墙在软土地区近年来应用较多，尤以上海应用最多，过去多用于地基加固工程。它是用特制进入土深层的深层搅拌机将喷出的水泥浆固化剂与地基上进行原位强制拌和而制成水泥土桩，相互搭接，硬化后即形成具有一定强度的壁状挡墙，既可挡土又可形成隔水帷幕（图 2-30）。对于平面呈任何形状、开挖深度不很深的基坑（一般不超过6m），皆可用作支护结构，比较经济；水泥土的物理力学性质，取决于水泥掺入比，多用12%左右。目前在上海地区广为应用，收到较好的效果，它特别适应于软土地区。

深层搅拌水泥土桩挡墙，属重力式挡墙，深度大时可在水泥土中插入加筋杆件，形成加筋水泥土挡墙，必要时还可辅以内支撑等。

图 2-30　深层搅拌水泥土桩挡墙

5. 旋喷桩

喷射注浆法简称旋喷桩，兴起于 20 世纪 70 年代的高压喷射注浆法，20 世纪 90 年代在全国得到全面发展和应用。实践证明此法对处理淤泥、淤泥质土、黏性土、粉土、砂土、人工填土和碎石土等有良好的效果，我国已将其列入现行的《建筑地基基础工程施工规范》（GB 51004—2015），并用于高层建筑的基础挡墙施工中。

旋喷桩是利用钻机将旋喷注浆管及喷头钻置于桩底设计标高，将预先配制好的浆液通过高压发生装置使液流获得巨大能量后，从注浆管边的喷嘴中高速喷射出来，形成一股能量高度集中的液流，直接破坏土体，喷射过程中，钻杆边旋转边提升，使浆液与土体充分搅拌混合，在土中形成一定直径的柱状固结体，从而使地基得到加固。施工中一般分为两个工作流程，即先钻后喷，再下钻喷射，然后提升搅拌，保证每米桩浆土比例和质量。

在施工旋喷桩时，要控制好上提速度、喷射压力和喷射量，否则质量难以保证。

6. 土钉墙

土钉墙是一种原位土体加筋技术，是将基坑边坡通过由钢筋制成的土钉进行加固，边坡表面铺设一道钢筋网再喷射一层混凝土面层和土方边坡相结合的边坡加固型支护施工方法。其构造为设置在坡体中的加筋杆件（即土钉或锚杆）与其周围土体牢固黏结形成的复合体，以及面层所构成的类似重力挡土墙的支护结构。它由土钉、钢丝网喷射混凝土面板和加固后的原位土体三部分组成。该种支护结构简单、经济、施工方便，适用于地下水位以上或经降水后的黏性土或密实性较好的砂土地层，基坑深度一般不大于 15m。

常见类型：

（1）钻孔注浆型。先用钻机等机械设备在土体中钻孔，成孔后置入杆体（一般采用HRB335 带肋钢筋制作），然后沿全长注水泥浆。钻孔注浆钉几乎适用于各种土层，抗拔力较高，质量较可靠，造价较低，是最常用的土钉类型。

（2）直接打入型。在土体中直接打入钢管、角钢等型钢、钢筋、毛竹、圆木等，不再注浆。由于打入式土钉直径小，与土体间的黏结摩阻强度低，承载力低，钉长又受限制，所以布置较密，可用人力或振动冲击钻、液压锤等机具打入。直接打入土钉的优点是不需预先钻孔，对原位土的扰动较小，施工速度快，但在坚硬黏性土中很难打入，不适用于服务年限大于 2 年的永久支护工程，杆体采用金属材料时造价稍高。

（3）打入注浆型。在钢管中部及尾部设置注浆孔成为钢花管，直接打入土中后压灌水泥浆形成土钉。钢花管注浆土钉具有直接打入钉的优点且抗拔力较高，特别适合于成孔困难的淤泥、淤泥质土等软弱土层、各种填土及砂土，应用较为广泛。其缺点是造价比钻孔注浆土钉略高，防腐性能较差，不适用于永久性工程。

施工要求：

1）土钉墙施工前应先检测路堑横断面，净空合格后方能进行土钉墙施工。

2）土钉墙应按"自上而下，分层开挖，分层锚固，分层喷护"的原则组织施工，并及时挂网喷护，不得使坡面长期暴露风化失稳。

3）施工前应按设计要求进行注浆工艺试验、土钉抗拉拔试验，验证设计参数，确定施工工艺参数。

4）土钉钻孔时，严禁灌水。钉孔注浆应采用孔底注浆法，确保注浆饱满，注浆压力宜为 0.2MPa。

5）土钉墙施工时应按设计要求制作支承架。

6）挂网材料为土工合成材料时，应采取妥善的防晒措施，防止土工合成材料老化。挂网前应清除坡面松散土石。

7）坡脚墙基坑施工应尽快完成，同时应采取措施防止基坑被水浸泡。

8）喷射混凝土前应进行现场喷射试验，确定施工工艺参数。

9）喷射作业应自下而上进行，喷层厚度大于 7cm 时，应分两层喷射。喷射过程中应采取有效措施保证泄水孔不被堵塞。

10）土钉孔的布置形式、土钉长度应符合设计要求。土钉墙所用的土工合成材料的品种、规格、质量应符合设计要求。进场时应进行现场验收，并对其技术性能进行检验。

11）土钉孔锚固砂浆强度、喷射混凝土强度、网的规格尺寸、网与土钉的连接等应符合设计要求。

土钉墙的构造及施工工艺流程如图 2-31 和图 2-32 所示。

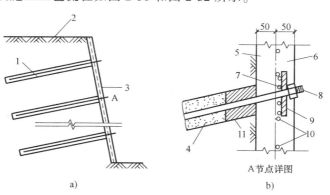

图 2-31　土钉墙构造示意图

1—土钉（钢筋）　2—被加固土体　3—喷射混凝土面板　4—水泥砂浆　5—第一层喷射混凝土
6—第二层喷射混凝土　7—增强筋　8—钢筋（土钉）　9—钢垫板　10—钢筋网片　11—塞入填土

国内有记载的首例工程是山西柳湾煤矿的边坡支护。20 世纪 90 年代以后国内深基坑工程大规模兴起，首例高层建筑基坑支护采用土钉墙的是位于深圳市罗湖区文锦南路的金安大

图 2-32　土钉墙施工工艺流程

厦基坑，周长约 100m，开挖深度 6~7m。特别是 1992 年开挖深度达 12.5m 的深圳发展银行大厦基坑采用土钉墙获得成功，引起了岩土工程界的极大兴趣与重视。随着国家、行业及地方规范标准的相继出台，使土钉墙技术得到了进一步的普及与提高，应用更加广泛。

7. 逆作拱墙

逆作拱墙结构是将基坑开挖成圆形、椭圆形等弧形平面，并沿基坑侧壁分层逆作钢筋混凝土拱墙，利用拱的作用将垂直于墙体的土压力转化为拱墙内的切向力，以充分利用墙体混凝土的受压强度。墙体内力主要为压应力，因此墙体可做得较薄，多数情况下不用锚杆或内支撑就可以满足强度和稳定的要求。当基坑平面形状适合时，可采用拱墙作为围护墙。拱墙有圆形闭合拱墙、椭圆形闭合拱墙和组合拱墙。对于组合拱墙，可将局部拱墙视为两铰拱。

拱墙截面宜为 Z 字形（图 2-33），拱壁的上、下端宜加肋梁（图 2-33a）；当基坑较深，一道 Z 字形拱墙不够时，可由数道拱墙叠合组成（图 2-33b），或沿拱墙高度设置数道肋梁（图 2-33c），肋梁竖向间距不宜小于 2.5m；也可不加设肋梁而用加厚肋壁（图 2-33d）的办法解决。

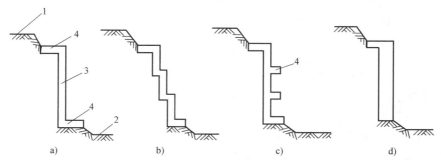

图 2-33　拱墙截面示意图

1—地面　2—基坑底　3—拱墙　4—肋梁

圆形拱墙壁厚不宜小于 400mm, 其他拱墙壁厚不宜小于 500mm。混凝土强度等级不宜低于 C25。拱墙水平方向应通长双面配筋, 钢筋总配筋率不小于 0.7%。拱墙在垂直方向应分道施工, 每道施工高度视土层直立高度而定, 不宜超过 2.5m。待上道拱墙合龙且混凝土强度达到设计强度的 70% 后, 才可进行下道拱墙施工。上下两道拱墙的竖向施工缝应错开, 错开距离不宜小于 2m。拱墙宜连续施工, 每道拱墙施工时间不宜超过 36h。

拱墙一般适用于基坑侧壁安全等级三级; 淤泥和淤泥质土场地不宜采用; 拱墙轴线的矢跨比不宜小于 1/8; 基坑深不宜大于 12m; 地下水位高于基坑地面时, 应采取降水或截水措施。支护结构挡墙的选型, 涉及技术因素和经济因素, 要从满足施工要求、减少对周围的不利影响、施工方便、工期短、经济效益好等几个方面, 经过慎重的技术经济比较后加以确定。而且支护结构挡墙选型要与支撑选型、地下水位降低、挖土方案等配套研究确定。

8. 地下连续墙

地下连续墙是基础工程在地面上采用一种挖槽机械, 沿着深开挖工程的周边轴线, 在泥浆护壁条件下, 开挖出一条狭长的深槽, 清槽后, 在槽内吊放钢筋笼, 然后用导管法灌注水下混凝土筑成一个单元槽段, 如此逐段进行, 在地下筑成一道连续的钢筋混凝土墙壁, 作为截水、防渗、承重、挡水结构。

1950 年在意大利米兰首先采用了护壁泥浆地下连续墙施工方法, 20 世纪 60 年代该项技术在西方发达国家及苏联得到推广。现地下连续墙的技术已经相当成熟, 其中日本在此项技术上最为发达, 目前地下连续墙的最大开挖深度为 140m, 最薄的地下连续墙厚度为 200mm。地下连续墙已经并且正在代替很多传统的施工方法, 在深基坑工程中广泛运用。

地下连续墙分类:

1) 按成墙方式可分为: 桩排式、槽板式、组合式。

2) 按墙的用途可分为: 防渗墙、临时挡土墙、永久挡土 (承重)、作为基础。

3) 按墙体材料可分为: 钢筋混凝土墙、塑性混凝土墙、固化灰浆墙、自硬泥浆墙、预制墙、泥浆槽墙、后张预应力墙、钢制墙。

4) 按开挖情况可分为: 地下挡土墙 (开挖)、地下防渗墙 (不开挖)。

由于受到施工机械的限制, 地下连续墙的厚度具有固定的模数, 不能像灌注桩一样根据桩径和刚度灵活调整。因此, 地下连续墙只有在一定深度的基坑工程或其他特殊条件下才能显示出经济性和特有优势。一般适用于开挖深度超过 10m 的深基坑, 围护结构也作为主体结构的一部分, 且对防水、抗渗有较严格要求的工程; 采用逆作法施工, 地上和地下同步施工时, 一般采用地下连续墙作为围护墙; 对邻近存在保护要求较高的建 (构) 筑物, 对基坑本身的变形和防水要求较高的工程; 基坑内空间有限, 地下室外墙与红线距离极近, 采用其他围护形式无法满足留设施工操作要求的工程; 在超深基坑中, 例如 30~50m 的深基坑工程, 采用其他围护体无法满足要求时, 常采用地下连续墙作为围护结构。

地下连续墙工艺及形式:

1) 工艺流程: 修筑导墙→挖槽→吊放接头管 (箱)→吊放钢筋笼→浇注混凝土。

2) 导墙。导墙深度一般为 1.2~1.5m, 其顶面略高于地面 100~150mm, 以防止地表水流入导沟。导墙的厚度一般为 100~200mm, 内墙面应垂直, 内壁净距应为连续墙设计厚度加施工余量 (一般为 40~60mm)。墙面与纵轴线距离的允许偏差为 ±10mm, 内外导墙间距允许偏差 ±5mm, 导墙顶面应保持水平。

导墙的形式根据工程地质特征和开挖深度有多种, 如图 2-34 所示。

导墙的作用: 护槽口, 为槽定位 (标高、水平位置、垂直), 支撑 (机械、钢筋笼等), 存放泥浆 (可保持泥浆面高度)。

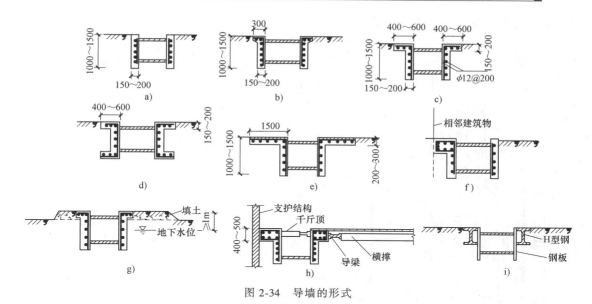

图 2-34 导墙的形式

导墙宜筑于密实的黏性土地基上。墙背宜以土壁代模，以防止槽外地表水渗入槽内。如果墙背侧需回填土时，应用黏性土分层夯实，以免漏浆。每个槽段内的导墙应设一溢浆孔。

3）泥浆。通过泥浆对槽壁施加压力以保护挖成的深槽形状不变，灌注混凝土把泥浆置换出来。泥浆材料通常由膨润土、水、化学处理剂和一些惰性物质组成（图 2-35）。

泥浆的作用是在槽壁上形成不透水的泥皮，从而使泥浆的静水压力有效地作用在槽壁上，防止地下水的渗水和槽壁的剥落，保持壁面的稳定，同时泥浆还有悬浮土渣和将土渣携带出地面的功能。泥浆使用方法分静止式和循环式两种。泥浆在循环式使用时，应用振动筛、旋流器等净化装置。在指标恶化后要考虑采用化学方法处理或废弃旧浆，换用新浆。

图 2-35 泥浆制备

泥浆的成分：膨润土（特殊黏土）、聚合物、分散剂（抑制泥水分离）、增黏剂、加重剂（重晶石）、防漏剂。

泥浆质量的控制指标：密度、黏度、含砂量、失水量和泥皮厚度、pH 值、稳定性、静切力、胶体率。

泥浆的处理：土渣的分离处理——沉淀池、振动筛与旋流器。

4）挖槽。目前，在地下连续墙施工中，国内外常用的挖槽机械，按其工作机理分为挖斗式、冲击式和回转式三大类，而每一类中又分为多种。图 2-36 和图 2-37 所示分别为蚌式抓斗和多头钻的钻头。

5）清底。清底是把孔底的虚土清除，使虚土厚度达到允许的标准，也可以用密实

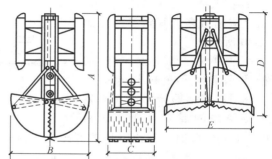

图 2-36 蚌式抓斗（*A、B、C、D、E* 因墙厚而异）

土、砂浆等材料来置换。清底常用方法如图 2-38 所示。

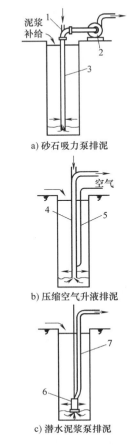

a) 砂石吸力泵排泥

b) 压缩空气升液排泥

c) 潜水泥浆泵排泥

图 2-38　清底方法

1—接合器　2—砂石吸力泵　3—导管

4—导管或排泥管　5—压缩空气管

6—潜水泥浆泵　7—软管

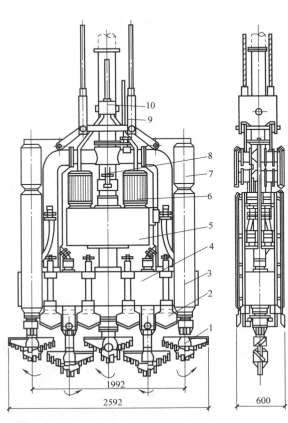

图 2-37　多头钻的钻头

1—钻头　2—侧刀　3—导板　4—齿轮箱　5—减速箱

6—潜水电动机　7—纠偏装置　8—高压进气管

9—泥浆管　10—电缆结头

6）钢筋笼吊放。采取在钢筋笼内放桁架的方法防止钢筋笼起吊时变形，如图 2-39 所示。

7）单元墙段的接头。常用的施工接头有以下几种：

① 接头管（也称为锁口管）接头，应用最多。其施工过程如图 2-40 所示。

一个单元槽段土方挖好后，于槽段端部用起重机放入接头管，然后吊放钢筋笼并浇注混凝土，待浇注的混凝土强度达到

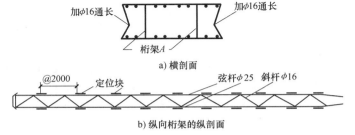

a) 横剖面

b) 纵向桁架的纵剖面

图 2-39　钢筋笼吊放防变形桁架

0.05～0.20MPa 时，开始用起重机或液压顶升架提拔接头管，上拔速度应与混凝土浇注速度、混凝土强度增长速度相适应，一般为 2～4m/h，应在混凝土浇注结束后 8h 以内将接头管全部拔出。接头管直径一般比墙厚小 50mm，可根据需要分段、接长。端部半圆形可以增

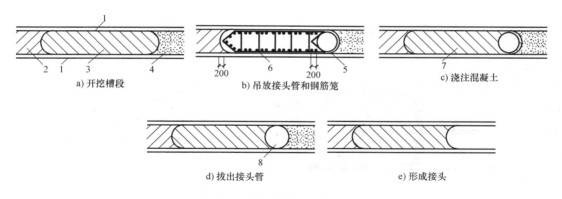

a) 开挖槽段　　　　b) 吊放接头管和钢筋笼　　　　c) 浇注混凝土

d) 拔出接头管　　　　　　e) 形成接头

图 2-40　接头管接头的施工过程

1—导墙　2—已浇注混凝土的单元槽段　3—开挖的槽段　4—未开挖的槽段　5—接头管　6—钢筋笼
7—正浇注混凝土的单元槽段　8—接头管拔出后形成的圆孔

强整体性和防水能力。

② 接头箱接头。一个单元槽段挖土结束后，吊放接头箱，再吊放钢筋笼。钢筋笼端部的水平钢筋可插入接头箱内。接头箱的开口面被焊在钢筋笼端部的钢板封住，因而浇注的混凝土不能进入接头箱。混凝土初凝后，与接头管一样逐步吊出接头箱。接头箱接头的施工过程如图 2-41 所示。

③ U 形接头。如图 2-42 所示，用 U 形接头管与滑板式接头箱施工的钢板接头，是另一种整体式接头的做法。这种整体式钢板接头是在两相邻单元槽段的交界处，利用 U 形接头管放入开有方孔且焊有封头钢板的接头钢板，以增强接头的整体性。接头钢板上开有大量方孔，其目的是增强接头钢板与混凝土之间的黏结。滑板式接头箱的端部设有充气的锦纶塑料管，用来密封止浆，防止新浇混凝土浸透。为了便于抽拔接头箱，在接头箱与封头钢板和 U 形接头管接触处皆设有聚四氟乙烯滑板。

④ 隔板式接头（图 2-43）。隔板式接头按隔板的形状分为平隔板、榫形隔板和 V 形隔板。由于隔板与槽壁之间难免有缝隙，为防止新浇混凝土渗入，要在钢筋笼的两边铺贴纤维尼龙等化纤布。化纤布可把单元槽段钢筋笼全部罩住，也可以只有 2~3m 宽。

带有接头钢筋的榫形隔板式接头，能使各单元墙段形成一个整体，是一种较好的接头方式。但插入钢筋笼较困难，且接头处混凝土的流动也受到阻碍，施工时要特别加以注意。

8）结构接头。地下连续墙与内部结构的楼板、柱、梁、底板等连接的结构接头，常用的有以下几种类型：

① 预埋连接钢筋法（图 2-44）。连接钢筋弯折后预埋在地下连续墙内，待内部土体开挖后露出墙体时，凿开预埋连接钢筋处的墙面，将露出的预埋连接钢筋弯成设计形

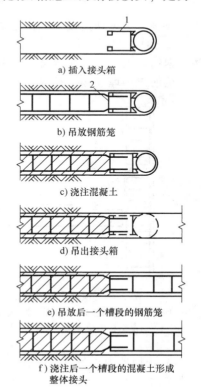

a) 插入接头箱

b) 吊放钢筋笼

c) 浇注混凝土

d) 吊出接头箱

e) 吊放后一个槽段的钢筋笼

f) 浇注后一个槽段的混凝土形成整体接头

图 2-41　接头箱接头的施工过程

1—接头箱　2—焊在钢筋笼端部的钢板

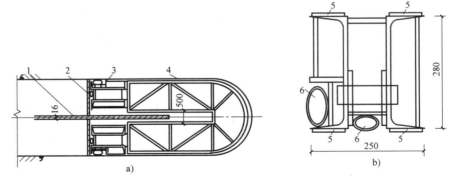

图 2-42　U 形接头管与滑板式接头箱

1—接头钢板　2—封头钢板　3—滑板式接头箱　4—U 形接头管　5—聚四氟乙烯滑板　6—锦纶塑料管接头管

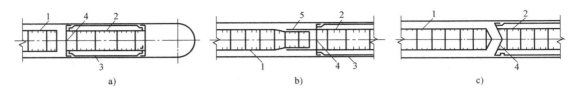

图 2-43　隔板式接头

1—正在施工槽段的钢筋笼　2—已浇注混凝土槽段的钢筋笼　3—化纤布　4—钢隔板　5—接头钢筋

状并连接。考虑到连接处往往是结构的薄弱处，设计时一般使连接筋有 20% 的富余。

② 预埋连接钢板法（图 2-45）。这是一种钢筋间接连接的接头方式。预埋连接钢板放入并与钢筋笼固定。浇注混凝土后凿开墙面使预埋连接钢板外露，用焊接方式将后浇结构中的受力钢筋与预埋连接钢板焊接。

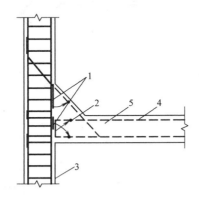

图 2-44　预埋连接钢筋法

1—预埋的连接钢筋　2—焊接处　3—地下连续墙
4—后浇结构中受力钢筋　5—后浇结构

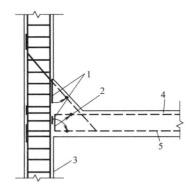

图 2-45　预埋连接钢板法

1—预埋连接钢板　2—焊接处　3—地下连续墙
4—后浇结构　5—后浇结构中的受力钢筋

③ 预埋剪力连接件法（图 2-46）。剪力连接件的形式有多种，剪力连接件先预埋在地下连续墙内，然后弯折出来与后浇结构连接。

9）规格。地下连续墙的墙体厚度宜按成槽机的规格，选取 600mm、800mm、1000mm 或 1200mm。地下连续墙单元墙段（槽段）的长度、形状，应根据整体平面布置、受力特性、槽壁稳定性、环境条件和施工要求等因素综合确定。当地下水位变动频繁或槽壁孔可能发生坍塌时，应进行成槽试验及槽壁的稳定性验算。地下连续墙的墙身混凝土强度等级不宜小于C30，纵向受力钢筋应沿墙身每侧均匀配置，可按内力大小沿墙体纵向分段配置，但通长配置的纵向钢筋不应小于总数的 50%；纵向受力钢筋宜采用 HRB400 级或 HRB500 级钢筋，直径不宜小于 6mm，净间距不宜小于 75mm。水平钢筋及构造钢筋宜选用HPB300 级或 HRB400 级钢筋，直径不宜小于 12mm，水平钢筋间距宜取 200～400mm。冠梁按构造设置时，纵向钢筋伸入冠梁的长度宜取冠梁厚度。冠梁按结构受力构件设置时，墙身纵向受力钢筋伸入冠梁的锚固长度应符合现行国家标准《混凝土结构设计规范》（GB 50010—2010）对钢筋锚固的有关规定。当不能满足锚固长度的要求时，其钢筋末端可采取机械锚固措施。地下连续墙纵向受力钢筋的保护层厚度，在基坑内侧不宜小于50mm，在基坑外侧不宜小于 70mm。地下连续墙的墙体混凝土抗

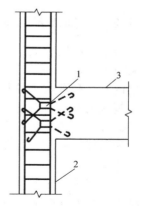

图 2-46　预埋剪力连接件法
1—预埋剪力连接件
2—地下连续墙
3—后浇结构

渗等级不宜小于 P6 级。当墙段之间的接缝不设止水带时，应选用锁口圆弧形、槽形或 V 形等可靠的防渗止水接头，接头面应严格清刷，不得存有夹泥或沉渣。

地下连续墙工效高、工期短、质量可靠、经济效益高；施工时振动小，噪声低；占地少，可以充分利用建筑红线以内有限的地面和空间，充分发挥投资效益；防渗性能好，可用于逆做法施工；墙体刚度大，可用作刚性基础，适用于多种地基条件；用于基坑开挖时，可承受很大的土压力，极少发生地基沉降或塌方事故，已经成为深基坑支护工程中必不可少的挡土结构。

地下连续墙在城市施工时，由于对环境影响较大，废泥浆的处理比较麻烦。地下连续墙如果用作临时的挡土结构比其他方法所用的费用要高。如果施工方法不当或施工地质条件特殊，可能出现相邻墙段不能对齐和漏水的问题。在一些特殊的地质条件下，施工难度大。

9. SMW 工法连续墙

SMW 工法连续墙也称为新型水泥土搅拌桩墙，即在水泥土桩内插入 H 型钢等（多数为H 型钢，也有插入拉森式钢板桩、钢管等），将承受荷载与防渗挡水结合起来，使之成为同时具有受力与抗渗两种功能的支护结构的围护墙。SMW 工法连续墙于 1976 年在日本问世，现占全日本地下连续墙的 50% 左右，现已在东南亚国家和美国、法国许多地方广泛应用，近几年在我国的上海、杭州、南京等地推广非常迅速，受到广泛的欢迎。其主要特点是构造简单、止水性能好、工期短、造价低、环境污染小、施工无噪声，结构强度可靠，特别适用于以黏土和粉细砂为主的松软地层。另外其挡水防渗性能好，不必另设挡水帷幕，可以配合多道支撑应用于深基坑工程。与地下连续墙相比较，SMW 工法有如下优点：

1）在现代城市修建的深基坑工程，经常靠近建筑物红线施工，SMW 工法在这方面具有相当优势，其中心线离建筑物的墙面 800mm 即可施工。

2）地下连续墙由自身特性决定，施工时形成大量泥浆需外运处理，而 SMW 工法仅在开槽时有少量土方外运。

3）SMW 工法构造简单，施工速度快，可大幅缩短工期。

4）SMW 工法做围护结构与主体结构分离，主体结构侧墙可以施工外防水，与地下连续墙相比，结构整体性和防水性能均较好，可降低后期维护成本。

SMW 工法施工流程如图 2-47 所示。

2.5.2　支撑体系的选型

当基坑深度较大，悬臂的挡墙在强度和变形方面不能满足要求时，需增设支撑系统。支撑系统分两类，即基坑内支撑和基坑外拉锚。基坑内支撑用于不太深的基坑，多为钢板桩，在基坑顶部将钢板桩挡墙用钢筋或钢丝绳等拉结锚固在一定距离之外的锚桩上。基坑外拉锚又分为顶部拉锚与土层锚杆拉锚。土层锚杆锚固多用于较深的基坑。

目前支护结构的内支撑常用的有钢结构支撑和钢筋混凝土结构支撑两类。钢结构支撑多用圆钢管和 H 型钢。为减少挡墙的变形，用钢结构支撑时可用液压千斤顶施加预顶力。

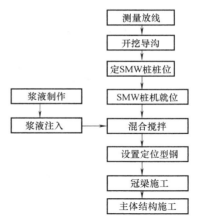

图 2-47　SMW 工法施工流程图

1. 内支撑

（1）钢结构支撑。钢结构支撑拼装和拆除方便、迅速，为工具式支撑，可多次重复使用，且可根据控制变形的需要施加预顶力，有一定的优点。但与钢筋混凝土结构支撑相比，它的变形相对较大，且由于圆钢管和型钢的承载能力不如钢筋混凝土结构支撑的承载能力大，因而支撑水平向的间距不能很大，对于机械挖土不太方便。在大城市建筑物密集地区开挖深基坑，支护结构多以变形控制，在减少变形方面钢结构支撑不如钢筋混凝土结构支撑，但如果分阶段根据变形多次施加预顶力也能控制变形量，钢结构支撑仍为发展方向。

① 钢管支撑。钢管支撑一般利用不同壁厚的钢管来适应不同的荷载，常用的壁厚 δ 为 12mm、14mm、16mm。钢管支撑（图 2-48）的形式多为对撑或角撑。当为对撑时，为增大间距在端部可加设琵琶撑，以减小腰梁的内力。当为角撑时，如间距较大、长度较长，也可增设腹杆形成桁架式支撑，对撑纵横钢管交叉处，可以上下叠交；也可增设特制的十字接头，纵横钢管都与十字接头连接，使纵横钢管处于同一平面内。后者可使钢管支撑形成一平面框架，刚度大，受力性能好。

用钢管支撑时，挡墙的腰梁可为钢筋混凝土腰梁，也可为型钢腰梁。前者刚度大，承载能力高，可增大支撑的间距。

② H 型钢支撑（图 2-49）。H 型钢支撑用螺栓连接，为工具式钢支撑，现场组装方便，构件标准化，对不同的基坑能按照设计要求进行组合和连接，可重复使用，有推广价值。

图 2-48　钢管支撑

图 2-49　H 型钢支撑

H 型钢常用有焊接 H 型钢和轧制 H 型钢。

（2）钢筋混凝土支撑（图 2-50）。钢筋混凝土支撑是近年来在上海等地区深基坑施工中发展起来的一种支撑形式。它多用于土模或模板随着挖土逐层现浇，截面尺寸和配筋根据支撑布置和杆件内力大小而定。钢筋混凝土支撑的刚度大、变形小，能有效地控制挡墙变形和周围地面的变形，宜用于较深基坑和周围环境要求较高的地区。

由于钢筋混凝土支撑为现场浇筑，因而其形式可随基坑形状而变化，故它有多种形式，如对撑、角撑、桁架式支撑、圆形、拱形、椭圆形等形状支撑。

钢筋混凝土支撑的混凝土强度等级多为 C30，截面尺寸由计算确定。腰梁的截面尺寸有 600mm×800mm、800mm×1000mm 和 1000mm×1200mm（高×宽）；支撑的截面尺寸为 600mm×800mm、800mm×1000mm、800mm×1200mm 和 1000mm×1200mm（高×宽）。支撑的截面尺寸在高度方向要与腰梁相匹配，配筋由计算确定。

图 2-50　钢筋混凝土支撑

对平面尺寸大的基坑，在支撑交叉点处需设立柱，在垂直方向支承水平支撑。立柱可为四个角钢组成的格构式柱、圆钢管或型钢。立柱的下端插入作为工程桩使用的灌注桩内，插入深度不宜小于 2m，否则立柱就要作专用的灌注桩基础。

对于多层支撑的深基坑，在进行挖土时如要求挖土机不上支撑，如果遇到挖土机上支撑挖土，则设计支撑时要考虑这部分荷载，施工中也要采取措施避免挖土机直接压支撑。

2. 内支撑的布置与形式

支撑体系在平面上的布置形式（图 2-51），有角撑、对撑、边桁架式、边框架式、环形等。有时在同一基坑中混合使用，如角撑加对撑、环梁加边桁（框）架、环梁加角撑等。主要是因地制宜，根据基坑的平面形状和尺寸设置最适合的支撑。

一般情况下，对于平面形状接近方形且尺寸不大的基坑，宜采用角撑，使基坑中间有较大的空间，便于组织挖土。对于形状接近方形但尺寸较大的基坑，采用环形或边桁架式、边框架式支撑，受力性能较好，也能提供较大的空间便于挖土。对于长条形的基坑宜采用对撑或对撑加角撑，安全可靠，便于控制变形。

钢支撑多为角撑、对撑等直线杆件的支撑。混凝土支撑由于为现浇，任何形式的支撑皆便于施工。

支撑在竖向的布置（图 2-52），主要取决于基坑深度、围护墙种类、挖土方式、地下结构各层楼盖和底板的位置等。基坑深度越大，支撑层数越多，使围护墙受力合理，不产生过大的弯矩和变形。支撑设置的标高要避开地下结构楼盖的位置，以便于支模浇注地下结构时换撑，支撑多数布置在楼盖之下和底板之上。支撑竖向间距还与挖土方式有关，如人工挖土，支撑竖向间距 A 不宜小于 3m；如挖土机下坑挖土，A 最好不小于 4m。

在支模浇注地下结构时，在拆除上面一道支撑前，先设换撑，换撑位置都在底板上表面和楼板标高处。如靠近地下室外墙附近楼板有缺失时，为便于传力，在楼板缺失处要增设临时钢支撑。换撑时需要在换撑达到设计规定的强度、起支撑作用后才能拆除上面一道支撑。换撑工况在计算支护结构时也需加以计算。

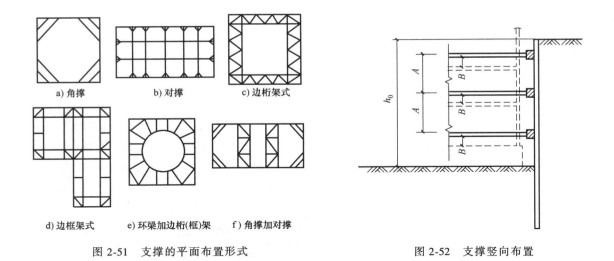

| a) 角撑 | b) 对撑 | c) 边桁架式 |

| d) 边框架式 | e) 环梁加边桁(框)架 | f) 角撑加对撑 |

图 2-51　支撑的平面布置形式　　　　　　　　图 2-52　支撑竖向布置

2.6　深基坑土方开挖

在深基坑土方开挖施工前，必须编制土方开挖工程专项施工方案，属于超过一定规模的危险性较大的分部分项工程范畴的必须组织专家论证并严格按论证通过的方案进行施工。要对支护结构、地下水位及周围环境进行必要的监测和保护。

基坑土方开挖的施工工艺一般有两种：放坡开挖（无支护开挖）和在支护体系保护下开挖（有支护开挖）。前者既简单又经济，但需具备放坡开挖的条件，即基坑不太深而且基坑平面之外有足够的空间供放坡之用。因此，在空旷地区或周围环境允许放坡而又能保证边坡稳定条件下应优先选用。

在城市中心建筑物稠密地区，往往不具备基坑放坡开挖的条件，此时就只能采用在支护结构保护下垂直或基本垂直进行开挖。

在有支护开挖的情况下，基坑工程一般包括下述内容：

1）基坑工程勘察。

2）基坑支护结构的设计和施工。

3）控制基坑地下水位。

4）基坑土方工程的开挖和运输。

5）基坑土方开挖过程中的工程监测。

6）基坑周围的环境保护。

为了正确地进行支护结构设计和合理组织基坑工程施工，事先需对基坑及其周围进行下述勘察：

1）深基坑工程的挖土方案，主要有放坡挖土、中心岛式（也称为墩式）挖土、盆式挖土和逆作法挖土。前者无支护结构，后三种皆有支护结构。

2）土方开挖顺序、方法必须与设计工况一致，并遵循"开槽支撑，先撑后挖，分层开挖，严禁超挖"的原则。

3）防止深基坑挖土后，土体回弹变形过大。施工中减少基坑回弹变形的有效措施，是设法减少土体中有效应力的变化，减少暴露时间，并防止地基土浸水。因此，在基坑开挖过程中和开挖后，均应保证井点降水正常进行，并在挖至设计标高后，尽快浇筑垫层和底板。必要时，可对基础结构下部土层进行加固。

4）防止边坡失稳。

5）防止桩位移和倾斜。打桩完毕后基坑开挖，应制定合理的施工顺序和技术措施，防止桩的位移和倾斜。如果打桩后紧接着开挖基坑，由于开挖时的应力释放，再加上挖土高差形成一侧卸荷的侧向推力，土体易产生一定的水平位移，使先打设的桩易产生水平位移。软土地区施工，这种事故已屡有发生，值得重视。为此，在群桩基础桩打设后，宜停留一定时间，并用降水设备预抽地下水，待土中由于打桩积聚的应力有所释放、孔隙水压力有所降低、被扰动的土体重新固结后，再开挖基坑土方。而且土方的开挖宜均匀、分层，尽量减少开挖时的土压力差，以保证桩位正确和边坡稳定。

6）配合深基坑支护结构施工。挖土方式影响支护结构的荷载，要尽可能使支护结构均匀受力，减少变形。为此，要坚持采用分层、分段、均衡、对称的方式进行挖土。

深基坑土方开挖方法选择：

1）放坡开挖。

① 开挖深度不超过 4m 的基坑且当场地条件允许，并经验算能保证土坡稳定性时，可采用放坡开挖。

② 开挖深度超过 4m 的基坑，有条件采用放坡开挖时设置多级平台分层开挖，每级平台的宽度不宜小于 1.5m。

③ 放坡开挖的基坑，尚应符合下列要求：

a. 坡顶或坡边不宜堆土或堆载，遇有不可避免的附加荷载时，稳定性验算应计入附加荷载的影响。

b. 基坑边坡必须经过验算，保证边坡稳定。

c. 土方开挖应在降水达到要求后，采用分层开挖的方法施工，分层厚度不宜超过 2.5m。

d. 土质较差且施工期较长的基坑，边坡宜采用钢丝网水泥或其他材料进行护坡。

e. 放坡开挖应采取有效措施降低坑内水位和排除地表水，严禁地表水或基坑排出的水倒流渗入基坑。

2）有支护结构的深基坑开挖。

① 土方开挖的顺序、方法必须与设计工况相一致，应遵循"开槽支撑、先撑后挖、分层开挖、严禁超挖"的原则。

② 除设计允许外，挖土机械和车辆不得直接在支撑上行走操作。

③ 采用机械挖土方式时，严禁挖土机械碰撞支撑、立柱、井点管、围护墙和工程桩。

④ 应尽量缩短基坑无支撑暴露时间，对一级、二级基坑，每一工况下挖至设计标高后，钢支撑的安装周期不宜超过一昼夜，钢筋混凝土支撑的完成时间不宜超过两昼夜。

⑤ 采用机械挖土，坑底应保留 200～300mm 厚基土，用人工平整，并防止坑底土体扰动。

⑥ 对面积较大的一级基坑，土方宜采用分块、分区对称开挖和分区安装支撑的施工方法，土方挖至设计标高后，立即浇筑垫层。

⑦ 基坑中有局部加深的电梯井、水池等，土方开挖前应对其边坡做必要的加固处理。

在深基坑土方开挖前，要制定土方工程专项方案并通过专家论证，同时要对支护结构、地下水位及周围环境进行必要的监测和保护。

2.7 深基坑工程监测

2.7.1 概述

基坑工程监测是基坑工程设计的必要部分，目的是准确了解土层的实际情况，对基坑周围环境进行有效的保护，确保基坑工程的安全。深基坑工程施工监测要点把好三个环节：

1）监测单位的确定。

2）基坑工程监测项目、监测大纲的制定和内容的完备性。

3）监测资料的收集和传递要求。

1. 基坑工程监测的目的、必要性

基坑工程监测的目的主要是检验实际与理论（或预测）的符合性，判断工程的安全性；优化设计（包括参数、理论），指导后续工程。

2. 基坑工程监测项目与方法

基坑工程监测项目与方法见表 2-3。

表 2-3　基坑工程监测项目与方法

监测对象		监测项目	监测方法	备注
支护结构	挡墙	侧压力、弯曲应力、变形	土压力计、孔隙水压力计、测斜仪、应变计、钢筋计、水准仪等	验证计算的荷载、内力、变形
	支撑（锚杆）	轴力、弯曲应力	应变计、钢筋计、传感器	验证计算的内力
	围檩	轴力、弯曲应力	应变计、钢筋计、传感器	验证计算的内力
	立柱	沉降、抬起	水准仪	观测坑底隆起的项目之一
周围环境及其他	基坑周围地面	沉降、隆起、裂缝	水准仪、经纬仪、测斜仪	观测基坑周围地面变形
	邻近建（构）筑物	沉降、抬起、位移、裂缝等	水准仪、经纬仪等	通常的观测
	地下管线等	沉降、抬起、位移	水准仪、经纬仪、测斜仪	观测地下管线变形
	基坑底面	沉降、隆起	水准仪	观测坑底隆起的项目之一
	深部土层	位移	测斜仪	观测深部土层位移
	地下水	水位变化、孔隙水压	水位侧测仪、孔隙水压力计	观测降水、回灌等效果

3. 深基坑工程监测要求

1）基坑设计文件中应明确基坑支护监测的要求，包括监测项目、测点布置、观测精度、观测频率和临界状态报警值等。基坑监测单位必须制定监测方案，包括监测目的、监测内容、测点布置、观测方法、监测项目报警值、监测结果处理要求和监测结果反馈制度等。监测内容和监测项目、频率、数量、方法等见表 2-4 和表 2-5。

表 2-4　建筑深基坑工程监测内容

序号	监测项目	基坑安全等级		
		一级	二级	三级
1	自然环境（雨水、气温、洪水等）	应了解	应了解	应了解
2	支护结构（坡顶）的水平、垂直位移	应测	应测	应测
3	支撑与锚杆的应力和轴力	应测	宜测	可测
4	立柱变形	应测	宜测	可测
5	相邻建（构）筑物的沉降、水平位移、倾斜、裂缝	应测	应测	应测

（续）

序号	监 测 项 目	基坑安全等级		
		一级	二级	三级
6	地下管线变形	应测	应测	应测
7	基坑周围地表沉降、裂缝、地面超载状况	应测	宜测	可测
8	基坑底部回弹和隆起	应测	宜测	可测
9	土体分层竖向位移	应测	宜测	可测
10	地下水位、基坑渗漏水状况	应测	应测	宜测
11	支护结构深层挠曲	应测	应测	宜测
12	桩墙内力	应测	宜测	可测
13	桩墙水土压力	应测	宜测	可测

注：1. 一级安全等级指支护结构破坏、土体失稳或过大变形对基坑周边环境及地下结构施工影响很严重。符合下列
情况之一的基坑，定为一级安全等级基坑：

1）重要工程或支护结构同时作为主体结构一部分的基坑。

2）与邻近建筑物、重要设施的距离在开挖深度以内的基坑。

3）基坑影响范围内（不小于 2 倍的基坑开挖深度）有历史文物、近代优秀建筑、重要管线等需要严加保护
的基坑。

4）开挖深度大于 10m 的基坑。

5）位于复杂地质条件及软土地区的二层及二层以上地下室的基坑。

2. 三级安全等级指支护结构破坏、土体失稳或过大变形对基坑周边环境及地下结构施工影响不严重。基坑开挖
深度小于 7m，且周围环境无特殊要求的基坑为三级安全等级基坑。

3. 二级安全等级指支护结构破坏、土体失稳或过大变形对基坑周边环境及地下结构施工影响一般。除一级和三
级安全等级基坑外的基坑均属于二级安全等级基坑。

表 2-5　建筑深基坑工程监测项目、频率、数量及方法

监测项目	监测周期	测点数量	测点的布置	监测方法及精度	监测频率
桩墙顶（支护结构圈梁围檩、冠梁、基坑坡顶等）水平位移、垂直沉降	全过程	每一边不少于 3 点，且每 20m 不少于 1 点，每一基坑不少于 8 点	沿基坑周边布置，每边中部和端部应布置测点，且测点间距不宜大于 20m。测点设置在与支护结构刚性连接的钢筋混凝土冠梁上，或钢筋混凝土护顶上	用水准仪、经纬仪、全站仪监测，精度不低于 1mm	开挖深度≤ 5m 及基础底板完成后，1 次/2d；其他 1 次/d
支撑轴力	支撑设置至拆除	构件的 10%，且不少于 3 个，每一支撑不少于 3 点	设置在主撑等重要支撑的跨中部位，每层支撑都应选择几个有代表性的截面进行测量	用安装在混凝土支撑内部、与受力钢筋串联连接的应力传感器测试。钢支撑采用与支撑串联连接的、与支撑断面尺寸相同的应力传感器测试。精度不低于 1%FS	
立柱变形	全过程	不少于构件的 20%，且不少于 3 个	直接布置在立柱上方的支撑面上，每根立柱的垂直及水平位移均应测量，多个支撑交汇、受力复杂处的立柱应作为重要测点	水准仪、经纬仪监测。精度不低于 1mm	
坑外地下水位、坑内地下水及基坑渗漏水状况	降水过程	每边不少于 1 点	坑内地下水位的观测井（孔）在基坑每边中间和基坑中央设置，埋深与降水井点相同。坑外地下水位观测井（孔）设置在止水帷幕以外，沿基坑周边布设	通过水位观测井用水位计观测检查或测量检查。最小读数值不大于 10mm	1 次/2d

（续）

监测项目	监测周期	测点数量	测点的布置	监测方法及精度	监测频率
邻近房屋沉降、倾斜、裂缝	开挖至±0.00	每一建（构）筑物或重要设施不少于6点	沉降测点的布置：沿建筑物四角外墙每10~15m或每隔2或3根柱设置1点；裂缝、沉降缝、伸缩缝的两侧及新旧建筑物、高低建筑物的交接处均应设置点。裂缝测点的布置：在裂缝两侧布置。倾斜测点的布置：应沿对应测点的主体竖直线布置，整体倾斜按顶部、底部上下对应布置；分层倾斜按分层部位、底部上下对应布置	用水准仪、经纬仪等进行测量。精度符合《建筑变形测量规程》（JGJ 8—2016)的规定	开挖深度≤5m及基础底板完成后，1次/2d；其他1次/d
地下管线沉降与水平位移	开挖至±0.00	每10m设1点	在管线的端点、转角点和必要的中间部位设置；具体的测点应设置在管线本身或靠近管线底面的土体中		
围护结构深层水平位移	全过程	每一边不少于1点，边长大于50m时，可增加1或2点	在结构受力、变形较大的部位设置。测斜管应沿基坑每侧中心处布置，边长大于50m基坑，可设1或2点，设置在支护结构内的测斜管应与结构入土深度一致	在支护结构或基坑附近的土体中预埋测斜管，用测斜仪观测各深度处侧向位移。精度不低于1mm	1次/2d
支护结构（板墙、圈梁、围檩冠梁等）内力	全过程	每一边不少于1点	在基坑每侧中心处布置，深度方向测点的间距一般为1.5~2.5m	用安装在支护结构内部、与受力钢筋串联连接的应力传感器测试。精度不低于1%FS	1次/3d
支护结构（板墙）土压力和孔隙水压力	全过程	一般基坑平面每边不少于2点，竖向布置的间距一般为2~5m	设在基坑每边中部或其他有代表性的部位	埋设孔隙水压力计或土压力计的方法监测。精度不低于1kPa	
基坑周围地表沉降、裂缝、地面超载状况	开挖至回填	每一边不少于2点，且每20m不少于1点，每一基坑不少于8点	应设置在基坑深度的2~3倍的范围，在基坑纵横轴线或有代表性的位置由密到疏布置测点	观测检查或仪器测量检查，精度不小于1mm。总体裂缝采用目测，单个裂缝采用裂缝观测仪监测，最小读数不低于0.1mm	1次/2d
自然环境（雨水、气温、洪水等）	设计时			检查气象资料	
锚杆、土钉的应力和轴力	全过程	非预应力锚杆和土钉抽取构件的5%，预应力锚杆抽取构件的10%，且不少于3个	每根锚杆上的测点应设置在受力、变形较大且有代表性的位置和地质复杂的区域	应在锚杆或土钉上安装应力传感器测试。精度不低于1%FS	1次/2d

（续）

监测项目	监测周期	测点数量	测点的布置	监测方法及精度	监测频率
基坑底部回弹和隆起	开挖至基础底板完	以最小点数能测出坑底土隆起量为原则布点	基坑中央和距边缘约1/4坑底宽度处以及其他变形特征位置设置测点。对方形、圆形基坑，可按单向对称布点；矩形基坑，可按纵横向对称布点；复合矩形基坑可多向布点	用埋设的土体分层沉降仪监测，不同深度土体在开挖过程中的隆起变形，精度不小于1mm	1次/2d

注：1. 相邻建（构）筑物指基坑边缘以外 1~2 倍的开挖深度范围内的建筑物（构筑物及管线、管网、设备）。
　　2. 出现异常情况或达报警值时，须加密监测。

2）当出现下列情况时，应加强观测，加大观测频率，并及时向建设、施工、监理、设计、质量监督等部门报告监测成果。

① 监测项目的监测值达到报警标准。

② 监测项目的监测值变化过大或者速率加快。

③ 出现超深开挖、超长开挖、未及时加撑等不按设计工况施工的情况。

④ 基坑及周围环境中大量积水、长时间连续降雨、市政管道出现渗漏。

⑤ 基坑附近地面荷载突然增大。

⑥ 支护结构出现开裂。

⑦ 邻近的建筑物或地面突然出现大量沉降、不均匀沉降或严重开裂。

⑧ 基坑底部、坡体或围护结构出现管涌、流砂现象。

3）当出现下列情况之一时，应及时报警，情况严重时，应立即停工，并对基坑支护结构和周围环境中的保护对象采取应急措施。

① 出现了基坑工程设计方案、监测方案确定的报警情况，监测项目实测值达到设计监控报警值。

② 基坑支护结构或后面土体的最大位移大于表 2-6 的规定，或其水平位移速率已连续三天大于 3mm/d。

③ 基坑支护结构的支撑或锚杆体系中有个别构件出现应力剧增、压屈、断裂、松弛或拔出迹象。

④ 既有建筑物的不均匀沉降已大于现行的地基基础设计规范规定的允许值，或建筑物的倾斜速率已连续三天大于 $0.0001H/d$。

⑤ 既有建筑物的砌体部分出现宽度大于 3mm 的变形裂缝；或其附近地面出现 15mm 的裂缝且上述裂缝尚可能发展。

⑥ 基坑底部或周围土体出现可能导致剪切破坏的迹象或其他可能影响安全的征兆。

4）观测数据应及时整理，沉降、位移等监测应绘制随时间变化的关系曲线，并对变形和内力的发展趋势做出评价，提交阶段性监测报告。内容包括监测期相应的工况、监测项目、各测点的平面和立面布置图、监测成果的过程曲线、监测值的变化分析及发展预测。

5）监测工作完成后，监测单位应提交完整的基坑工程监测报告，内容包括工程概况、

表 2-6　深基坑工程监测报警临界值　　　　　　　　　　（单位：mm）

基坑类型	围护结构墙顶位移监控值	围护结构墙体最大位移监控值	地面最大沉降监控值
一级	3	5	3
二级	6	8	6
三级	8	10	10

监测项目和各测点的平面和布置图、采用仪器、设备和监测方法、监测数据处理方法和监测结果过程曲线、监测结果评价。

2.7.2　深基坑监测方法

1. 支撑轴力量测

支撑轴力量测常用应力或应变传感器、钢筋计（图 2-53）、电阻应变片。

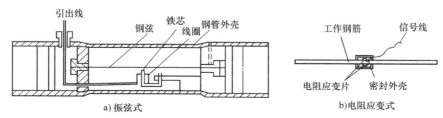

a) 振弦式　　　　b)电阻应变式

图 2-53　钢筋计构造示意图

振弦式钢筋计的工作原理是：当钢筋计受轴向力时，引起弹性钢弦的张力变化，改变钢弦的振动频率，通过频率仪测得钢弦的频率变化即可测出钢筋所受作用力的大小，换算而得混凝土结构所受的力。振弦式钢筋计与测力钢筋轴心对焊。

电阻应变式钢筋计的工作原理是：利用钢筋受力后产生变形，粘贴在钢筋上的电阻产生应变，从而通过测出应变值得出钢筋所受作用力的大小。电阻应变式钢筋计与测力钢筋平行地绑扎或点焊在箍筋上。

2. 土压力量测

目前使用较多的是钢弦式双膜土压力计，土压力计又称为土压力盒，如图 2-54 所示。

钢弦式双膜土压力计的工作原理是：当表面刚性板受到土压力作用后，通过传力轴将作用力传至弹性薄板，使之产生挠曲变形，同时也使嵌固在弹性薄板上的两根钢弦柱偏转，使钢弦应力发生变化，钢弦的自振频率也相应变化，利用钢弦频率仪中的激励装置使钢弦起振并接收其振动频率，使用预先标定的压力-频率曲线，即可换算出土压力值。

土压力盒埋设于钻孔中，接触面与土体接触，孔中空隙用与周围土体性质基本一致的浆液填实。

3. 孔隙水压力量测

测量孔隙水压力用的孔隙水压力计，其形式、工作原理与土压力计相似，只是前者多了一块透水石，使用较多的为钢弦式孔隙水压力计，如图 2-55 所示。

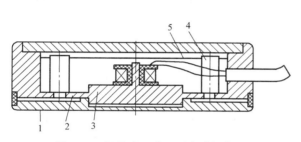

图 2-54　钢弦式双膜土压力计的构造

1—刚性板　2—弹性薄板　3—传力轴　4—弦夹　5—钢弦

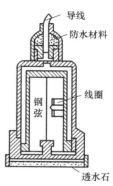

图 2-55　钢弦式孔隙水压力计的构造

孔隙水压力计在钻孔中埋设。钻孔至要求深度后，先在孔底填入部分干净的砂，将测头放入，再在测头周围填砂，最后用黏土将上部钻孔封闭。

4. 位移量测

（1）水准仪、经纬仪。水准仪用于测量地面、地层内各点及构筑物施工前后的标高变化。经纬仪用于测量地面及构筑物施工控制点的水平位移。

（2）深层沉降观测标、回弹标。为精确地直接在地表测得不同深度土层的压缩量或膨胀量，须在这些地层埋设深层沉降观测标，并引出地面。深层沉降观测标由标杆、保护管、扶正器、标头、标底等组成（图 2-56）。测定原理是被观测地层的压缩或膨胀引起标底的上下运动，从而推动标杆在保护管内自由滑动，通过观测标头的上下位移量可知被观测层的竖向位移量。

为了测定基坑开挖后由于卸除了基坑土的自重而产生的基底土的隆起量，要用到回弹标进行观测。测杆式回弹标结构如图 2-57 所示。

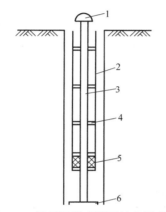

图 2-56 深层沉降观测标结构示意图
1—标头 2—保护管 3—标杆
4—扶正器 5—塞线 6—标底

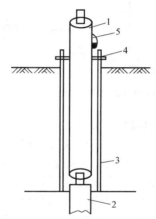

图 2-57 测杆式回弹标结构示意图
1—测杆 2—回弹标志 3—钻孔套管
4—固定螺钉 5—水准泡

测杆式回弹标的埋设和观测步骤：钻孔至预计坑底标高→将标志头放入孔内，压入坑底下 10～20cm→将测杆放入孔内，并使其底面与标志头顶部紧密接触，上部的水准气泡居中→用三个固定螺钉将测杆固定在套管上→在测杆上竖立铟钢尺，用水准仪观测高程。

（3）电测分层沉降仪（图 2-58）。电测分层沉降仪通常需在土体中埋设一根竖管，隔一定深度设置一个沉降环。电测探头能测得沉降环随土体的沉降。

（4）测斜仪。测斜仪是一种用于测量钻孔、基坑、地基基础、墙体和坝体坡等工程构筑物的顶角、方位角的仪器。到目前为止，各种各样的测斜仪广泛应用于水利水电、矿产冶金、交通与城建岩土工程领域，在保证岩土工程设计、施工及其使用安全中，发挥了重要的作用。

1）测斜管的安装（图 2-59）。测斜管有圆形和方形两种，国内多采用圆形，直径有 50mm、70mm 等，每节一般

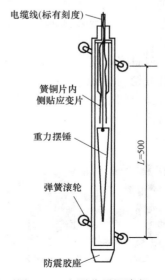

图 2-58 电测分层沉降仪

为 2m 长，采用钢材、铝合金、塑料等制作，最常用的还是 PVC 塑料管。测斜管在吊放钢筋笼之前，接长到设计长度，绑扎在钢筋上，随钢筋笼一起放入槽内。测斜管的底部与顶部要用盖子封住，防止砂浆、泥浆及杂物入孔内。

2）测斜仪构造及工作原理。测斜仪按其工作原理有伺服加速度式、电阻应变片式、差动电容式、钢弦式等多种。比较常用的是伺服加速度式、电阻应变片式两种。伺服加速度式测斜仪精度较高，目前用得较多。测斜仪的构造如图 2-60 所示。

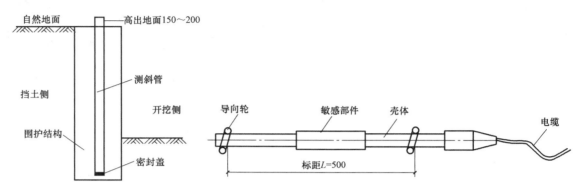

图 2-59　测斜管的安装示意图　　　　　　图 2-60　测斜仪构造示意图

3）测斜仪操作要点。

① 埋入测斜管，应保持垂直，如埋在桩体或地下连续墙内，测斜管与钢筋笼应绑牢。

② 测斜管有两对方向互相垂直的定向槽，其中一对要与基坑边线垂直。

③ 测量时，必须保证测斜仪与管内温度基本一致，显示仪读数稳定才开始测量。

④ 由于测斜仪测得的是两滑轮之间（500mm）的相对位移，所以必须选择测斜管中的不动点为基准点，一般以管底端点为基准点，各点的实际位移是测点到基准点相对位移的累加。测斜管埋入开挖面以下一般岩层不少于 1m，土层不少于 4m。

常见的测斜仪有电阻应变片式、滑线电阻式、差动变压器式、伺服式及伺服加速度式等。电阻应变片式测斜仪的构造如图 2-61 所示。

测斜仪原理如图 2-62 所示。设测头上下两组滑轮间标距 L，测头敏感元件测得的测头与垂线间的夹角为 α，则两测点相应的水平位移为 $L\sin\alpha$，用测头连续量测的总位移为 $\sum L\sin\alpha$。

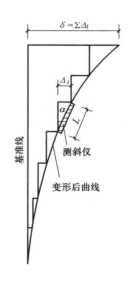

图 2-61　电阻应变片式测斜仪的构造　　　　　图 2-62　测斜仪原理

2.8 深基坑工程安全问题

2.8.1 深基坑安全基本要求

1. 基坑周边的安全

处于城市中的工程,基坑周边留给施工用的空地较少,材料堆放、大型机械设备停放都必须征得基坑工程设计者的同意。深度超过 2m 的基坑周边还应设置不低于 1.2m 高的固定防护栏杆。

2. 行人支撑上的防护

面积较大的基坑面积,工人往往在支护结构的水平支撑上行走,应合理选择部分支撑,采取一定的防护措施,作为坑内架空便道。其他支撑上一律不得上人,并采取措施将其封堵。

3. 基坑内扶梯的合理设置

基坑内必须合理设置上、下人的扶梯或其他形式的通道,结构应尽可能是平稳的踏步式,以便工作人员随身携带工具或少量材料。

4. 大体积混凝土施工中的防火

高层建筑大体积混凝土基础底板施工,为避免温差裂缝,通常采用在混凝土表面先铺盖一层塑料薄膜,再覆盖 2 或 3 层草包的保温措施,要特别注意防火,周围严禁烟火,应配备一定数量的灭火器材。

5. 钢筋混凝土支撑爆破时的安全防范

深基坑钢筋混凝土支撑的拆除往往采用爆破方法,且必须由取得主管部门批准的有资质的企业承担,其爆破拆除方案必须经主管部门的审批。爆破施工除按有关规范执行外,施工现场必须采取一定的防护措施,如合理分块分批施爆、搭设防护棚和防护挡板、选择适当的爆破时间等。

2.8.2 深基坑工程安全事故分析

案例分析:上海闵行区"莲花河畔景苑"一在建 13 层住宅楼于 2009 年 6 月 27 日清晨连根"卧倒"的事件。

1. 工程事故概况

2009 年 6 月 27 日清晨 5 时 30 分左右,上海闵行区莲花南路、罗阳路口西侧"莲花河畔景苑"小区,一栋在建的 13 层住宅楼全部倒塌(图 2-63),造成一名工人死亡。6 月 26 日,该楼旁河道有一段 85m 长的防汛墙出现倒塌状况。堆在靠近河边的有一个足球场大小,高达 10m 多的土堆随着防汛墙向河里推进约 4~5m,开发商为上海梅都房地产开发有限公司,总包单位为上海众欣建筑有限公司,监理单位为上海光启建设监理有限公司。该栋楼整体朝南侧倒下,13 层的楼房在倒塌中并未完全粉碎,但是,楼房底部原本应深入地下的数十根混凝土管桩被

图 2-63 "莲花河畔景苑"倒塌工程

整齐地折断后裸露在外。

2. 事故调查及原因分析（图 2-64）

上海市政府于 2009 年 7 月 3 日举行专题新闻发布会宣布，在建大楼倾倒主要因为两侧压力过大，房屋结构设计等符合要求。调查结果显示，倾覆主要原因是，楼房北侧在短期内堆土高达 10m，南侧正在开挖 4.6m 深的地下车库基坑，两侧压力差异使土体产生水平位移，过大的水平力超过了桩基的抗侧能力，导致房屋倾倒。

事故调查专家组组长、中国工程院院士江欢成指出，事发楼房附近有过两次堆土施工，半年前第一次堆土距离楼房约 20m，离防汛墙 10m，高 3～4m；第二次从 6 月 20 日起施工方在事发楼盘前方开挖基坑堆土，6 天内即高达 10m，10m 高的堆土是快速堆上的，这部分堆土是松散的，在雨水的作用下，堆土自身要滑动，滑动的动力水平作用在房屋的基础上，不但使该楼水平位移，更严重的是这个力与深层的土体滑移力成一对力偶，加速桩基继续倾斜。与此同时，紧邻大楼南侧的地下车库基坑正在开挖，开挖深度 4.6m，大楼两侧的压力差使土体产生水平位移，过大的水平力超过了桩基的抗侧能力，高层建筑上部结构的重力对基础底面积形心的力矩随着倾斜的不断扩大而增大，最后使得上部结构向南迅速倒塌至地。主要原因是人为因素造成的土体滑动导致的失稳破坏。

  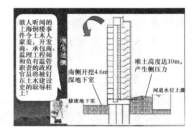

图 2-64 "莲花河畔景苑"工程倒塌原因分析

3. 事故处理

上海市政府事故调查定性"莲花河畔景苑"在建楼房倒覆事故社会影响恶劣，性质非常严重，是一起重大责任事故。开发商上海梅都房地产开发有限公司、总包单位上海众欣建筑有限公司的 7 名责任人员对事故发生负有直接责任，涉嫌重大责任事故罪，被移送司法机关追究刑事责任，其中 6 名相关负责人涉嫌重大责任事故罪被刑事拘留。由于对辖区内建设工程安全生产工作负有领导责任，闵行区分管副区长受行政警告处分，闵行区梅陇镇镇长、副镇长等分别受到行政记过和行政记大过处分。倾覆楼房开发商、总包单位、监理单位的资质证书均被吊销。工程监测单位对事故发生负有一定责任，予以通报批评。

第3章 大体积混凝土施工

教学提示：大体积混凝土温度裂缝产生的主要原因是由于混凝土发生温度变化，变化受到约束，产生约束应力或约束变形，当约束应力或约束变形超过混凝土的抗拉强度或极限拉伸时，混凝土产生温度裂缝。大体积混凝土温度裂缝是可以控制的，既要考虑材料、设计、施工方面，又要考虑环境和管理方面，只有从各个方面综合考虑，才能制定出切实可行的方法。

教学要求：本章让学生了解大体积混凝土的定义和大体积混凝土温度裂缝控制措施。重点了解大体积混凝土温度裂缝产生的机理和温度应力计算方法。通过掌握裂缝产生的原因和对温度应力的计算，更好地选择温度裂缝控制的措施和方法。

随着建（构）筑物体形不断增大，相应结构构件尺寸势必要增大。对于混凝土结构来说，当构件的体积或面积较大时在混凝土结构和构件内产生较大温度应力，如不采取特殊措施减小温度应力势必会导致混凝土开裂。温度裂缝的产生不单纯是施工方法问题，还涉及结构设计、构造设计、材料选择、材料组成、约束条件及施工环境等诸多因素。

美国 ACI5.1 导言定义："任何就地浇筑的大体积混凝土，其尺寸之大，必须要求采取措施解决水化热及随之引起的体积变形问题，以最大限度地减少开裂。"

日本建筑学会标准（JASS5）的定义是："结构断面最小尺寸在 80cm 以上，水化热引起混凝土内部的最高温度与外界气温之差预计超过 25℃的混凝土，称为大体积混凝土。"

我国新修订的《大体积混凝土施工标准》（GB 50496—2018）规定：混凝土结构物实体最小尺寸不小于 1m 的大体量混凝土，或预计会因混凝土中胶凝材料水化引起的温度变化和收缩而导致有害裂缝产生的混凝土，称为大体积混凝土。

我国现行行业标准《普通混凝土配合比设计规程》（JGJ 55—2011）的定义："体积较大的、可能由胶凝材料水化热引起的温度应力导致有害裂缝的结构混凝土，称为大体积混凝土。"

现代建筑中时常涉及大体积混凝土施工，如高层楼房基础、大型设备基础、水利大坝等。它主要的特点就是体积大，一般实体最小尺寸大于或等于 1m。它的表面系数比较小，水泥水化热释放比较集中，内部升温比较快。混凝土内外温差较大时，会使混凝土产生温度裂缝，影响结构安全和正常使用，所以必须从根本上分析它，来保证施工的质量。

3.1 大体积混凝土的温度裂缝

大体积混凝土由于截面大、水泥用量大，水泥水化释放的水化热会产生较大的温度变化，由于混凝土导热性能差，其外部的热量散失较快，而内部的热量不易散失，造成混凝土各个部位之间产生温度差和温度应力，从而产生温度裂缝。

3.1.1 裂缝种类

裂缝按产生原因一般可分为荷载作用下的裂缝（约占 10%）、变形作用下的裂缝（约占 80%）、耦合作用下的裂缝（约占 10%）。

裂缝按裂缝有害程度可分为有害裂缝、无害裂缝两种。有害裂缝是裂缝宽度对建筑物的使用功能和耐久性有影响。通常裂缝宽度略超规定 20% 的为轻度有害裂缝，超规定 50% 的为中度有害裂缝，超规定 100% 的（指贯穿裂缝和纵深裂缝）为重度有害裂缝。

裂缝按裂缝出现时间可分为早期裂缝（3~28d）、中期裂缝（28~180d）和晚期裂缝（180~720d，最终 20 年）。

裂缝按深度一般可分为表面裂缝、深层裂缝和贯穿裂缝三种，如图 3-1 所示。贯穿裂缝切断了结构断面，可能破坏结构整体性、耐久性和防水性，影响正常使用，危害严重；深层裂缝部分切断了结构断面，也有一定危害性；表面裂缝虽然不属于结构性裂缝，但在混凝土收缩时，表面裂缝处断面削弱且易产生应力集中，故能促使裂缝进一步开展。

| a) 表面裂缝 | b) 深层裂缝 | c) 贯穿裂缝 |

图 3-1　温度裂缝

混凝土浇筑初期，水泥水化产生大量的水化热，使混凝土的温度很快上升，但由于混凝土表面散热条件较好，热量可向大气中散发，因而温度上升较少；而混凝土内部由于散热条件较差，热量散发少，因而温度上升较多，内外形成温度梯度，从而形成内约束。结果是混凝土内部产生压应力，面层产生拉应力，当该应力超过混凝土的抗拉强度时，混凝土表面就产生裂缝。

混凝土浇筑后数日，水泥水化热基本上已释放，混凝土从最高温逐渐降温，降温的结果引起混凝土收缩；再加上由于混凝土中多余的水分蒸发等引起的体积收缩变形，受到地基和结构边界条件的约束（外约束）而不能自由变形，导致产生温度应力（拉应力），当该温度应力超过龄期下混凝土的抗拉强度时，则从约束面开始向上开裂形成收缩裂缝。如果该温度应力足够大，严重时可能产生贯穿裂缝。

一般来说，由于温度收缩应力引起的初始裂缝不影响结构物的承载能力（瞬时强度），而仅对耐久性和防水性产生影响。对不影响结构承载力的裂缝，为防止钢筋腐蚀、混凝土碳化、防水防渗等，应对裂缝加以封闭或补强处理。对于地下或半地下结构来说，混凝土的裂缝主要影响其防水性能，一般当裂缝宽度为 0.1~0.2mm 时，虽然早期有轻微渗水，但经过一段时间后，裂缝可以自愈；如超过 0.2~0.3mm，则渗水量按裂缝宽度的 3 次方比例增加，须进行化学注浆处理。所以，在地下工程中，应尽量避免超过 0.3mm 且贯穿全断面的裂缝。

3.1.2 裂缝产生的原因

大体积混凝土施工阶段产生的温度裂缝，是其内部矛盾发展的结果。一方面是混凝土内外温差产生应力和应变；另一方面是结构的外约束和混凝土各质点间的内约束阻止这种应变，一旦温度应力超过混凝土所能承受的抗拉强度，就会产生裂缝。

1. 水泥水化热

水泥的水化热是大体积混凝土内部热量的主要来源，由于大体积混凝土截面厚度大，水化热聚集在混凝土内部不易散失。水泥水化热引起的绝热温升与混凝土单位体积中水泥用量和水泥品种有关，并随混凝土的龄期按指数关系增长，一般在 10~12d 达到最终绝热温升，但由于结构自然散热，实际上混凝土内部的最高温度大多发生在混凝土浇筑后 2~5d。

浇筑初期，混凝土的强度和弹性模量都很低，对水化热引起的急剧温升约束不大，因此相应的温度应力也较小。随着混凝土龄期的增长，弹性模量的增高，对混凝土内部降温收缩的约束也就越来越大，以至产生很大的温度应力，当混凝土的抗拉强度不足以抵抗温度应力时，便开始出现温度裂缝。

2. 外界气温变化

大体积混凝土结构施工期间，外界气温的变化情况对防止大体积混凝土开裂有重大影响。外界气温越高，混凝土的浇筑温度也越高，如果外界温度下降，则会增加混凝土的降温幅度，特别是在外界温度骤降时，会增加外层混凝土与内部混凝土的温差，这对大体积混凝土极为不利。

混凝土的内部温度是由外界温度、浇筑温度、水化热引起的绝热温升和结构散热降温等各种温度的叠加，温度应力是由于温差引起温度变形造成的；温差越大，温度应力也越大。同时，在高温条件下，大体积混凝土不易散热，混凝土内部的最高温度一般可达 $60~65℃$，有时高达 $80℃$ 以上，并且有较长的延续时间。因此，应采取温度控制措施，防止混凝土内外温差引起的温度应力。因此，应研究合理的温度控制措施，以控制大体积混凝土内外温差引起的过大温度应力。

3. 约束条件

结构在变形时会受到一定的抑制而阻碍其自由变形，该抑制即为"约束"。大体积混凝土由于温度变化产生变形，这种变形受到约束才产生应力。在全约束条件下，混凝土结构的变形：

$$\varepsilon = T\alpha \tag{3-1}$$

式中　ε——混凝土收缩时的相对变形；

　　　T——混凝土的温度变化量；

　　　α——混凝土的温度膨胀系。

ε 超过混凝土的极限拉伸值时，结构便出现裂缝。由于结构不可能受到全约束，而且混凝土还存在徐变变形，所以温差在 $25℃$ 甚至 $30℃$ 情况下混凝土也可能不开裂。无约束就不会产生应力，因此，改善约束对于防止混凝土开裂有重要意义。

4. 混凝土收缩变形

混凝土的拌和水中，只有约 20% 的水分是水泥水化所必需的，其余 80% 左右的水都是被蒸发的。混凝土在水泥水化过程中会产生体积变形，其中多数是收缩变形，少数是膨胀变形，这取决于所采用的胶凝材料的性质。混凝土中多余水分的蒸发是引起混凝土体积收缩的主要原因之一，这种干燥收缩变形不受约束条件的影响，若存在约束，即产生收缩应力。

在大体积混凝土温度裂缝的计算中，可将混凝土的收缩值换算成相当于引起同样温度变形所需要的温度值，即"收缩当量温差"，以便按照温差计算混凝土的应力。

3.2　大体积混凝土的温度应力

3.2.1　大体积混凝土温度应力特点

混凝土的温度取决于它本身所储备的热能，在绝热条件下，混凝土内部的最高温度是浇筑温度与水泥水化热温度的总和。但在实际情况下，由于混凝土的温度与外界环境有温差存在，而结构物四周又不可能做到完全绝热，因此，在新浇筑的混凝土与其四周环境之间，就会发生热能的交换。模板、外界气候（包括温度、湿度和风速）和养护条件等因素，都会不断改变混凝土所储备的热能，并促使混凝土的温度逐渐发生变动。因此，混凝土内部的最高温度，实际上是由浇筑温度、水泥水化热引起的绝对温升和混凝土浇筑后的散热温度三部分组成。

由于混凝土结构的热传导性能差，其周围环境气温以及日辐射等作用将使其表面温度迅速上升（或降低），但结构的内部温度仍处于原来状态，在混凝土结构中形成较大的温度梯度，因而使混凝土结构各部分处于不同的温度状态，由此产生了温度变形，当被结构的内、外约束阻碍时，会产生相当大的温度应力。混凝土结构的温度应力，实际上是一种约束应力，与一般荷载应力不同，温度应力与应变不再符合简单的胡克定律关系，而是出现应变小而应力大、应变大而应力小的情况，但是伯努里的平面变形规律仍然适用；其次，由于混凝土结构的温度荷载沿板壁厚度方向的非线性分布，混凝土结构截面上的温度应力分布具有明显的非线性特征；另外，混凝土结构中的温度应力具有明显的时间性，是瞬时变化的。

建筑工程大体积混凝土结构的尺寸没有水工大体积混凝土结构那样厚大，因此，裂缝的出现不仅有水泥水化热的问题和外界气温的影响，而且还显著受到收缩的影响。建筑工程结构多为钢筋混凝土结构，一般不存在承载力的问题，因此，在施工阶段，结构产生的表面裂缝危害性较小，主要应防止贯穿性裂缝；外约束不仅是导致裂缝的主要因素，同时也是决定伸缩缝间距（或裂缝间距）的主要条件。

3.2.2 大体积混凝土温度应力计算

1. 大体积混凝土温度计算

（1）最大绝热温升（二式取其一）。

$$T_h = (m_c + KF)Q / (C\rho)$$

$$T_h = \frac{m_c Q}{C\rho(1 - e^{-mt})} \quad\quad (3-2)$$

式中　　T_h——混凝土最大绝热温升（℃）；

　　　　m_c——混凝土中水泥（包括膨胀剂）用量（kg/m³）；混凝土活性掺合料用量（kg/m³）；

　　　　K——掺合料折减系数，粉煤灰取 0.25~0.30；

　　　　Q——水泥 28d 水化热（kJ/kg），查表 3-1；

　　　　C——混凝土比热容 [kJ/(kg·K)]，取 0.92~1.00kJ/(kg·K)；

　　　　ρ——混凝土的密度（kg/m³），取 2400~2500（kg/m³）；

　　　　e——为常数，取 2.718；

　　　　t——混凝土的龄期（d）；

　　　　m——系数，随浇筑温度改变，查表 3-2。

表 3-1　不同品种、强度等级水泥的水化热

水泥品种	强度等级	水化热 Q(kJ/kg)		
		3d	7d	28d
硅酸盐水泥	42.5	314	354	375
	32.5	250	271	334
矿渣水泥	32.5	180	256	334

表 3-2　系数 m

浇筑温度/℃	5	10	15	20	25	30
m	0.295	0.318	0.340	0.362	0.384	0.406

（2）混凝土中心计算温度。

$$T_{1(t)} = T_j + T_h \cdot \xi_{(t)} \tag{3-3}$$

式中　$T_{1(t)}$——t 龄期混凝土中心计算温度（℃）；

　　　T_j——混凝土浇筑温度（℃）；

　　　$\xi_{(t)}$——t 龄期降温系数，查表 3-3，同时要考虑混凝土的养护、模板、外加剂、掺合料的影响。

表 3-3　降温系数 ξ

浇筑层厚度/m	龄期 t/d									
	3	6	9	12	15	18	21	24	27	30
1.00	0.36	0.29	0.17	0.09	0.05	0.03	0.01			
1.25	0.42	0.31	0.19	0.11	0.07	0.04	0.03			
1.50	0.49	0.46	0.38	0.29	0.21	0.15	0.12	0.08	0.05	0.04
2.50	0.65	0.62	0.57	0.48	0.38	0.29	0.23	0.19	0.16	0.15
3.00	0.68	0.67	0.63	0.57	0.45	0.36	0.30	0.25	0.21	0.19
4.00	0.74	0.73	0.72	0.65	0.55	0.46	0.37	0.30	0.25	0.24

（3）混凝土表层（表面下 50~100mm 处）温度。

1）保温材料厚度（或蓄水养护深度）。

$$\delta = 0.5 h \lambda_i (T_2 - T_q) K_b / \lambda (T_{max} - T_2) \tag{3-4}$$

式中　δ——保温材料厚度（m）；

　　　h——混凝土结构的实际厚度（m）；

　　　λ_i——所选保温材料导热系数 [W/(m·K)]，查表 3-4。

　　　T_2——混凝土表面温度（℃）；

　　　T_q——施工期大气平均温度（℃）；

　　　λ——混凝土导热系数 [W/(m·K)]，取 2.33W/(m·K)；

　　　T_{max}——计算的混凝土最高温度（℃）；计算时可取 $T_2 - T_q = 15 \sim 20℃$，$T_{max} - T_2 = 20 \sim 25℃$；

　　　K_b——传热系数修正值，取 1.3~2.3，查表 3-5。

表 3-4　几种保温材料导热系数 λ_i

材料名称	密度/(kg/m³)	导热系数 λ_i/[W/(m·K)]	材料名称	密度/(kg/m³)	导热系数 λ_i/[W/(m·K)]
钢材	7800	58	矿棉、岩棉	110~200	0.031~0.065
钢筋混凝土	2400	2.33	沥青矿棉毡	100~160	0.033~0.052
水		0.58	泡沫塑料	20~50	0.035~0.047
木模板	500~700	0.23	膨胀珍珠岩	40~300	0.019~0.065
木屑		0.17	油毡		0.05
草袋	150	0.14	膨胀聚苯板	15~25	0.042
沥青蛭石板	350~400	0.081~0.105	空气		0.03
膨胀蛭石	80~200	0.047~0.07	泡沫混凝土		0.10

表 3-5 传热系数修正值

保温层种类	K_{b1}	K_{b2}
由易透风材料组成,但在混凝土面层上再铺一层不透风材料	2.0	2.3
在易透风保温材料上铺一层不透风材料	1.6	1.9
在易透风保温材料上下各铺一层不易透风材料	1.3	1.5
仅由不易透风材料组成(如油布、帆布、棉麻毡、胶合板)	1.3	1.5

注:K_{b1} 值表示一般刮风情况(风速不大于4m/s);K_{b2} 值表示刮大风情况(风速大于4m/s)。

2)如采用蓄水养护,蓄水养护深度。

$$h_w = xM(T_{max} - T_2)K_b\lambda_w / (700T_j + 0.28m_cQ) \tag{3-5}$$

式中　h_w——养护水深度(m);

　　　x——混凝土维持到指定温度的延续时间,即蓄水养护时间(h);

　　　M——混凝土结构表面系数(m^{-1}),$M = F/V$;

　　　F——与大气接触的表面积(m^2);

　　　V——混凝土体积(m^3);

$T_{max} - T_2$——一般取 20~25℃;

　　　K_b——传热系数修正值;

　　　700——折算系数 kJ/($m^3 \cdot K$);

　　　λ_w——水的导热系数 [W/(m·K)],取 0.58W/(m·K)。

3)混凝土表面模板及保温层的传热系数。

$$\beta = 1/[\sum \delta_i/\lambda_i + 1/\beta_q] \tag{3-6}$$

式中　β——混凝土表面模板及保温层等的传热系数 [W/(m·K)];

　　　δ_i——各保温层材料厚度(m);

　　　λ_i——各保温层材料导热系数 [W/(m·K)];

　　　β_q——空气层的传热系数,取 23W/($m^2 \cdot K$)。

4)混凝土虚厚度。

$$h' = k\lambda/\beta \tag{3-7}$$

式中　h'——混凝土虚厚度(m);

　　　k——折减系数,取 2/3;

　　　λ——混凝土导热系数 [W/(m·K)],取 2.33W/(m·K)。

5)混凝土计算厚度。

$$H = h + 2h' \tag{3-8}$$

式中　H——混凝土计算厚度(m);

　　　h——混凝土实际厚度(m)。

6)混凝土表层温度。

$$T_{2(t)} = T_q + 4h'(H - h')[T_{1(t)} - T_q]/H^2 \tag{3-9}$$

式中　$T_{2(t)}$——混凝土表面温度(℃);

　　　T_q——施工期大气平均温度(℃);

　　　h'——混凝土虚厚度(m);

　　　H——混凝土计算厚度(m);

　　　$T_{1(t)}$——混凝土中心温度(℃)。

(4)混凝土内平均温度。

$$T_{m(t)} = [T_{1(t)} + T_{2(t)}]/2 \tag{3-10}$$

2．大体积混凝土温度应力计算

（1）地基约束系数。

1）单纯地基阻力系数 C_{x1}（N/mm³），见表 3-6。

表 3-6　单纯地基阻力系数 C_{x1}

土质名称	承载力（kN/m²）	C_{x1} 推荐值
软黏土	80～150	0.01～0.03
砂质黏土	250～400	0.03～0.06
坚硬黏土	500～800	0.06～0.10
风化岩石和低强度素混凝土	5000～10000	0.60～1.00
C10 以上配筋混凝土	5000～10000	1.00～1.50

2）桩的阻力系数。

$$C_{x2} = Q/F \qquad (3-11)$$

式中　C_{x2}——桩的阻力系数（N/mm³）；

Q——桩产生单位位移所需水平力（N/mm）；当桩与结构铰接时，$Q = 2EI[K_n D/(4EI)]^{3/4}$；当桩与结构固接时，$Q = 2EI[K_n D/(4EI)]^{3/4}$；

E——桩混凝土的弹性模量（N/mm²）；

I——桩的惯性矩（mm⁴）；

K_n——地基水平侧移刚度，取 10^{-2}（N/mm³）；

D——桩的直径或边长（mm）；

F——每根桩分担的地基面积（mm²）。

3）地基约束系数。

$$\beta_{(t)} = \sqrt{(C_{x1} + C_{x2})/[h \cdot E_{(t)}]} \qquad (3-12)$$

式中　$\beta_{(t)}$——t 龄期地基约束系数（mm⁻¹）；

h——混凝土实际厚度（mm）；

C_{x1}——单纯地基阻力系数（N/mm³）；

C_{x2}——桩的阻力系数（N/mm³）；

$E_{(t)}$——t 龄期混凝土弹性模量（N/mm³）。

4）混凝土干缩率和收缩当量温差。

① 混凝土干缩率。

$$\varepsilon_{Y(t)} = \varepsilon_{Y(0)}(1 - e^{-0.01t})M_1 M_2 \cdots M_{10} \qquad (3-13)$$

式中　$\varepsilon_{Y(t)}$——t 龄期混凝土干缩率；

$\varepsilon_{Y(0)}$——标准状态下混凝土极限收缩值，取 3.24×10^{-4}；

M_1、M_2、$\cdots$、M_{10}——各修正系数，查表 3-7。

表 3-7　修正系数 $M_1 \sim M_{10}$

水泥品种	M_1	水泥细度/（cm²/g）	M_2	骨料品种	M_3	W/C	M_4	水泥浆量（%）	M_5
普通水泥	1.00	1500	0.92	花岗岩	1.00	0.2	0.65	15	0.90
矿渣水泥	1.25	2000	0.93	玄武岩	1.00	0.3	0.85	20	1.00
快硬水泥	1.12	3000	1.00	石灰岩	1.00	0.4	1.00	25	1.20
低热水泥	1.10	4000	1.13	砾岩	1.00	0.5	1.21	30	1.45
石灰矿渣水泥	1.00	5000	1.35	无粗骨料	1.00	0.6	1.42	35	1.75
火山灰水泥	1.00	6000	1.68	石英岩	0.80	0.7	1.62	40	2.10
抗硫酸盐水泥	0.78	7000	2.05	白云岩	0.95	0.8	1.80	45	2.55
矾土水泥	0.52	8000	2.42	砂岩	0.90	—	—	50	3.03

（续）

初期养护 时间/d	M_6	相对湿度 $W(\%)$	M_7	L/F	M_8	操作方法	M_9	配筋率 E_aF_a/E_bF_b	M_{10}
1~2	1.11	25	1.25	0	0.54	机械振捣	1.00	0.00	1.00
3	1.09	30	1.18	0.1	0.76	人工振捣	1.10	0.05	0.86
4	1.07	40	1.10	0.2	100	蒸汽养护	0.82	0.10	0.76
5	1.04	50	1.00	0.3	1.03	高压釜处理	0.54	0.15	0.68
7	1.00	60	0.88	0.4	1.20			0.20	0.61
10	0.96	70	0.77	0.5	1.31			0.25	0.55
14~18	0.93	80	0.70	0.6	1.40				
40~90	0.93	90	0.54	0.7	1.43				
>90	0.93			0.8	1.44				

注：L 为底板混凝土截面周长；F 为底板混凝土截面面积；E_a、F_a 为钢筋的弹性模量、截面面积；E_b、F_b 为混凝土弹性模量、截面面积。

② 收缩当量温差。

$$T_{Y(t)} = \varepsilon_{Y(t)}/\alpha \tag{3-14}$$

式中 $T_{Y(t)}$ ——t 龄期混凝土收缩当量温差（℃）；

    α ——混凝土线性膨胀系数，$1×10^{-5}$（1/℃）。

5）结构计算温差（一般 3d 划分一区段）。

$$\Delta T_i = T_{m(i)} - T_{m(i+3)} + T_{Y(i+3)} - T_{Y(i)} \tag{3-15}$$

式中 ΔT_i ——i 区段结构计算温度（℃）；

    $T_{m(i)}$ ——i 区段平均温度起始值（℃）；

  $T_{m(i+3)}$ ——i 区段平均温度终止值（℃）；

  $T_{Y(i+3)}$ ——i 区段收缩当量温差终止值（℃）；

    $T_{Y(i)}$ ——i 区段收缩当量温差起始值（℃）。

6）各区段拉应力。

$$\sigma_i = \overline{E}_i \alpha \Delta T_i \overline{S}_i \left[1 - 1/\mathrm{ch}(\overline{\beta}_i L/2) \right] \tag{3-16}$$

式中 σ_i ——i 区段混凝土内拉应力（N/mm²）；

    $\overline{E}_i$ ——i 区段平均弹性模量（N/mm²）；

    $\overline{S}_i$ ——i 区段平均应力松弛系数，查表3-8；

    $\overline{\beta}_i$ ——i 区段平均地基约束系数；

    L ——混凝土最大尺寸（mm）；

  ch ——双曲余弦函数。

表 3-8　应力松弛系数

龄期 t/d	3	6	9	12	15	18	21	24	27	30
$S_{(t)}$	0.57	0.52	0.48	0.44	0.41	0.386	0.368	0.352	0.229	0.327

到指定期混凝土内最大应力：

$$\sigma_{\max} = \left[1/(1-\nu) \right] \sum_{i=1}^{n} \sigma_i \tag{3-17}$$

式中 $\sigma_{\max}$ ——到指定期混凝土内最大应力（N/mm²）；

    ν ——泊松比，取 0.15。

7）安全系数。

$$K = f_t / \sigma_{\max} \tag{3-18}$$

式中　K——大体积混凝土抗裂安全系数，应 $\geqslant 1.15$；

　　　f_t——到指定期混凝土抗拉度设计值（N/mm^2）。

（2）大体积混凝土瞬时弹性模量。

$$E_{(t)} = \beta E_0 (1 - e^{-0.09t}) \tag{3-19}$$

式中　$E_{(t)}$——t 龄期混凝土弹性模量（N/mm^2）；

　　　β——掺合料修正系数；

　　　E_0——28d 混凝土弹性模量（N/mm^2）；

　　　e——常数，取 2.718；

　　　t——龄期（d）。

3. 大体积混凝土平均整浇长度（伸缩缝间距）

（1）混凝土极限拉伸值。

$$\varepsilon_p = 7.5 f_t (0.1 + \mu/d) 10^{-4} (\ln t / \ln 28) \tag{3-20}$$

式中　ε_p——混凝土极限拉伸值；

　　　f_t——到指定期混凝土抗拉强度设计值（N/mm^2）；

　　　μ——配筋率（%），$\mu = F_a / F_b$；

　　　F_a——钢筋截面面积（m^2）；

　　　F_b——混凝土截面面积（m^2）；

　　　d——钢筋直径（mm）；

　　　$\ln$——以 e 为底的对数；

　　　t——指定期龄期（d）。

（2）平均整浇长度（伸缩缝间距）。

$$[L_{cp}] = 1.5 \sqrt{h E_{(t)} / C_x} \operatorname{arch} [\alpha \Delta T / (|\alpha \Delta T| - |\varepsilon_p|)] \tag{3-21}$$

式中　$[L_{cp}]$——平均整浇长度（伸缩缝间距）（mm）；

　　　h——混凝土厚度（mm）；

　　　$E_{(t)}$——指定时刻的混凝土弹性模量（N/mm^2）；

　　　C_x——地基阻力系数（N/mm^3），$C_x = C_{x1} + C_{x2}$；

　　　arch——反双曲余弦函数；

　　　ΔT——指定时刻的累计结构计算温差（℃）。

3.2.3　混凝土热工计算

1. 混凝土导热系数计算

混凝土导热系数，是指在单位时间内热流通过单位面积和单位厚度混凝土介质时，混凝土介质两侧为单位温差时热量的传导率。它是反映混凝土传导热量难易程度的系数。混凝土的导热系数用下式表示：

$$\lambda = Q\delta / [(T_1 - T_2) A t] \tag{3-22}$$

式中　λ——混凝土导热系数 [$W/(m \cdot K)$]；

　　　Q——通过混凝土厚度为 δ 的热量（J）；

　　　δ——混凝土厚度（m）；

　　$T_1 - T_2$——温度差（℃）；

　　　A——混凝土的面积（m^2）；

t——测试时间（h）。

式（3-22）的混凝土导热系数要通过测试求得。由于混凝土是由水泥、砂、石、水等材料组成，因此若已知各组成材料的质量百分比以及热工性能，混凝土的导热系数可按下式计算：

$$\lambda = (P_c\lambda_c + P_s\lambda_s + P_g\lambda_g + P_w\lambda_w)/P \tag{3-23}$$

式中　λ、λ_c、λ_s、λ_g、λ_w——混凝土、水泥、砂、石子、水的导热系数 [W/（m·K）]；

　　　P、P_c、P_s、P_g、P_w——混凝土、水泥、砂、石子、水的每立方米混凝土中所占的百分比（%），由混凝土配合比确定。

普通混凝土的导热系数 $\lambda = 1.51 \sim 3.49$W/（m·K）；轻质混凝土的导热系数 $\lambda = 0.47 \sim 0.70$W/（m·K）。

2. 混凝土比热容计算

单位质量的混凝土，其温度升高1℃所需的热量称为混凝土的比热容，可按下式计算：

$$C = (P_cC_c + P_sC_s + P_gC_g + P_wC_w)/P \tag{3-24}$$

式中　C、C_c、C_s、C_g、C_w——混凝土、水泥、砂、石子、水的比热容 [kJ/（kg·K）]。

混凝土的比热容一般在 $0.84 \sim 1.05$kJ/（kg·K）范围内。

3. 混凝土热扩散系数计算

混凝土的热扩散系数（又称为导温系数）是反映混凝土在单位时间内热量扩散的一项综合指标。热扩散系数越大，越有利于热量的扩散。混凝土的热扩散系数一般通过试验求得或按下式计算：

$$\alpha = \lambda / C\rho \tag{3-25}$$

式中　α——混凝土的热扩散系数（m²/h）；

　　　ρ——混凝土的密度（kg/m³），普通混凝土的密度一般在 $2300 \sim 2450$kg/m³ 之间，钢筋混凝土的密度在 $2450 \sim 2500$kg/m³ 之间。

3.2.4　混凝土拌和温度和浇筑温度计算

1. 混凝土拌和温度计算

混凝土的拌和温度，是指组成混凝土的各种材料经搅拌形成均匀的混凝土出料后的温度，又称为出机温度，可按下式表示：

$$T_c = \sum T_i mC / \sum mC \tag{3-26}$$

式中　T_c——混凝土的拌和温度（℃）；

　　　m——混凝土组成材料的质量（kg）；

　　　C——混凝土组成材料的比热容 [kJ/（kg·K）]；

　　　T_i——混凝土组成材料温度（℃）。

若考虑混凝土搅拌时设置搅拌棚相对混凝土出机温度的影响，则混凝土的出机温度为

$$T_I = T_c - 0.16(T_c - T_d) \tag{3-27}$$

式中　T_I——混凝土出机温度（℃）；

　　　T_d——混凝土搅拌棚温度（℃）。

2. 混凝土浇筑温度计算

混凝土拌和出机后，经运输、平仓、振捣等过程后的温度称为混凝土浇筑温度。混凝土浇筑温度受外界气温的影响，当在夏季浇筑、外界气温高于拌和温度时，浇筑温度就高于拌和温度，而在冬季，就会低于拌和温度。这种温度的变化随混凝土运输工具类型、运输时间、运转时间、运转次数及平仓、振捣的时间不同而不同。混凝土的浇筑温度一般可按下式

计算：

$$T_j = T_c + (T_q - T_c)(A_1 + A_2 + A_3 + \cdots + A_n) \tag{3-28}$$

式中　　　　　　T_j——混凝土浇筑温度（℃）；

T_c——混凝土拌和温度（℃）；

T_q——室外平均气温（℃）。

$A_1 + A_2 + A_3 + \cdots + A_n$——温度损失系数，按以下规定取用：

混凝土装卸和运转时，每次 $A = 0.032$；混凝土运输时，$A = \theta t$，t 为运输时间（min），θ 值按表 3-9 取值；浇筑过程中，$A = 0.003t$，t 为浇筑时间（min）。

表 3-9　混凝土运输时热损失值（θ）

运输工具	混凝土容积/m³	θ	运输工具	混凝土容积/m³	θ
混凝土运输车	6	0.0042	保温手推车	0.15	0.007
开敞式自卸汽车	1.4	0.0037	不保温手推车	0.75	0.01
封闭式自卸汽车	2.0	0.0017	吊斗	1.0	0.0015

对于大体积混凝土结构，为控制温度裂缝，应着重从混凝土的材质、施工中的养护、环境条件、结构设计以及施工管理上进行控制，从而保证减少混凝土升温、延缓混凝土降温速率、减小混凝土的收缩、提高混凝土的极限拉伸值、改善约束和构造设计，以达到控制裂缝的目的。

3.2.5　混凝土材料

1. 水泥品种选择

混凝土升温的热源是水泥水化热，故选用中低热的水泥品种，可减少水化热，使混凝土减少温升。例如，优先选用等级为 32.5、42.5 的矿渣硅酸盐水泥，因同等级的矿渣硅酸盐水泥和普通硅酸盐水泥相比，3d 的水化热可减少 28%。

在结构施工过程中，由于结构设计的硬性规定极大地制约了材料的选择，混凝土强度不可能因为考虑到施工工作性能的优劣而有所增减。因此，在保证混凝土强度的前提下，如何尽可能地减小水化热这个问题就显得尤其重要。例如，在某项对地下室墙体大体积混凝土调查的 22 项工程中，选用矿渣硅酸盐水泥的工程共有 5 项，见表 3-10，均无出现严重裂缝，其中 4、5 号工程的外墙厚度较大（400mm），墙体延长米也较长（185m、215m），但由于选择矿渣硅酸盐水泥降低了水化热，故取得了一定的效果。

表 3-10　部分地下室外墙（选用矿渣硅酸盐水泥）裂缝情况一览表

序号	墙厚/mm	墙长/m	混凝土等级	水泥品种及等级	水泥用量/(kg/m³)	裂缝情况
1	220	84	C30S8	矿渣硅酸盐水泥 42.5	385	无
2	300	84	C30S6	矿渣硅酸盐水泥 42.5	385	无
3	350	125	C30S5	矿渣硅酸盐水泥 42.5	401	少量
4	400	184	C30S6	矿渣硅酸盐水泥 42.5	384	少量
5	400	215	C30S6	矿渣硅酸盐水泥 42.5	390	少量

2. 减少水泥用量

由于水泥水化热而导致的温度应力是地下室墙板产生裂缝的主要原因，且混凝土的强度、抗渗等级越高，结构产生裂缝的概率也越高。在地下室外墙施工中，除了在保证设计要求的条件下尽量降低混凝土的强度等级以减少水化热外，还应该充分利用混凝土的后期强度。实验数据表明，每立方米的混凝土水泥用量每增（减）10kg，水泥水化热使混凝土的温度相对升（降）1℃。

高层建筑的施工工期一般都很长，基础结构承受的设计荷载要在较长的时间后才被施加在其上，所以只要能保证混凝土的强度在28d后继续增长，并在预计的时间内达到或超过设计强度即可。根据结构实际承受荷载的情况，对结构的刚度和强度进行复算，并取得设计和质检部门的认可后，可采用45d、60d或90d强度替代28d强度作为混凝土的设计强度，这样可使每立方米混凝土的水泥用量减少40~70kg，混凝土的水化热升温相应减少4~7℃。

3. 选择外加剂

目前预拌混凝土使用较多，由于混凝土搅拌的生产环境比较差，混凝土通常处于高温、高湿、高粉尘、高振动的条件下，因此，必须确保设备的稳定运行和精确度，才能保证有高质量的混凝土。由于预拌混凝土的大流动性与抗裂性的要求有一定矛盾，所以在选择预拌混凝土时，应在满足最小坍落度的条件下尽可能地降低水灰比。预拌混凝土由于有流动性与和易性的要求，使混凝土的坍落度增加，水灰比增大，水泥等级提高，水泥用量、用水量、砂率均增加，骨料粒径减小，外加剂增加，导致混凝土的收缩及水化热都比以往有所增加。混凝土中水泥用量及等级的提高可以明显地增加强度，但需要指出的是，混凝土的抗拉强度、抗剪强度和黏结强度虽然均随抗压强度的增加而增加，但它们与抗压强度的比值却随强度的提高而变得越来越小。因此，在裂缝控制中，决定混凝土抗力的抗拉强度（极限拉伸）的提高不足以弥补增大的水化热所带来的复杂影响。为了解决这些问题，合理地选择外加剂就显得十分重要了。

（1）减水剂。木质素磺酸钙属于阴离子表面活性剂，对水泥颗粒有明显的分散效应，并能使水的表面张力降低而引起加气作用。因此，在混凝土中掺入水泥用量约0.25%的木质素磺酸钙减水剂，不仅能使混凝土的和易性有明显的改善，同时又减少了10%左右的拌和水，可节约10%左右的水泥，从而降低了水化热。从表3-11的例子可看出，混凝土中掺入木质素磺酸钙减水剂后，7d的水化热略有增大，但可减小水泥用量10%左右，因此水化热还是降低的，并且可以延迟水化热释放的速度，这样不但可以减小温度应力，而且还可以使初凝和终凝的时间相应延缓5~8h，可大大减少大体积混凝土施工过程中出现温度裂缝的可能性。

表3-11　普通硅酸盐水泥掺入木质素磺酸钙减水剂水化热对比

水泥等级	木质素磺酸钙掺量/（%）	水化热/（kJ/kg）			放热峰出现时间/h	放热峰出现温度/℃	延迟时间/h
		1d	3d	7d			
52.5	0	187.99	215.20	231.95	14.5	33.3	0
	0.25	174.59	236.14	258.33	17.5	32.6	3
42.5	0	106.76	163.7	201.8	21.5	33.3	0
	0.25	64.48	148.21	203.9	29.4	29.9	8

（2）粉煤灰。粉煤灰是泵送混凝土的重要组成部分，它能有效地提高混凝土的抗渗性能，显著改善混凝土拌料的工作性能，并具有减水作用。由于粉煤灰的火山灰活性效应及微珠效应，使具有优良性质的粉煤灰（不低于二级）在一定掺入量下（水泥质量的15%~20%）的强度还会有所增加，包括早期强度；同时，粉煤灰的掺入可以使混凝土密实度增加，收缩变形有所减少，泌水量下降，坍落度损失减小。通过预配试验，可取得降低水灰比、减少水泥浆用量、提高混凝土可泵性等良好的效果，特别是可以明显地延缓水化热峰值的出现，降低温度峰值，并能改善混凝土的后期强度。

（3）膨胀剂。普通硅酸盐水泥配制的砂浆或混凝土在干燥时会产生收缩，砂浆的收缩率为0.1%~0.2%，混凝土的收缩率为0.04%~0.06%，而一般混凝土的极限拉伸仅为

0.01%～0.02%，其结果导致混凝土开裂，从而破坏了结构的整体性，降低了抗渗性能。因此，在混凝土中适当地掺入膨胀剂置换相同质量的水泥，使其吸收部分水后发生化学反应，在混凝土中产生 0.2～0.7MPa 的膨胀自应力，从而使混凝土处于受压状态，抵消由于干缩而产生的拉应力，避免裂缝的发生和发展，同时大大提高了混凝土的抗渗性能和后期抗压强度，达到混凝土结构本身抗裂防水的目的。在施工中，合理使用补偿收缩混凝土，在结构自防水的同时可以实行无缝设计、无缝施工，对节约成本、缩短工期有一定的现实意义。

（4）选择粗、细骨料。砂石的含泥量对于混凝土的抗拉强度与收缩都有很大的影响，在某些控制不是很严格的情况下，在浇捣混凝土的过程中会发现有泥块，这会降低混凝土的抗拉强度，引起结构严重开裂，因此应严格控制。

在施工中，增大粗骨料的粒径可减少用水量，并使混凝土的收缩和泌水量减小，同时也相应地减少水泥的用量，从而减少了水泥的水化热，最终降低混凝土的温升。因此，粗骨料的最大粒径应尽可能大一些，以便在发挥水泥有效作用的同时达到减少收缩的目的。对于地下室外墙大体积混凝土，粗骨料的规格往往与结构的配筋间距、模板形状以及混凝土浇筑工艺等因素有关。一般情况下，连续级配的粗骨料配制的混凝土具有较好的和易性、较少的用水量和水泥用量、较高的抗压强度，应优先选用。

在配合比中，砂率过高意味着细骨料多，粗骨料少，这对抗裂不利。由于泵送混凝土的输送管道除直管外，还有锥形管、弯管和软管等，当混凝土通过锥形管和弯管时，混凝土颗粒间的相对位置就会发生变化，此时若混凝土的砂浆量不足，就会产生堵管现象，因此，在混凝土的级配中，应当在满足可泵性的条件下尽可能地降低砂率。在选择细骨料时，应以中、粗砂为宜，根据有关试验资料表明，当采用细度模数为 2.79、平均粒径为 0.38 的中、粗砂时，比采用细度模数为 2.12、平均粒径为 0.336 的细砂，每立方米混凝土可减少用水量 20～25kg，水泥用量可相应减少 28～35kg，这样就降低了混凝土的温升和混凝土的收缩。

新上海国际大厦是一幢现浇筒体结构高层建筑，地上 44 层，地下局部 3 层，总体 4 层，层高 3.0m。该工程地下室外墙延长米为 280m，墙板厚 600mm，施工要求不留施工缝一次浇筑。为了控制裂缝，施工单位首先在材料上就进行了周密的配比选择，同时配合其他技术措施，最终取得了较为理想的效果。其主要的施工措施包括在水泥品种上采用了矿渣硅酸盐水泥，混凝土坍落度为 12±2cm，初凝大于 10h；同时采用双掺技术，即掺入粉煤灰和减水剂以降低水化热；在选择粗细骨料时，保证砂的细度模数在 2.4 以上，含泥量小于 2%，石子连续级配，含泥量小于 1%。

3.2.6 外部环境

1. 混凝土浇筑与振捣

对于地下室墙体结构的大体积混凝土浇筑，除了一般的施工工艺以外，应采取一些技术措施，以减少混凝土的收缩，提高极限拉伸，这对控制温度裂缝很有作用。

改进混凝土的搅拌工艺对改善混凝土的配合比、减少水化热、提高极限拉伸有着重要的意义。传统的混凝土搅拌工艺在混凝土搅拌过程中水分直接润湿石子表面，并在混凝土成形和静置的过程中，自由水进一步向石子与水泥砂浆界面集中，形成石子表面的水膜层；在混凝土硬化以后，由于水膜层的存在而使界面过渡层疏松多孔，削弱了石子与硬化水泥砂浆之间的黏结，形成了混凝土最薄弱的环节，从而对混凝土的抗压强度和其他物理力学性能产生不良的影响。为了进一步提高混凝土质量，采用二次投料的砂浆裹石或净浆裹石搅拌新工艺，可有效地防止水分向石子与水泥砂浆的界面集中，使硬化后界面过渡层的结构致密，黏结加强，从而使混凝土的强度提高 10% 左右，也提高了混凝土的抗拉强度和极限拉伸值；

当混凝土的强度基本相同时，可减少7%左右的水泥用量。

另外，对浇筑后的混凝土进行二次振捣，能排除混凝土因泌水而在粗骨料、水平钢筋下部生成的水分和空隙，提高混凝土与钢筋的握裹力，防止因混凝土沉落而出现的裂缝，减小内部微裂，增加混凝土密实度，使混凝土的抗压强度提高10%~20%，从而提高抗裂性。

混凝土二次振捣的恰当时间是指混凝土经振捣后还能恢复到塑性状态的时间，一般称为振动界限，在实际工程中应由试验确定。采用二次振捣的最佳时间与水泥的品种、水灰比、坍落度、气温和振捣条件等有关，在确定二次振捣时间时，既要考虑技术上的合理，又要满足分层浇筑、循环周期的安排，在操作时间上要留有余地，避免由于这些失误而造成"冷接头"等质量问题。

2. 混凝土浇筑温度

混凝土从搅拌机出料后，经过运输、泵送、浇筑、振捣等工序后的温度称为混凝土的浇筑温度。由于浇筑温度过高会引起较大的干缩，因此应适当地限制混凝土的浇筑温度，一般情况下，建议混凝土的最高浇筑温度应控制在40℃以下。

3. 混凝土养护

地下室外墙浇筑以后，为了减少升温阶段的内外温差，防止因混凝土表面脱水而产生干缩裂缝，应对混凝土进行适当的潮湿养护；为了使水泥顺利进行水化，提高混凝土的极限拉伸和延缓混凝土的水化热降温速度，防止产生过大的温度应力和温度裂缝，应加强对混凝土进行保湿和保温养护。另外，施工中采取合理的技术措施很重要，例如采用带模养护、推迟拆模时间等方法都对控制裂缝起很大的作用。

潮湿养护是在混凝土浇筑后，在其表面不断地补给水分，其方法有淋水，铺设湿砂层、湿麻袋或草袋等，并最好在表面盖一层塑料薄膜。潮湿养护的时间是越长越好，但考虑到工期因素，一般不少于半个月，重要结构不少于1个月。对地下室墙体这一类的结构，也可采用自动喷淋管进行自动给水养护，用长墙上的水平淋水管长期连续对墙体进行淋水养护，效果是比较好的。如使用养护剂涂层进行养护时，必须注意养护剂的质量及必要的涂层厚度，同时还应提供一定的潮湿养护条件，覆盖一层塑料薄膜。

保温养护时，可采用2或3层的草袋或草垫之类的保温材料进行覆盖养护。

4. 防风和回填

外部气候也是影响混凝土裂缝发生和开展的因素之一。其中，风速对混凝土的水分蒸发有直接的影响，不可忽视，地下室外墙混凝土应尽量封闭门窗，减少对流。

土是最佳的养护介质，地下室外墙混凝土施工完毕后，在条件允许的情况下应尽快分层压实回填。

3.2.7 约束条件

1. 后浇带

后浇带是在现浇钢筋混凝土结构中、在施工期间留设的临时性的温度和收缩变形缝，该缝根据工程安排保留一定时间，然后用混凝土填筑密实成为整体的无伸缩缝结构。

由式（3-17）可计算出连续式约束条件下地下室长墙（外墙）的最大约束应力的近似值，当这个应力值超过抗拉强度时，由式（3-21）可计算出裂缝的间距。裂缝间距既是伸缩缝间距，又是后浇带间距（计算后浇带间距所取的降温和收缩，不仅要计算后浇带封闭前的一段降温和收缩，还应验算后浇带封闭后的应力，即采用结构全长和封闭后的降温和收缩进行计算）。如果地下室外墙的总长小于或等于该间距，则该墙体可一次性连续浇筑；当地下室外墙的尺寸过大时，通过计算整体一次浇筑混凝土产生的温度应力过大，可能产生温度裂缝时，就可以通过设置后浇带的方法进行分段浇筑。

后浇带的间距由最大整浇长度的计算确定，一般正常情况下由式（3-21）确定，其间距为 20~30m。用后浇带分段施工时，其计算是将降温温差和收缩分为两部分，在第一部分内结构被分成若干段，使之能有效地减小温度和收缩应力；在施工后期再将这若干段浇筑成整体，继续承受第二部分降温温差和收缩的影响。这两部分降温温差和收缩作用下产生的温度应力叠加，其值应小于混凝土的设计抗拉强度，这就是利用后浇带控制产生裂缝并达到不设永久性伸缩缝的原理。

后浇带的构造有平接式、T 字式、企口式等三种（图 3-2）。后浇带的宽度应考虑施工方便，避免应力集中，宽度可取 700~1000mm。当地上、地下都为现浇钢筋混凝土结构时，在设计中应标明后浇带的位置，并应贯通地上和地下整个结构，但钢筋不应截断。

后浇带的保留时间一般不宜少于 40d，在此期间，早期温差及 30% 以上的收缩已经完成。在填筑混凝土之前，必须将整个混凝土表面的原浆凿清形成毛面，清除垃圾及杂物，并隔夜浇水浸润。填筑的混凝土可采用膨胀混凝土，要求混凝土强度比原结构提高 5~10N/mm²，并保持不少于 14d 的潮湿养护。

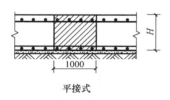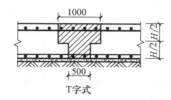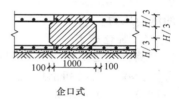

图 3-2　后浇带构造

《高层建筑混凝土结构技术规程》（JGJ 3—2010）中指出，"高层建筑地下室不宜设置变形缝。当地下室长度超过伸缩缝最大间距时，可考虑利用混凝土后期强度，降低水泥用量；也可每隔 30~40m 设置贯通顶板、底板及墙板的施工后浇带。后浇带可设置在柱距三等分的中间范围内以及剪力墙附近，其方向宜与梁正交，沿竖向应在结构同跨内；底板及外墙的后浇带宜增设附加防水层；后浇带封闭时间宜滞后 45d 以上，其混凝土强度等级宜提高一级，并宜采用无收缩混凝土，低温入模。"

后浇带部位的钢筋一般不宜断开，而应让钢筋连续通过，即只将后浇带处的混凝土临时断开。正常情况下后浇带的间距为 20~30m，但在许多实际工程中，由于设计、施工条件的制约，后浇带的间距往往超过这个范围。例如，在浇筑地下室外墙时，当地下室外墙很长或是环状全封闭结构时，其水平方向的约束应力相当大，若无处释放，就很容易产生竖向裂缝，因此在这类地下室外墙板上合理布置应力释放带，有目的地给予诱导释放，可以有效地减少或防止竖向裂缝的发生。例如，工程地下车库通道的顶板、底板均与主楼相连，但是由于施工场地狭小，无法留设后浇带，必须采取其他相应的施工技术措施。

2. 构造设计

地下室墙体结构设计时应注意构造配筋的重要性，它对结构抗裂性能的影响很大，但目前国内外对此都不够重视。对连续板不宜采用分离式配筋，应采用上下两层的连续配筋；对转角处的楼板宜配上下两层放射筋，其直径为 8~14mm，间距约为 200mm，同时应尽可能采用小直径、小间距。在孔洞周围、变截面转角处，温度变化和混凝土收缩会产生应力集中而导致裂缝，因此，可在孔洞四周增配斜向钢筋、钢筋网片；在变截面处做局部处理，使截面逐步过渡，同时增配抗裂钢筋，防止裂缝。

上海浦东国际机场登机廊超长混凝土大梁总长 1374m，每个施工段长 72m，它的结构断面尺寸为底宽 2.7m，内侧高 2.32m，外侧高 1.03m。在施工过程中，为了控制裂缝，除了采取设置后浇带、改进混凝土级配、合理掺入外加剂、冷却循环水等措施以外，还注重了增加抗裂构造钢筋的设置，即沿梁口两侧增设了一定数量的直径 12mm 的抗裂钢筋绑扎在箍筋内，箍筋外再增设直径 4mm、间距 100mm 的抗裂筋，以抵抗收缩裂缝的产生。施工结束，在混凝土拆模后，仅从沟槽发现少量裂缝（宽度小于 0.11mm），并未影响清水混凝土的外观质量，达到了设计要求。

3. 滑动层

由于边界条件在约束下才会产生温度应力，因此，在与外约束的接触面上设置滑动层可以大大减弱外约束。可在外约束两端各 1/5～1/4 的范围内设置滑动层；对约束较强的接触面，可在接触面上直接设滑动层。滑动层的做法有：铺设一层刷有两道热沥青的油毡，或铺设 10～20mm 厚的沥青砂，或铺设 50mm 厚的砂或石屑层。

4. 缓冲层

在高、低底板交接处和底板地梁等处，用 30～50mm 厚的聚苯乙烯泡沫塑料做垂直隔离层，如图 3-3 所示，以缓冲基础收缩时的侧向压力。

5. 跳仓施工

跳仓法是由中国著名裂缝控制专家王铁梦教授提出和推广的，王教授提出"抗与放"的设计原则，正是基于这个原则，跳仓法施工对于减少超长、超厚、超薄大体积混凝土的裂缝的效果显著。

跳仓法是充分利用了混凝土在 5～10d 期间性能尚未稳定和没有彻底凝固

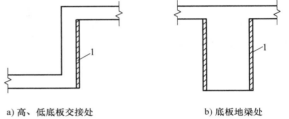

a) 高、低底板交接处　　　b) 底板地梁处

图 3-3　缓冲层示意图
1—聚苯乙烯泡沫塑料

前容易将内应力释放出来的"抗与放"特性原理。它是将建筑物地基或大面积混凝土平面机构划分成若干个区域，按照"分块规划、隔块施工、分层浇筑、整体成形"的原则施工，其模式和跳棋一样，即隔一段浇一段。相邻两段间隔时间不小于 7d，以避免混凝土施工初期部分激烈温差及干燥作用，这样就不用留后浇带了。

一般分仓间歇时间 7～10d。

板分段长度不宜大于 40m，侧墙和顶板分段长度不宜大于 16m。跳仓间隔施工的时间不宜小于 7d，跳仓接缝处按施工缝的要求设置和处理。

跳仓法浇筑综合技术措施是在不设缝情况下成功地解决了超长、超宽、超厚的大体积混凝土裂缝控制和防渗问题。其主要技术是：

1）利用"抗放兼施、先放后抗、以抗为主"的原理，经分析科学划分"跳仓块"，采取材料、结构、施工管理综合措施，严格实施有效控制混凝土早期裂缝。

2）长墙配小直径、高密度水平钢筋置于主筋外侧，底板加铺钢筋网，以增加混凝土抗裂能力。

3）选择低收缩性水泥，优化混凝土配合比，严格控制水泥用量，从而有效控制混凝土温度应力和减少混凝土收缩变形。

4）严格控制混凝土原材料中粗、细骨料含泥量和混凝土坍落度，进一步提高混凝土抗拉强度及极限拉伸变形。

5）加强信息化施工，采用测温法实现温控。采用塑料薄膜保湿加草袋保温的综合养护措施尽快回填覆土，以达缓慢降温，充分发挥混凝土的应力松弛效应，降低约束应力。本成果所进行的裂缝控制理论分析，包括强度及变形分析。紧密联系工程实践：混凝土的温度应力与结构长度并非线性关系，超长结构的混凝土裂缝是可控的。超长、超宽、超厚的大体积混凝土结构不设变形缝和后浇带，利用不加任何膨胀剂的常规混凝土采取"分块跳仓法浇筑综合技术措施"，可有效控制混凝土有害裂缝，确保了工程抗裂安全度，较目前国内外常用的施工方法具有创新性，突破了国内规范中地下长墙变形缝许可间距的规定。

上海万人体育场，周长 1100m，直径 300m，采用分块跳仓浇筑，取消伸缩缝，只有施工缝，C25 混凝土利用后期强度，优选配合比和外加剂，严格养护，最后只有轻微无害裂缝，经处理使工程完全满足正常使用要求。与北京工人体育场相比较（24 条永久伸缩缝），避免了留设伸缩缝造成的渗漏缺陷。

由于高强度等级的混凝土和预拌混凝土的大量应用，使混凝土的裂缝控制变得越来越困难。混凝土的大流动性等特性与混凝土的抗裂性有着一定的矛盾。外加剂的应用虽然可以在保持一定优良工作性能的同时降低水化热，但往往是改善了一方面又影响了另一方面，也无法从根本上解决问题。

基础的特点决定着它会受到较大的约束，尽管在施工过程中所采用的后浇带或应力释放带的确是一种有效的方法，但是也带来了施工的另一些困难。比如，后浇带本身的处理比较复杂，如果措施不当，就很可能会成为渗漏水的突破口；后浇带或应力释放带的有效设置间距比较小（20～30m），在一些长墙施工中过多的设置会影响工期等。

大量的曲线、弧线的应用和不规则角度的出现使建筑物充满了生气，但却给混凝土的养护带来了麻烦，使养护工作只能在条件允许的情况下尽力而为。

鉴于以上这些情况，主动采取措施控制裂缝是施工中对裂缝控制的有效途径之一。例如，可采用预应力钢筋对超长弧线形地下室外墙、环线形地下室外墙施工中的裂缝进行控制。

3.3　大体积混凝土施工技术措施

3.3.1　大体积混凝土原材料选用

1）粗骨料宜采用连续级配，细骨料宜采用中砂。

2）外加剂宜采用缓凝剂、减水剂；掺合料宜采用粉煤灰、矿渣粉等。

3）大体积混凝土在保证混凝土强度及坍落度要求的前提下，应提高掺合料及骨料的含量，以降低单方混凝土的水泥用量。

4）水泥应尽量选用水化热低、凝结时间长的水泥，优先采用中热硅酸盐水泥、低热矿渣硅酸盐水泥、大坝水泥、矿渣硅酸盐水泥、粉煤灰硅酸盐水泥、火山灰质硅酸盐水泥等。

3.3.2　大体积混凝土浇筑

大体积混凝土施工时，一是要尽量减少水泥水化热，推迟放热高峰出现的时间，如采用 60d 龄期的混凝土强度作为设计强度（此点必须征得设计单位的同意），以降低水泥用量；掺粉煤灰可替代部分水泥，既可降低水泥用量，且由于粉煤灰的水化反应较慢，可推迟放热高峰的出现时间；掺外加剂也可达到减少水泥、水的用量，推迟放热高峰的出现时间；夏季施工时采用冰水拌和、砂石料场遮阳、混凝土输送管道全程覆盖洒冷水等措施可降低混凝土的出机和入模温度。以上这些措施可减少混凝土硬化过程中的温度应力值。二是进行保温保湿养护，养护时间不应少于14d，使混凝土硬化过程中产生的温差应力小于混凝土本身的抗拉强度，从而可避免混凝土产生贯穿性的有害裂缝。三是采用分层分段法浇筑混凝土，分层振捣密实以使混凝土的水化热能尽快散失。还可采用二次振捣的方法，增加混凝土的密实度，提高抗裂能力，使上下两层混凝土在初凝前结合良好。四是做好测温工作，随时控制混凝土内的温度变化，及时调整保温及养护措施，使混凝土中心温度与表面温度的差值、混凝土表面与大气温度差值均不超过25℃。具体要求如下：

1）混凝土的入模温度（振捣后50~100mm深处的温度）不宜高于28℃。混凝土浇筑体在入模温度基础上的温升值不大于45℃。

2）大体积混凝土工程的施工宜采用分层连续浇筑施工或推移式连续浇筑施工。应依据设计尺寸进行均匀分段、分层浇筑。当横截面面积在200m²以内时，分段不宜大于2段；当横截面面积在300m²以内时，分段不宜大于3段，且每段面积不得小于50m²。每段混凝土厚度应为1.5~2.0m。段与段间的竖向施工缝应平行于结构较小截面尺寸方向。当采用分段浇筑时，竖向施工缝应设置模板。上、下两邻层中的竖向施工缝应互相错开。

3）当采用泵送混凝土时，混凝土浇筑层厚度不宜大于500mm；当采用非泵送混凝土时，混凝土浇筑层厚度不宜大于300mm。

4）大体积混凝土施工采取分层间歇浇筑混凝土时，水平施工缝设置除应符合设计要求外，尚应根据混凝土浇筑过程中温度裂缝控制的要求、混凝土的供应能力、钢筋工程的施工、预埋管件安装等因素确定。

5）大体积混凝土在浇筑过程中，应采取措施防止受力钢筋、定位筋、预埋件等移位和变形。

6）大体积混凝土浇筑面应及时进行二次抹压处理。

3.3.3 大体积混凝土养护

1. 保温养护

保温养护的作用：

1）减少混凝土表面的热扩散，减小混凝土表面的温度梯度，防止产生表面裂缝。

2）延长散热时间，充分发挥混凝土的潜力和材料的松弛特性。使混凝土的平均总温差所产生的拉应力小于混凝土抗拉强度，防止产生贯穿裂缝。

2. 保湿养护

保湿养护的作用：

1）刚浇筑不久的混凝土，尚处于凝固硬化阶段，水化的速度较快，适宜的潮湿条件可防止混凝土表面脱水而产生干缩裂缝。

2）混凝土在潮湿条件下，可使水泥的水化作用顺利进行，提高混凝土的极限拉伸强度。

防水混凝土的养护是至关重要的。在浇灌后，如混凝土养护不及时，混凝土内水分将迅速蒸发，使水泥水化不完全。而水分蒸发造成毛细管网彼此连通，形成渗水通道；同时混凝土收缩增大，出现龟裂，使混凝土抗渗性急剧下降，甚至完全丧失抗渗能力。若养护及时，防水混凝土在潮湿的环境中或水中硬化，能使混凝土内的游离水分蒸发缓慢，水泥水化充分，水泥水化生成物堵塞毛细孔隙，因而形成不连通的毛细孔，提高了混凝土的抗渗性。

3.3.4　大体积混凝土测温

为了掌握大体积混凝土的升温和降温的变化规律，以及各种材料在各种条件下的温度影响，需要对混凝土进行温度监测控制。

1. 测温点的布置

测温点的布置必须具有代表性和可比性。沿浇筑的高度，应布置在底部、中部和表面，垂直测点间距一般为 500~800mm；平面则应布置在边缘与中间，平面测点间距一般为 2.5~5m。当使用热电偶温度计时，其插入深度可按实际需要和具体情况而定，一般应不小于热电偶外径的 6~10 倍，测温点的布置，距边角和表面应大于 50mm。

采用预留测温孔洞方法测温时，一个测温孔只能反映一个点的数据。不应采取通过沿孔洞高度变动温度计的方法来测竖孔中不同高度位置的温度。

2. 测温制度

在混凝土温度上升阶段每 2~4h 测一次，温度下降阶段每 8h 测一次，同时应测大气温度。所有测温孔均应编号，进行混凝土内部不同深度和表面温度的测量。测温工作应由经过培训、责任心强的专人进行。测温记录，应交技术负责人阅签，并作为对混凝土施工和质量的控制依据。

3. 测温工具的选用

为了及时控制混凝土内外两个温差，以及校验计算值与实测值的差别，随时掌握混凝土温度动态，宜采用热电偶或半导体液晶显示温度计。采用热电偶测温时，还应配合普通温度计，以便进行校验。

在测温过程中，当发现温度差超过 25℃ 时，应及时加强保温或延缓拆除保温材料，以防止混凝土产生温差应力和裂缝。

测温的延续时间与结构的厚度及重要程度有关，对厚度较大（2m 以上）和重要工程，测温延续时间不宜小于 15d，最好积累 28d 的温度记录，以便与试块强度一起作为温度应力分析时参考；对厚度较小和一般工程，测温延续时间可为 9~12d，测温时间过短，达不到温度控制和监测的目的。

3.4　大体积混凝土施工算例

算例 1：

高层建筑大体积混凝土底板，平面尺寸为 62.7m×34.4m，厚为 2.5m，C30 混凝土，混凝土浇筑量为 3235m²，施工时平均气温为 26℃，所用材料为 42.5 级普通硅酸盐水泥，混凝土水泥用量为 400kg/m³，中砂、碎石、混凝土的配合比为水泥∶砂∶石子 = 1∶1.688∶3.12，水灰比为 0.45，另掺 1% 的 JMⅢ。经测试，水泥、砂、石子的比热容 $C_c = C_s = C_g = 0.84 \text{kJ/(kg·K)}$，水的比热容 $C_w = 4.2 \text{kJ/(kg·K)}$，各种材料的温度分别为 $T_c = T_g = 25℃$、$T_s = 28℃$、$T_w = 15℃$。施工方案确定采用保温法以防止水泥水化热可能产生温度裂缝。试选择保温材料及所需的厚度。

解：现场测定砂石的含水率分别为 $W_s = 5\%$，$W_g = 1\%$。

（1）混凝土的拌和温度。根据已知条件可用表格法来求出混凝土的拌和温度，见表 3-12。则

$$T_c = \frac{\sum T_i WC}{\sum WC} = \frac{66834}{2900}℃ = 23.05℃$$

表 3-12　混凝土拌和温度计算表

材料名称	质量/kg (1)	比热容/kJ(kg·K)⁻¹ (2)	热当量/(kJ/℃) (3)=(1)×(2)	材料温度/℃ (4)	热量/kJ (5)=(3)×(4)
水泥	400	0.84	336	25	8400
砂子	675	0.84	567	28	15876
石子	1248	0.84	1048	25	26200
砂中含水量5%	34	4.2	142.8	15	2142
石子含水量1%	12	4.2	50.4	15	756
拌和水	134	4.2	562.8	15	8442
合计	2503		2707		61816

（2）混凝土的出罐温度。混凝土在现场用二阶式搅拌站搅拌，敞开棚式，则

$$T_i = T_c = 23.05℃$$

若采用商品混凝土，可参考封闭棚式计算结果。

（3）混凝土的浇筑温度。根据施工方案，混凝土浇筑每个循环过程中，装卸转运 3 次，运输时间 3min，平仓、振捣至混凝土浇筑完毕共 60min，则

$$A_1 = 0.032×3 = 0.096$$

用自卸开敞式汽车运输，查表 3-9，$\theta = 0.0037$，则

$$A_2 = \theta t = 0.0037×3 = 0.0111$$
$$A3 = 0.003t = 0.003×60 = 0.18$$
$$A = A_1 + A_2 + A_3 = 0.096 + 0.0111 + 0.18 = 0.2871$$
$$T_j = T_c + (T_q - T_c)A = [23.05 + (26 - 23.05)×0.2871]℃ = 23.9℃$$

（4）混凝土的绝热温升。混凝土在浇筑后 3~5d 时水化热温度最大，因此，3d 的混凝土绝热温升，可用式（3-2）的第二式计算：

$$T_h = \frac{m_c Q}{C\rho}(1 - e^{-mt})$$

$m_c = 400kg$，$\rho = 2400kg/m^3$，$C = 0.97kJ/(kg·K)$

查表 3-2 得 $m = 0.38$，$t = 3d$；查表 3-1 得 $Q = 314kJ/kg$。

$$T_h = \left(\frac{400×461}{0.97×2400}×0.654\right)℃ = 51.8℃$$

（5）混凝土内部最高温度。浇筑层厚度为 2.5m，龄期为 3d 时，查表 3-3 得 $\xi = 0.65$。

$$T_{1(t)} = T_j + T_h · \xi_{(t)} = (23.9 + 51.8×0.65)℃ = 57.57℃$$

（6）混凝土的表面温度。施工方案中采用 18mm 厚的多层夹板模板，选用 20mm 厚的草袋进行保温养护，大气温度 $T_q = 26℃$。

1）混凝土的虚铺厚度。查表 3-4 可得 $\lambda_i = 0.14$，β_q 为空气的传热系数，取为 23W/(m²·K)。

$$\beta = \frac{1}{\sum \frac{\delta_i}{\lambda_i} + \frac{1}{\beta_q}} = \left(\frac{1}{\sum \frac{0.02}{0.14} + \frac{1}{23}}\right)W/(m²·k) = 5.26W/(m²·K)$$

$$h' = k\frac{\lambda}{\beta} = \left(\frac{2}{3}×\frac{2.33}{5.26}\right)m = 0.295m$$

2）混凝土的计算厚度。

$$H = h + 2h' = (2.5 + 2×0.295)m = 3.09m$$

3）混凝土的表面温度。

$$T_{2(t)} = T_q + 4h'(H-h')[T_{1(t)} - T_q]/H^2$$

$$= \left[26 + \frac{4}{3.09^2} \times 0.295 \times (3.09-0.295)(57.57-26)\right]℃$$

$$= (26 + 0.12 \times 2.79 \times 31.57)℃ = 36.57℃$$

计算结果表明：混凝土的中心最高温度与表面温度差为 57.57℃ – 36.57℃ = 21℃ < 25℃；混凝土表面温度与大气温度差为 36.57℃ – 26℃ = 10.57℃。因此，采用在混凝土表面覆盖 20mm 厚的草袋作为保温养护措施的方案是可行的。

算例 2：

现浇钢筋混凝土基础底板，厚度为 0.8m，配置直径 16mm 带肋钢筋，配筋率 0.35%，混凝土强度等级采用 C30，地基为坚硬黏土，施工条件正常（材料符合质量标准、水灰比准确、机械振捣、混凝土养护良好）。试计算早期（15d）不出现贯穿性裂缝的允许间距。

解：考虑施工条件正常，由表 3-7 查得：M_1、M_2、M_3、M_5、M_8、M_9 均取 1，M_4 = 1.42，M_6 = 0.93，M_7 = 0.70，M_{10} = 0.42。

混凝土经过 15d 的收缩变形由式（3-13）计算：

$$\varepsilon_{Y(15)} = 3.24 \times 10^{-4}(1-e^{-0.01 \times 15}) \times M_1 \times M_2 \times \cdots \times M_n$$

$$= 3.24 \times 10^{-4}(1-e^{-0.15}) \times 1.42 \times 0.93 \times 0.70 \times 0.42$$

$$= 0.175 \times 10^{-4}$$

收缩当量温差：

$$T_{Y(15)} = \frac{\varepsilon_{Y(15)}}{\alpha} = \frac{0.175 \times 10^{-4}}{1.0 \times 10^{-5}}℃ = 1.75℃ \approx 2℃$$

混凝土上、下面温升为 15℃，由于时间短，养护较好，气温差忽略不计，混凝土的水化热温差经计算为 25℃，则计算温差为

$$\Delta T = (2+25)℃ = 27℃$$

混凝土的极限拉伸，由式（3-20）得

$$\varepsilon_p = 7.5f_t(0.1 + \mu/d)10^{-4}(\ln t/\ln 28)$$

$$= 7.5 \times 1.5 \times \left(0.1 + \frac{0.35}{16}\right) \times 0.813 \times 10^{-4} = 1.115 \times 10^{-4}$$

15d 混凝土的弹性模量为

$$E_{(15)} = 3.0 \times 10^4 \times (1-e^{-0.09t}) = 3.0 \times 10^4 \times (1-e^{-0.09 \times 15})\text{MPa} = 2.22 \times 10^4\text{MPa}$$

伸缩缝的最大允许间距由式（3-20）为：

$$[L_{cp}] = 1.5\sqrt{hE_{(t)}/C_x}\,\text{arch}[\,|\alpha\Delta T|/(|\alpha\Delta T| - |\varepsilon_p|)\,]$$

$$= \left(1.5 \times \sqrt{\frac{800 \times 2.22 \times 10^4}{0.08}}\,\text{arch}\,\frac{1.0 \times 10^{-5} \times 27}{1.0 \times 10^{-5} \times 27 - 1.115 \times 10^{-4}}\right)\text{mm}$$

$$= 223.495 \times 10^2 \times 1.126 = 25157\text{mm} \approx 26\text{m}$$

由计算知，板的最大允许伸缩缝间距为 26m。当板的纵向长度小于 26m 时，可以避免裂缝出现。否则需在中部设置伸缩缝或"后浇缝"。当板下有桩基础时，计算阻力系数 C_x 时，应考虑桩基对基础底板的约束阻力。

第4章 高层建筑施工用垂直运输机械

教学提示：高层建筑施工用垂直运输机械主要包括塔式起重机、施工电梯、混凝土泵，这些垂直运输机械可以提高高层建筑施工机械化水平，提高施工效率，缩短工期。

教学要求：本章重点介绍塔式起重机、施工电梯基础设计方法、混凝土泵构造及使用原理。要求重点掌握塔式起重机、施工电梯基础设计方法，能够根据不同工程特点选择合理的施工垂直运输机械。

现代高层建筑施工的主要特点是：垂直运输量大、运距高；结构、水电、装修齐头并进，交叉作业多，安全隐患大；工期紧张；施工人员上下频繁，人员交通量大；组织管理工作复杂。

为了保证施工有条不紊，确保工程质量、工期、经济效益的顺利实现，关键之一是选择合理的垂直运输机械并加以合理地运用。实践表明，在高层建筑施工中使用性能良好的、适合施工需要的垂直运输机械，进行合理的机械布置和管理，则一定能在保证质量的前提下，节约劳动力，减轻劳动强度，缩短工期，提高经济效益。

高层建筑施工常用的垂直运输机械有：塔式起重机、施工电梯、混凝土泵等。

4.1 塔式起重机

4.1.1 概述

塔式起重机（Tower Crane）简称塔机，也称为塔吊，起源于西欧，是动臂装在高耸塔身上部的旋转起重机。其作业空间大，主要用于房屋建筑施工中物料的垂直和水平输送及建筑构件的安装。其由金属结构、工作机构和电气系统三部分组成。金属结构包括塔身、动臂和底座等。工作机构有起升、变幅、回转和行走四部分。电气系统包括电动机、控制器、配电柜、连接线路、信号及照明装置等。塔式起重机是高层、超高层建筑施工的主要施工机械。随着现代新工艺、新技术的不断广泛使用，塔式起重机的性能和参数不断提高。

4.1.2 塔式起重机的分类

（1）按转动位置分类。塔式起重机按照转动位置分为上旋转式和下旋转式两类。

1）上旋转式塔式起重机：塔身不转动，回转支撑以上的动臂、平衡臂等，通过回转机构绕塔身中心线作全回转。根据使用要求，又分运行式、固定式、附着式和内爬式。运行式塔式起重机可沿轨道运行，工作范围大，应用广泛，宜用于多层建筑施工；如将起重机底座固定在轨道上或将塔身直接固定在基础上就成为固定式塔式起重机，其动臂较长；如在固定式塔式起重机塔身上每隔一定高度用附着杆与建筑物相连，即为附着式塔式起重机，它采用塔身接高装置使起重机上部回转部分可随建筑物增高而相应增高，用于高层建筑施工；将起重机安设在电梯井等井筒或连通的孔洞内，利用液压缸使起重机根据施工进程沿井筒向上爬升者称为内爬式塔式起重机，它节省了部分塔身、服务范围大、不占用施工场地，但对建筑物的结构有一定要求。

　　2）下旋转式塔式起重机：回转支撑装在底座与转台之间，除行走机构外，其他工作机构都布置在转台上一起回转。除轨道式外，还有以履带底盘和轮胎底盘为行走装置的履带式和轮胎式。整机重心低，能整体拆装和转移，轻巧灵活，应用广泛，宜用于多层建筑施工。

　　（2）按行走机构分类。按行走机构分为自行式塔式起重机、固定式塔式起重机。

　　自行式塔式起重机能够在固定的轨道上、地面上开行。其特点是能靠近工作点，转移方便，机动性强，常见的有轨道行走式、轮胎行走式、履带行走式等。

　　固定式塔式起重机没有行走机构，能够附着在固定的建筑物或建筑物的基础上，随着建筑物或构筑物的上升不断地上升。

　　（3）按起重臂变幅方法分类。按起重臂变幅方法分为起重臂变幅式塔式起重机和起重小车变幅式塔式起重机，如图 4-1 和图 4-2 所示。前者起重臂与塔身铰接，变幅时可调整起重臂的仰角，常见的变幅结构有电动和手动两种；后者起重臂是不变（或可变）横梁，下弦装有起重小车，变幅简单，操作方便，并能负载变幅。

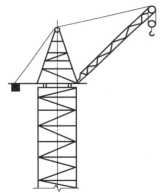

图 4-1　起重臂变幅式塔式起重机简图　　　　图 4-2　起重小车变幅式塔式起重机简图

　　（4）按回转方式分类。按回转方式分为上塔回转塔式起重机和下塔回转塔式起重机。前者塔尖回转，塔身不动，回转机构在顶部，结构简单，但起重机重心偏高，塔身下部要加配重，操作室位置较低，不利于高层建筑施工；后者塔身与起重臂同时旋转，回转机构在塔身下部，便于维修，操作室位置较高，便于施工观测，但回转机构较复杂。

　　（5）按起重能力分类。按起重能力分为轻型塔式起重机、中型塔式起重机和重型塔式起重机。一般情况下，起重量为 0.5~3.0t 的起重机为轻型塔式起重机，起重量为 3.0~15t 的起重机为中型塔式起重机，起重量为 15~40t 的起重机为重型塔式起重机。

　　（6）按塔式起重机使用架设的要求分类。按塔式起重机使用架设的要求分为固定式、轨道式、附着式和内爬式四种。

　　固定式塔式起重机将塔身基础固定在地基基础或结构物上，塔身不能行走。

　　轨道式塔式起重机又称为轨道行走式塔式起重机，简称为轨行式塔式起重机，在轨道上可以负荷行驶。

　　附着式塔式起重机每隔一定间距通过支撑将塔身锚固在构筑物上，如图 4-3 所示。

　　内爬式塔式起重机设置在建筑物内部（电梯井、楼梯间等），通过支撑在结构物上的爬升装置，使整机随着建筑物的升高而升高，如图 4-4 所示。

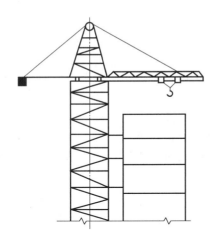

图 4-3　附着式塔式起重机简图

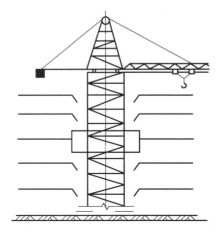

图 4-4　内爬式塔式起重机简图

4.1.3　塔式起重机的特点

1. 塔式起重机特点

1）起重量、工作幅度和起升高度较大。

2）360°全回转，并能同时进行垂直、水平运输作业。

3）工作速度高。塔式起重机的操作速度快，可以大大地提高生产率。国产塔式起重机的起升速度最快为 120m/min，变幅小车的运行速度最快可达 45m/min；某些进口塔式起重机的起升速度已超过 200m/min，变幅小车的运行速度可达 90m/min。另一方面，现代塔式起重机具有良好的调速性和安装微动性，可以满足构件安装就位的需要。

4）一机多用。为了充分发挥起重机的性能，在装置方面，配备有抓斗、拉铲等装置，做到一机多用。

5）起重高度能随安装高度的升高而增高。

6）机动性好，不需其他辅助稳定设施（如缆风绳），能自行或自升。

7）驾驶室位置较高，操纵人员能直接或间接看到作业全过程，有利于安全生产。

2. 塔式起重机的主要性能参数

塔式起重机的主要性能参数包括幅度、起重量、起重力矩、起升高度等参数。选用塔式起重机进行高层建筑施工时，首先应根据施工对象确定所要求的参数。

（1）幅度。幅度，又称为回转半径或工作半径，即塔式起重机回转中心线至吊钩中心线的水平距离。幅度又包括最大幅度与最小幅度两个参数。高层建筑施工选择塔式起重机时，首先应考察该塔式起重机的最大幅度是否能满足施工需要。

（2）起重量。起重量是指塔式起重机在各种工况下安全作业所容许的起吊重物的最大质量。起重量包括所吊重物和吊具的质量。它是随着工作半径的加大而减少的。

（3）起重力矩。初步确定起重量和幅度参数后，还必须根据塔式起重机技术说明书中给出的资料，核查是否超过额定起重力矩。所谓起重力矩（单位 kN·m）指的是塔式起重机的幅度与相应于此幅度下的起重量的乘积，能比较全面和确切地反映塔式起重机的工作能力。

（4）起升高度。起升高度是指自轨面或混凝土基础顶面至吊钩中心的垂直距离，其大小与塔身高度及臂架构造形式有关。一般应根据构筑物的总高度、预制构件或部件的最大高度、脚手架构造尺寸及施工方法等综合确定起升高度。

4.1.4　塔式起重机的布置

在编制施工组织设计、绘制施工总平面图时，塔式起重机安设位置应满足下列要求：

1）塔式起重机的幅度与起重量均能很好地适应主体结构（包括基础阶段）施工需要，并留有充足的安全余量。

2）要有环形交通道，便于安装辅机和运输塔式起重机部件的卡车等进出施工现场。

3）应靠近工地电源变电站。

4）工程竣工后，仍留有充足的空间，便于拆卸塔式起重机并将部件运出现场。

5）在一个栋号同时装设两台塔式起重机的情况下，要注意其工作面的划分和相互之间的配合，同时还要采取妥善措施防止相互干扰。

4.1.5　固定式塔式起重机基础的计算

塔式起重机上部载荷传递到底座的力，大致由中心受压、在 x 轴或 y 轴向的弯矩和起重臂旋转所引起的扭转惯性力等组成。随着塔式起重机的类型不同，底座力传递对象也有所不同。行走式为轨道基础，自升式、内爬式为支承架，附着固定式为钢筋混凝土基础。在设计计算中应根据具体作业特点分别计算。

高层建筑施工用的附着式塔式起重机，大都采用小车变幅的水平臂架，幅度也多在 50m 以上，无须移动作业即可覆盖整个施工范围，因此多采用钢筋混凝土基础。

钢筋混凝土基础有多种形式可供选用。对于有底架的固定自升式塔式起重机，可视工程地质条件、周围环境以及施工现场情况选用 X 形整体基础、条块分隔式基础或者是独立块体式基础。对无底架的自升式塔式起重机则采用整体式方块基础。

X 形整体基础如图 4-5 所示，形状及平面尺寸大致与塔式起重机 X 形底架相似，塔式起重机的 X 形底架通过预埋地脚螺栓固定在混凝土基础上。此种形式多用于轻型自升式塔式起重机。

条块分隔式基础如图 4-6 所示，由两条或四条并列平行的钢筋混凝土底梁组成，分别支承底架的四个支座和由底架支座传来的上部载荷。当塔式起重机安装在混凝土砌块人行道上或者是既有混凝土地面上，均可采用此种形式的钢筋混凝土基础。

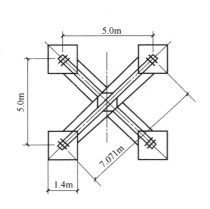

图 4-5　X 形整体基础

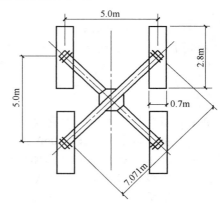

图 4-6　条块分隔式基础

分块式基础如图 4-7 所示，由四个独立的钢筋混凝土块体组成，分别承受由底架结构传来的上部载荷，块体的构造尺寸视塔式起重机支反力大小及地耐力而定。由于基础仅承受底架传递的垂直力。其优点是构造比较简单，混凝土及钢筋用量都较少，造价便宜。

独立式整体基础如图 4-8 所示，适用于无底架固定式自升式塔式起重机。其构造特点是塔身结构通过塔身基础节、预埋塔身框架或预埋塔身主角钢等固定在钢筋混凝土基础上，从而使塔身结构与混凝土基础连成一体，并将起重机上部载荷全部传递到地基。由于钢筋混凝土基础的体形尺寸是考虑塔式起重机的最大支反力、地基承载力以及压重的需求而选定的，因而能确保塔式起重机在最不利工况下均可安全工作，不会产生倾翻事故。

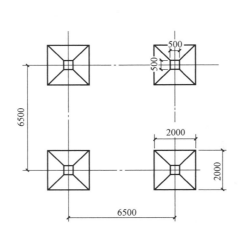

图 4-7　分块式基础

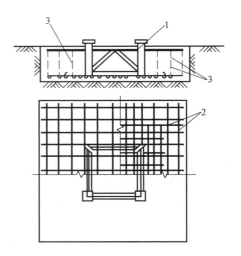

图 4-8　独立式整体基础
1—预埋塔身标准节　2—钢筋　3—架设钢筋

1. 分块式基础的计算

塔式起重机基础如图 4-9 所示。

（1）基础预埋深度。基础预埋深度根据施工现场地基情况而定，一般塔式起重机基础埋设深度为 1~1.5m。

（2）基础面积 F 的估算。塔式起重机所需基础的底面积 F 按许用土地承载力估算，如下：

$$F = \frac{N+G}{[\sigma_d] - \gamma_d d} \tag{4-1}$$

式中　N——每个基础承担的垂直载荷；

　　　G——基础自重，可按 $0.06N$ 估算；

　　$[\sigma_d]$——许用地基承载力（具体取值需根据地质报告确定），常用灰土处理后的地基承载力为 $200kN/m^2$；

　　　γ_d——$200kN/m^3$。

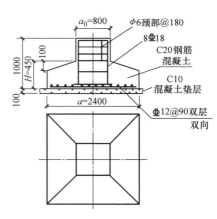

图 4-9　塔式起重机基础简图

（3）基础平面尺寸的确定。基础浇筑成正方形，其边长为

$$a = \sqrt{F} \tag{4-2}$$

（4）初步确定基础高度。按 KTNC 公式估算：

$$H = x(a - a_0) \tag{4-3}$$

式中　x——系数，$x = 0.38$；

　　　a——基础边长；

　　　a_0——柱顶垫板的边长。

基础的有效高度：

$$h_0 = H - \delta$$

式中　δ——基础配筋的保护层厚度，一般不少于 70mm。

（5）验算混凝土基础的冲切强度。混凝土基础的冲切强度应满足下式：

$$\sigma_t < \frac{0.75 R_L A_2}{k A_1} \tag{4-4}$$

式中　σ_t——垂直荷载在基础底板上产生的应力，$\sigma_t = N/a^2$；

　　　R_L——混凝土抗拉强度，参见表 4-1；

　　　k——安全系数，一般取 1.3；

　　　A_1——当 $a \geq a_0 + 2h_0$ 时，$A_1 = \left(\frac{a}{2} - \frac{a_0}{2} - h_0\right) a - \left(\frac{a}{2} - \frac{a_0}{2} - h_0\right)^2$，当 $a < a_0 + 2h_0$ 时，$A_1 = \left(\frac{a}{2} - \frac{a_0}{2} - h_0\right) a$；

　　　A_2——当 $a \geq a_0 + 2h_0$ 时，$A_2 = (a_0 + h_0)\ a$；当 $a < a_0 + 2h_0$ 时，$A_2 = (a_0 + h_0) h_0 - \left(h_0 + \frac{a_0}{2} - \frac{a}{2}\right)^2$。

表 4-1　混凝土抗拉强度

混凝土强度等级	C20	C25	C30
混凝土抗拉强度/(kN/m²)	1.1	1.27	1.43

（6）配筋计算。土壤反力对基础底板产生的弯矩 M 为

$$M = \frac{\sigma_t}{24} (a - a_0)^2 (2a + a_0) \tag{4-5}$$

所需钢筋截面面积 F_g 为

$$F_g = \frac{kM}{\sigma_s \times 0.875 h_0} \tag{4-6}$$

式中　k——安全系数，$k = 2$；

　　　σ_s——钢筋强度设计值，查表 4-2。

所配钢筋截面面积 F_g 应满足下式：

$$\frac{F_g}{aH} > 0.15\% \tag{4-7}$$

根据所需钢筋面积，查钢筋表得到所需的规格。一般钢筋中心间距不大于 200mm。

表 4-2　普通钢筋强度设计值

钢筋种类	$\sigma_s / (\text{N/mm}^2)$
HPB235	210
HPB335	300

2. 整体式基础的计算

根据起重机在倾覆力矩作用下的稳定性条件和土壤承载条件确定基础的尺寸和重力，计算式不考虑和基础接触的侧壁的影响。

（1）确定基础预埋深度。基础预埋深度根据施工现场地基情况而定，一般塔式起重机基础埋设深度为 $1 \sim 1.5m$，但应注意须将基础整体埋住。

（2）基础面积的估算。所需基础的底面积 F 的估算见式（4-1），但此处 N 为基础承担的竖向载荷。

（3）基础平面尺寸的确定。基础浇筑成正方形，并应满足以下两个条件：

$$\frac{N+G+W_{\mathrm{d}} a^2}{a^2}+\sigma_M < [\sigma_{\mathrm{d}}] \tag{4-8}$$

式中　a——基础边长，可按下式初步估算：$a=1.4\sqrt{F}$；

　　　σ_M——有弯曲作用产生的压应力，其大小为 $\sigma_M=M/W_{\mathrm{d}}$；

　　　M——起重机的倾覆力矩；

　　　W_{d}——基础底面对垂直于弯曲作用平面的截面模量，$W_{\mathrm{d}}=a^3/6$。

$$\frac{N+G+W_{\mathrm{d}} d a^2}{a^2}-\varepsilon\sigma_M > 0 \tag{4-9}$$

式中：ε——安全系数，$\varepsilon=1.5$。

（4）初步确定基础高度。基础高度的初步确定见式（4-3）。

根据稳定性条件验算基础重力：

$$\frac{2Mk}{a} < V\gamma \tag{4-10}$$

式中　M——起重机倾覆力矩（N·m）；

　　　k——最小稳定系数（附载时），不考虑惯性力、风力和离心力，$k=1.4$；

　　　V——基础体积（m³）；

　　　γ——混凝土重度（t/m³），$\gamma=25t/m^3$。

（5）验算基础冲切强度及基础配筋计算。基础冲切强度及基础配筋计算同分块基础，但在进行冲切强度验算时，式（4-4）中的安全系数取值为 2.2。

4.1.6　塔式起重机附墙装置的计算

为了保证安全，一般塔式起重机的高度超过 $30 \sim 40m$ 就需要附墙装置，在设置第一道附墙装置后，塔身每隔 $14 \sim 20m$ 须加设一道附墙装置。

附墙装置由锚固环、附着杆组成。锚固环由型钢、钢板拼焊成方形截面，用连接板与塔身腹杆相连，并与塔身主弦杆卡固。附墙拉杆有多种布置形式，可以使用三根或四根拉杆，根据施工现场情况而定。三根拉杆附着杆节点见如图 4-10 所示的 Q4-10 型塔式起重机附着装置。

附墙拉杆的受力大小取决于锚固点以上塔身的荷载以及附墙装置的尺寸及形式。对三拉杆支撑式，受力如图 4-11 所示。塔身受力为水平力 F_x、竖向力 F_y 及转矩 M，三根拉杆为轴心受力构件，根据静力平衡条件方程，可求得各杆件内力。

对四拉杆支撑式，受力如图 4-12 所示。杆系是超静定结构，可以用力法方程求解。将杆件 1 视为多余约束，此时杆系成为静定结构，则在外荷载作用下各杆件内力 N_{ip}，由以下力平衡方程解出：$\sum x=0$，$\sum y=0$，$\sum M_A=0$。再求得在沿杆件 1 方向的单位多余约束力作用下的各杆件内力 N_i。单位力引起杆件 1 的位移 δ_{11} 为

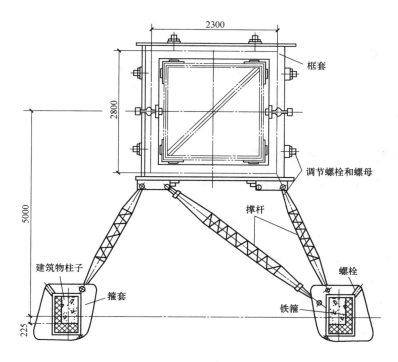

图 4-10 Q4-10 型塔式起重机附着装置

$$\delta_{11} = \sum \frac{N_i l_i}{EA} \tag{4-11}$$

式中　l_i——各杆件的长度；

　　　A——各杆件截面面积；

　　　E——杆件材料的弹性模量。

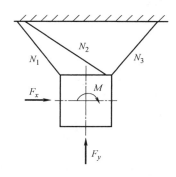

图 4-11　三拉杆支撑式附墙装置

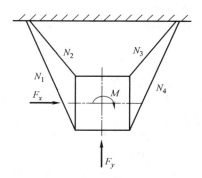

图 4-12　四拉杆支撑式附墙装置

外荷载引起的杆件 1 的位移 Δ_{1p} 为

$$\Delta_{1p} = \sum \frac{N_i N_{ip} l_i}{EA} \tag{4-12}$$

根据力法方程 $\delta_{11}x_1 + \Delta_{1p} = 0$ 可解出多余约束力 x_1（即 N_1）为

$$x_1 = \Delta_{1p}/\delta_{11} \tag{4-13}$$

各杆件内力为

$$N_i = N_{ip} + N_i x_1$$

然后按受压构件计算各杆件稳定性，以及附墙预埋件强度。

计算塔式起重机基础、附壁计算的外力时，对独立塔身，可取上端自由、下端固定的计算简图；对附着式塔身，可取带悬臂多跨连续梁的计算简图。

塔式起重机上的荷载可以按照《塔式起重机设计规范》（GB/T 13752—2017）荷载组合规定（条款 4.4.5 和表 24）。

4.1.7 塔式起重机输送能力的估算

塔式起重机的输送能力与塔式起重机吊运一次重物的用时有关，塔式起重机吊运一次重物的用时可按下式计算：

$$T_i = \left(\frac{H_i}{V_1} + \frac{H_i}{V_2} + t_3 + t_4 + t_5 \right) K \tag{4-14}$$

式中　T_i——塔式起重机吊运一次重物的用时（min）；

　　　H_i——平均施工高度（m）；

　　　V_1——塔式起重机吊钩起升速度（m/min）；

　　　V_2——塔式起重机吊钩下降速度（m/min）；

　　　t_3——塔式起重机吊运一次重物的平均回转时间（min）；

　　　t_4——塔式起重机吊运一次重物变幅或大车行走的时间（min）；

　　　t_5——塔式起重机吊运一次重物的装卸时间（min）；

　　　K——调整系数，根据塔式起重机机械状况与管理水平而定，一般取 1.1~1.5。

4.1.8 塔式起重机使用安全

塔式起重机的起重量随幅度而变化。起重量与幅度的乘积称为荷载力矩，是这种起重机的主要技术参数。通过回转机构和回转支撑，塔式起重机的起升高度大，回转和行走的惯性质量大，故需要有良好的调速性能，特别起升机构要求能轻载快速、重载慢速、安装就位微动。一般除采用电阻调速外，还常采用涡流制动器、调频、变极、晶闸管和机电联合等方式调速。

1. 资料管理

施工企业或塔式起重机租赁单位应将塔式起重机的生产许可证、产品合格证、拆装许可证、使用说明书、电气原理图、液压系统图、驾驶人操作证、塔式起重机基础图、地质勘查资料、塔式起重机拆装方案、安全技术交底、主要零部件质保书（钢丝绳、高强连接螺栓、地脚螺栓及主要电气元件等）报给政府建筑安全生产管理部门，经专业检测中心检测合格后，获得安全使用证，以及安装好以后同项目经理部的交接记录，同时在日常使用中要加强对塔式起重机的动态跟踪管理，做好台班记录、检查记录和维修保养记录（包括小修、中修、大修）并有相关责任人签字，在维修的过程中所更换的材料及易损件要有合格证或质量保证书，并将上述材料及时整理归档，建立一机一档台账。

2. 拆装管理

塔式起重机的拆装是事故的多发阶段。塔式起重机因拆装不当和安装质量不合格而引起的安全事故占有很大的比例。塔式起重机拆装必须由具有资质的拆装单位进行作业，而且要在资质范围内从事安装拆卸。拆装人员要经过专门的业务培训，有一定的拆装经验并持特种设备安装证上岗，同时要各工种人员齐全，岗位明确，各司其职，听从统一指挥。

3. 塔式起重机基础

塔式起重机基础是塔式起重机的根本，实践证明有不少重大安全事故都是由于塔式起重机基础存在问题而引起的，它是影响塔式起重机整体稳定性的一个重要因素。有的事故是由于工地为了抢工期，在混凝土强度不够的情况下而草率安装，有的事故是由于地耐力不够，有的是由于在基础附近开挖而导致，甚至滑坡产生位移，或是由于积水而产生不均匀的沉降等，诸如此类，都会造成严重的安全事故。塔式起重机的稳定性就是塔式起重机抗倾覆的能力，塔式起重机最大的事故就是倾翻倒塌。做塔式起重机基础的时候，一定要确保地耐力符合设计要求，钢筋混凝土的强度至少达到设计值的 80%。有地下室工程的塔式起重机基础要采取特别的处理措施：有的要在基础下打桩，并将桩端的钢筋与基础地脚螺栓牢固地焊接在一起。混凝土基础底面要平整夯实，基础底部不能做成锅底状。基础的地脚螺栓尺寸误差必须严格按照基础图的要求施工，地脚螺栓要保持足够的露出地面的长度，每个地脚螺栓要双螺母预紧。在安装前要对基础表面进行处理，保证基础的水平度不能超过 1/1000。同时塔式起重机基础不得积水，积水会造成塔式起重机基础的不均匀沉降。在塔式起重机基础附近内不得随意挖坑或开沟。

4. 安全距离

塔式起重机在平面布置的时候要绘制平面图，尤其是房地产开发小区，住宅楼多，塔式起重机如林，更要考虑相邻塔式起重机的安全距离，在水平和垂直两个方向上都要保证不少于 2m 的安全距离，相邻塔式起重机的塔身和起重臂不能发生干涉，尽量保证塔式起重机在风力过大时能自由旋转。

塔式起重机与输电线的安全距离不达规定要求的要塔设防护架，防护架搭设原则上要停电搭设，不得使用金属材料，可使用竹竿等材料。竹竿与输电线的距离不得小于 1m，还要有一定的稳定性的强度，防止大风吹倒。

5. 安全装置

为了保证塔式起重机的正常与安全使用，必须强制性要求塔式起重机在安装时必须具备规定的安全装置，主要有：起重力矩限制器、起重量限制器、高度限位装置、幅度限位器、回转限位器、吊钩保险装置、卷筒保险装置、风向风速仪、钢丝绳脱槽保险、小车防断绳装置、小车防断轴装置和缓冲器等。要确保这些安全装置完好、灵敏与可靠。在使用中如发现损坏应及时维修更换，不得私自解除或任意调节。

稳定性：塔式起重机高度与底部支撑尺寸比值较大，且塔身的重心高、转矩大、起制动频繁、冲击力大，为了增加它的稳定性，我们就要分析塔式起重机倾翻的主要原因有：

（1）超载。不同型号的起重机通常采用起重力矩为主控制，当工作幅度加大或重物超过相应的额定荷载时，重物的倾覆力矩超过它的稳定力矩，就有可能造成塔式起重机倒塌。

（2）斜吊。斜吊重物时会加大它的倾覆力矩，在起吊点处会产生水平分力和垂直分力，在塔式起重机底部支撑点会产生一个附加的倾覆力矩，从而减少了稳定系数，造成塔式起重机倒塌。

（3）塔式起重机基础不平，地耐力不够，垂直度误差过大也会造成塔式起重机的倾覆力矩增大，使塔式起重机稳定性降低。因此，我们要从这些关键性的因素出发来严格检查检测把关，预防重大的设备人身安全事故。

6. 电气安全

塔式起重机的专用开关箱要满足"一机一闸一漏一箱"的要求，漏电保护器的脱扣额定动作电流应不大于 30mA，额定动作时间不超过 0.1s。驾驶室里的配电盘不得裸露在外。电气柜应完好，关闭严密、门锁齐全。柜内电气元件应完好，线路清晰，操作控制机构灵敏可靠，各限位开关性能良好，定期安排专业电工进行检查维修。

7. 附墙装置

当塔式起重机超过它的独立高度的时候要架设附墙装置，以增加塔式起重机的稳定性。附墙装置要按照塔式起重机说明书的要求架设，附墙间距和附墙点以上的自由高度不能任意超长，超长的附墙支撑应另外设计并有计算书，进行强度和稳定性的验算。附着框架保持水平、固定牢靠，与附着杆在同一水平面上，与建筑物之间连接牢固，附着后附着点以下塔身的垂直度不大于2/1000，附着点以上垂直度不大于3/1000。与建筑物的连接点应选在混凝土柱上或混凝土圈梁上。用预埋件或过墙螺栓与建筑物结构有效连接。有些施工企业用膨胀螺栓代替预埋件，还有用缆风绳代替附着支撑，这些都是十分危险的。

8. 安全操作

塔式起重机管理的关键还是对驾驶人的管理。驾驶人必须身体健康，了解机械构造和工作原理，熟悉机械原理、保养规则，持证上岗。驾驶人必须按规定对起重机做好保养工作，有高度的责任心，认真做好清洁、润滑、紧固、调整、防腐等工作，不得酒后作业，不得带病或疲劳作业，严格按照塔式起重机械操作规程和塔式起重机"十不准、十不吊"进行操作，不得违章作业、野蛮操作，有权拒绝违章指挥，夜间作业要有足够的照明。塔式起重机平时的安全使用关键在驾驶人的技术水平和责任心，检查维修关键在机械和电气维修工。我们要牢固树立以人为本的思想。

9. 安全检查

塔式起重机在安装前后和日常使用中都要对它进行检查。金属结构焊缝不得开裂；金属结构不得塑性变形，连接螺栓、销轴质量符合要求；对止退、防松的措施，连接螺栓要定期安排人员预紧；钢丝绳润滑保养良好，断丝数不得超标，绝不允许断股，不得塑性变形，绳卡接头符合标准；减速箱和油缸不得漏油，液压系统压力正常；制动和限位保险灵敏可靠；传动机构润滑良好；安全装置齐全可靠；电气控制线路绝缘良好。尤其要督促塔式起重机驾驶人、维修电工和机械维修工要经常进行检查，要着重检查钢丝绳、吊钩、各传动件、限位保险装置等易损件，发现问题立即处理，做到定人、定时间、定措施，杜绝机械带病作业。

4.2 施工电梯

施工电梯通常称为施工升降机，但施工升降机包括的定义更宽广，施工平台也属于施工升降机系列。单纯的施工电梯是由轿厢、驱动机构、标准节、附墙、底盘、围栏、电气系统等几部分组成，是建筑中经常使用的载人载货施工机械，由于其独特的箱体结构使其乘坐起来既舒适又安全。施工电梯在工地上通常是配合塔式起重机使用，一般载重量在1~3t，运行速度为1~60m/min。我国生产的施工升降机越来越成熟，逐步走向国际。

4.2.1 概述

1. 施工电梯的分类

施工电梯按施工电梯的动力装置可分为电动与电动-液压两种，电动-液压驱动电梯工作速度比电动驱动电梯工作速度快，可达120m/min。

施工电梯按用途可分为载货电梯、载人电梯和人货两用电梯。载货电梯一般起重能力较大，起升速度快，而载人电梯或人货两用电梯对安全装置要求高一些。目前，在实际工程中用得比较多的是人货两用电梯。

施工电梯按施工电梯的驱动形式可分为钢索曳引、齿轮齿条曳引和星轮滚道曳引三种形式。其中,钢索曳引是早期产品,星轮滚道曳引的传动形式较新颖,但载重能力较小,目前用得比较多的是齿轮齿条曳引这种结构形式。

施工电梯按吊厢数量可分为单吊厢式和双吊厢式。

施工电梯按承载能力可分为两级(一级载重量 1t 或载乘人员 11、12 人,另一级载重量为 2t 或载乘人员 24 名)。我国施工电梯用得比较多的是前者。

施工电梯按塔架多少分为单塔架式和双塔架式。目前,双塔架桥式施工电梯很少用。

2. 齿轮齿条驱动施工电梯的构成

施工电梯的主要部件为立柱导轨架、安全栅、吊笼、驱动装置、安全装置、平衡重、电气控制与操作系统等。

(1) 立柱导轨架。一般立柱由无缝钢管焊接成桁架结构并带有齿条的标准节组成,标准节长为 1.5m,标准节之间采用套柱螺栓连接,并在立柱杆内装有导向楔。

(2) 安全栅。电梯的底部有一个便于安装立柱段的平面主框架,在主框架上立有带镀锌铁网状护围的底笼,高度约为 2m。其作用是在地面把电梯整个围起来,以防止电梯升降时闲人进出而发生事故。底笼入口的一端有一个带机械和电气的联锁装置,当吊厢在上方运行时即锁住,安全栅上的门无法打开,直至吊厢降至地面后,联锁装置才能解脱,以保证安全。

(3) 吊笼。吊笼又称为吊厢,不仅是乘人载物的容器,而且又是安装驱动装置和架设或拆卸支柱的场所。吊笼内的尺寸一般为长×宽×高=3m×1.3m×2.7m 左右。吊笼底部由浸过桐油的硬木或钢板铺成,结构主要由型钢焊接骨架、顶部和周壁由方眼编织网围护结构组成。

一般国产电梯,在吊笼的外沿一般都装有驾驶人专用的驾驶室,内有电气操纵开关和控制仪表盘,或在吊笼一侧设有电梯驾驶人专座,负责操纵电梯。

(4) 驱动装置。驱动装置是使吊笼上下运行的一组动力装置,其齿轮齿条驱动机构可为单驱动、双驱动,甚至三驱动。

(5) 安全装置。

1) 限速制动器。国产的施工外用载人电梯大多配用两套制动装置,其中一套就是限速制动器。它能在紧急的情况下如电磁制动器失灵,机械损坏或严重过载和吊笼在超过规定的速度约 15% 时,使电梯马上停止工作。常见的限速器是锥鼓式限速器,根据功能不同,分为单作用和双作用两种形式。所谓单作用限速器只能沿工作吊厢下降方向起制动作用。

锥鼓式限速器的结构如图 4-13 所示,主要由锥形制动器部分和离心限速部分组成。制动器部分由制动毂 1、锥面制动轮 2、碟形弹簧组 3、轴承 4、螺母 5、端益 6 和导板 7 组成。离心限速器部分由心块支架 8、传动轴 9、从动齿轮 10、离心块 11 和拉伸弹簧 12 组成。

锥鼓式限速器有以下三种工作状态:

① 电梯运行时,小齿轮与齿条啮合驱动,离心块在弹簧的作用下,随齿轮轴一起转动。

② 当电梯运行超过一定速度时,离心块克服弹簧力向外飞出与制动鼓内壁的齿啮合,使制动鼓旋转而被拧入壳体。

③ 随着内外锥体的压紧,制动力矩逐步增大,使吊厢能平缓制动。

锥鼓式限速器的优点在于减少了中间传力路线,在齿条上实现柔性直接制动,安全可靠性大,冲击力小。制动行程可以预调。在限速制动的同时,电器主传动部分自动切断,在预调行程内实现制动。可有效地防止上升时"冒顶"和下降时出现"自由落体"坠落现象。由于限速器是独立工作,因此不会对驱动机构和电梯结构产生破坏。

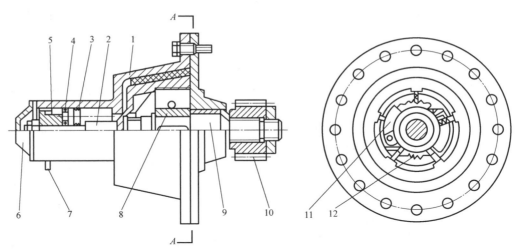

图 4-13　锥鼓式限速器

1—制动毂　2—锥面制动轮　3—碟形弹簧组　4—轴承　5—螺母　6—端益　7—导板
8—心块支架　9—传动轴　10—从动齿轮　11—离心块　12—拉伸弹簧

2）制动装置。

① 限位装置。设在立柱顶部的为最高限位装置，可防止冒顶，主要是有由限位碰铁和限位开关构成。设在楼层的为分层停车限位装置，可实现准确停层。设在立柱下部的限位器可不使吊笼超越下部极限位置。

② 电动制动器，有内抱电磁制动器和外抱电磁制动器等。

③ 紧急制动器，有手动楔块制动器和脚踏液压紧急制动等，在紧急的情况下如限速和传动机构都发生故障时，可实现安全制动。

3）缓冲弹簧。底笼的底盘上装有缓冲弹簧，在下限位装置失灵时，可以减小吊笼落地振动。

（6）平衡重。平衡重的质量约等于吊笼自重加 1/2 的额定载重量，用来平衡吊笼的一部分质量，平衡重通过绕过主柱顶部天轮的钢丝绳，与吊笼连接，并装有松绳限位开关。每个吊笼可配用平衡重，也可不配平衡重。和不配平衡重的吊笼相比，其优点是保持荷载的平衡和立柱的稳定，并且在电动机功率不变的情况下，提高了承载能力，从而达到了节能的目的。

（7）电气控制与操纵系统。电梯的电气装置（接触器、过载保护、电磁制动器或晶闸管等电气组件）装在吊笼内壁的箱内，为了保证电梯运行安全，所有电气装置都重复接地。一般在地面、楼层和吊厢内的三处设置了上升、下降和停止的按钮开关箱，以防万一。在楼层上开关箱放在靠近平台栏栅或入口处。在吊笼内的传动机械座板上，除了有上升与下降的限位开关以外，在中间装有一个主限位开关，当吊笼超速运行时，该开关可切断所有的三相电源，下次在电梯重新运行之前，应将限位开关手动复位。利用电缆可使控制信号和电动机的电力传送到电梯吊笼内，电缆卷绕在底部的电缆筒上，高度很大时，为了避免电缆易受风的作用而绕在主柱导轨上，为此应设立专用的电缆导向装置。吊笼上升时，电缆随之被提起，吊笼下降时，电缆经由导向装置落入电缆筒。

3. 绳轮驱动施工电梯

绳轮驱动施工电梯常称为施工升降机或升降机。其构造特点是：采用三角断面钢管焊接格桁结构立柱，单吊笼，无平衡重，设有限速和机电联锁安全装置，附着装置简单。能自升接高，可在狭窄场地作业，转场方便，吊笼平面尺寸为 1.2m×（2～2.6）m，结构较简单，用钢量少。有人货两用，可载货 1t 或乘 8～10 人，有的只用于运货，载重也达 1t。造价仅为齿轮齿条施工电梯的 2/5～1/2，因而在高层建筑中的应用面逐渐扩大。

4. 施工电梯的选择和使用

（1）选择。现场施工经验表明，为减少施工成本，20 层以下的高层建筑，采用绳轮驱动施工电梯，25～30 层以上的高层建筑选用齿轮齿条驱动施工电梯。高层建筑施工施工电梯的机型选择，应根据建筑体型、建筑面积、运输总量、工期要求以及施工电梯的造价与供货条件等确定。

（2）使用。

1）确定施工电梯位置。施工电梯安装的位置应尽可能满足：

① 有利于人员和物料的集散。

② 各种运输距离最短。

③ 方便附墙装置安装和设置。

④ 接近电源，有良好的夜间照明，便于驾驶人观察。

2）加强施工电梯的管理。施工电梯全部运转时间中，输送物料的时间只占运送时间的 30%～40%，在高峰期，特别在上下班时刻，人流集中，施工电梯运量达到高峰。

4.2.2　施工电梯基础及附墙装置的构造做法

1. 施工电梯基础的构造做法

电梯的基础为带有预埋地脚螺栓的现浇钢筋混凝土。一般采用配筋为 8 号钢筋（双向，间距为 250mm）的 C30 混凝土，地基土的地耐力应不小于 $0.15N/mm^2$。某电梯基础的外形尺寸实例为：长 2600mm（单笼，双笼 4000mm）、宽 3500mm、厚 200mm。

施工电梯基础顶面标高有三种：高于地面、与地面齐平、低于地面，以与地面齐平做法最为可取，方便施工人员出入，减少发生工伤事故可能性。

2. 施工电梯的附墙装置

（1）齿轮齿条驱动施工电梯的附墙装置。为了保证导轨架的稳定性，当电梯架设到一定高度时，每隔一定的间距必须把立柱导轨架与建筑物用附墙装置和预埋件连接起来。附墙装置由槽钢连接架、1 号支架、2 号支架、3 号支架和立管架构成，如图 4-14 所示。立管与底笼立管连接。当立管架与墙面距离大于 1.0m 时，可再增加一排立管（用扣件钢管搭设）。附墙装置的间距在产品使用说明书上都有规定。在最后一个锚固处之

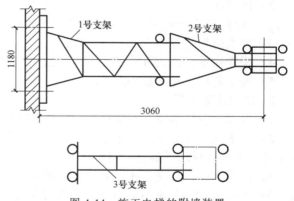

图 4-14　施工电梯的附墙装置

上立柱的允许高度，即再需增加新的锚固处之前，至少使电梯再爬升 2～3 层。自由高度，单笼电梯为 15m，双笼电梯为 12m。

（2）绳轮驱动施工电梯附墙装置。绳轮驱动施工电梯的附墙装置由三根杆件组成，其附墙距离可视需要在一定范围内进行调整。

4.3　混凝土搅拌运输车与混凝土泵

采用混凝土泵浇筑商品混凝土，是钢筋混凝土现浇结构高层建筑施工中最为常见的混凝

土浇筑方式。

4.3.1 混凝土搅拌运输车

混凝土搅拌运输车（图4-15）或称为搅拌车，是用来运送建筑用预拌混凝土的专用卡车。卡车上装有圆筒型搅拌筒用以运载混合后的混凝土，在运输过程中会始终保持搅拌筒转动，以保证所运载的混凝土不会凝固。运送完混凝土后，通常都会用水冲洗搅拌筒内部，防止硬化的混凝土占用空间。

图4-15　混凝土搅拌运输车

混凝土搅拌运输车由汽车底盘和混凝土搅拌运输专用装置组成。我国生产的混凝土搅拌运输车的底盘多采用整车生产厂家提供的二类通用底盘。其专用装置主要包括取力器、搅拌筒前后支架、减速机、液压系统、搅拌筒、操纵机构、清洗系统等。其工作原理是通过取力装置将汽车底盘的动力取出，并驱动液压系统的变量泵，把机械能转化为液压能传给定量马达，马达再驱动减速机，由减速机驱动搅拌装置，对混凝土进行搅拌。

混凝土搅拌运输车公称容量在 2.5m³ 以下者为轻型；4～6m³ 者属于中型；8m³ 以上者为大型。实践表明，容量 6m³ 的搅拌运输车经济效果最好。

1. 选择混凝土搅拌运输车技术指标

1）装、卸料快，有利于提高生产率。6m³ 搅拌运输车的装料时间一般需 40～60s，卸料时间为 90～180s。

2）注意搅拌筒的质量。搅拌筒的造价约占混凝土搅拌运输车整车造价的 1/2，搅拌筒的筒壁及搅拌叶片必须用耐磨、耐锈蚀的优质钢材制作，并应有适当的厚度。

3）安全防护装置齐全。

4）操作简单，性能可靠。

5）便于清理，保养量小。

2. 使用注意事项

1）混凝土搅拌运输车在装料前，应先排净筒内的积水及杂物。

2）应事先对混凝土搅拌运输车行经路线，如桥涵、洞口、架空管线及库门口的净高和净宽等设施进行详细了解，以利通行。

3）混凝土搅拌运输车在运输途中，搅拌筒应以低速转动，到达工地后，应使搅拌筒全速（14～18r/min）转动 1～2min，并待搅拌筒完全停稳不转后，再进行反转出料。

4）一般情况下，混凝土搅拌运输车运送混凝土的时间不得超过 1h，具体情况随天气的变化采取不同的措施进行处理，如添加缓凝剂可适当增加混凝土的运输时间。

5）工作结束后，应按要求用高压水冲洗搅拌筒内外及车身表面，并高速转动搅拌筒 5～10min，然后排放干净搅拌筒里的水分。

6）注意安全，不得将手伸入在转动中的搅拌筒内，也不得将手伸入主卸料溜槽与接长卸料溜槽的连接部位，以免发生安全事故。

4.3.2 混凝土泵

混凝土泵车（图4-16）是移动式混凝土输送机械，是在压力推动下沿管道输送混凝土的一种设备。它能连续完成高层建筑的混凝土的水平运输和垂直运输，配以布料杆还可以进行较低位置的混凝土的浇筑。近几年来，在高层建筑施工中泵送商品混凝土应用日益广泛，主要原因是泵送商品混凝土的效率高，质量好，劳动强度低。

图 4-16　混凝土泵车

1. 混凝土泵的分类

混凝土泵按驱动方式可分为活塞式混凝土泵和挤压式混凝土泵，目前用得较多的是活塞式混凝土泵；按混凝土泵所使用的动力可分为机械式活塞混凝土泵和液压式活塞混凝土泵，目前用得较多的是液压式活塞混凝土泵，液压式活塞混凝土泵按推动活塞的介质又分为油压式和水压式两种，现在用得较多的是油压式；按混凝土泵的机动性分为固定式混凝土泵和移动式混凝土泵，所谓移动式混凝土泵是指混凝土泵装在行走式轮胎可牵引移动的汽车上，而前者是指装在载重汽车底盘上的混凝土泵。

2. 活塞式混凝土泵的工作原理

活塞式混凝土泵主要由料斗、液压缸、活塞、混凝土缸、分配阀、Y 形管、冲洗设备、液压系统和动力系统等部分组成，如图 4-17 所示。

活塞式混凝土泵工作时，混凝土进入料斗内，在阀门操纵系统的作用下，阀门开启，阀门关闭，液压活塞在液压力作用下通过活塞杆带动活塞后移，料斗内的混凝土在自重和吸力作用下进入混凝土缸。然后液压系统中压力油的进出反向，使活塞向前推压，同时阀门关闭，阀门打开，混凝土缸中的混凝土在压力作用下就通过 Y 形管进入输送管道，排至所要浇筑混凝土的施工现场中去。

在混凝土泵的料斗内，一般都装有带叶片的、由电动机驱动的搅拌器，以便对进入料斗的混凝土进行二次搅拌以增加其和易性。

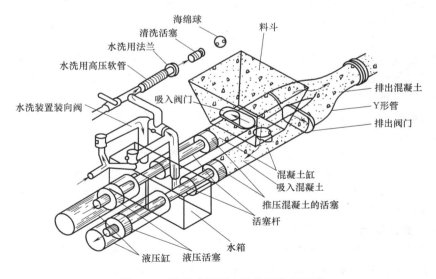

图 4-17　活塞式混凝土泵的工作原理图

3. 液压活塞式混凝土泵的主要特点

（1）运距远。液压活塞式混凝土泵的工作压力，一般可达 5MPa，最大可达 19MPa，水平运距达 600m，垂直运距最大可达为 250m，排量为 10~80m³/h。活塞式混凝土泵可排送坍落度为 5~20cm 的混凝土，骨料最大粒径为 50mm，混凝土缸筒的使用寿命达 50000m³。

（2）结构简单。泵的输送冲击小而稳定，排量可以自由调节，但是此类泵使用的关键是混凝土缸的活塞与缸体的磨损以及阀体的工作可靠性。

4. 混凝土布料杆

混凝土布料杆是完成输送、布料、摊铺混凝土浇筑入模的一种设备。混凝土布料杆大致可分为汽车式布料杆（也称为混凝土泵布料杆）和独立式布料杆两大类。

汽车式布料杆由折叠式臂架（图 4-18）与泵送管道组成。施工时通过布料杆各节臂架的俯、仰、屈、伸，能将混凝土泵送到臂架有效幅度范围内的任意一点。泵的臂架形式主要有连接式、伸缩式和折叠式三种。连接式臂架由 2 或 3 节组合而安置在汽车上，当到达施工现场时再进行组装。伸缩式臂架不需要另行安装，可由液压力一节节顶出，这种布料杆的优点是特别适于在狭窄施工场地上施工，缺点是只能做回转和上下调幅运动。折叠式臂架的最大特点是运动幅度和作业范围大，使用方便因用得最广泛，但成本较高，如图 4-18 所示。

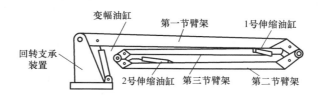

图 4-18　折叠式臂架

独立式布料杆根据它的支撑结构形式大致上有三种形式：移置式布料杆、管柱式机动布料杆、装在塔式起重机上的布料杆。

移置式布料杆由底架支腿、转台、平衡臂、平衡重、臂架、水平管、弯管等组成。泵送混凝土主要是通过两根水平管送到浇筑地点，整个布料杆可用人力推动围绕回转中心转动360°，而且第二节泵管还可用人推动，以第一节管端弯管为轴心回转 300°。

管柱式机动布料杆由多节钢管组成的立柱、三节式臂架、泵管、转台、回转机构、操作平台、爬梯、底座等构成。在钢管立柱的下部设有液压爬升机构，借助爬升套架梁，可在楼层电梯井、楼梯间或预留孔中逐层向上爬升。管柱式机动布料杆可做 360° 回转，最大工作幅度为 17m，最大垂直输送高度为 16m，有效作业面积为 900m²；一般情况下，适合于塔形高层建筑和筒仓式建筑施工，受高度限制较少，但由于立管固定依附在构筑物上，水平距离受到一定的限制。

装在塔式起重机上的布料杆，最大特点是借助于塔式起重机。其按照塔式起重机的形式不同可分为装在行走式塔式起重机上的布料杆和装在爬升式塔式起重机上的布料杆。前者机动性好，布料作业范围较大，但输送高度受限制；后者可随塔式起重机的自升而不断升高，因而输送高度较大，但由于塔身是固定的，故使用的幅度受到限制。

5. 混凝土泵的选用及其注意事项

混凝土泵的实际排量，为混凝土泵或泵车标定的最大排量乘以泵送距离影响系数、作业效率系数。泵送距离影响系数见表 4-3。作业效率系数由实测确定，一般为 0.4~0.8。

表 4-3　泵送距离影响系数

换算水平泵送距离/m	0~49	50~99	100~149	150~179	180~199	200~249
泵送距离影响系数	1.0	0.9~0.8	0.8~0.7	0.7~0.6	0.6~0.5	0.5~0.4

混凝土的可泵性一般与单位水泥含量、坍落度、骨料品种与粒径、含砂率和粒度有关。一般来讲，水泥含量越多管道泵送阻力越小，混凝土的可泵性越好，我国规定泵送混凝土最低水泥含量为 $300kg/m^3$；坍落度越大，混凝土通过泵体时管道阻力就越小，相反则会影响到泵送能力，在一般建筑工程中泵送混凝土的坍落度控制在 $80 \sim 180mm$；泵送混凝土最好以卵石和河砂为骨料，一般要求要控制骨料最大粒径：碎石的直径不得超过输送管道直径的 1/4，卵石不超过管径的 1/3；含砂率对泵送能力的影响也很大，一般情况下，含砂率以 $40\% \sim 50\%$ 泵送效果较好；骨料的粒度对泵送能力也有很大的影响。

当排量增大时，输出的压力下降，输出的距离减少。反之，如排量减小，则输送压力增加，输送距离增大。

泵送混凝土时应注意下列事项：

1）确定混凝土泵的合理位置。尽可能使管道总的线路最短，尽可能减少迁移次数，便于用清水冲洗泵机。

2）混凝土泵机的基础应坚实可靠，无坍塌，不得有不均匀沉降。泵机就位后应固定牢靠。

3）发现有骨料卡住料斗中的搅拌器或有堵塞现象时，应立即进行短时间的反泵。若反泵不能消除堵塞时，应立即停泵，查找堵塞部位并加以排除。在泵送作业期间，应不时用软管喷水冲刷泵机表面，以防溅落在泵机表面上的混凝土结硬不易铲除。

4）泵送后的清洗。泵送作业将结束时，应提前一段时间停止向混凝土泵料斗内喂料，以便使管道中的混凝土能完全得到利用。泵送作业完毕后，缸筒、水箱、料斗、搅拌器、闸板阀外壳、格管阀摆动机构等均应用清水冲洗干净。

4.3.3 混凝土输送管路布置

1. 混凝土泵或泵车位置的选择

在泵送混凝土施工过程中，混凝土泵或泵车的停放位置不仅影响输送管的配置，也影响到能否顺利进行泵送施工。混凝土泵或泵车的布置应考虑下列条件：

1）力求距离浇筑地点近，使所浇筑的基础结构在布料杆的工作范围内，尽量少移动泵或泵车即能完成浇筑任务。

2）多台混凝土泵或泵车同时浇筑时，选定的位置要使其各自承担的浇筑量接近，最好能同时浇筑完毕。

3）混凝土泵或泵车的停放地点要有足够的场地，以保证运输商品混凝土的搅拌运输车供料方便，最好能有供 3 台搅拌运输车同时停放和卸料的场地条件。

4）停放位置最好接近供水和排水设施，以便于清洗混凝土泵或泵车。

2. 配管设计

输送管直管的常用管径有 100m、125m、150m、180m 四种，管段长度有 0.5m、1.0m、2.0m、3.0m、4.0m 五种。混凝土在弯管中流动产生的磨损比直管大得多，故弯管壁厚较大，约为直管的 2 倍，常见的弯管的弯曲角度有 15°、30°、45°、60° 和 90°。连接混凝土泵或泵车的混凝土缸和输送管的过渡管道称为锥形管，锥形管处压力损失大，易产生堵塞，一般锥形管的断面较平缓。软管装在输送管末端，作为施工用具直接用来浇筑混凝土，软管的特点是比较柔软、轻量，以便人工移动位置。管段之间用快速装拆的连接，弯管固定如图 4-19 所示。

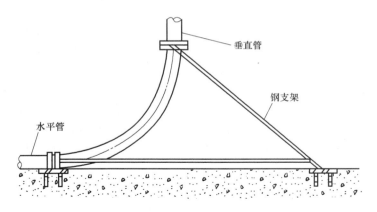

图 4-19　弯管固定示意图

4.4　高层建筑垂直运输设备工程应用

1. 工程概况

上海中心大厦（Shanghai Tower），是上海市的一座超高层地标式摩天大楼，地处上海银城中路 501 号，总建筑面积约 57 万 m²，主体结构由地上 121 层主楼、5 层裙房和 5 层地下室组成，总高度 632m，主楼高度 580m，如图4-20所示。主体结构为钢筋混凝土和钢组合结构体系，竖向结构为钢筋混凝土核心筒和巨型柱，水平结构为楼层钢梁、外围钢框架、环形带状桁架、伸臂桁架等。2008 年 11 月 29 日主楼桩基开工。2016 年 3 月 12 日，上海中心大厦建筑总体正式全部完工。2017 年 4 月 26 日，位于大楼第 118 层的"上海之巅"观光厅向公众开放。

图 4-20　上海中心大厦主楼

2. 支护概况

本工程塔楼基坑开挖深度为 31.10m，采用明挖顺作法的基坑施工方法。

3. 土方工程

采用先开挖中部土方再环形边土方的挖土顺序，总土方量约为 38 万 m³，采用机械开挖，垂直起吊后外运，如图 4-21 所示。

4. 地下室混凝土工程

上海中心大厦的五层地下室采用的是逆作法施工方式，塔楼区围护采用 121m 直径的环形地下连续墙围护体系，围护地墙厚 1200mm，支撑体系为 6 道环形圈梁，整个基坑无横梁支撑。基坑面积约 11500m²。整个基坑由主楼、裙房及中间过渡区域组成。主楼区域底板呈八边形，面积约 9270m²，坑底标高为 -31.40m，底板混凝土厚度为 6m（图 4-22）。主楼靠近中间部位有一个电梯井深坑，面积约 590m²，坑底标高为 -33.40m。整个基坑大底板板面标高均为 -25.40m，底板混凝土全部采用强度等级为 C50R90 的商品混凝土，抗渗等级为 P12，混凝土总方量约为 60000m³，其中主楼基坑底板混凝土方量约为 56400m³，主楼区域

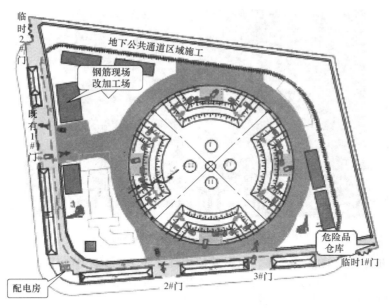

图 4-21　环形边土方开挖平面流程

基坑裙房底板混凝土方量约为 3600m^3（1.6m 板厚区域）。

5. 塔式起重机

上海中心大厦主体结构在核心筒四个外立面布置四台超大型塔式起重机（图4-23）。其中，3 台为法福克 M1280D 塔式起重机，为 2450t·m 动臂式、内燃机动力、全液压控制、无级调速的重型塔式起重机，6 节起重臂总长为 55m，最大起重量双绳 100t 时，最大工作幅度为 24.7m；在起吊半径 52.5m 处，双绳吊重为 38t。采用罗伯威安全监控系统，实现自动保护。1 台为南京中昇

图 4-22　基础底板大体积混凝土浇筑

ZSL2700t/m 的重型动臂塔式起重机作为主要起重设备进行上部结构的安装。M1280D 塔式起重机半径 20m 内的最大起重量达 100t。ZSL2700 塔式起重机半径 26m 内的最大起重量达 100t。塔式起重机采用外爬，塔式起重机的质量则通过爬升框传递到核心筒。这是超高层建筑施工领域，首次在有限空间采用多台重型塔式起重机进行群塔施工，并在外挂核心筒进行上百次爬升施工。

法福克 M1280D 塔式起重机参数：

内爬式受力：臂长82.6m 时最大垂直力为445t，最大水平力为136t；臂长73.4m 时最大垂直力为442t，最大水平力为161t。固定式受力：臂长 82.6m 时基础受力为28877t·m，自重为445t，剪力为48t，压力为619t，拉力为398t；臂长 73.4m 时基础受力 M 为28877t·m，自重为442t，剪力为48t，压力为619t，拉力为398t。

6. 施工电梯

上海中心大厦主楼核心筒内共布置 20 台施工电梯，其中 11 台为人货两用电梯，9 台为

图 4-23　上海中心大厦主楼外塔式起重机

利用永久电梯进行施工的施工电梯。根据其使用性能将 20 台施工电梯分为 3 类：

A 类：用于在主楼结构施工中人员的输送往返；此类电梯采用高速、双笼人货两用施工电梯，停靠层数较少，一般只停靠结构施工区域。

B 类：用于幕墙、二结构、装饰、机电安装等施工中人员及材料的运输往返；此类电梯采用中、高速，单、双笼相互结合的人货两用施工电梯，停靠层数较多。

C 类：利用本工程中的部分永久电梯作为施工电梯投入使用的电梯。

7. 脚手架和模板工程

脚手架工程：1~8 层采用落地脚手架，9~12 层采用悬挑脚手架，13 层起采用液压顶升钢平台。

模板工程：1~12 层采用 VISA 芬兰维萨大模板，并配备模板施工所需的型钢安全操作平台。13 层以上采用钢框大模板，模板面板采用芬兰维萨胶合板定型大模板，肋及围檩采用型钢制作。核心筒除 1~5 层等局部区域采用传统脚手模板体系施工以外，主要采用自主创新的跳爬式液压顶升构架平台脚手模板体系进行施工，跳爬式液压顶升构架平台脚手模板体系由模板系统、内外构架支撑系统、动力系统、钢平台系统及脚手架系统五大部分组成。该模板体系最大的特点是采用了工具化的整体设计方法，液压顶升方式提高了模板体系自动化程度，带模爬升减轻了操作人员的工作强度，其工艺原理如下：

下层混凝土浇捣完成后养护，绑扎钢筋，模板拆除后以内构架为支撑，利用液压动力系统顶升构架体系半个层高，回提油缸半个层高，同样方法完成该体系余下半层爬升。接着模板安装完成后浇捣混凝土进入下一个作业循环，为保证构架平台体系顺利通过伸臂桁架，其施工工艺流程调整为：先顶升构架平台脚手模板体系，然后安装水平钢构件，绑扎钢筋，安装模板后浇捣混凝土，为确保施工安全，构架平台联系钢梁拆除、复位与伸臂桁架水平钢构件安装应交替进行。

第 5 章　高层建筑施工用脚手架

教学提示： 高层建筑施工用脚手架可以保证安全、迅速地实施高处施工，它比多层建筑施工用脚手架更复杂。通过规范化使用、合理化计算，使这种临时性结构实现既经济又安全，是一项艰巨的任务。

教学要求： 本章对脚手架做了概述，介绍了扣件式钢管脚手架的构造和设计方法、碗扣式钢管脚手架的构造、门式钢管脚手架的构造和设计方法、附着升降脚手架的构造举例和管理规定、悬挑式脚手架和外挂脚手架的构造举例。要求重点掌握扣件式钢管脚手架的构造和设计方法、门式钢管脚手架的构造和设计方法。

5.1　概述

脚手架是为了保证各施工过程顺利进行而搭设的工作平台。脚手架按搭设的位置分为外脚手架、里脚手架；按材料不同分为木脚手架、竹脚手架、钢管脚手架；按构造形式分为立杆式脚手架、电动桥式脚手架、门式脚手架、悬挑式脚手架、外墙导轨式脚手架。

5.1.1　立杆式脚手架

立杆式脚手架（图 5-1）的基本形式有单排、双排两种。单排脚手架仅在脚手架外侧设一排立杆，其横向程度杆一端与纵向程度杆贯穿连接，另一端弃捐在墙上。单排脚手架节约材料，但稳定性较差且在墙上留有脚手眼，其搭设高度及利用范围受到一定的限制；双排脚

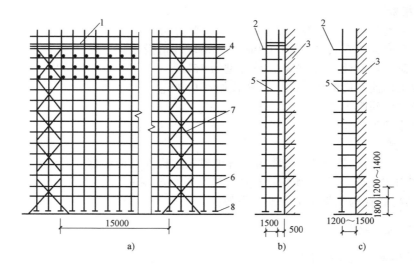

图 5-1　立杆式脚手架

1—脚手板　2—连墙杆　3—墙体　4—大横杆　5—小横杆　6—立杆　7—剪刀撑　8—扫地杆

手架在脚手架的里外侧均设有立杆，稳定性好，但较单排脚手架费工费料。

5.1.2 电动桥式脚手架

电动桥式脚手架（附着式电动施工平台）是一种大型自升降式高处作业平台。它可替代脚手架及电动吊篮，用于建筑工程施工，特别适合装修作业。电动桥式脚手架仅需搭设一个平台，沿附着在建筑物上的三角立柱通过齿轮齿条传动方式实现升降，平台运行平稳，使用安全可靠，且可节省大量材料。

1. 主要技术内容

（1）电动桥式脚手架设计技术。电动桥式脚手架由驱动系统、附着立柱系统、作业平台系统三部分组成。

驱动系统由钢结构框架、电动机、防坠器、齿轮驱动组、导轮组、智能控制器等组成。

附着立柱系统由带齿条的立柱标准节、限位立柱节和附墙件等组成。

作业平台系统由三角格构式横梁节、脚手板、防护栏、加宽挑梁等组成。

在每根立柱的驱动器上安装两台驱动电动机，负责电动施工平台上升、下降。

防坠限位开关：在每一个驱动单元上都安装了独立的防坠装置，当平台下降速度超过额定值时，能阻止施工平台继续下坠，同时启动防坠限位开关切断电源。

当平台沿两个立柱同时升降时，附着式电动施工平台配有智能水平同步控制系统，控制平台同步升降。

电动桥式脚手架还有最高自动限位、最低自动限位、超越应急限位等智能控制。

（2）电动桥式脚手架施工技术。采用电动桥式脚手架应根据工程结构图进行配置设计，绘制工程施工图，合理确定电动桥式脚手架的平面布置和立柱附墙方法，根据现场基础情况确定合理的基础加固措施。编制施工组织设计并计算出所需的立柱、平台等部件的规格与数量。

在整个机械使用期间严格按维修使用手册要求执行，如果出售、租赁机器，必须将维修使用手册转交给新的用户。

电动桥式脚手架维修人员需获得专业认证资格。

2. 技术指标

1）平台最大长度：双柱型为30.1m，单柱型为9.8m。

2）最大高度为260m，当超过120m时需采取卸荷措施。

3）额定荷载：双柱型为36kN，单柱型为15kN。

4）平台工作面宽度为1.35m，可伸长加宽0.9m。

5）立柱附墙间距为6m。

6）升降速度为6m/min。

3. 适用范围

电动桥式脚手架（图5-2）主要用于各种建筑结构外立面装修作业，已建工程的外饰面翻新，结构施工中砌砖、石材和预制构件安装，玻璃幕墙施工、清洁、维护等；也适用桥梁高墩、特种结构高耸构筑物施工的外脚手架。

5.1.3 门式脚手架

门式脚手架是建筑用脚手架中应用最广的脚手架之一。由于主架呈"门"字形，所以称为门式或门形脚手架，也称为鹰架或龙门架。这种脚手架主要由主框、横框、交叉斜撑、脚手板、可调底座等组成。

图 5-2　电动桥式脚手架

　　门式脚手架由美国首先研制成功，它具有拆装简单、承载性能好、使用安全可靠等特点，发展速度很快。20 世纪 60 年代，欧洲、日本等国家先后引进并发展了这种脚手架。20世纪 70 年代以来，我国先后从日本、美国、英国等国家引进门式脚手架体系，在一些高层建筑工程施工中应用。它不但能用作建筑施工的内外脚手架，又能用作楼板、梁模板支架和移动式脚手架等，具有较多的功能，所以又称为多功能脚手架。

　　门式脚手架是以门架、交叉支撑、连接棒、挂扣式脚手板或水平架、锁臂等组成基本结构，再设置水平加固杆、剪刀撑、扫地杆、封口杆、托座与底座，并采用连墙件与建筑物主体结构相连的一种标准化钢管脚手架。门式钢管脚手架不仅可作为外脚手架，也可作为内脚手架或满堂脚手架。

　　门式脚手架（图 5-3）主要用于楼宇、厅堂、桥梁、高架桥、隧道等模板内支顶或作飞模支承主架，作高层建筑的内外排栅脚手架，用于机电安装、船体修造及其他装修工程的活动工作平台，用于搭设临时的观礼台和看台。利用门式脚手架配上简易屋架，便可构成临时工地宿舍、仓库或工棚。

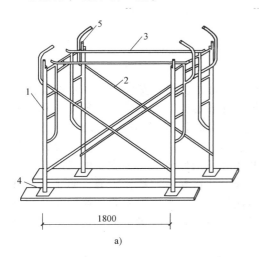
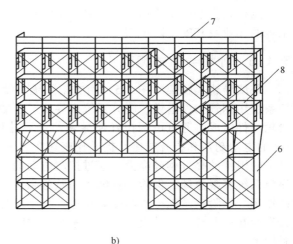

a)　　　　　　　　　　　　　　　　　　　　b)

图 5-3　门式脚手架

1—门架　2—交叉支撑　3—横杆　4—底座　5—腕臂销　6—立杆　7—栏板　8—脚手板

5.1.4 悬挑式脚手架

悬挑式脚手架（图5-4）是指架体结构卸荷在附着于建筑结构的刚性悬挑梁（架）上的脚手架，用于建筑施工中的主体或装修工程的作业及其安全防护需要，每段搭设高度不得大于24m。悬挑式脚手架（一道）允许搭设高度为20m，悬挑架依附的建筑结构应是钢筋混凝土结构或钢结构，不得依附在砖混结构或石结构上。悬挑架的支撑结构应为型钢制作的悬挑梁或悬挑桁架等，不得采用钢管；其节点应螺栓连接或焊接，不得采用扣件连接。与建筑结构的固定方式应经设计计算确定。

图5-4 悬挑式脚手架

1. 悬挑架选择和制作应注意点

1）悬挑架的支撑结构应为型钢制作的悬挑梁或悬挑桁架等，不得采用钢管。

2）必须经过设计计算，其计算内容包括：材料的抗弯强度；抗剪强度；整体稳定；挠度。

3）悬挑架应水平设置在梁上，锚固位置必须设置在主梁或主梁以内的楼板上，不得设置在外伸阳台上或悬挑板上。

4）节点的制作（悬挑梁的锚固点、悬挑架的节点）必须采用焊接或螺栓连接的结构，不得采用扣件连接，以保证节点是刚性的。

5）支撑体与结构的连接方式必须进行设计，设计时考虑连接件的材质，连接件与型钢的固定方式。

6）固端长度必须超过悬挑长度的1.25倍，这样可以减少对建筑结构的影响，保证梁在使用中的安全，提高锚固强度。

2. 主要用途

悬挑式脚手架主要用于钢筋混凝土结构、钢结构高层或超高层建筑施工中的主体或装修工程的作业及其安全防护需要。

5.1.5 外墙导轨式爬架

外墙导轨式爬架（图5-5）由支架系统、爬升系统、动力系统、安全保障系统组成。支架系统用钢管扣件搭设。爬升系统由导轨、连墙挂板、穿墙螺栓、可调拉杆、导轮组和提升滑轮组件组成，通过可调拉杆使导轨与连墙挂板相连，再通过导轮组连接支架与动力系统10t的电动葫芦和提升挂座，提升挂座挂在导轨上，提升葫芦挂在挂座上，葫芦下边钩在提升滑轮组件的提升钢丝绳上，通过控制电动葫芦提升或降低钢丝绳来实现支架的升降。安全保障系统有限位锁、保险钢丝绳和防坠落装置。限位锁安装在导轨并托住支架，施工时起卸荷作用，保险钢丝绳一端与支架相连，另一段与连墙挂板相连，起施工保险作用。防坠落装置安装在提升滑轮组件上，当动力系统失效时，可通过防坠落装置将脚手架锁定在升降承力系统上。

20世纪80年代初，我国先后从国外引进门式脚手架、碗扣式脚手架等多种形式脚手架。20世纪90年代以后，国内一些企业引进国外先进技术，开发了多种新型脚手架，如插销式脚手架、CRAB模块脚手架、圆盘式脚手架、方塔式脚手架以及各种类型的爬架。从技

术上来讲，我国脚手架企业已具备加工
生产各种新型脚手架的能力，但很多施
工企业对新型脚手架的认识还不足，未
能实现新型脚手架在工程施工中应用所
产生的经济和安全效益。

　　脚手架与一般结构相比，其工作条
件具有以下特点：

　　1）所受荷载变异性较大。

　　2）扣件连接节点属于半刚性，且
节点刚性大小与扣件质量、安装质量有
关，节点性能存在较大变异。

　　3）脚手架结构、构件存在初始缺
陷，如杆件的初弯曲、锈蚀、搭设尺寸
误差、受荷偏心等均较大。

　　4）与墙的连接点对脚手架的约束
性变异较大。

　　5）安全储备小。到目前为止，对
以上问题的研究还很不够，缺乏系统积
累和统计资料，不具备独立进行概率分
析的条件。

　　在过去的很长时期，由于经济和科
学技术发展水平限制，脚手架基本依经
验做法搭设而不设计和计算，随意性
大，安全得不到科学和可靠保证；脚手

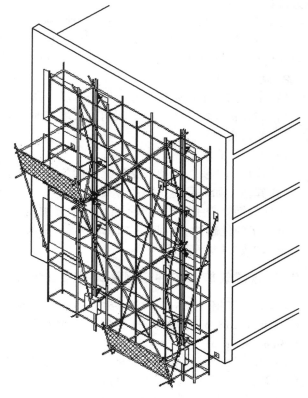

图 5-5　外墙导轨式爬架

架材料、形式都有很大变化后该问题更突出。建筑施工主管部门和许多从事施工技术研究的
人员在这方面做了不少工作，进行了设计计算方法的探索，取得了一批成果，但仍比较零
散，采用的理论和方法中也存在较多差异。因此，迫切需要建立科学、系统和适用的设计计
算方法，对其构造和连接要求、架设和使用安全等有关方面做出必要的规定或指导。

　　国家建设部施工安全主管部门自 1987 年起开始组织制定我国建筑施工安全技术规程系
列，其中计划制订的脚手架及其相关设施的安全技术规范占了相当大的比例。给出的初步但
仍较为系统的设计计算方法，对于加强使用安全管理和促进建筑脚手架技术的发展，必将发
挥出重大的作用。同时也为建立系统的脚手架的设计计算方法奠定了初步的基础。这些脚手
架的安全管理和设计计算方法，反映在《编制建筑施工脚手架安全技术标准的统一规定》
（建标［1993］062 号）及其修订稿、《建筑施工门式钢管脚手架安全技术规范》（JGJ 128—
2000），现已根据工程需要修订为《建筑施工门式钢管脚手架安全技术规范》（JGJ 128—
2010），《建筑施工扣件式钢管脚手架安全技术规范》（JGJ 130—2011）。

5.2　扣件式钢管脚手架

5.2.1　概述

1. 扣件式钢管脚手架特点

（1）承载力大。当脚手架的几何尺寸及构造符合有关要求时，脚手架的单管立柱的承

载力可达 15~35kN。

（2）装拆方便，搭设灵活。适应各种平面、立面的建筑物与构筑物用脚手架。

（3）比较经济。与其他钢管脚手架相比，加工简单，一次投资较少。如果精心设计脚手架几何尺寸，注意提高钢管周转使用率，则材料用量也可较少。

2. 适用范围

1）工业与民用房屋建筑，特别是多层、高层房屋的施工用脚手架。

2）高耸构筑物，如井架、烟囱、水塔等的施工用脚手架。

3）模板支撑架。

4）上料平台。

5）栈桥、码头、高架公路等工程的施工用脚手架。

6）其他，如简易建筑物的骨架等。

扣件式钢管脚手架如管理不善将大大增加钢管用量，增大扣件的损耗，会影响到扣件式钢管脚手架的优越性。因此在扣件式钢管脚手架的构配件使用、存放和维护过程中应注意按有关要求加强科学管理。

5.2.2 《建筑施工扣件或钢管脚手架安全技术规范》（JGJ 130—2011）修订内容

1）修订了钢管规格。取消 ϕ51mm×3.0mm 钢管；为符合《焊接钢管尺寸及单位长度重量》（GB/T 21835—2008）的规定，将原标准中 ϕ48mm×3.5mm 的脚手架用钢管改为 ϕ48.3mm×3.6mm。

2）对钢管壁厚的下差更严格。将原规定壁厚下差限值为 0.5mm 改为 0.36mm。当所用钢管的壁厚不符合规范规定时，可以按钢管的实际尺寸进行设计计算。

3）双管立杆脚手架的经济性不好，在施工现场已经很少使用，本次修订中予以取消。

4）脚手架柔性连墙件的做法粗糙，可靠性差，不符合安全要求，本次修订中予以取消。

5）与建筑结构荷载规范的内容统一。将作用于脚手架上的水平风荷载标准值的计算公式形式由 $w_k = 0.7\mu_z\mu_s w_0$（w_0 取 $n=50$）修改为 $w_k = \mu_z\mu_s w_0$（w_0 取 $n=10$）。

6）将荷载效应组合表中的可变荷载组合系数由 0.85 提高为 0.9，见表 5-1。

7）将连墙件约束脚手架平面外变形所产生的轴向力由单排架取 3kN 改为 2kN，双排架取 5kN 改为 3kN。

表 5-1　荷载效应组合

计算项目	荷载效应组合
纵向、横向水平杆承载力与变形	永久荷载+施工荷载
脚手架立杆地基承载力型钢悬挑梁的承载力、稳定与变形	永久荷载+施工荷载
	永久荷载+0.9(施工荷载+风荷载)
立杆稳定	永久荷载+可变荷载(不含风荷载)
	永久荷载+0.9(可不变荷载+风荷载)
连墙件承载力与稳定	单排架,风荷载+2.0kN
	双排架,风荷载+3.0kN

8）根据施工现场脚手架应采用密目式安全立网全封闭的安全管理规定，此次修订内容中弱化了开敞式脚手架，对常用脚手架的允许搭设高度做了调整。常用密目式安全立网全封闭式双排脚手架的设计尺寸见表 5-2。

表 5-2　常用密目式安全立网全封闭式双排脚手架的设计尺寸　　（单位：m）

连墙件 设置	立杆横距 l_b	步距 h	下列荷载时的立杆纵距 l_a/m				允许搭设 高度 $[H]$
			$2+0.35$ （kN/m²）	$2+2+2×0.35$ （kN/m²）	$3+0.35$ （kN/m²）	$3+2+2×0.35$ （kN/m²）	
二步三跨	1.05	1.5	2.0	1.5	1.5	1.5	50
		1.8	1.8	1.5	1.5	1.5	32
	1.30	1.5	1.8	1.5	1.5	1.5	50
		1.8	1.8	1.2	1.5	1.2	30
	1.55	1.5	1.8	1.5	1.5	1.5	38
		1.8	1.8	1.2	1.5	1.2	22
三步三跨	1.05	1.5	2.0	1.5	1.5	1.5	43
		1.8	1.8	1.2	1.5	1.2	24
	1.30	1.5	1.8	1.5	1.5	1.2	30
		1.8	1.8	1.2	1.5	1.2	17

注：1. 表中所示 $2+2+2×0.35$（kN/m²），包括下列荷载：$2+2$（kN/m²）为二层装修作业层施工荷载标准值；$2×$ 0.35（kN/m²）为二层作业层脚手板自重荷载标准值。
　　2. 作业层横向水平杆间距，应按不大于 l_a/2 设置。
　　3. 地面粗糙度为 B 类，基本风压 $w_0 = 0.4$kN/m²。

9）增加了悬挑式脚手架挑梁结构及其锚固的构造和计算内容。

10）补充了与满堂脚手架和满堂支撑架相关的内容，包括结构体系、构造要求、荷载取值、设计计算等。规范中将此类支架体系划分为满堂脚手架（顶部荷载通过纵、横向水平杆传至立杆）和满堂支撑架（顶部荷载通过立杆顶端的可调顶撑传至立杆）两种体系。满堂支撑架根据剪刀撑的间距（5m）细分为普通型满堂支撑架和加强型满堂支撑架。

5.2.3　扣件式钢管脚手架的基本构架形式及术语

1. 基本构架形式

扣件式钢管脚手架的基本构架形式如图 5-6 所示。脚手架：为建筑施工而搭设的上料、堆料与施工作业用的临时结构架。单排脚手架（单排架）：只有一排立杆，横向水平杆的一端搁置在墙体上的脚手架。双排脚手架（双排架）：由内外两排立杆和水平杆等构成的脚手架。

2. 术语

结构脚手架：用于砌筑和结构工程施工作业的脚手架。

装修脚手架：用于装修工程施工作业的脚手架。

敞开式脚手架：仅设有作业层栏杆和挡脚板，无其他遮挡设施的脚手架。

局部封闭脚手架：遮挡面积小于 30% 的脚手架。

半封闭脚手架：遮挡面积占 30% ~ 70% 的脚手架。

全封闭脚手架：沿脚手架外侧全长和全高封闭的脚手架。

模板支架：用于支承模板的、采用脚手架材料搭设的架子。

开口型脚手架：沿建筑周边非交圈设置的脚手架。

封圈型脚手架：沿建筑周边交圈设置的脚手架。

扣件：采用螺栓紧固的扣接连接件。

直角扣件：用于垂直交叉杆件间连接的扣件。

旋转扣件：用于平行或斜交杆件间连接的扣件。

对接扣件：用于杆件对接连接的扣件。

防滑扣件：根据抗滑要求增设的非连接用途扣件。

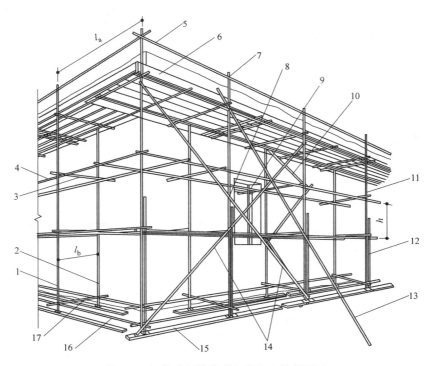

图 5-6　扣件式钢管脚手架的基本构架形式

1—外立杆　2—内立杆　3—横向水平杆　4—纵向水平杆　5—栏杆　6—挡脚板　7—直角扣件　8—旋转扣件　9—连墙件
10—横向斜撑　11—主立杆　12—副立杆　13—抛撑　14—剪刀撑　15—垫板　16—纵向扫地杆　17—横向扫地杆

底座：设于立杆底部的垫座。

固定底座：不能调节支垫高度的底座。

可调底座：能够调节支垫高度的底座。

垫板：设于底座下的支撑板。

立杆：脚手架中垂直于水平面的竖向杆件。

外立杆：双排脚手架中离开墙体一侧的立杆。

内立杆：双排脚手架中贴近墙体一侧的立杆。

角杆：位于脚手架转角处的立杆。

双管立杆：两根并列紧靠的立杆。

主立杆：双管立杆中直接承受顶部荷载的立杆。

副立杆：双管立杆中分担主立杆荷载的立杆。

水平杆：脚手架中的水平杆件。

纵向水平杆：沿脚手架纵向设置的水平杆。

横向水平杆：沿脚手架横向设置的水平杆。

扫地杆：贴近地面，连接立杆根部的水平杆。

纵向扫地杆：沿脚手架纵向设置的扫地杆。

横向扫地杆：沿脚手架横向设置的扫地杆。

连墙件：连接脚手架与建筑物的构件。

刚性连墙件：采用钢管、扣件或预埋件组成的连墙件。

柔性连墙件：采用钢筋作拉筋构成的连墙件。

连墙件间距：脚手架相邻连墙件之间的距离。

连墙件竖距：上下相邻连墙件之间的垂直距离。

连墙件横距：左右相邻连墙件之间的水平距离。

横向斜撑：与双排脚手架内、外立杆或水平杆斜交呈之字形的斜杆。

剪刀撑：在脚手架外侧面成对设置的交叉斜杆。

抛撑：与脚手架外侧面斜交的杆件。

脚手架高度：自立杆底座下皮至架顶栏杆上皮之间的垂直距离。

脚手架长度：脚手架纵向两端立杆外皮间的水平距离。

脚手架宽度：双排脚手架横向两侧立杆外皮之间的水平距离，单排脚手架为外立杆外皮至墙面的距离。

立杆步距（步）：上下水平杆轴线间的距离。

立杆间距：脚手架相邻立杆轴线间的距离。

立杆纵距（跨）：脚手架相邻立杆的纵向间距。

立杆横距：脚手架立杆的横向间距，单排脚手架为外立杆轴线至墙面的距离。

主节点：立杆、纵向水平杆、横向水平杆三杆紧靠的扣接点。

作业层：上人作业的脚手架铺板层。

我国扣件式钢管脚手架使用的钢管绝大部分是焊接钢管，属冷弯薄壁型钢材，其材料设计强度设计值与轴心受压构件的稳定系数 φ 值，应引用现行国家标准《冷弯薄壁型钢结构技术规范》（GB 50018—2002）；在其他情况采用热轧无缝钢管时，则应引用现行国家标准《钢结构设计标准》（GB 50017—2017）。钢管上严禁打孔。

目前我国有可锻铸铁扣件（图 5-7）和钢板压制扣件。扣件式钢管脚手架应采用可锻铸铁制作的扣件，其材质应符合现行国家标准《钢管脚手架扣件》（GB 15831—2006）的规定；采用其他材料制作的扣件，应经试验证明其质量符合该标准的规定后方可使用。脚手架采用的扣件，在螺栓拧紧扭力矩达 65N·m 时，不得发生破坏。

a) 直角扣件   b) 旋转扣件   c) 对接扣件

图 5-7　可锻铸铁扣件

用扣件连接的钢管脚手架，其水平杆的轴线与立杆轴线在主节点上并不汇交在一点。当纵向或横向水平杆传荷载至立杆时，存在偏心距 53mm，如图 5-8 和图 5-9 所示。在一般情况下，此偏心产生的附加弯曲应力不大，为了简化计算，予以忽略。国外同类标准（英、日、法等国）对此项偏心的影响也做了相同处理。由于忽略偏心而带来的不安全因素，规范已在立杆承载力计算的调整系数中加以考虑。

5.2.4　扣件式钢管脚手架的荷载及其组合

作用于脚手架的荷载可分为永久荷载（恒荷载）与可变荷载（活荷载）。永久荷载（恒荷载）可分为：脚手架结构自重，包括立杆、纵向水平杆、横向水平杆、剪刀撑、横向斜撑和扣件等的自重；构、配件自重，包括脚手板、栏杆、挡脚板、安全网等防护设施的自重。可变荷载（活荷载）可分为：施工荷载，包括作业层上的人员、器具和材料的自重；风荷载。

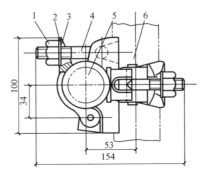

图 5-8　直角扣件

1—螺母　2—垫圈　3—盖板　4—螺栓
5—纵向水平杆　6—立杆

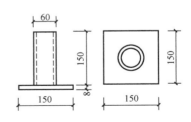

图 5-9　底座

永久荷载标准值应符合下列规定：单、双排脚手架立杆承受的每米结构自重标准值宜按表 5-3 采用；冲压钢脚手板、木脚手板与竹串片脚手板自重标准值应按表 5-4 采用；栏杆与挡脚板自重标准值应按表 5-5 采用；脚手架上吊挂的安全设施（安全网、苇席、竹笆及帆布等）的荷载应按实际情况采用；主梁、次梁及支撑板自重标准值按表 5-6 采用；常用构配件与材料、人员的自重应按表 5-7 采用。

表 5-3　单、双排脚手架立杆承受的每米结构自重标准值　　　（单位：kN/m）

步距/m	脚手架类型	纵距/m				
		1.2	1.5	1.8	2.0	2.1
1.20	单排	0.1642	0.1793	0.1945	0.2046	0.2097
	双排	0.1538	0.1667	0.1796	0.1882	0.1925
1.35	单排	0.1530	0.1670	0.1809	0.1903	0.1949
	双排	0.1426	0.1543	0.1660	0.1739	0.1778
1.50	单排	0.1440	0.1570	0.1701	0.1788	0.1831
	双排	0.1336	0.1444	0.1552	0.1624	0.1660
1.80	单排	0.1305	0.1422	0.1538	0.1615	0.1654
	双排	0.1202	0.1295	0.1389	0.1451	0.1482
2.00	单排	0.1238	0.1347	0.1456	0.1529	0.1565
	双排	0.1134	0.1221	0.1307	0.1365	0.1394

注：$\phi 48.3mm \times 3.6mm$ 钢管，扣件自重按表 5-7 采用。表内中间值可按线性插入计算。

表 5-4　脚手板自重标准值

类别	标准值/（kN/m²）
冲压钢脚手板	0.30
竹串片脚手板	0.35
木脚手板	0.35
竹笆脚手板	0.10

表 5-5　栏杆、挡脚板自重标准值

类别	标准值/（kN/m）
栏杆、冲压钢脚手板挡板	0.16
栏杆、竹串片脚手板挡板	0.17
栏杆、木脚手板挡板	0.17

表 5-6　主梁、次梁及支撑板自重标准值　　　（单位：kN/m²）

类别	立杆间距/m	
	>0.75×0.75	≤0.75×0.75
木质主梁(含 φ48.3mm×3.6mm 双钢管)、次梁,木支撑板	0.16	0.85
型钢主梁、次梁,木支撑板	1.0	1.2

表 5-7　常用构配件与材料、人员的自重

名称	单位	自重/kN	备注
扣件:直角扣件 　　　旋转扣件 　　　对接扣件	N/个	13.2 14.6 18.4	
人	N	800~850	
灰浆车、砖车	kN/辆	2.04~2.50	
普通砖 240mm×115mm×53mm	kN/m³	18~19	684 块/m³,湿
灰砂砖	kN/m³	18	砂:石灰=92:8
瓷面砖 150mm×150mm×8mm	kN/m³	17.8	5556 块/m³
陶瓷锦砖(马赛克)δ=5mm	kN/m³	0.12	
石灰砂浆、混合砂浆	kN/m³	17	
水泥砂浆	kN/m³	20	
素混凝土	kN/m³	22~24	
加气混凝土	kN/块	5.5~7.5	
泡沫混凝土	kN/m³	4~6	

装修与结构脚手架作业层上的施工均布活荷载标准值应按表 5-8 采用；其他用途脚手架的施工均布活荷载标准值，应根据实际情况确定。

表 5-8　施工均布活荷载标准值

类　别	标准值/(kN/m²)
装修脚手架	2.0
混凝土、砌筑结构脚手架	3.0
轻型钢结构及空间网格结构脚手架	2.0
普通钢结构脚手架	3.0

注：斜道上的施工均布荷载标准值不应低于 2.0kN/m²。

作用于脚手架上的水平风荷载标准值，应按照现行国家标准《建筑结构荷载规范》（GB 50009—2012）规定采用，应按下式计算：

$$w_k = \mu_z \mu_s w_0 \tag{5-1}$$

式中　w_k——风荷载标准值（kN/m²）；

　　　μ_z——风压高度变化系数；

　　　μ_s——脚手架风荷载体型系数；

　　　w_0——基本风压值（kN/m²）。

5.2.5　双排脚手架的结构性能及其规范修订内容

1. 双排脚手架的结构性能

在作用极限荷载时，双排脚手架结构的可能破坏形式是以连墙件为反弯点的脚手架平面外大波整体失稳和脚手架较大步距间立杆段的局部弯曲失稳两种形式。通常情况下，脚手架的破坏表现为前一种形式，其承载力由平面外大波整体失稳时的承载力值确定。如果脚手架

的步距过大（超过 2m），立杆段的局部稳定承载力可能低于架体整体失稳时的承载力。这种情况通常由在构造上减小步距的方法来避免。

影响脚手架结构承载力的主要因素：跨距和排距、连墙件的布置方式和间距、立杆的截面面积和步距。

双排脚手架设计考虑整体稳定性，纵向横向水平杆设计按照规范执行。立杆稳定性计算是双排脚手架计算的主要内容，由于扣件的偏心距很小，脚手架有一定高度，其底部立杆接近轴心受力构件，计算时视为轴心受压构件。

《建筑施工扣件式钢管脚手架安全技术规范》（JGJ 130—2011）条款中对双排脚手架的设计规定如下：

1）纵向、横向水平杆的抗弯强度应按照下式计算：

$$\sigma = \frac{M}{W} \leqslant f \tag{5-2}$$

式中　σ——弯曲正应力；

M——弯矩设计值（N·mm），按照式（5-3）计算；

W——截面模量（mm³），按照《建筑施工扣件式钢管脚手架安全技术规范》附录 B 表 B.0.1 采用；

f——钢材的抗弯强度设计值（N/mm²），应按照《建筑施工扣件式钢管脚手架安全技术规范》表 5.1.6 采用。

2）纵向、横向水平杆的弯矩设计值，按照下式计算：

$$M = 1.2M_{GK} + 1.4\sum M_{QK} \tag{5-3}$$

式中　M_{GK}——脚手板自重产生的弯矩标准值（kN·m）；

M_{QK}——施工荷载产生的弯矩标准值（kN·m）。

3）纵向、横向水平杆的挠度应符合下式规定：

$$v \leqslant [v] \tag{5-4}$$

式中　v——挠度（mm）；

$[v]$——允许挠度，按照《建筑施工扣件式脚手架安全技术规范》（JGJ 130—2011）表 5.1.8 采用。

4）计算纵向、横向水平杆的内力与挠度时，纵向水平杆宜按照三跨连续梁计算，计算跨度取立杆纵距 l_a；横向水平杆按简支梁计算，计算跨度 l_0 可按照图 5-10 采用。

5）纵向或横向水平杆与立杆连接时，其扣件的抗滑承载力应符合下式规定：

$$R \leqslant R_c \tag{5-5}$$

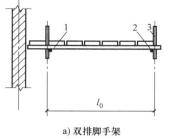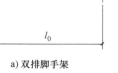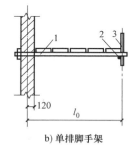

a) 双排脚手架　　　　b) 单排脚手架

图 5-10　横向水平杆计算跨度
1—横向水平杆　2—纵向水平杆　3—立杆

式中　R——纵向或横向水平杆传递给立杆的作用力设计值；

R_c——扣件抗滑承载力设计值，按照《建筑施工扣件式钢管脚手架安全技术规范》表 5.1.7 采用。

6）立杆的稳定性应符合下列公式要求：

不组合风荷载时：

$$\frac{N}{\varphi A} \leqslant f \tag{5-6}$$

组合风荷载时：

$$\frac{N}{\varphi A} + \frac{M_w}{W} \leqslant f \tag{5-7}$$

式中　N——计算立杆段的轴向力设计值（N），应按照式（5-8）和式（5-9）计算；

φ——轴心受压构件的稳定系数，应根据长细比 λ 由《建筑施工扣件式钢管脚手架安全技术规范》附录 A 表 A.0.6 取值；

λ——长细比，$\lambda = \dfrac{l_0}{i}$；

l_0——计算长度（mm），应按照规格第 5.2.8 条的规定计算；

A——立杆截面面积（mm^2），可按照《建筑施工扣件式钢管脚手架安全技术规范》（JGJ 130—2011）附录 B 表 B.0.1 采用；

M_w——计算立杆段由风荷载设计值产生的弯矩（N·mm），可按照《建筑施工扣件式钢管脚手架安全技术规范》中的式（5.2.9）计算；

f——钢材抗压强度设计值（N/mm^2），应按照《建筑施工扣件式钢管脚手架安全技术规范》表 5.1.6 采用。

7）计算立杆段的轴向力设计值 N，应按照下式计算：

不组合风荷载时：

$$N = 1.2(N_{G1k} + N_{G2k}) + 1.4 \sum N_{Qk} \tag{5-8}$$

组合风荷载时：

$$N = 1.2(N_{G1k} + N_{G2k}) + 0.9 \times 1.4 \sum N_{Qk} \tag{5-9}$$

式中　N_{G1k}——脚手架结构自重产生的轴向力标准值（N）；

N_{G2k}——构配件自重产生的轴向力标准值（N）；

$\sum N_{Qk}$——施工荷载产生的轴向力标准值总和（N），内、外立杆各按照一纵距内施工荷载总和的 1/2 取值。

8）立杆计算长度 l_0 应按照下式计算：

$$l_0 = k\mu h \tag{5-10}$$

式中　k——立杆计算长度附加系数，其值取 1.155，当验算立杆允许长细比时，取 $k=1$；

μ——考虑单、双排脚手架整体稳定因素的立杆计算长度系数，应按表 5-9 采用；

h——步距。

表 5-9　单、双排脚手架立杆的计算长度系数 μ

类别	立杆横距/m	连墙件布置	
		二步三跨	三步三跨
双排架	1.05	1.50	1.70
	1.30	1.55	1.75
	1.55	1.60	1.80
单排架	≤1.50	1.80	2.00

9）由风荷载产生的立杆段弯矩设计值 M_w，可按照下式计算：

$$M_{\mathrm{w}} = 0.9 \times 1.4 M_{\mathrm{wk}} = \frac{0.9 \times 1.4 w_{\mathrm{k}} l_{\mathrm{a}} h^2}{10} \tag{5-11}$$

式中　M_{wk}——风荷载产生的弯矩标准值（kN·m）；

w_{k}——风荷载标准值（N/mm²），应按照《建筑施工扣件式钢管脚手架安全技术规范》（JGJ 130—2011）中的式（4.2.5）计算；

l_{a}——立杆纵距（m）。

10）单、双排脚手架立杆稳定性计算部位的确定应符合下列规定：

① 当脚手架采用相同的步距、立杆纵距、立杆横距和连墙件间距相同时，应计算底层立杆段。

② 当脚手架的步距、立杆纵距、立杆横距和连墙件间距有变化时，除计算底层立杆段外，还必须对出现最大步距或最大立杆纵距、立杆横距、连墙件间距等部位的立杆段进行验算。

11）单、双排脚手架允许搭设高度 [H] 应按照下列公式计算，并应取较小值。

不组合风荷载时：

$$[H] = \frac{\varphi A f - (1.2 N_{\mathrm{G2k}} + 1.4 \sum N_{\mathrm{Qk}})}{1.2 g_{\mathrm{k}}} \tag{5-12}$$

组合风荷载时：

$$[H] = \frac{\varphi A f - \left[1.2 N_{\mathrm{G2k}} + 0.9 \times 1.4 \left(\sum N_{\mathrm{Qk}} + \dfrac{M_{\mathrm{wk}}}{W} \varphi A\right)\right]}{1.2 g_{\mathrm{k}}} \tag{5-13}$$

式中　[H]——脚手架允许搭设高度（m）；

g_{k}——立杆承受的每米自重标准值（kN/m），应按照《建筑施工扣件式钢管脚手架安全技术规范》附录 A 表 A.0.1 采用。

12）连墙件杆件强度及稳定应满足下列公式的要求：

强度：

$$\sigma = \frac{N_1}{A_{\mathrm{c}}} \leqslant 0.85 f \tag{5-14}$$

稳定：

$$\frac{N_1}{\varphi A_{\mathrm{c}}} \leqslant 0.85 f \tag{5-15}$$

$$N_1 = N_{1\mathrm{w}} + N_0 \tag{5-16}$$

式中　σ——连墙件应力值（N/mm²）；

A_{c}——连墙件的净截面面积（mm²）；

N_1——连墙件轴向力设计值（N）；

$N_{1\mathrm{w}}$——风荷载产生的连墙件轴向力设计值（N），按照式（5-17）计算；

N_0——连墙件约束脚手架平面外变形所产生的轴向力（N），单排架取2kN，双排架取3kN；

φ——连墙件的稳定系数，应根据连墙件的长细比按《建筑施工扣件式钢管脚手架安全技术规范》附录 A 表 A.0.6 取值；

f——钢材抗压强度设计值（N/mm²），应按照《建筑施工扣件式钢管脚手架安全技术规范》表 5.1.6 采用。

13）由风荷载产生的连墙件的轴向力设计值，应按照下式计算：

$$N_{lw} = 1.4 w_k A_w \tag{5-17}$$

式中　A_w——单个连墙件所覆盖的脚手架外侧的迎风面积。

14）连墙件与脚手架、连墙件与建筑结构连接的连接强度按下式计算：

$$N_l \leqslant N_V \tag{5-18}$$

式中　N_V——连墙件与脚手架、连墙件与建筑结构连接的抗拉（压）承载力设计值，应根据相应的规范规定计算。

15）当采用钢管扣件做连墙件时，扣件抗滑承载力的验算，应满足下式要求：

$$N_l \leqslant R_c \tag{5-19}$$

式中　R_c——扣件抗滑承载力设计值，一个直角扣件应取 8.0kN。

2. 单、双排脚手架剪刀撑的设置规定

1）每道剪刀撑跨越立杆的根数宜按表 5-10 的规定确定。每道剪刀撑宽度不应小于 4 跨，且不应小于 6m，斜杆与地面的倾角宜在 45°~60° 之间。

2）剪刀撑斜杆的连接长应采用搭接或对接，搭接应符合《建筑施工扣件式钢管脚手架安全技术规范》（JGJ 130—2011）第 6.3.6 条第 2 款的规定。

3）剪刀撑斜杆应用旋转扣件固定在与之相交的横向水平杆的伸出端或立杆上，旋转扣件中心线至主节点的距离不应大于 150mm。

表 5-10　剪刀撑跨越立杆的根数

剪刀撑斜杆与地面的倾角 α	45°	50°	60°
剪刀撑跨越立杆的最多根数 n	7	6	5

高度在 24m 及以上的双排脚手架应在外侧立面连续设置剪刀撑；高度在 24m 以下的单、双排脚手架，均必须在外侧立面两端、转角及中间间隔不超过 15m 的立面上，各设置一道剪刀撑，并应由底至顶连续设置。

5.3　碗扣式钢管脚手架

1. 碗扣式钢管脚手架的基本构造

碗扣式钢管脚手架采用目前用量最多的扣件式钢管脚手架 $\phi48mm×3.5mm$ 焊接钢管做主构件，钢管上每隔一定距离安装一套碗扣接头制成。碗扣分上碗扣和下碗扣，下碗扣焊在钢管上，上碗扣对应地套在钢管上，其销槽对准焊在钢管上的限位销即能上下滑动。横杆是在钢管两端焊接横杆接头制成的。连接时，只需将横杆接头插入下碗扣内，将上碗扣沿限位销扣下，并顺时针旋转，靠上碗扣螺旋面使之与限位销顶紧，从而将横杆和立杆牢固地连在一起，形成框架结构。每个下碗扣内可同时装 4 个横杆接头，位置任意。接头构造如图 5-11 所示。

另外，该脚手架还配套设计了多种功用的辅助构件，如可调底座、可调托撑、脚手板、架梯、挑梁、悬挑架、提升滑轮、安全网支架等。

2. 碗扣式钢管脚手架的主要功能特点

1）多功能。能组成不同组架尺寸、形状和承载能力的单、双排脚手架、支撑架、物料提升架、爬升脚手架、悬挑架等，也可用于搭设

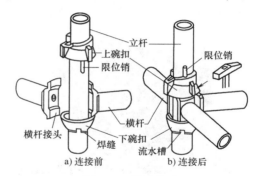

图 5-11　接头构造

施工棚、料棚、灯塔等构筑物。

2）高功效。该脚手架常用杆件中最长为3130mm，重约17kg。横杆与立杆的拼拆快速省力，工人用一把铁锤即可完成全部作业。

3）承载力大。立杆连接是同轴心承插；横杆同立杆靠碗扣接头连接，各杆件轴心线交于一点，节点在框架平面内，接头具有可靠的抗弯、抗剪、抗扭力学性能。因此，结构稳固可靠，承载力大。

4）安全可靠。接头设计时，考虑到了碗扣螺旋摩擦力和自重力作用，使接头具有可靠的自锁能力。作用于横杆上的荷载通过下碗扣传递给立杆，下碗扣具有很强的抗剪能力。上碗扣即使没被压紧，横杆接头也不致脱出而造成事故。同时配备有安全网支架、脚手板、挡脚板、架梯、挑梁、连墙撑杆等配件，使用安全可靠。

5）加工容易。主构件用ϕ48mm×3.5mm焊接钢管，制造工艺简单，成本适中，可直接对现有扣件式脚手架进行加工改造，不需要复杂的加工设备。

6）不丢失。该脚手架无零散易丢失扣件，把构件丢失减少到最小程度。

7）维修少。该脚手架没有螺栓连接，耐碰撞，一般锈蚀不影响拼拆作业，不需要特殊养护、维修。

5.4 新型全钢式升降脚手架

5.4.1 概述

升降脚手架（爬架），它能沿着建筑物往上爬或下降。这种体系使脚手架技术完全改观，简化了脚手架的拆装工序（一次组装后一直用到施工完毕），且不受建筑物高度的限制，极大地节省了人力和材料。并且在安全角度相较于传统的脚手架有较大的改观。

升降脚手架主要有传统钢管升降脚手架、半钢式升降脚手架、全钢式升降脚手架三种。

5.4.2 升降脚手架及其特点

1. 传统钢管升降脚手架

传统钢管升降脚手架（图5-12）在构造上同钢管双排脚手架完全相同，即在4层半高度的双排架上安装提升系统，提升系统可以采用液压式、电动式、手拉式等几种，使其能够实现上升和下降的功能，这种升降脚手架的成本相对较低。

2. 半钢式升降脚手架

半钢式升降脚手架（图5-13）在传统钢管升降脚手架的基础上，采用特制连接件，将

图5-12 传统钢管升降脚手架

图5-13 半钢式升降脚手架

钢网片连接于外侧竖向钢管或者横向大横杆上，替换原安全网，其他构造不变。架体高度为楼层 4 层半高度。由于网片比安全网重很多，成本高于传统钢管升降脚手架，低于全钢式升降脚手架。

3. 全钢式升降脚手架

全钢式升降脚手架（图 5-14）在半钢式基础上，淘汰内部钢管，架体全部使用型钢、钢板等钢材组合加工而成。架体高度为楼层 4 层半高度。成本与其他两种升降脚手架相比较高，但使用较多。

全钢式升降脚手架的优点

（1）作业环境。与传统双排脚手架相比，极大改善了作业环境，全钢式升降脚手架（简称全钢架）外立面采用钢板冲孔网，脚手板采用钢制花纹钢板及翻板，使得高处邻边作业如同室内一般。封闭良好的施工环境，杜绝了高处坠落和物体打击，将高层建筑施工事故大幅减少。

图 5-14　全钢式升降脚手架

（2）防火。全钢脚手架所有的构配件全部是钢构件，搭设和使用过程中无可燃烧材料，不同于传统脚手架中的脚手板等材料容易引起火灾，有利于施工防火和消除火灾隐患。

（3）可靠性。导轨只能在防坠器里上下运动，使相邻机位相互拉扯，一个机位损坏不会发生整体联锁破坏。采用多点受力体系，每个机位一般都有 3 个防坠器工作，即使构配件缺失，任何状态下都会有 2 个防坠器工作，确保施工安全。

（4）适用性强，能满足现场施工需求。全钢式升降脚手架可简便快捷地通过塔式起重机附臂，可方便设置卸料平台，与施工电梯多种形式配合，适用于隔层阳台结构和变截面结构。

全钢式升降脚手架主要材料构件见表 5-11。

表 5-11　全钢式升降脚手架主要材料构件

型号	组成材料	图片
导轨	由上下节通过连接件连接 Q345 80mm×40mm×3.0mm 方管 Q235 φ48mm×3.25mm 圆管 Q235φ25mm 圆钢	
走道板	Q235 60mm×30mm×3.0mm 方管 Q235 底板加筋 30mm×30mm×3.0mm 方管、2.5mm 厚压纹钢板	

（续）

型号	组成材料	图片
网片	Q235 40mm×20mm×2.0mm 方管 Q235 20mm×20mm×2.0mm 方管 2.0mm 厚钢板、0.8mm 冲孔板 φ22mm×3.0mm 圆管	
立杆	Q235 80mm×40mm×3.0mm 方管	
连接板	Q235 3.0mm 厚压纹钢板、3.0mm 厚钢板	
翻板	Q235 2.0mm 厚压纹钢板、2.0mm 厚钢板	
水平桁架	Q235 60mm×30mm×3.0mm 方管	
机位支撑件	Q235 60mm×30mm×3.0mm 方管 6.0mm 厚钢板	
下吊点桁架	Q235 60mm×30mm×3.0mm 方管 6.0mm 厚钢板	

第6章 高层混凝土结构建筑施工

教学提示：高层混凝土结构建筑施工的工程量大、工序多，平行流水、立体交叉作业多，机械化程度高，各工种配合复杂，随着现代高层建筑施工技术的发展，要求施工效率不断提高，新型的模板工艺在施工过程中的作用越来越重要。如何合理采用大模板施工、滑升模板施工、爬升模板施工等施工工艺，以及高效连接结构钢筋，输送混凝土等是现代高层建筑施工中的难点和重点。

教学要求：本章让学生了解高层混凝土结构建筑施工中的大模板施工、滑升模板施工、爬升模板施工、粗钢筋连接技术、混凝土泵送等几大方面的内容。重点让学生掌握高层混凝土结构建筑施工的难点、模板体系的选用、粗钢筋的连接技术和要点、混凝土的泵送和混凝土质量控制等技术要求。

高层混凝土结构建筑的施工除具有一般高层建筑施工的特点外，还具有高度的连续性，施工技术和组织管理复杂等特点，具体体现为：

（1）工程量大、工序多、配合复杂。在高层混凝土结构建筑的施工过程中，专业工种交叉作业多，工序组织配合十分复杂，同时，由于工程量大对技术提出了更高的要求，比如大体积混凝土裂缝控制技术、粗钢筋连接技术、高强度等级混凝土技术、新型模板应用技术等。

（2）施工准备工作量大。高层混凝土结构建筑体积、面积大，需用大量的各种建筑材料，特别是混凝土材料的品种多，运输浇筑量庞大。

（3）施工周期长，工期紧。高层混凝土结构建筑工期长而紧，且需进行冬、雨期施工，对混凝土原材料质量和施工工艺要求较高。为保证工程质量，应有特殊的施工技术措施，需要合理安排工序，才能缩短工期，减少费用，同时，还需制定一系列安全防范措施和预案以保证安全生产。

（4）基础深、基坑支护和地基处理复杂。高层混凝土结构建筑基础一般较深，大多为1~4层地下室，土方开挖、基坑支护、地基处理以及深层降水、安全和技术上都很困难复杂，采用新技术较多，如逆作法、复合地基成套技术，这些都会直接影响工期和造价。

（5）高处作业多，垂直运输量大。高层混凝土结构建筑高处作业多，模板用量大，垂直运输量大，施工中要解决好高处材料、制品、机具设备、人员的垂直运输，合理地选用各种垂直运输机械，妥善安排好材料、设备和工人及运输问题，用水、用电、通信问题，甚至垃圾的处理等问题，以提高工效。

（6）层数多、高度大、安全防护要求严。高层混凝土结构建筑层数多，常采取立体交叉作业、高处作业多，需要做好各种高处安全防护措施，通信联络以及防水、防雷、防触电等。为保证施工操作和地面行人安全，不出各类安全事故，相应也要求增加安全措施费用。

（7）结构裂缝控制质量要求高，技术复杂。为保证结构的耐久性，对高层混凝土结构开裂缝控制要求高，特别是对基础和地下室等要求更高，必须有相应的技术措施保证工程质量。对于大板结构、大体积混凝土以及有特殊功能要求的结构，常采用大量的新技术、新工艺，施工精度要求高，施工技术十分复杂，裂缝控制是质量控制重点。

6.1 大模板施工

大模板（图 6-1 和图 6-2）为一大尺寸的工具式模板，一般是一块墙面用一块大模板。大模板由面板、加劲肋、支撑桁架、稳定机构等组成。面板多为钢板或胶合板，也可用小钢模组拼；加劲肋多用槽钢或角钢；支撑桁架用槽钢和角钢等组成。大模板之间的连接：内墙相对的两块平模用穿墙螺栓拉紧，顶部用卡具固定。外墙的内外模板，多是在外模板的竖向加劲肋上焊一槽钢横梁，用其将外模板悬挂在内模板上。

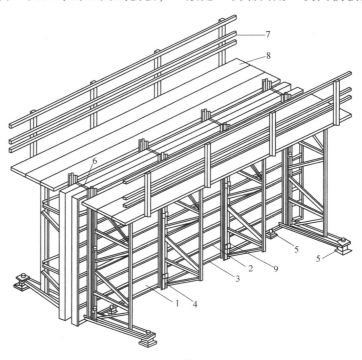

图 6-1 大模板组成
1—面板 2—次肋 3—支撑桁架 4—主肋 5—调整螺旋 6—卡具
7—栏杆 8—脚手板 9—对销螺栓

大模板施工工艺实质是一种以现浇为主，现浇与预制相结合的工业化的施工方法，与预制工艺相比，可节省一部分建设预制厂的投资，不需要大型运输设备。采用大模板施工的建筑物结构整体性好、刚度大，抗震、抗风能力强，抗侧力性好，工艺简单，劳动强度小，施工速度快，减少了室内外抹灰工程，不需要大型预制厂，施工设备投资少。但其现浇工程量大，施工组织较复杂，不利于冬期施工。与滑模工艺相比，大模板工艺不需要耗钢量大的提升平台和液压提升设备，操作技术比较简单。

大模板是一种大型的定型模板，其尺寸与楼层高度、进深和开间相适应，可用于浇筑混凝土墙体、柱和楼板。技术要求见现行国家行业标准《建筑工程大模板技术标准》（JGJ/T 74—2017）。大模板是目前我国剪力墙和筒体结构的高层建筑施工用得较多的一种模板，已形成工业化模板体系。目前应用较多的是将组合模板拼装成大模板，用后拆卸仍可用于其他构件，虽然自重大，但机动灵活。

图 6-2 大模板施工图

6.1.1 大模板类型

1. 平模

整体式平模：整块钢板。

组合式平模：以常用的开间、进深作为板面的基本尺寸，再辅以少量 20cm、30cm 等拼接窄板，即可组合成不同尺寸的大模板。

装拆式平模：用后可完全拆散。

2. 小角模：与平模配套使用，作为墙角模板，如图 6-3 所示。

3. 筒模（图 6-4）

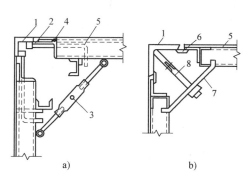

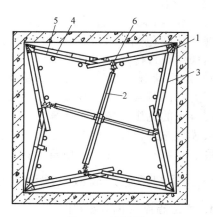

图 6-3 小角模图

1—小角模 2—铰链 3—花篮螺栓
4—转动铁拐 5—平模 6—扁铁
7—压板 8—螺栓

图 6-4 筒模图

1—单轴铰链 2—花篮螺钉脱模器
3—平面大模板 4—主肋
5—次肋 6—连接板

6.1.2 大模板设计

大模板的板面系统由面板、水平肋、垂直肋和竖楞组成。由于水平肋与垂直肋布置不同，其板面又可分为单向板和双向板。

（1）面板的设计。

大挠度板：加劲肋的间距与面板厚度的比值大于 100 时，面板按大挠度板设计。

小挠度连续板：加劲肋的间距与面板厚度的比值小于或等于 100 时，面板按小挠度连续板设计。

（2）加劲肋的设计。大模板的加劲肋主要是为了增加面板的刚度，承受和传递新浇筑混凝土的侧压力。加劲肋的设计由强度和刚度控制，计算简图为连续梁。

（3）竖楞的设计。大模板的竖楞设计由强度和刚度控制，计算简图为两跨连续梁，穿墙螺栓即为支座。根据竖楞与加劲肋的焊缝长度能否满足焊缝计算长度要求，设计竖楞时可按面板、竖向小肋和竖楞共同工作进行强度和刚度的验算，或者按竖楞单独工作进行强度和刚度的验算。

（4）支撑桁架的设计。支撑系统的支撑桁架应按钢桁架设计。承受的荷载有风荷载与施工操作荷载，计算时要考虑这两种荷载对支撑系统的影响；用这两种荷载求出支撑桁架各杆件的内力，取其大者分别按压杆、拉杆、压弯杆进行验算。

（5）大模板的抗倾覆验算。要使大模板在风力作用下保持平稳，主要取决于大模板的

自稳角 α，即大模板在风力作用下，依靠自重保持其稳定的板面与垂直面的最大夹角，如图6-5所示。

$$\alpha = \arcsin \frac{\sqrt{4W^2 + g^2} - g}{2W}$$

式中　α——大模板的自稳角；

　　　g——大模板单位面积平均自重（kN/m^2），

　　　　　　$g = G/H$；

　　　W——风荷载（kN/m^2）。

（6）荷载。

1）垂直荷载。垂直荷载包括模板自重和施工荷载。施工荷载包括施工人员、材料和机具设备等荷载，由操作平台传递给支撑系统。

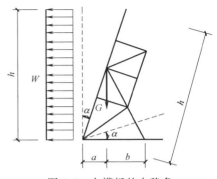

图 6-5　大模板的自稳角

2）水平荷载。水平荷载包括新浇混凝土对模板的侧压力和风荷载。新浇混凝土对模板的侧压力是设计大模板的主要依据。在大模板施工中，混凝土的侧压力按经验计算。

大模板施工设计主要是确定高度、横墙长度、纵墙长度等尺寸。结构设计主要考虑强度和刚度、穿墙螺栓强度、自稳角等。

6.1.3　预制承重外墙板及现浇内墙板的大模板施工

1. 施工程序（图 6-6 和图 6-7）

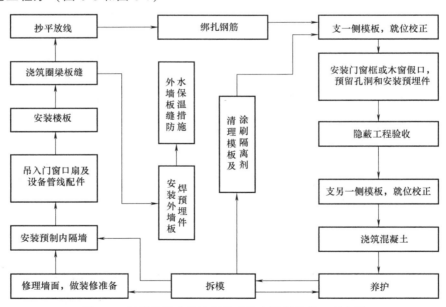

图 6-6　预制非承重外墙板及现浇内墙板的施工程序图

2. 技术要求和操作要点

（1）抄平放线。抄平放线包括放轴线，墙身线，模板就位线，门口、隔墙、阳台位置线及抄水平线等工作。

（2）绑扎钢筋。吊装钢筋网时要防止变形，位置要准确，确保钢筋的混凝土保护层厚

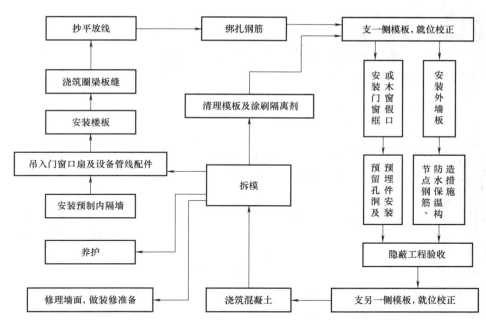

图 6-7　预制承重外墙板及现浇内墙板的施工程序图

度。墙体上的钢筋要防止位移，以免影响安装楼板。

外墙板两侧伸出的预埋套环，必须在墙板吊装前整理好，吊装时不准碰弯，相邻两墙板安装后，按设计要求放入小柱立筋，并与墙板套环绑扎在一起，如图 6-8 所示。

（3）大模板的处理、安装。大模板进场后要核对型号，清点数量，清除表面锈蚀，用醒目的字体在模板背面注明标号。模板就位前，还应认真涂刷脱模剂，将安装处的楼面处理干净，检查墙体中心线及边线，准确无误后方可安装模板。

门口模板的安装方法有两种：一种是先立门洞模板，后安装门框（图 6-9）；另一种是直接立门框。

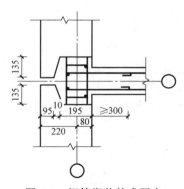

图 6-8　钢筋绑扎技术要点

（4）墙体混凝土浇筑。为了便于振捣密实，使墙面平整光滑，混凝土的坍落度一般采用 70~80mm。混凝土的下料点应分散布置。

墙体的施工缝一般宜设在门窗洞口上，连梁跨中 1/3 区段。墙体混凝土浇筑完毕，应按抄平标高找平，确保安装楼板底面平整。

（5）拆模与养护。在常温条件下，墙体混凝土强度超过 1N/mm² 时方可拆模。

拆模后，必须立即对混凝土墙体进行淋水养护，一般养护时间不得少于 3d，淋水次数以能保证混凝土湿润状态为度。

（6）预制构配件安装。承重外墙板的安装，应在内墙模板安装就位、准确稳固后进行。外墙板与内墙模板及大角处相邻的两块外

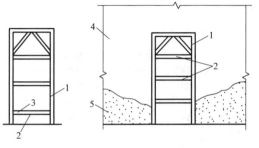

图 6-9　门口先立门洞模板

1—门框（木框）　2—木方　3—斜撑　4—大模板
5—混凝土

墙板应相互拉结固定（图6-10）。

安装外墙板应以墙的外边线为准，做到墙面平顺，墙身垂直，缝隙一致，企口缝不得错位，防止挤严腔。墙板的标高必须准确，防止披水高于挡水台。上下外墙板键槽内的连接钢筋，当采用平模时，应随时安装随时焊接；当采用筒模时，应在拆模后立即焊接（图6-11）。

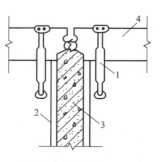

a) 墙板与内模的连接平面图

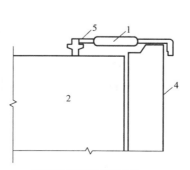

b) 高低可调花篮连接卡具

图6-10　预制外墙板与内墙模板的连接
1—花篮螺钉卡具　2—大模板　3—现浇混凝土墙
4—预制墙板　5—高低调节器

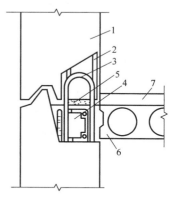

图6-11　上下层外墙连接节点
1—预制外墙板　2—钢筋　3—墙板上部
吊环与甩出钢筋焊接　4—圈梁　5—水
泥砂浆　6—楼板　7—地面

（7）外墙板防水保温施工。外墙板防水保温工程应组成专业班组进行施工。外墙板的立槽、腔壁应涂刷一道防水涂料。墙体防水构造如图6-12所示。防水条的硬度、厚度应适当，其宽度宜超过立缝宽度25mm，下端剪成圆弧形缺口，以便留排水孔。泄水管要保持畅通，可伸出墙面（图6-13）15mm。

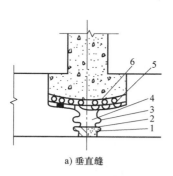

a) 垂直缝

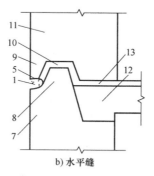

b) 水平缝

图6-12　墙体防水构造
1—防水砂浆　2—防水条　3—防水涂料　4—垂直缝空腔
5—油毡　6—聚苯乙烯泡沫塑料　7—下部外墙板
8—挡水台阶　9—披水　10—水平缝空腔
11—上部外墙板　12—圈梁　13—找平层

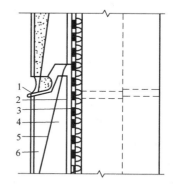

图6-13　防水十字缝
1—半圆塑料管　2—油毡　3—聚苯乙烯
泡沫塑料板　4—垂直缝空腔　5—防
水塑料条　6—防水砂浆

6.1.4　内浇外砌的大模板施工

1. 施工程序（图6-14）

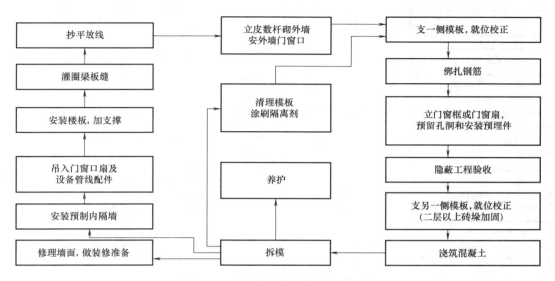

图 6-14 内浇外砌的大模板施工程序

2. 技术要求

砖外墙与现浇混凝土内墙的节点如图 6-15 所示。墙体砌筑时，必须正确留出缺口，按规定设拉结筋。

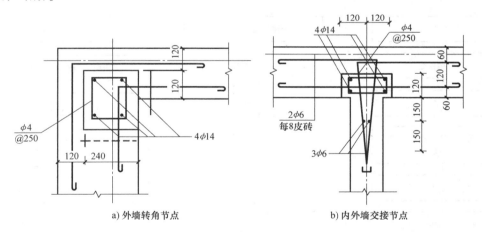

a) 外墙转角节点   b) 内外墙交接节点

图 6-15 砖外墙与现浇混凝土内墙的节点

6.1.5 内、外墙全现浇的大模板施工

1. 施工程序 （图 6-16 和图 6-17）

2. 支模特点

（1）悬挑式外模板施工。当采用悬挑式外模板（图 6-18）施工时，支模顺序为：先安装内墙模板，再安装外墙内模，然后将外模板通过内模上端的悬臂梁直接悬挂在内模板上。悬臂梁可采用一根 8 号槽钢焊在外侧模板的上口横筋上，内外墙模板之间用两道对销螺栓拉紧，下部靠在下层外墙混凝土壁上。

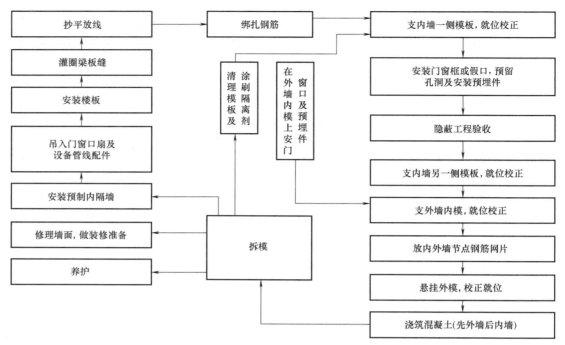

图 6-16　用悬挑式外模板时的施工程序

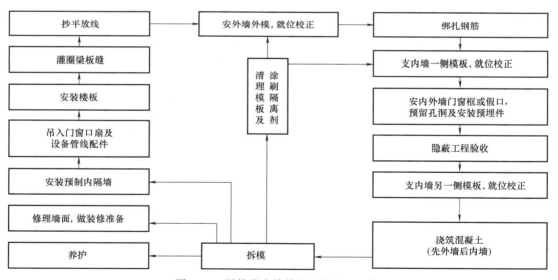

图 6-17　用外承式外模板时的施工程序

（2）外承式外模板施工。采用外承式外模板时，可将外墙外模板安装在下层混凝土外挑出的支承架上，如图 6-19 所示。

6.1.6　大模板施工安全技术

墙体大模板施工安全事故，主要发生在大模板吊装驾驶人、指挥人员、挂钩人员配合失误，模板场地堆放不稳，吊运过程中的碰撞和违章作业的过程中。因此，在大模板施工中必须做好以下的几项工作：

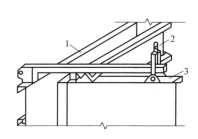

图 6-18　悬挂式外模板

1—外墙外模板　2—外墙内模板　3—内墙模板

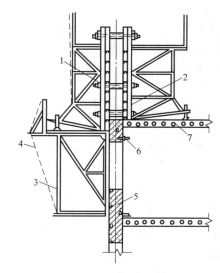

图 6-19　外承式外模板

1—外墙外模板　2—外墙内模板　3—外承架　4—安全网　5—现浇外墙　6—穿墙卡具　7—楼板

1）大模板应按施工组织设计（施工方案）规定分区存放，存放场地必须平整夯实，不得存放在松土和坑洼不平的地方；在地面存放模板时，两块大模板应采用面对面的码放方法，调整地脚螺栓，使大模板的自稳角度成 78°~80°，下部应垫设通长木方。长期存放的大模板，应用拉杆连接绑牢。在楼层存放时，必须在大模板横梁上挂钢丝绳或花篮螺栓，钩在楼板的吊环或墙体钢筋上。对没有支撑或自稳角度小的大模板，应存放在专用的插放架内或平卧堆放，严禁靠放到其他模板或构件上，防止大模板下脚滑移倾倒伤人。

2）大模板应按设计制造。每块大模板应设有操作平台、上下爬梯、防护栏杆以及存放小型工具和螺栓的工具箱。检验合格后，方可使用。

3）大模板起吊前，应检查吊装用的绳索、卡具及每个吊环是否牢固可靠，然后将吊钩挂好，拆除临时支撑，慢起稳吊，吊起过程中防止模板摆动碰倒其他模板。

4）大模板安装时，应先内后外，单面模板就位后，用钢筋三角支架插入板面螺栓眼上支撑牢固。双面板就位后，用拉杆或螺栓固定，未就位和未固定前不得摘钩。摘钩后必须将吊钩护送过头顶，防止吊钩碰刮其他模板造成事故。

5）有平台的大模板起吊时，平台上严禁存放任何物料。里外角模和临时摘、挂的板面与大模板必须连接牢固，防止脱开和断裂发生模板坠落事故。

6）大模板安装拆除的安全注意事项：

① 大模板放置时，下面不得压有电线和气焊管线。

② 大模板组装或拆除时，指挥、拆除和挂钩人员，必须站在安全可靠的地方进行操作，严禁任何人员随大模板起吊，安装外模板的操作人员应系好安全带。

③ 大模板的操作平台、上下爬梯、防护栏杆如有损坏，应及时修复。大模板安装就位后，为便于浇捣混凝土，两道墙模板平台之间应搭设临时通道，严禁在外墙板上行走。

④ 吊装大模板时，如有防止脱钩装置，可吊运同一房间内的两块大模板，禁止隔着墙体同时调运不同房间内的两块大模板。

⑤ 模板安装就位后，用振捣棒作业时，应有防止振捣棒触电的保护措施，要派专人将

大模板串联起来，并同避雷网接通，防止漏电伤人。

⑥ 当风力五级以上时，应停止吊运。

⑦ 拆除模板时，应先拆穿墙螺栓和铁杆等，确认模板面与墙面脱离后，方准慢速起吊。

⑧ 清扫模板和刷隔离剂时，必须将模板支撑牢固，两板中间保持不少于 60cm 的走道。

6.2 滑升模板施工

20 世纪 20 年代，美国曾使用手动螺旋式千斤顶滑升模板的方法修建筒仓。20 世纪 40 年代中期，瑞典出现了颚式夹具穿心式液压千斤顶和高压油泵，用脉冲程序控制滑升，使这项施工技术得到了改进和发展。其后很多国家和地区采用该方法建造了不少高耸建筑。例如，加拿大多伦多城的 550m 高的电视塔、我国香港的 218m 高 65 层的合和大厦都是采用这种方法建造的。我国最初在修建筒仓时也使用螺旋式千斤顶滑升模板。20 世纪 60 年代起开始用穿心式液压千斤顶和自动控制装置建造高耸建筑。

1980 年，北京在用这种施工方法修建 20 层住宅楼时采取逐层滑升、逐层现浇混凝土楼板的办法，取得了三天完成一层楼的施工速度。1983 年建造的高 52 层的深圳国际贸易中心主楼也是采用内外筒整体滑升的方法施工的。

滑升模板的工作原理：滑升模板是以预先竖立在建筑物内的圆钢杆为支撑，利用千斤顶沿着圆钢杆爬升的力量将安装在提升架上的竖向设置的模板逐渐向上滑升，其动作犹如体育锻炼中的爬竿运动。由于这种模板是相对设置的，模板与模板之间形成墙槽或柱槽。当浇筑混凝土时，两侧模板就借助于千斤顶的动力向上滑升，使混凝土在凝结过程中徐徐脱去模板。

滑升模板宜用于浇筑剪力墙体系或筒体体系的高层建筑，高耸的筒仓、水塔、竖井、电视塔、烟囱、框架等构筑物。

6.2.1 滑升模板系统组成

滑升模板由模板系统、操作平台系统、液压系统及施工精度控制系统四部分组成。模板多用钢模或钢木混合模板。液压系统包括支撑杆、液压千斤顶和操纵装置等，是使滑升模板向上滑升的动力装置。

滑升模板组成和详细构造如图 6-20 和图 6-21 所示。图 6-21 中，内模板 11、外模板 10 采用薄钢板制作，并通过内立柱 8、外立柱 7 固定在工作平台的辐射梁上。对于上下壁厚相同的斜坡空心墩，内外模板固定在立柱上，但立柱架或顶架横梁 17 是通过滚轴 9 悬挂在辐射梁上的，并利用收坡丝杆 16 沿辐射梁方向移动。对于上下壁厚不相同的斜坡空心墩，则内外立柱固定在辐射梁上，在模板与立柱间安装收坡丝杆，以便分别移动内外模板位置。

模板系统由模板、围圈、提升架及其他附属配件组成。在施工中主要承受混凝土的侧压力、冲击力和滑升时的摩阻力及模板滑空、纠偏等产生的附加荷载。模板通过围圈与提升架连成一体。提升架是安装千斤顶

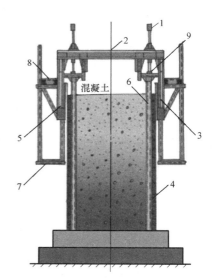

图 6-20 滑升模板组成
1—千斤顶 2—顶架 3—围圈 4—套筒
5—模板 6—顶杆 7—外下吊架 8—脚
手架 9—支承座

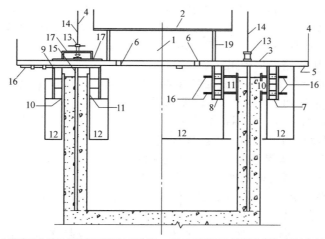

a) 等壁厚收坡滑模半剖面(螺杆千斤顶)　　b) 不等壁厚收坡滑模半剖面(液压千斤顶)

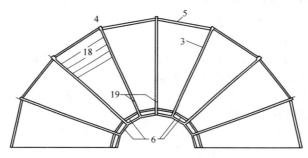

c) 工作平台半平面

图 6-21　滑升模板详细构造

1—工作平台　2—混凝土平台　3—辐射梁　4—栏杆　5—外钢环　6—内钢环　7—外立柱
8—内立柱　9—滚轴　10—外模板　11—内模板　12—吊篮　13—千斤顶　14—顶杆
15—导管　16—收坡丝杆　17—顶架横梁　18—步板　19—混凝土平台立柱

并与围圈、模板连接成整体的主要部件，其主要作用是控制模板、围圈因混凝土的侧压力和冲击力而产生的侧向变位，将模板系统和操作平台系统连成一体，并将全部荷载传递给千斤顶和支撑杆。

混凝土平台 2 由辐射梁 3、步板 18、栏杆 4 等组成，其利用混凝土平台立柱 19 支承在工作平台的辐射梁上，供堆放及浇筑混凝土施工用。

吊篮 12 悬挂在工作平台的辐射梁和内外模板立柱上，主要为施工人员操作提供工作平台。

提升设备由千斤顶 13、顶杆 14、导管 15 等组成，通过它顶升工作平台的辐射梁使整个滑模结构提升。它承担全部滑升模板系统的施工荷载。

6.2.2　滑升模板施工工艺

1. 工艺流程

（1）滑模的拼装。

1）模板组装要认真、细致，符合允许偏差的要求。模板组装前，要检查起滑线以下已施工的基础或结构的标高和几何尺寸，并标出结构的设计轴线、边线和提升架的位置等。

2）组装顺序：千斤顶→转圈→内模板→外模板→操作平台→千斤顶→爬杆→标尺或水位计→液压作柜→液压管路→内外吊架。

3）千斤顶架底面标高应以基础表面最高点为准，偏低处应用垫块垫好后再立顶架。顶架下横梁至模板上口的距离宜在 45cm，以便水平钢筋的绑扎。

4）围圈应有一定的刚度，围圈接头应采用刚性连接，并上下错开布置。特别是矩形大截面墩台，一定要和模板固定牢固，以防模板变形。

5）对直坡式墩台，在安装模板时，下口应保持模板高度 0.5% 的锥度，同时要不超过断面尺寸误差要求。为减少滑升时的摩阻力，模板在安装前需涂抹润滑剂。

6）液压千斤顶在组装前要做串联试压工作，加压到 10MPa，半小时后，检查千斤顶有无漏油现象，完好才能安装。安装后的千斤顶应垂直。

（2）钢筋绑扎。钢筋绑扎一般在组装模板之前完成。构造物水平钢筋第一次只能绑至和模板相同的高度，以上部分待滑升开始后在千斤顶架横梁以下和模板上口之间的空隙内绑扎。为施工方便，竖向钢筋每段长度不宜过长。钢筋接长时，在同一断面内钢筋接头截面面积不宜超过钢筋总截面面积的 50%。

（3）选择混凝土配合比。滑模施工所用混凝土的配合比，除必须满足设计强度要求外，还应满足滑模施工的工艺要求。根据施工经验，滑模混凝土宜采用半干硬或低流动性混凝土，要求和易性好，不易产生离析、泌水现象，坍落度应控制在 30~50mm 范围内，施工中如果出现因混凝土凝结硬化速度慢而降低滑升速度，可掺入一定数量的早强剂或速凝剂等外加剂，具体掺量应根据气温、水泥品种及强度等级经试验确定。

（4）初浇初滑。混凝土初浇筑高度一般为 60~70cm，分 2~3 层浇筑，约需 3~4h，随后即可将模板升高 5cm，检查出模混凝土强度是否合格，合格后可以将模板提升 3~5 个千斤顶行程，然后对模板结构和液压系统进行一次检查，看是否工作正常，如正常即转入连续滑升。

（5）出模强度。出模的强度过小时，会使结构混凝土流坠、跑浆、坍塌；出模的混凝土强度过高时，会使结构混凝土出现拉裂、划痕、疏松、不密实、不美观等现象。混凝土出模强度宜控制在 0.12~0.14MPa。根据对现场混凝土拌合物成形后 1h、2h、3h、4h、6h 的强度测试，在正常气温（20℃±2℃）下，3~4h 后可达到 0.125~0.141MPa 的抗压强度，此时，若用大拇指去摁，混凝土表面有轻微痕迹但不下陷，混凝土表面砂浆不沾手，滑升时有"沙沙"的摩擦声，现场施工时通常采用这种方法来确定混凝土的出模强度。

在滑升过程中，要经常检查和控制中心线，调整千斤顶升差，并穿插进行接长爬杆、焊接预埋件、预留孔洞、支撑杆加固、特殊部分处理等工作。脱模后如混凝土表面有缺陷时，应及时进行修理。当需要用砂浆进行处理修饰时，应采用水灰比略小于原混凝土，灰砂比与原混凝土相同的水泥砂浆，这样处理后颜色与原来一致。

（6）随浇随升。在正常气温下，滑升速度为 20~35cm/h，继续绑扎钢筋，浇筑混凝土，开动千斤顶，提升模板，如此循环不断作业，直到完成结构工作量为止，平均每昼夜滑升 2.4~7m。每次浇筑混凝土应分段、分层交圈均匀进行，分层厚度一般为 20~30cm，每次浇筑至模板上口以下约 10cm 为止。滑升速度应与混凝土凝固程度相适应，一般情况下，混凝土表面湿润，手摸有硬的感觉，可用手指按出深度约 1mm 左右的印子或表面用抹子可抹平时，即可滑升。

（7）停升。因施工需要或其他原因，中途不能连续滑升的应采取"停歇措施"。首先混凝土应浇筑到同一水平面，模板每隔 1h 至少提升一个行程，以防模板与混凝土黏结导致拉裂已硬结的混凝土。继续开始滑升时，应对液压系统进行运转检查，混凝土的接槎，应按施工缝进行处理。

（8）末浇。当混凝土浇至最后 1m 时，应注意抄平找正，要全面检查，最后分散浇平，要注意变换浇筑方向，防止墩台倾斜或扭转。振捣时不得触动爬杆、模板和钢筋。振捣棒要插到下一层混凝土内深 5cm 左右振捣。混凝土停止浇筑，模板应按"停歇措施"继续提升到与混凝土不再黏结为止。在混凝土强度达到设计强度的 70% 时进行拆模工作，注意按一定顺序进行，以确保安全。

2. 滑升方式

（1）建造高层建筑物时，通常有以下三种滑升方式：

1）墙体一次滑升，即利用滑升模板将建筑物的内外墙一次筑造到预定标高，然后再自上而下或自下而上分楼层进行楼板及其他构件的安装施工。

2）墙体分段滑升，即将建筑物的内外墙分段滑升浇筑，每次滑升的高度应比拟安装的楼板高出一两层，再吊装预制楼板或现浇楼板。

3）逐层滑升、逐层浇筑楼板，即通过滑升模板将每一层墙体浇筑到上一层楼板的底标高后，把模板继续向上空滑到模板底边高出已筑墙体顶面约 30cm 处，然后将操作平台上的活动板挪开，利用平台之间的桁架梁支立模板、绑扎钢筋和灌筑楼板混凝土。

以上三种方式中，我国使用的逐层滑升、逐层浇筑楼板混凝土的施工方法，利于控制墙体的垂直度、增加结构的整体性和加快施工速度，对地震区建造高层房屋特别适用。

（2）用滑升模板浇筑墙体时，现浇楼板的施工方法有三种：

1）降模施工法。用桁架或梁结构将每间的楼板模板组装成整体，成为降模平台，通过吊杆、钢丝绳等悬吊于建筑物承重构件上，在其上浇筑楼板混凝土，达到一定强度后将降模平台下降一层楼板标高，固定后再浇筑楼板，如此由上而下降模，逐层浇筑楼板。

2）逐层空滑现浇楼板法。施工时，当每层墙体混凝土用滑升模板浇筑至上一层楼板底标高后，停止浇筑混凝土，将滑升模板继续向上空滑至模板下口与墙体顶部脱空一定高度（一般比楼板厚度多 5~10cm），然后吊去操作平台的活动平台板，提供工作空间进行现浇楼板的支模、绑扎钢筋和浇筑混凝土，然后再继续向上滑升墙体。如此逐层进行。施工时模板的脱空范围主要取决于楼板的配筋情况，如楼板为横墙承重的单向板，则只需将横墙及部分内纵墙的模板脱空，外纵墙的模板则不必脱空。这样，当横墙与内纵墙的混凝土停浇后，外纵墙应继续浇筑，使外纵墙滑升模板内有一定高度的混凝土，这有利于整个模板体系保持稳定。这种方法中楼板进墙增强了建筑物的整体性和刚度，有利于提高高层建筑的抗震和抗水平力的能力，不存在施工过程中墙体的失稳问题，但在模板空滑时易将墙顶部混凝土拉松，使滑升模板施工速度放慢。

3）与滑模施工墙体的同时间隔数层自下而上现浇楼板法。此法是间隔数层墙体与楼板同时进行浇筑，即上面利用滑升楼板连续进行墙体浇筑，在楼板标高处于墙体上预留插入钢筋的孔洞，间隔 3~5 层从底层开始自下而上逐层支设模板、绑扎钢筋和浇筑楼板混凝土。

6.2.3　滑升模板的特点

1）施工速度快，在一般气温下，每昼夜平均进度可达 5~6m。

2）模板利用率较高，拆装提升机械化程度高，较为方便，可用于直坡墩身，也可用于斜坡墩身。

3）滑升模板自身刚度好，可连续作业，提高了墩台混凝土浇筑的质量。

新修订的《滑动模板工程技术规范（征求意见稿》（GB 50133—2017）是在 2005 规范基础上修订而成的。新规范增加了施工过程中的"四节一环保"、绿色施工的要求；增加了滑模施工中的安全措施、劳动保护和防火具体要求，如应急预案，平台上的防雷接地、安全措施、消防设施等；强调了设计与施工的紧密配合，针对不同的结构类型，综合确定适宜的滑模施工区段，对能发挥滑模优势的应优先采用滑模施工；增加了一般滑模分段分区的面积不宜大于 700m² 的定量要求。

新修订的《滑动模板工程技术规范（征求意见稿)》提出了改善混凝土观感质量的相应措施，调整了有关允许偏差，增加了以下改善观感质量的条款：

1）滑模综合工种的人员培训和交接班制度。

2）清水混凝土的模板专项设计，宜采用内表面光滑的大模板，必要时加内衬材料。

3）在适当位置增设一定数量的双顶，以预防平台扭转或偏移。

4）混凝土出模后应及时检查，宜采用原浆压光进行修整。

5）设置在混凝土体内的支撑杆不得有油污，混凝土的养护不得污染成品混凝土。

6）对于壁厚小于 200mm 的结构，其支撑杆不易抽拔。

7）用焊接方法接长钢管支撑杆时，宜用缩管机对钢管一端端头进行缩口，以提高焊接速度及支承杆的稳定性。

8）对横向结构的楼板采用"一滑一浇"的方式。

6.3　爬升模板施工

爬升模板（即爬模），是一种适用于现浇钢筋混凝土竖直或倾斜结构施工的模板工艺，如墙体、桥梁、塔柱等。爬升模板可分为"有架爬模"（即模板爬架子、架子爬模板）和"无架爬模"（即模板爬模板）两种。我国的爬模技术，"有架爬模"始于 20 世纪 70 年代后期，在上海研制应用；"无架爬模"于 20 世纪 80 年代首先用于北京新万寿宾馆主楼现浇钢筋混凝土工程施工。目前已逐步发展形成"模板与爬架互爬""爬架与爬架互爬"和"模板与模板互爬"三种工艺，其中第一种最为普遍。本文侧重介绍第一种。爬升模板是综合大模板与滑升模板工艺和特点的一种模板工艺，具有大模板和滑升模板共同的优点，尤其适用于超高层建筑施工。它与滑升模板一样，在结构施工阶段依附在建筑竖向结构上，随着结构施工而逐层上升，这样模板可以不占用施工场地，也不用其他垂直运输设备。另外，它装有操作脚手架，施工时有可靠的安全围护，故可不需搭设外脚手架，特别适用于在较狭小的场地上建造多层或高层建筑。它与大模板一样，是逐层分块安装，故其垂直度和平整度易于调整和控制，可避免施工误差的积累，也不会出现墙面被拉裂的现象。但是，爬升模板的配制量要大于大模板，原因是其施工工艺无法实行分段流水施工，因此模板的周转率低。

6.3.1　工艺原理

模板与爬架互爬工艺原理：以建筑物的钢筋混凝土墙体为支承主体，通过附着于已完成的钢筋混凝土墙体上的爬升支架或大模板，利用连接爬升支架与大模板的爬升设备，使一方固定，另一方做相对运动，交替向上爬升，以完成模板的爬升、下降、就位和校正等工作，如图 6-22 所示。爬升模板施工程序如图 6-23 所示。

6.3.2　构造组成

1. 模板

（1）模板的组成。与一般大模板相同，由面板、横肋、竖向大肋、对销螺栓等组成。面板一般用薄钢板，也可用木（竹）胶合板。横肋用"⊏"6.3 号槽钢。竖向大肋用 8 或 10 号槽钢。横、竖肋的间距按计算确定。

（2）模板的高度。模板的高度一般为建筑标准层高加 100~300mm（属于模板与下层已浇筑墙体的搭接高度，用于模板下端的定位和固定）。模板下端需增加橡胶衬垫，以防止漏浆。

（3）模板的宽度。模板的宽度可根据一片墙的宽度和施工段的划分确定，可以是一个开间、一片墙或一个施工段的宽度。其分块要与爬升设备能力相适应。

（4）模板的吊点。根据爬升模板的工艺要求，应设置两套吊点：一套吊点（一般为两个吊环）用于分块制作和吊运，在制作时焊在横肋或竖肋上；另一套吊点用于模板爬升，设在每个爬架位置，要求与爬架吊点位置相对应，一般在模板拼装时进行安装和焊接。

（5）模板装置。模板附有以下装置：

1）爬升装置。模板上的爬升装置用于安装和固定爬升设备。常用的爬升设备为倒链和单作用液压千斤顶。采用倒链时，模板上的爬升装置为吊环，其中用于模板爬升

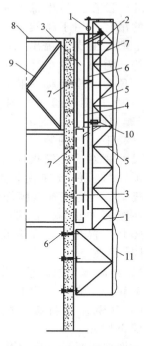

图 6-22　模板与爬架互爬工艺图

1—提升外模板的葫芦　2—提升外爬架的葫芦　3—外爬升模板　4—预留孔　5—外爬架（包括支承架和附墙架）　6—螺栓　7—外墙　8—楼板模板　9—楼板模板支承　10—附墙件　11—爬架支承

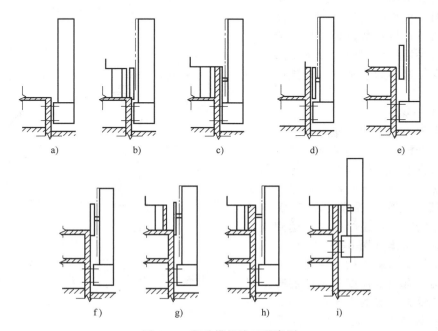

图 6-23　爬升模板施工程序图

的吊环，设在模板中部的重心附近，为向上的吊环；用于爬架爬升的吊环设在模板上端，由支架挑出，位置与爬架重心相符，为向下的吊环。采用单作用液压千斤顶时，模板爬升装置分别为千斤顶座（用于模板爬升）和爬杆支座架（用于爬架爬升），如图 6-24 所示。模板背面安装千斤顶的装置尺寸应与千斤顶底座尺寸相对应。模板爬升装置为安装千斤顶铁板，位置在模板的重心附近。用于爬架爬升的装置是爬杆的固定支架，安装在模板的顶端。因此，要注意：模板的爬升装置与爬架爬升设备的装置要处在同一条竖直线上。

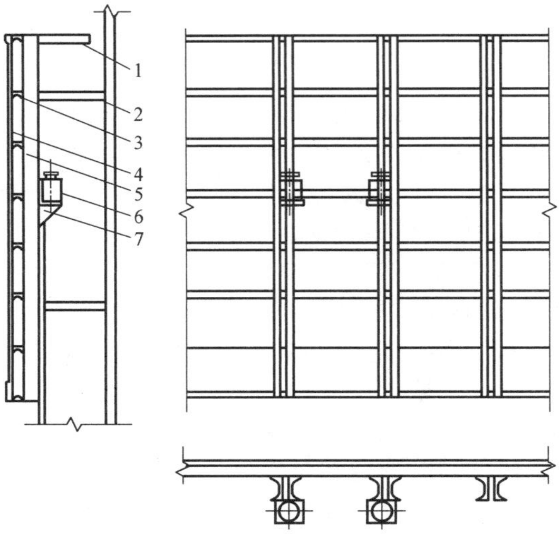

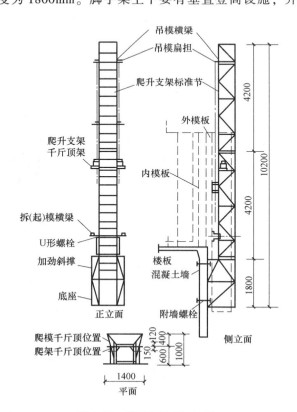

图 6-24 模板构造图（一）

1—爬架千斤顶爬杆的支撑架 2—脚手架 3—模肋 4—面板
5—竖向大肋 6—千斤顶 7—千斤顶底座

2）外附脚手架和悬挂脚手架。外附脚手架和悬挂脚手架设在模板外侧（图6-24），供模板的拆模、爬升、安装就位、校正固定、穿墙螺栓安装与拆除、墙面清理和嵌塞穿墙螺栓等操作使用。

脚手架的宽度为 600～900mm，每步高度为 1800mm。脚手架上下要有垂直登高设施，并应配备存放小型工具和螺栓的工具箱。在大模板固定后，要用连接杆将大模板与脚手架连成整体。

大模板如采用多块模板拼接，由于在模板爬升时，模板拼接处会产生弯曲和剪切应力，所以在拼接节点处应比一般大模板加强，可采用规格相同的短型钢跨越拼接缝，以保证竖向和水平方向传递内力的连续性。

2. 爬升支架

爬升支架由立柱和底座组成。立柱用于悬挂和提升模板，结构必须牢靠，一般由角钢焊成方形桁架标准节，节与节用法兰螺栓连接。最低一节底端与底座也用法兰螺栓连接。底座承受整个爬升模板荷载，通过穿墙螺栓传递给下层已达到规定强度的混凝土墙体（图 6-25）。

爬升支架是承重结构，主要依靠底座固定在下层已有一定强度的钢筋混凝土墙体上，并随着施工层的上升而升高。其下部有水平起模支承横梁，中部有千斤顶座，上有挑梁和吊模扁担，主要起到悬挂

图 6-25 模板构造图（二）

模板、爬升模板和固定模板的作用。因此，要具有一定的强度、刚度和稳定性。

常用的爬升动力设备有电动葫芦、倒链、单作用液压千斤顶等，其起重能力一般要求为计算值的两倍以上。

（1）倒链。倒链又称为环链手拉葫芦。选用倒链时，除了起重能力应比设计计算值大一倍以外，还要使其起升高度比实际需起升高度大 0.5~1m，以便于模板或爬升支架爬升到就位高度时，尚有一定长度的起重倒链可以摆动，便于就位和校正固定。

（2）千斤顶和爬杆。可采用滑动模板采用的穿心式千斤顶。千斤顶的底盘与模板或爬升支架的连接底座，用 4 只 M14~M16 螺栓固定。插入千斤顶内的爬杆上端用螺栓与挑架固定，安装后的千斤顶和爬杆应呈垂直状态。

爬升支架用的千斤顶连接底座，安装在模板背面的竖向大肋上，爬杆上端与模板上挑架固定，当爬升支架爬升就位时，从千斤顶顶部到爬杆上端固定位置的间距不应小于 1m。

爬杆采用 Q235 钢，其直径为 25mm（按千斤顶规格选用），长度根据楼层层高或模板一次要求升高的高度决定，一般爬升模板用的爬杆长度为 4~5m。

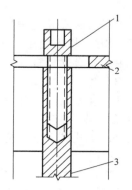

图 6-26　千斤顶爬杆端部连接图
1—螺栓　2—有垫板的挑架　3—爬杆

由于采用单作用液压千斤顶，因此每爬升一个楼层或施工层后，需将爬杆向下全部抽掉，再重新从上部插入，这样爬杆顶端固定节点的直径应小于 25mm，可采用 M16 螺栓加垫板（图 6-26）。

6.3.3　施工方法

1. 施工流程

模板与爬架互爬施工流程如图 6-27 所示。

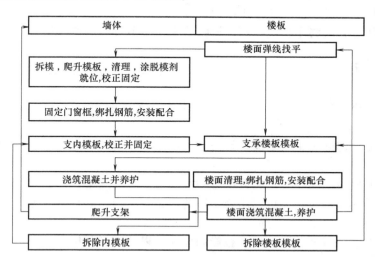

图 6-27　模板与爬架互爬施工流程图

2. 爬升模板安装

1）进入现场的爬升模板系列（大模板、爬升支架、爬升设备、脚手架及附件等），应按施工组织设计及有关图样验收，合格品方可使用。

2）检查工程结构上预埋螺栓孔的直径和位置是否符合图样要求。有偏差时应在纠正后方可安装爬升模板。

3）爬升模板的安装顺序是：底座→立柱→爬升设备→大模板。

4）底座安装时，先临时固定部分穿墙螺栓，待校正标高后，方可固定全部穿墙螺栓。

5）立柱宜采取在地面组装成整体，在校正垂直度后再固定全部与底座相连接的螺栓。

6）模板安装时，先加以临时固定，待就位校正后，方可正式固定。

7）安装模板的起重设备，可使用工程施工的起重设备。

8）模板安装完毕后，应对所有连接螺栓和穿墙螺栓进行紧固检查，并经试爬升验收合格后，方可投入使用。

9）所有穿墙螺栓均应由外向内穿入，在内侧紧固。

3. 爬升

1）爬升前，首先要仔细检查爬升设备的位置、牢固程度，吊钩及连接杆件等项，在确认符合要求后方可正式爬升。

2）正式爬升前，应先拆除与相邻大模板及脚手架间的连接杆件，使各个爬升模板单元系统分开。

3）爬升时应先收紧千斤顶钢丝绳，然后拆卸穿墙螺栓。在爬升大模板时拆卸大模板的穿墙螺栓，在爬升支架时拆卸底座的穿墙螺栓。同时还要检查卡环和安全钩。调整好大模板或爬升支架的重心，使其能保持垂直，防止晃动与扭转。

4）爬升时操作人员站立的位置一定要安全，不准站在爬升件上爬升，而应站在固定件上。

5）爬升时要稳起、稳落和平稳地就位，防止大幅度摆动和碰撞。要注意不要使爬升模板被其他构件卡住，若发现此现象，应立即停止爬升，待故障排除后，方可继续爬升。

6）每个单元的爬升，应在一个工作台班内完成，不宜中途交接班，更不允许隔夜再爬升。爬升完毕应及时固定。

7）遇六级以上大风，一般应停止作业。

8）爬升完毕后，应将小型机具和螺栓收拾干净，不可遗留在操作架上。

4. 拆除

1）拆除爬升模板，要有拆除方案，并应由技术负责人签署意见，并向有关人员交底后方可实施。

2）拆除时要设置警戒区。要有专人统一指挥、专人监护，严禁交叉作业。拆下的物件，要及时清理运走。

3）拆除时要先清除脚手架上的垃圾杂物，拆除连接杆件，经检查安全可靠后，方可大面积拆除。

4）拆除爬升模板的顺序是：爬升设备→大模板→爬升支架。

5）拆除爬升模板的设备，可利用施工用的起重机，也可在屋面上装设人字形拔杆或台灵架进行拆除。

6）拆下的爬升模板要及时清理、整修和保养，以便重复利用。

6.4　粗钢筋连接技术

6.4.1　钢筋连接方式

钢筋的连接方式主要有绑扎连接、机械连接、套管连接和焊接四种。高层建筑中主要应用机械连接和套管连接。常用焊接方法包括电阻电焊、闪光对焊、电渣压力焊、气压焊、电弧焊。电渣压力焊一般用于柱筋的连接；闪光对焊一般用于梁筋的连接，一般不准用在高层建筑中。

1）电阻电焊：用于焊接钢筋骨架和钢筋网。钢筋骨架较小钢筋直径不大于 10mm 时，大小钢筋直径之比不宜大于 3；较小直径为 12~16mm 时，大小钢筋直径之比不宜大于 2。焊接网较小钢筋直径不得小于较大直径的 60%。

2）闪光对焊：钢筋直径较小的 HRB400 以下钢筋可采用"连续闪光焊"；钢筋直径较大，端面较平整时，宜采用"预热闪光焊"；钢筋直径较大，端面不平整时，应采用"闪光-预热闪光焊"。连续闪光对焊所能焊接的钢筋直径上限应根据焊接容量、钢筋牌号等具体情况而定，具体要求见《钢筋焊接及验收规程》（JGJ 18—2012）。不同直径钢筋焊接时径差不得超过 4mm。

3）电渣压力焊：仅用于柱、墙等构件中竖向或斜向（倾斜度不大于 10°）钢筋的焊接。不同直径钢筋焊接时径差不得超过 7mm。

4）气压焊：可用于钢筋在垂直位置、水平位置或倾斜位置的对接焊接。不同直径钢筋焊接时径差不得超过 7mm。

5）电弧焊：包括帮条焊、搭接焊、坡口焊、窄间隙焊和熔槽帮条焊。帮条焊、熔槽帮条焊使用时应注意钢筋间隙的要求。窄间隙焊用于直径≥16mm 钢筋的现场水平连接。熔槽帮条焊用于直径≥20mm 钢筋的现场安装焊接。

6.4.2　粗钢筋连接

粗钢筋连接普遍采用机械连接技术。按照《钢筋机械连接技术规程》（JGJ 107—2016）接头主要采用套筒挤压连接、直螺纹连接和锥螺纹连接。

1. 套筒挤压连接

套筒挤压连接（图 6-28）原理就是将需要连接的两根钢筋端部插入钢套筒内，利用挤压机压缩钢套筒，使它产生塑性变形，靠变形后的套筒与带肋钢筋的咬合紧固力来实现钢筋的连接。其一般用于直径为 16~40mm 的 2 级、3 级钢筋，分径向和轴向挤压两种。

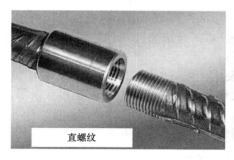

直螺纹

图 6-28　直螺纹和套筒挤压连接

钢筋连接套筒的质量应符合下列要求：

1）钢筋端部不得有局部弯曲，不得有严重锈蚀和附着物。

2）钢筋端部应有检查插入套筒深度的明显标记，钢筋端头离套筒长度中心点不宜超过 10mm。

3）挤压应从套筒中央开始，一次向两端挤压，压痕直径的波动范围应控制在供应商认定的允许波动范围内，并提供专用量规进行检查。

4）挤压后的套筒不得有肉眼可见的裂纹。

套筒挤压连接的优点是接头强度高，质量稳定可靠；安全；无明火，不受气候影响；适应性强，可用于垂直、水平、倾斜、高空、水下等各方位的钢筋连接，还特别适用于不可焊钢筋、进口钢筋的连接。近年来推广应用迅速。挤压连接的主要缺点是设备移动不便，连接速度较慢。

2. 直螺纹连接

等强度直螺纹连接接头是 20 世纪 90 年代开始使用的，接头质量牢靠，连接强度高，可与套筒揉捏连接接头相媲美，并且又具有锥螺纹连接接头施工便利、速度快的特点，因而直螺纹连接给钢筋连接技术带来了质的腾跃。目前我国直螺纹连接技术呈现出百家争鸣的现象，出现了多种直螺纹连接方法。

直螺纹连接接头主要有镦粗直螺纹连接接头和滚压直螺纹连接接头。这两种工艺选用不一样的加工方法，增强钢筋端头螺纹的承载能力，达到接头与钢筋母材等强的目的。

1）直螺纹连接技术的特点。

① 接头强度高。墩粗直螺纹接头不削弱母材截面面积，使螺纹牙底直径大于母材直径，冷镦后还可提高钢材强度，使接头部位的强度大于母材强度。

② 节能经济。直螺纹接头同挤压连接相比节约套筒材料 70%，同锥螺纹接头相比节约套筒材料 40%，接头成本降低，同时镦粗机、套螺纹机设备动力小，能耗低、节约能源。

③ 适应性强。直螺纹接头现场施工时不受环境影响。在任何自然条件下均可施工。如钢筋弯曲，不可转动的钢筋笼等场合也可适用，套筒连接速度快，不需扭力扳手，施工便捷迅速。

2）适用范围。墩粗直螺纹钢筋接头适用于一切抗震和非抗震设防的工程结构中的任何部位，必要时，在同一连接范围内钢筋的接头百分率可以不受限制。如钢筋笼的对接，伸缩缝或新老结构连接外钢筋的对接；滑模施工的筒体或墙体与水平方向梁钢筋的连接；逆作法和地下连接墙中钢筋的连接等场合。

3）工艺特点。直螺纹连接接头是指通过钢筋端头镦粗后制作的直螺纹和连接件螺纹咬合形成的接头。其工艺是：先将钢筋端头通过镦粗设备镦粗，再加工出螺纹，其螺纹小径不小于钢筋母材直径，使接头与母材达到等强。国外镦粗直螺纹连接接头，其钢筋端头有热镦粗和冷镦粗。热镦粗主要是消除镦粗过程中产生的内应力，但加热设备投入费用高。我国的镦粗直螺纹连接接头，其钢筋端头主要是冷镦粗，对钢筋的延性要求高，对延性较低的钢筋，镦粗质量较难控制，易产生脆断现象。

直螺纹钢筋接头的安装质量应符合下列要求：

1）安装接头时可用管钳扳手拧紧，应使钢筋丝头在套筒中央位置相互顶紧。标准型接头安装后的外露螺纹不宜超过 2 个螺距。

2）安装后应用扭力扳手校核拧紧，拧紧转矩值应符合表 6-1 的规定。

表 6-1 直螺纹钢筋接头安装时的最小拧紧转矩

钢筋直径/mm	≤16	18～20	22～25	28～32	36～40
拧紧转矩/（N·m）	100	200	260	320	360

3）校核用扭力扳手的准确度级别可选用 10 级。

3. 锥螺纹连接

锥螺纹连接接头是指经过钢筋端头特制的锥形螺纹和连接件锥形螺纹咬合构成的接头。锥螺纹连接技术的诞生克服了套筒揉捏连接技术存在的缺点。锥螺纹丝头全部是提前预制的，现场只需用力矩扳手操作，不需搬动设备和拉扯电线，工期短，深受各施工单位的好评。但由于加工螺纹的小径削弱了母材的横截面积，降低了接头强度，通常只能达到母材实际抗拉强度的 85%~95%。我国的锥螺纹连接技术和国外比较还存在一定距离，最突出的一个问题就是螺距单一，直径 16~40mm 的钢筋可选用的螺距都为 2.5mm，而 2.5mm 螺距最适合于直径 22mm 钢筋的连接，太粗或太细钢筋连接的强度都不理想，尤其是直径为 36mm、40mm 钢筋的锥螺纹连接，很难达到母材实际抗拉强度的 0.9 倍。许多生产单位自称可达到钢筋母材规范强度，是利用了钢筋母材超强的功能，即钢筋实际抗拉强度大于规范规定的钢筋抗拉强度值。因为锥螺纹连接技术具有施工速度快、接头成本低的特色，自 20 世纪 90 年代初推行以来也得到了较大规模的推行运用，但因为存在的缺点较多，正逐步被直螺纹连接技术所替代。

锥螺纹钢筋接头的安装质量应符合下列要求：

1）接头安装时应严格保证钢筋与连接套筒的规格相一致。

2）接头安装时应用扭力扳手拧紧，拧紧转矩值应符合有 6-2 的规定。

表 6-2　锥螺纹钢筋接头安装时的最小拧紧转矩

钢筋直径/mm	≤16	18~20	22~25	28~32	36~40
拧紧转矩/(N·m)	100	180	240	300	360

3）校核用扭力扳手与安装用扭力扳手应区分使用，校核用扭力扳手应每年校核 1 次，准确度应选用 5 级。

6.5　高性能混凝土施工

高性能混凝土以耐久性作为设计的主要指标，针对不同用途要求，对下列性能予以重点保证：耐久性、工作性、适用性、强度、体积稳定性和经济性。为此，高性能混凝土在配置上的特点是采用低水胶比，选用优质原材料，且必须掺加足够数量的掺合料（矿物细掺料）和高效外加剂。

1950 年 5 月美国国家标准与技术研究院（NIST）和美国混凝土协会（ACl）首次提出高性能混凝土的概念。但是到目前为止，各国对高性能混凝土提出的要求和含义完全不同。

美国的工程技术人员认为，高性能混凝土是一种易于浇筑、捣实、不离析，能长期保持高强、韧性与体积稳定性，在严酷环境下使用寿命长的混凝土。美国混凝土协会认为，此种混凝土并不一定需要很高的混凝土抗压强度，但仍需达到 55MPa 以上，需要具有很高的抗化学腐蚀性或其他一些性能。

日本工程技术人员则认为，高性能混凝土是一种具有高填充能力的混凝土，在新拌阶段不需要振捣就能完成浇筑；在水化、硬化的早期阶段很少产生有水化热或干缩等因素而形成的裂缝；在硬化后具有足够的强度和耐久性。

加拿大的工程技术人员认为，高性能混凝土是一种具有高弹性模量、高密度、低渗透性和高抗腐蚀能力的混凝土。

综合各国对高性能混凝土的要求，可以认为，高性能混凝土具有高抗渗性（高耐久性的关键性能）、高体积稳定性（低干缩、低徐变、低温度变形和高弹性模量）、适当的高抗压强度、良好的施工性（高流动性、高黏聚性、自密实性）。

我国对高性能混凝土的定义为：采用常规材料和工艺生产，具有混凝土结构所要求各项力学性能，具有高耐久性、高工作性和高体积稳定性的混凝土。

6.5.1　高性能混凝土的特征

1. 自密实性

高性能混凝土的用水量较低，流动性好，抗离析性高，从而具有较优异的填充性。因此，配合比恰当的大流动性高性能混凝土有较好的自密实性。

2. 体积稳定性

高性能混凝土的体积稳定性较高，表现为具有高弹性模量、低收缩与徐变、低温度变形。普通混凝土的弹性模量为 20~25GPa，采用适宜的材料与配合比的高性能混凝土，其弹性模可达 40~50GPa。采用高弹性模量、高强度的粗骨料并降低混凝土上中水泥浆体的含量，选用合理的配合比配制的高性能混凝土，90d 龄期的干缩值低于 0.04%。

3. 强度

高性能混凝土的抗压强度已超过 200MPa。28d 平均强度介于 100~120MPa 的高性能混凝土，已在工程中应用。高性能混凝土的抗拉强度与抗压强度值比高强混凝土有明显增加，高性能混凝土的早期强度发展加快，而后期强度的增长却低于普通混凝土。

4. 水化热

由于高性能混凝土的水灰比较低，会较早地终止水化反应，因此，水化热相应地降低。

5. 收缩和徐变

高性能混凝土的总收缩量与其强度成反比，强度越高总收缩量越小。但高性能混凝土的早期收缩率，随着早期强度的提高而增大。相对湿度和环境温度，仍然是影响高性能混凝土收缩性能的两个主要因素。

高性能混凝土的徐变变形显著低于普通混凝土，与普通混凝土相比，高性能混凝土的徐变总量（基本徐变与干燥徐变之和）有显著减少。在徐变总量中，干燥徐变值的减少更为显著，基本徐变仅略有一些降低。干燥徐变与基本徐变的比值，则随着混凝土强度的增加而降低。

6. 耐久性

除通常的抗冻性、抗渗性明显高于普通混凝土之外，高性能混凝土的氯离子渗透率明显低于普通混凝土。高性能混凝土由于具有较高的密实性和抗渗性，因此，其抗化学腐蚀性能显著优于普通混凝土。

7. 耐火性

高性能混凝土在高温作用下，会产生爆裂、剥落。由于混凝土的高密实度使自由水不易很快地从毛细孔中排出，再受高温时其内部形成的蒸汽压力几乎可达到饱和蒸汽压力。在 300℃温度下，蒸汽压力可达 8MPa，在 350℃温度下，蒸汽压力可达 17MPa，这样的内部压力可使混凝土中产生 5MPa 拉伸应力，使混凝土发生爆炸性剥蚀和脱落。因此高性能混凝土的耐高温性能是一个值得重视的问题。为克服这一性能缺陷，可在高性能和高强度混凝土中掺入有机纤维，在高温下混凝土中的纤维能熔解、挥发，形成许多连通的孔隙，使高温作用产先的蒸汽压力得以释放，从而改善高性能混凝土的耐高温性能。

概括起来说，高性能混凝土能更好地满足结构功能要求和施工工艺要求，能最大限度地延长混凝土结构的使用年限，降低工程造价。

6.5.2　高性能混凝土的配合比要求

高性能混凝土的配合比应根据原材料品质、设计强度等级、耐久性以及施工工艺对工作性能的要求，通过计算、试配、调整等步骤确定。进行配合比设计时应符合下列规定：

1) 对不同强度等级混凝土的胶凝材料总量应进行控制：C40 以下不宜大于 400kg/m³；C40～C50 不宜大于 450kg/m³；C60 及以上的非泵送混凝土不宜大于 500kg/m³，泵送混凝土不宜大于 530kg/m³；配有钢筋的混凝土结构，在不同环境条件下其最大水胶比和单方混凝土中胶凝材料的最小用量应符合设计要求。

2) 混凝土中宜适量掺加优质的粉煤灰、磨细矿渣粉或磁灰等矿物掺合料，用以提高其耐久性，改善其施工性能和抗裂性能，其掺量宜根据混凝土的性能要求通过试验确定，且不宜超过胶凝材料总量的 20%。当混凝土中粉煤灰掺量大于 30% 时，混凝土的水胶比不得大于 0.45；在预应力混凝土及处于冻融环境的混凝土中，粉煤灰的掺量不宜大于 20%，且粉煤灰的含碳量不宜大于 2%。对暴露于空气中的一般构件混凝土，粉煤灰的掺量不宜大于 20%，且单方混凝土胶凝材料中的硅酸盐水泥用量不宜小于 240kg。

3) 对耐久性有较高要求的混凝土结构，试配时应进行混凝土和胶凝材料抗裂性能的对比试验，并从中优选抗裂性能良好的混凝土原材料和配合比。

4) 混凝土中宜适量掺加外加剂，但宜选用质量可靠、稳定的多功能复合外加剂。

5) 冻融环境下的混凝土宜采用引气混凝土。冻融环境作用等级 D 级及以上的混凝土必须掺用引气剂，并应满足相应强度等级中最大水胶比和胶凝材料最小用量的要求；对处于其他环境作用等级的混凝土，也可通过掺加引气剂（含气量不小于 4%）提高其耐久性。

6) 对混凝土中总碱含量的控制应符合规定。混凝土中的氯离子总含量，对钢筋混凝土不应超过胶凝材料总量的 0.10%，对预应力混凝土不应超过 0.06%。

7) 混凝土的坍落度宜根据施工工艺的要求确定，条件允许时宜选用低坍落度的混凝土施工。

6.5.3　高性能混凝土的技术要求

1. 水泥

水泥应选用硅酸盐水泥或普通硅酸盐水泥。水泥中 C3A 含量应不大于 8%，细度控制在 10% 以内，碱含量小于 0.8%，氯离子含量小于 0.1%。水泥中的 C3A 含量高、细度高，比表面积就会增大，混凝土的用水就会增加，从而造成混凝土坍落度损失过快，有时甚至会出现急凝和假凝现象，这不仅会影响混凝土的外观质量，同时也将直接影响其耐久性。为了更好地达到各项指标，水泥的存放时间以 3d 为宜。

2. 矿物掺合料

矿物掺合料对混凝土具有减水、活化、致密、润滑、免疫、填充的作用，它能延缓水泥水化过程中水化粒子的凝聚，减轻坍落度损失。矿物掺合料选用品质稳定的产品，矿物掺合料的品种宜为粉煤灰、磨细粉煤灰、矿渣粉或硅灰。其各项指标应满足：粉煤灰的细度 ≤20%，烧矢量 ≤5%，含水率 ≤0%，氯离子含量 ≤0.02%。

3. 外加剂

外加剂与水泥的适应性、减水率、流动性、含气量、掺量都将影响混凝土的工作性。具体技术指标参照相关技术要求和规范。

4. 细骨料

含泥量、泥块含量也是影响高性能混凝土各项技术指标的重要原因之一。含泥量、泥块含量过高，不仅会降低混凝土强度，还易造成内部结构的毛细通道不能有效地阻止有害物质的侵蚀。

5. 粗骨料

粗骨料宜选用二级配、三级配碎石，保持良好的级配能增加混凝土强度。在选择粗骨料时，一定要控制大骨料的含量，大骨料的含量超标，将直接影响保护层外侧混凝土的质量，会导致混凝土的表面产生干裂纹，影响表观质量。碎石粒径宜为 5~20mm，最大粒径不应超过 25mm，级配良好，压碎指标不大于 8%，针片状含量不大于 10%，含泥量低于 1.0%，骨料水溶性氯化物折合氯离子含量不超过骨料质量的 0.02%。

6.5.4 高性能混凝土的发展

高性能混凝土是由高强混凝土发展而来的，但高性能混凝土对混凝土技术性能的要求比高强混凝土更多、更广泛。高性能混凝土的发展一般可分为三个阶段：

1. 振动加压成型的高强混凝土——工艺创新

在高效减水剂问世以前，为获得高强混凝土，一般采用降低水胶比，强力振动加压成型。即将机械压力加到混凝土上，挤出混凝土中的空气和剩余水分，减少孔隙率。但该工艺不适台现场施工，难以推广，只在混凝土预制板、预制桩的生产中广泛采用，并与蒸压养护共同使用。

2. 掺高效减水剂配置高效混凝土——第五组分创新

20 世纪 50 年代末期高效减水剂的出现使高强混凝土进入一个新的发展阶段。代表性的有萘系、三聚氰胺系和改性木钙系高效减水剂，这三个系类均是普遍使用的高效减水剂。

采用普通工艺，掺加高效减水剂，降低水胶比，可获得高流动性、抗压强度为 60~100MPa 的高强混凝土，使高强混凝土获得广泛的发展和应用。但是，仅用高效减水剂配制的混凝土，具有坍落度损失较大的问题。

3. 采用矿物外加剂配制高性能混凝土——第六组分创新

20 世纪 80 年代矿物外加剂异军突起，发展成为高性能混凝土的第六组分，它与第五组分相得益彰，成为高性能混凝土不可缺少的部分。就现在而言，配制高性能混凝土的技术路线主要是在混凝土中同时掺入高效减水剂和矿物外加剂。

配制高性能混凝土的矿物外加剂，是具有高比表面积的微粉辅助胶凝材料。例如，硅灰、细磨矿渣微粉、超细粉煤灰等。它是利用微粉填隙作用形成细观的紧密体系，改善界面结构，提高界面黏结强度。

第7章　高层钢结构建筑施工

教学提示：随着大城市的人口高度密集，城市建筑逐渐向高空发展，高层和超高层建筑迅速出现。有着综合优势的钢结构已经成为我国高层建筑的主要结构类型，钢结构建筑被称为21世纪的"绿色工程"。

教学要求：本章让学生了解高层钢结构建筑工程关于结构体系、结构用钢材、结构的连接技术、构件制作、结构安装及结构的防腐与防火等几大方面的内容。重点让学生掌握高层钢结构建筑钢材的选用、零件不同的加工方式、结构安装的顺序和施工要点、构件制作和结构安装的焊接及螺栓连接的施工工艺、钢结构防腐和防火的涂装工艺。

钢结构由于强度高，自重轻，塑性、韧性、抗震性能好，工业化程度高，施工周期短，环境污染少，建筑造型美观等综合优势，在发达国家和地区的高层、超高层建筑中广泛应用。现代建筑全钢结构包括屋盖钢结构和现代高层钢结构。钢结构建筑的发展是一个国家和地区经济繁荣、科技进步的重要标志。

在澳大利亚、英国、加拿大、日本、美国、芬兰、法国、瑞典、丹麦等国家，均已形成了相当规模的产业化钢结构建筑体系。美国高层房屋结构中超过一半使用了钢结构。日本有1/3的房屋使用钢结构。著名的东京晴空塔（图7-1），其高度为634.0m，于2011年11月17日获得吉尼斯世界纪录认证为"世界第一高塔"，成为全世界最高的自立式电视塔，其结构形式为内直径8m的巨型混凝土柱，外围为钢结构，两者之间相互独立，钢结构部分由三万块形状不一的巨型钢骨构件组成。矗立在法国巴黎的埃菲尔铁塔，是世界著名钢结构建筑，于1889年建成，总高度324m，采用拉压杆为主的空间桁架体系，是世界建筑史上的技术杰作。位于美国纽约市的帝国大厦（图7-2）是一栋著名的摩天大楼，共有102层，1930年动工，1931年落成，只用了410天，采用重钢结构体系。

我国钢结构有着悠久的历史，远在古代就有铁链悬桥、铁塔等建筑物。20世纪中期，先后建成了许多钢桥、工业厂房、体育馆等。几十年来，我国的大城市由于人口高度密集，生产和生活用房紧张，交通拥挤，地价昂贵，城市建筑逐渐向高空发展，高层和超高层建筑迅速出现。随着我国钢铁结构的发展，国家建筑技术政策由以往限制使用钢结构转变为积极合理推广应用钢结构，从而推动了建筑钢结构的快速发展。旅馆、饭店、公寓、办公楼等多高层及超高层建筑采用钢结构也越来越多，北京、上海、广州、深圳等地区已陆续建造了数十幢钢结构高层建筑。如北京的中央电视台总部大楼（234m）（图7-3）、深圳的地王大厦（384m）、上海中心大厦（632m）、广州新电视塔（600m）（图7-4）等著名的高层钢结构建筑。目前，高层钢结构建筑已成为我国高层建筑的主要结构类型，并且由于我国已生产高层钢结构建筑用厚钢板、热轧H型钢等多种钢材品种，也为高层钢结构建筑的发展提供了重要的物质保证。钢结构建筑被称为21世纪的绿色工程。表7-1列举了国内外较有代表性的一些高层钢结构建筑。

图 7-1　东京晴空塔

图 7-2　帝国大厦

图 7-3　中央电视台总部大楼

图 7-4　广州新电视塔

表 7-1　国内外较有代表性的高层钢结构建筑

建筑名称	城市	建筑高度/m	建筑层数（地上）	建筑面积/万·m^2
帝国大厦	纽约	381	102	20
世贸大厦（双子塔）	纽约	412	110	80
世界贸易中心一号大楼（自由塔）	纽约	541.3	82	24

（续）

建筑名称	城市	建筑高度/m	建筑层数（地上）	建筑面积/万·m²
阿拉伯塔酒店	迪拜	321	56	46
石油双塔	吉隆坡	452	88	88
西尔斯大厦	芝加哥	442	108	41.8
101 大厦	台北	508	101	36
汉京金融中心	深圳	350	61	16.5
平安大厦	深圳	600	118	46
南京地铁大厦	南京	99.9	26	4
紫峰大厦	南京	450	89	13.8
广州双子塔	广州	530、432	116、103	37、44.8
北京新保利大厦	北京	105	23	11
中央电视台总部大楼	北京	234	52	55
金茂大厦	上海	420.5	88	29
上海环球金融中心	上海	492	101	38.2
上海中心大厦	上海	632	118	43.4

7.1　高层钢结构建筑的结构体系

　　目前，高层钢结构建筑的结构体系主要有纯框架结构体系、框架-支撑（剪力墙）结构体系、错列桁架结构体系、外筒式结构体系、筒体结构体系等几种，如图 7-5 所示。

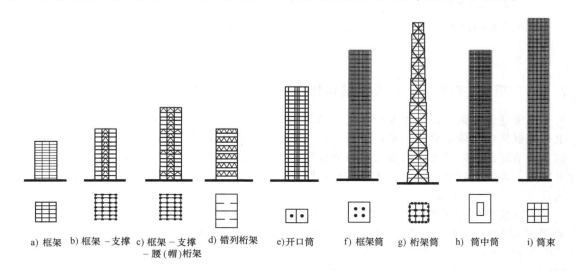

　　a) 框架　b) 框架 – 支撑　c) 框架 – 支撑　d) 错列桁架　e)开口筒　f) 框架筒　g) 桁架筒　h) 筒中筒　i) 筒束
　　　　　　　　　　　　　 – 腰(帽)桁架

图 7-5　高层钢结构建筑的结构体系

　　框架结构体系是由水平梁和垂直柱通过节点的刚性构造连接而成的多个平面刚接框架结构组成的空间杆系结构，承受作用于各个平面的荷载。框架结构在垂直平面上不设支撑，可以形成较大的空间，为平面布置提供了最大的灵活性，框架结构可以有多种结构平面，如图 7-6 所示。

　　框架结构体系各部分的刚度比较均匀，构造简单，易于施工。其整体性取决于各柱和梁的刚度、强度以及节点刚接构造的可靠性，在竖向荷载作用下的承载能力取决于梁、柱的强度和稳定性，在这方面与其他结构体系的情况基本相同，在水平荷载作用下其抗侧力的强度和刚度主要取决于杆件的抗弯能力。据此，该体系对于 30 层以下的建筑较为合适。25 层的北京长富宫饭店，即为钢框架结构体系。当建筑超过 30 层后，楼层剪力很大，这种体系的刚度不易满足要求，靠加大梁、柱截面来提高框架的抗侧力能力，已不再经济合理，常需采用剪力墙或筒体结构来加强刚接框架而另成别的体系。框架结构体系的优点是建筑平面布置灵活，能适用于各类性质的建筑，有较大延性，有利于抗震；缺点是侧向刚度较差，在风载或地震荷载等水平荷载作用下，层间位移较大，会导致非结构部件破坏。

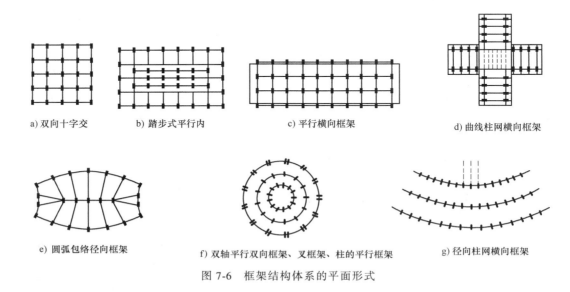

a) 双向十字交　　　b) 踏步式平行内　　　　c) 平行横向框架　　　　　d) 曲线柱网横向框架

e) 圆弧包络径向框架　　　f) 双轴平行双向框架、叉框架、柱的平行框架　　　g) 径向柱网横向框架

图 7-6　框架结构体系的平面形式

7.1.1　框架-支撑（剪力墙）结构体系

　　高层建筑结构设计的重要内容之一是控制建筑物顶点的水平位移在规定的限值范围内，上述纯框架结构体系到达一定高度后，难以承受水平荷载作用下的水平剪力，通过在框架结构某些节间的竖向平面内增设起剪力墙作用，由钢支撑构成的竖向抗剪支撑桁架，来承受水平剪力。即能有效地提高结构体系的抗剪刚度而大大减少水平位移，这种结构形式一般称为框架-支撑结构，其类型如图 7-7 所示。

　　当刚接框架和抗剪支撑共同工作而成为框架-支撑结构体系时，框架主要作为承受竖向荷载的结构，也承受一部分水平荷载（一般占 15%～20%），大部分水平荷载由抗剪支撑承受。在水平力作用下，抗剪支撑桁架的支撑构件只承受拉、压轴向应力，无论从强度或变形的角度看，都是十分有利的。

　　这种结构中因柱子主要承受墙、梁和楼板传递的竖向荷载，用钢量较纯框架结构小，框

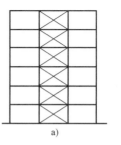
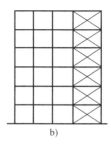

a)　　　　　　　　　b)

图 7-7　由交叉支撑组成的框架-支撑结构体系

架梁-柱节点相对简单，可视为铰接或半刚接。由于竖向抗剪支撑桁架提高了结构的抗水平力能力，增加了结构的整体刚度，结构体系的建筑高度可以加大。可建到 60 层左右。如 53 层的北京京广中心（208m）即为钢框架-支撑结构。当竖向支撑桁架设置在建筑物中部构

成抗水平力核心筒时，外围柱一般不参与抵抗水平力，则整个结构的刚度提高有限，也就影响了建筑物层数的增加。如果在结构的顶层或中间层设置高度相当于一个楼层的水平带状支撑桁架，可使外围柱共同抵抗水平力，结构抵抗水平力能力大大提高。一般设在中间楼层的水平桁架称为腰桁架，设在顶层的水平桁架称为帽桁架。此类框架-支撑结构又称为有腰（帽）桁架的框架-支撑结构体系。如 52 层的京城大厦（183.35m）就采用了此结构体系。

钢结构支撑和剪力墙板的类型很多，如图 7-8 所示，采用何种类型支撑、其数量多少及刚度大小，主要依建筑物高度和水平力的大小加以调整。在高层钢结构建筑中，用得最多的是人字支撑、交叉支撑和单斜杆支撑。为保持抗侧力性能的均衡，单斜杆支撑应对称布置，以承受左、右两方向来的地震作用。

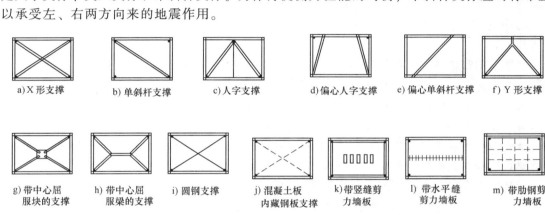

a) X 形支撑　　b) 单斜杆支撑　　c) 人字支撑　　d) 偏心人字支撑　　e) 偏心单斜杆支撑　　f) Y 形支撑

g) 带中心屈　　h) 带中心屈　　i) 圆钢支撑　　j) 混凝土板　　k) 带竖缝剪　　l) 带水平缝　　m) 带肋钢剪
服块的支撑　　服梁的支撑　　　　　　　　　　内藏钢板支撑　　力墙板　　剪力墙板　　力墙板

图 7-8　钢结构支撑和剪力墙板

另外有时在高层钢结构建筑中多采用带竖缝或水平缝的混凝土墙板代替支撑桁架，这种墙板的变形能力比普通混凝土墙板大得多。它的上下边沿全长与框架梁连接。由于混凝土墙板的断面大，有很大的刚度和抗剪能力，能有效地抵抗地震作用引起的剪力，显著地节约了钢材，如 43 层的深圳发展中心（165m）就是采用混凝土墙板代替支撑桁架。

7.1.2　错列桁架结构体系

错列桁架结构由框架-支撑结构派生演变而成。其特点是下一楼层的桁架位于上一楼层两榀桁架间距的中线上，使相邻两个楼层桁架呈"品"字形交错排列，如图 7-9 所示。此结构的楼板架设在下层桁架的上弦杆和上层桁架的下弦杆上，楼板参与桁架传递水平力，起刚性隔板作用。水平力作用于每层桁架上弦，经腹杆传至下弦，又由楼板传至相邻桁架的上弦。这一过程的重复，就可以使水平力传至基础。这种结构适用于公寓、旅馆等狭长建筑物，因为狭长矩形平面高层建筑，短边刚度往往较小，而短边方向的风载又较大。错列桁架结构的优点是短边刚度较大，容易满足以上设计要求，而且此结构的经济效果非常突出，国内尚无这种结构实例，据国外报道此体系非常省钢，其用钢量比框筒结构低 40%。桁架在工厂制作

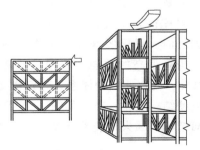

图 7-9　空间错列桁架

后整体吊装，结构安装速度快，施工周期短。

7.1.3　外筒式结构体系

外筒式结构体系如图 7-5e、f、g 所示，有开口筒、框架筒、桁架筒。当建筑物高度超过 60 层后，水平荷载作用的影响越来越严重，结构体系必须具有更强有力的承受水平荷载的有效部分。由于框架-核心筒结构的内筒平面尺寸较小，其侧向刚度受到限制，所以有时把抗剪结构在外围延伸至建筑短边全宽，长边则在中间断开，在平面两端形成槽形悬臂构件，称为半框筒式结构或开口筒结构。如长边较长，中间可再加工字形抗剪悬臂构件或加一个封闭的中间筒。此结构的抗水平力构件可采用支撑桁架或密柱解决，其抗水平力能力加大，内部空旷，使用较灵活，但楼盖梁跨度较大，可建到 70 层。国内尚无此结构体系实例。

如果采用密排的柱和各层楼盖处的横梁（或以窗下墙作为横梁）刚接组成密间距矩形网格，四周成圈，形成一个封闭空心箱形悬臂筒（竖直方向），来承受水平荷载，则大大提高了体系的抗侧移刚度和抗扭转性能。竖直重力荷载则主要由内部少量中间柱承受。劲性楼面作为横隔把侧力分布到周边结构上，无须楼板梁的弯矩约束作用来抵抗和传递水平力，楼板可做成密肋板或无梁平板，则可获得较大的楼层净高。这种结构的外筒是由空腹格网组成的框架式结构，因而称为框架筒。其合适高度为 80 层左右，其平面具有很大的多功能灵活性，且其外圈密排式空腹格网可直接作为安装玻璃的窗框。

但这种外筒不是实腹外墙而是密网框架，框架的柔性在传力过程中易造成应力损失，使正应力两边大中间小，角柱轴力大于中间轴力，形成剪力滞后现象。因此框架筒结构在水平荷载作用下，仍存在一定的缺点，为克服缺点可将外筒的刚性框架结构改为桁架式结构，也称为桁架式外筒结构。因框架筒依靠梁柱的弯曲抵抗水平剪力，而桁架筒则主要靠斜撑的轴向力来抵抗水平剪力，水平剪力引起的斜撑拉力将会被重力荷载产生的压力抵消，斜撑的这种双重作用使这种结构有很高的效能，用钢量也降低约

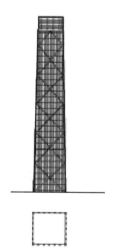

图 7-10　约翰·汉考克中心桁架式外筒结构

10%，应用此结构体系，建筑物高可达 100 层以上。其缺点是开窗受斜撑影响，大量交叉节点使结构变得复杂。如图 7-10 所示，美国芝加哥 100 层的约翰·汉考克中心即为桁架式外筒结构，强大的交叉支撑外露于建筑物的立面上。

7.1.4　筒体结构体系

筒体结构体系如图 7-5h、i 所示，主要有筒中筒、筒束。加强框架外筒式结构体系的另一种方法是在内部设置强劲的钢结构或钢筋混凝土结构剪力墙式的核心内筒，外

围结构为密柱深梁钢框筒，从而发展形成筒中筒结构体系。此结构体系的内筒和外筒由楼盖结构连接起来形成一个整体，共同承受水平荷载和竖直荷载，可以十分有效地抵抗侧力。由于有内筒参与抵抗侧力，框架筒的剪力泄后现象得到改善，其合适高度也可达到 100 层左右。

筒式结构的发展，从单筒到筒中筒，再到筒束结构体系。此体系合适高度为 110~120 层，如采用桁架式筒束结构体系，有可能把合适高度提高到 140 层以上。美国芝加哥西尔兹大厦是采用筒束结构的典型实例。其平面形式及外形特征如图 7-11 所示。110 层的西尔兹大厦平面尺寸 67.5m×67.5m，高 445m。50 层及以下结构由 9 个 22.5m×22.5m 的框架筒相互连接组成筒束，平面呈正方形；51~66 层去掉 2 个角部框架筒，平面呈双菱形；67~90 层又去掉另两个角部框筒，平面呈十字形；91~110 层再去掉 3 个框筒，平面呈长方形。

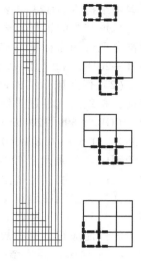

图 7-11　筒束结构体系

7.2　钢结构用钢材

结构钢主要由铁元素组成，约占化学成分的 98% 或更高，但是影响钢材材质的却是所占百分比含量很小的其他元素，如碳、其他合金元素以及杂质元素。钢化学成分的微量变化，会直接影响钢材的机械性能、加工性能和使用性能。有时为获得更高的强度和韧性，必须加入少量其他元素，特别是碳和锰。对于焊接结构钢，除了抗拉强度外，塑性、韧性和可焊性都是主要指标，对碳、磷极限含量都严格控制，防止热脆和冷脆等。

7.2.1　钢材的种类

钢材的品种繁多，性能各异，但在钢结构中采用的钢材按其化学元素组成，主要有以下几类：

1. 碳素结构钢

碳素结构钢是最普通的工程用钢，其中碳是形成钢材强度的主要元素，直接影响着钢材的可焊性。按其含碳量的多少，可分为低碳钢、中碳钢、高碳钢，见表 7-2。其中低碳钢是最主要并使用最多的钢材品种。

表 7-2　碳素结构钢的含碳量

碳素结构钢	低碳钢	中碳钢	高碳钢
含碳量	0.03%~0.25%	0.26%~0.60%	0.61%~2%

碳素结构钢又可以分为普通碳素结构钢和优质碳素结构钢。

（1）普通碳素结构钢。根据现行的国家标准《碳素结构钢》（GB/T 700—2006）的规定，碳素结构钢的牌号由代表屈服强度的字母（Q）、屈服强度数值（N/mm^2）、质量等级代号（A、B、C、D）、脱氧方法代号（F、Z、TZ）等四个部分符号按顺序组成。Q 是"屈"字汉语拼音的首位字母；质量等级中 A 级最差，D 级最优；F、Z、TZ 则分别是"沸""镇"及"特镇"汉语拼音的首位字母，分别代表沸腾钢、镇静钢及特殊镇静钢（表示脱氧程度不同）。其中代号 Z、TZ 可以省略。如：Q235A F 表示屈服强度为 $235N/mm^2$ 的 A 级沸腾碳素结构钢。Q235D 表示屈服强度为 235N/mm² 的 D 级特殊镇静碳素结构钢。

承重结构的钢材宜采用 Q235 钢、Q345 钢、Q390 钢、Q420 钢、Q460 钢，其质量应分别符合现行国家标准《碳素结构钢》（GB/T 700—2006）、《低合金高强度结构钢》（GB/T 1591—2018）和《建筑结构用钢板》（GB/T 19879—2015）的规定。

（2）优质碳素结构钢。优质碳素结构钢是用以满足不同加工要求而赋予相应性能的碳素钢，是碳素钢经过热处理（如调质处理和正火处理）得到的优质钢。按《优质碳素结构钢》（GB/T 699—2015）的规定，共有 28 个品种，根据其含锰量的不同分为四种：0.35%～0.65%、0.5%～0.8%、0.7%～1.0%、0.9%～1.2%。优质碳素钢与普通碳素钢的主要区别在于钢中含杂质元素较少，硫、磷的含量均不大于 0.035%，都属平炉或电炉冶炼的镇静钢，且严格限制其他缺陷，并且有较好的综合性能。

优质碳素钢在建筑工程中应用较少，国家标准《优质碳素结构钢》中可用于建筑钢结构的牌号有 15（U20152）、20（U20202）、15Mn（U21152）、20 Mn（U21202），其化学成分与力学性能应符合有关规定。

2. 低合金高强度结构钢

低合金高强度结构钢是一种在普通碳素钢基础上添加少量的一种或多种合金元素（总量低于 5%）如钒、铌、钛、铬、镍等，以提高其强度、耐腐蚀性、耐磨性或低温冲击韧性的钢材。加入钒、铌、钛等元素能明显提高钢材的强度，细化晶粒，改善可焊性；镍、铬属于残余元素，本身就是不锈钢的主要元素，它能提高强度、淬硬性和耐磨性等综合性能，但是对可焊性不利；有时加入少量钼和稀土元素，可以改善其综合性能，使低合金结构钢可以比碳素结构钢节省约 20% 的用钢量。

根据现行国家标准《低合金高强度结构钢》（GB/T 1591—2018）规定，低合金高强度结构钢的牌号表示由代表屈服强度的汉语拼音字母（Q）、规定的最小上屈服强度数值（N/mm²）、交货状态代号质量等级符号（A、B、C、D、E）三个部分组成，其中质量等级由 A 到 E 质量从低到高。钢牌号按上屈服强度大小，分为 Q345、Q390、Q420、Q460、Q500、Q550、Q620、Q690 八种，其中常用的钢种为 Q345 和 Q390。

低合金钢由转炉和电炉冶炼，交货时供方应提供力学性能和化学性能的质保书，其内容包括屈服强度、极限强度、伸长率、冲击韧性、冷弯实验等及碳、锰、硅、硫、磷、钒、铌和钛等的含量。不同牌号、不同质量等级的低合金钢其化学成分和力学性能应符合相关规定。

3. 耐候结构钢

在钢的冶炼过程中，通过添加少量的合金元素，如 Cu、P、Cr、Ni 等特定合金元素，可以在金属基体表面上形成保护层，以提高钢材耐大气腐蚀性能，这类钢材称为耐候钢。按照国家标准《耐候结构钢》（GB/T 4171—2008）的规定，耐候钢适用于耐大气腐蚀的建筑结构，产品通常在交货状态下使用。在暴露初期，腐蚀速度与普通钢并没有太多的区别，然而，随着稳定锈层的形成，腐蚀速度就会延缓下来。但是在海边等氯离子多的地区或雨量充沛的地区，表面缓蚀层很容易丧失其作用。以使用耐候钢为借口而降低防腐蚀涂装的质量、涂膜厚度或者想着可以延长更新涂装周期都是不合理的。我国目前生产的耐候钢分为高耐候结构钢和焊接结构用耐候钢两种。

（1）高耐候结构钢。其性能比焊接结构用耐候钢好，故称为高耐候结构钢。其有热轧和冷轧两种类型。热轧有 Q295GNH 和 Q355GNH 两种；冷轧有 Q265GNH 和 Q310GNH 两种。耐大气腐蚀性能比焊接结构用耐候钢好。

（2）焊接结构用耐候钢。这类钢材具有良好的焊接性能，都为热轧型钢，适用厚度为 100mm。钢材的屈服强度数值及"耐候"的字母 NH 按顺序组成，分为 Q235NH、Q295NH、

Q355NH、Q415NH、Q460NH、Q500NH、Q550NH7 种牌号，各牌号的化学成分和力学性能应符合有关规定。

对于外露环境，且对耐腐蚀有特殊要求或腐蚀性气体和固态介质作用下的承重结构，宜采用 Q235NH、Q355NH 和 Q415NH 牌号的耐候结构钢，其性能和技术条件应符合现行国家标准《耐候结构钢》的规定。

注：钢的牌号由"屈服强度"的字母 Q、"高耐候"或"耐候"的汉语拼音首位字母"GNH"或"NH"、屈服强度的下限值以及质量等级（A、B、C、D、E）组成。例如 Q355GNHC 表示屈服强度为 355N/mm² 的高耐候钢，质量等级为 C 级。

4．其他钢材

（1）桥梁用结构钢。《桥梁用结构钢》（GB/T 714—2015）代替《桥梁用结构钢》（GB/T 714—2008）。

与 GB/T 714—2008 相比，主要技术变化如下：

1）厚度范围增加至 150mm。

2）增加了术语和定义。

3）取消了 Q235q 钢。

4）按交货状态的不同，分别规定了各牌号钢的化学成分。

5）加严化学成分中 P、S 和 N 元素含量控制，增加 H 元素要求。

6）增加了 Q420q 及以上牌号钢的质量等级 F 级的技术要求。

7）允许钢带有缺陷的部分由不应大于每卷钢带总长度的 8% 加严为 6%。

桥梁用结构钢比一般的建筑用结构钢的技术要严格得多，所以，如果钢结构建筑中使用了桥梁用结构钢，属于以优代劣。

（2）耐火钢。普通建筑用钢在 350℃ 以上高温时屈服强度迅速下降到室温的 2/3 以下，不能满足设计要求。为了提高普通建筑用的钢结构抵抗火灾的能力，必须喷涂耐火涂层，而这样会费工费时，增加建筑结构质量，减少使用面积，延长工期，提高建筑成本。20 世纪 80 年代日本提出了耐火钢的概念，研制和应用耐火钢正是为了减薄或取消耐火涂层。日本研究者通过在钢中添加微量的 Cr、Mo、Nb 等合金元素开发出来，在 600℃ 的高温屈服强度相当于室温下的 2/3 以上屈服强度的耐火温度为 600℃ 的建筑耐火钢，其用途广泛，可用于办公楼、商场、宾馆、钢结构高层建筑大厦等的建造。

（3）铸钢、不锈钢及高强度钢等。高强度钢是通过冶炼加进多种的合金元素及热处理工艺而获得的，用在受强度控制的大跨度、特重型结构中时，可以明显地节约钢材。如应用在高层建筑的底部几层承重结构中。

7.2.2　钢材的品种

目前随着钢结构的大力发展，建筑形式多种多样，应用的钢材品种也有了很大变化。钢材的主要品种有以下类型：

1．钢板、钢带

钢板和钢带的主要区别在于钢板是平板状矩形的钢材，而钢带是指成卷交货的钢材。

钢板按轧制方法可以分为冷轧钢板和热轧钢板，在建筑钢结构中主要用热轧钢板。根据厚度、长度与宽度的变化，钢板分为薄板、厚板、特厚板和扁钢等。薄板主要用来制造冷弯薄壁型钢；厚板用作梁、柱、实腹式框架等构件的腹板和翼缘，以及桁架中心节点板；特厚板用于钢结构高层建筑箱形柱等；扁钢可作为组合梁的翼缘板、各种构件的连接板等。

2. 普通型材

工字钢、槽钢、角钢三种类型是工程结构中使用最早的型钢。

（1）工字钢。工字钢有普通热轧工字钢和轻型工字钢两种。翼缘内表面有着1:6倾斜度，使翼缘外薄而内厚，就造成工字钢在两个主平面内的截面特性相差极大，不宜单独用作轴心受压构件或承受斜弯曲和双向弯曲的构件，在应用中难以发挥钢材的强度特性，已逐渐被H型钢所淘汰。

（2）槽钢。槽钢有普通热轧槽钢和轻型槽钢两种，其伸出肢较大，可用于屋盖檩条，承受斜弯曲或双向弯曲。另外槽钢翼缘内表面斜度（1:10）比工字钢平缓，安装螺栓较容易，但其腹板较厚，使槽钢组成的构件用钢量较大。相比而言，型号相同的轻型槽钢比普通槽钢的翼缘宽而薄，腹板厚度更小，截面特性更好。

（3）角钢。角钢是传统钢结构工程中应用非常广泛的型材，有等边角钢和不等边角钢两大类，可以组成独立的受力构件，或作为受力构件之间的连接零件。

3. H型钢

H型钢有热轧H型钢和焊接H型钢两种。其中热轧H型钢又分为宽翼缘H型钢（HW）、中翼缘H型钢（HM）、窄翼缘H型钢（HN）和H型钢柱等。焊接H型钢由平钢板用高频焊接组合而成。H型钢与工字钢相比，其翼缘宽，两个主轴方向的惯性矩接近，抗弯、抗扭、抗压、抗震能力强；翼缘内表面没有斜度，上下表面平行，便于机械加工、结构连接和安装。H型钢的截面特性要明显优于传统的普通型钢，受力更加合理，故已广泛用于高层钢结构建筑中。具体内容后面有阐述。经过剖分H型钢而成的T型钢相应分为TW、TM、TN三种。

4. 冷弯型钢

冷弯型钢是由薄钢板或钢带经冷轧（弯）或压模而成，其截面形式有等边角钢、卷边等边角钢、Z型钢、卷边Z型钢、槽钢、卷边槽钢等开口截面以及方形和矩形闭口截面等，如图7-12所示。

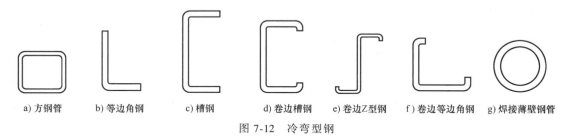

a) 方钢管   b) 等边角钢   c) 槽钢   d) 卷边槽钢   e) 卷边Z型钢   f) 卷边等边角钢   g) 焊接薄壁钢管

图 7-12 冷弯型钢

冷弯型钢在轻型钢结构、大跨度钢结构中有着不容忽视的地位。

5. 厚度方向性能钢板

国家标准《厚度方向性能钢板》（GB/T 5313—2010）是对有关标准的钢材要求做厚度方向性能试验时的专用规定，适用于板厚为15~400mm、屈服强度不大于500N/mm²的镇静钢钢板。要求内容有两方面：含硫量的限制和厚度方向断面收缩率的要求值。据此分为Z15、Z25、Z35三个级别，相应的技术要求见表7-3。

7.2.3 钢材的选用

各种结构对钢材各有要求，建筑钢材选择时根据规范要求对钢材的强度、塑性、韧性、耐疲劳性能、焊接性能、耐锈性能等全面考虑，确定钢材的牌号及其质量等级。钢材的选用原则是既能使结构安全可靠和满足要求，又要最大可能节约钢材和降低造价，不同的使用条件应有不同的质量要求。一般应考虑：结构的重要性、荷载情况、连接方法、结构所处的温度和工作环境等几方面的情况。

表 7-3　厚度方向性能钢板的级别和技术要求

厚度方向性能级别	含硫量不大于	断面收缩率 $Z(\%)$	
		三个试样的最小平均值	单个试样的最小值
Z15	0.01%	15	10
Z25	0.007%	25	15
Z35	0.005%	35	25

1. 选用高层钢结构建筑钢材的有关规定

《高层民用建筑钢结构技术规程》（JGJ 99—2015）规定：主要承重构件所用钢材的牌号宜选用 Q345 钢、Q390 钢，一般构件宜选用 Q235 钢，其材质和材料性能应分别符合现行国家标准《低合金高强度结构钢》（GB/T 1591—2018）或《碳素结构钢》（GB/T 700—2010）的规定。有依据时，可采用更高强度级别的钢材。

采用焊接连接的节点，当板厚≥50mm，并承受沿板厚方向的拉力作用时，应按现行国家标准《厚度方向性能钢板》的规定，附加板厚度方向的断面收缩率，并不得小于该标准 Z15 级规定的允许值（Z15 级断面收缩率：三个试样平均值大于 15%，单个试样值大于 10%），以防止发生层状撕裂。

2. 高层钢结构建筑钢材选用

在现代高层钢结构建筑中，广泛采用 H 型钢、厚度方向性能钢板、压型钢板、薄壁钢管等。

（1）H 型钢。H 型钢有热轧 H 型钢和焊接 H 型钢。热轧 H 型钢，欧美国家称为宽翼缘工字钢、日本称为 H 型钢，它用四轮万能轧机轧制而成，如图 7-13 所示；焊接 H 型钢，将钢板裁剪、组合后再用自动埋弧焊或手工焊、二氯化碳气体保护焊、高频电焊工艺焊接而成。

H 型钢因为力学性能好（沿两轴方向惯性矩比较接近），翼缘板内外侧相互平行，连接施工方便。H 型钢作高层钢结构建筑的框架非常适合。高层钢结构建筑中的柱子，当结构高度不十分高时，一般选用轧制 H 型钢；当荷载较大时可用焊接的 H 型钢。高层钢结构建筑的梁，多为轧制或焊接的 H 型钢。当然还有一些

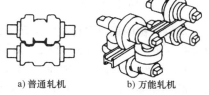

a) 普通轧机　　　　b) 万能轧机

图 7-13　普通轧机和万能轧机比较

其他的组合截面，如箱形截面、十字形截面在高层钢结构建筑的框架中使用。箱形截面一般由 H 型钢加焊钢板或由四块钢板焊接而成，钢板厚度由计算确定，用于荷载很大或存在双向弯矩的高度很大的高层钢结构建筑的柱子截面（如纽约 110 层世贸中心，上海金茂大厦等建筑的柱），或高层钢结构建筑的大梁、悬臂梁及悬挂构件的悬臂梁截面；十字形截面由两个轧制工字钢或钢板组成，用于承受双向弯矩的柱子截面（如上海 27 层的瑞金大厦的柱）。但高层钢结构建筑的柱、梁仍多为 H 形截面，所以轧制和焊接的 H 型钢在国外发展很快。我国近年来在 H 型钢的生产方面取得很大进展，目前国内已经有多家生产 H 型钢的厂家，如马钢、莱钢、沙钢和鞍钢等，生产的 H 型钢的规格有 70 余种。对于焊接 H 型钢，宜用作高层钢结构建筑的柱和梁。

（2）厚度方向性能钢板。厚度方向性能钢板，也称为 Z 向钢，是在某一级结构钢（母级钢）的基础上，经过特殊冶炼、处理的钢材。其含硫量控制更严，为一般钢材的 1/5 以

下，截面收缩率 Z 在 15% 以上。高层钢结构建筑是首先提出有厚度性能要求的建筑结构，为防止发生层状撕裂，国家制定和颁布了相关的行业标准，包括以下几项：

1）适用于制作高层钢结构建筑。厚度为 6～100mm 的钢板分为 2 个强度等级、4 个牌号，分别为 Q235GJ、Q235GJZ、Q345GJ、Q345GJZ。各牌号钢力学性能应符合有关规定。

2）冶炼由转炉和电炉冶炼。

3）交货状态为热轧、正火或温度—变形控制轧制（TMCP），控轧是使合金元素最佳化和对从加热到轧制及其后冷却所包括的整个工艺过程进行控制的综合热加工技术。交货状态应在合同中注明，否则由供应方选择。

（3）压型钢板、薄壁钢管。这几种钢材应用在钢和混凝土组合构件中，是一种各取所长的结合。钢的强度高，宜受拉，混凝土则宜受压，两种材料结合，都能充分发挥各自优势，是一种合理的结构。

采用压型钢板作钢筋混凝土楼板翼缘板的底模，钢筋混凝土板受压，压型钢板受拉，各得其所，是非常经济的结构形式。

采用薄壁钢管（圆管或方管），内灌素混凝土的钢管混凝土结构。在压力作用下，钢管和混凝土之间产生相互作用的紧箍力，使混凝土在三向受压的应力状态下工作，大大提高了混凝土的抗压强度，改善了塑性，提高了抗震性能；而薄壁钢管在混凝土的挤压下不易屈曲，提高了钢管的局部稳定性，使钢材强度得到充分发挥。试验研究表明，钢管混凝土强度比单钢管或同样截面的混凝土强度提高了好几倍，特别适用于轴心受压构件。

以上两种组合构件在高层建筑中已有很多应用，是很有发展前景且承载力高，塑性、韧性好，节省材料，方便施工，有较好经济效益等特点的新型组合结构。

注：承重结构选用钢材应具有屈服强度、伸长率、抗拉强度、冲击韧性和硫、磷含量的合格保证，对焊接结构尚应具有碳含量的合格保证。焊接承重结构以及重要的非焊接承重结构采用的钢材还应具有冷弯试验的合格保证。当选用 Q235 钢时，其脱氧方法应选用镇定钢。

7.2.4　钢材的验收

对钢结构的钢材进行验收是保证钢结构工程质量的重要环节，应该遵照《钢结构工程施工质量验收规范》（GB 50205—2001）对钢材的有关规定执行。其主要内容包括以下几项：

1）钢材、钢铸件的品种、规格、性能等应符合现行国家产品标准和设计要求。进口钢材产品的质量应符合设计和合同规定标准的要求，需按照质量合格证明文件、中文标志及检验报告等全数检查。

2）对属于下列情况之一的钢材，应进行抽样复验，其复验结果应符合现行国家产品标准和设计要求：

① 国外进口钢材。

② 钢材混批。

③ 板厚等于或者大于 40mm，且设计有 Z 向性能要求的厚板。

④ 建筑结构安全等级为一级，大跨度钢结构中主要受力构件所采用的钢材。

⑤ 设计有复验要求的钢材。

⑥ 对质量有疑义的钢材。

这些情况的钢材要全数检查，检查复验报告。

3）钢板厚度及允许偏差应符合其产品标准的要求。按照每一品种、规格的钢板抽查 5 处。

4）型钢的规格尺寸及允许偏差应符合其产品标准的要求。按照每一品种、规格的型钢抽查 5 处，检验的方法是用钢尺或游标卡尺测量。

根据国标中的有关规定核对钢材的规格尺寸以及各类钢材外形尺寸的允许偏差。在《焊接 H 型钢》（YB 3301—2005）中规定了焊接 H 型钢外形尺寸的允许偏差，见表 7-4。

表 7-4　焊接 H 型钢外形尺寸的允许偏差

项目		允许偏差	图例
长度 L	L≤6000	+3.0	
	L>6000	+5.0	
宽度 B	B≤200	±2.0	
	B>200	±3.0	
高度 H	H<500	±2.0	
	500≤H≤1000	±3.0	
	H>1000	±4.0	
腹板偏心度 ΔS	B≤200	±B/100	
	B>200	±2.0	
翼缘斜度 ΔP	B≤200	±B/100	
	B>200	±2.0	

5）钢材的表面外观质量除应符合国家现有关标准的规定外，尚应符合下列规定：

① 当钢材的表面有锈蚀、麻点或划痕等缺陷时，其深度不得大于该钢材厚度负允许偏差值的 1/2。

② 钢材表面的锈蚀等级应符合现有国家标准《涂覆材料前钢材表面处理　表面清洁度的目视评定　第 1 部分：未涂覆过的钢材表面和全面清除原有涂层后的钢材表面的锈蚀等级和处理等级》（GB/T 8923.1—2011）规定的 C 级及 C 级以上。

③ 钢材端边或断口处不应有分层、夹渣等缺陷。

7.3　钢结构的连接技术

钢结构的连接是通过一定的方式将各个板件或杆件连成整体。板件、杆件间要保持正确的相互位置，连接部位应有足够的静力强度和疲劳强度，来满足传力和使用要求。因此连接是钢结构制作和施工中重要的环节。一般好的连接，应当符合安全可靠、节省钢材、构造简单和施工方便的原则。

我国高层钢结构建筑在制作和安装施工时采用的连接方法，根据结构的特点，主要有焊接连接和高强度螺栓连接等。

7.3.1　焊接连接

1. 手工电弧焊

凡电极的送给、前进和摆动三个动作均靠手工操作来实现的都称为手工电弧焊。它是钢结构中常用的焊接方法，其设备简单，操作灵活方便，适用于各种位置的焊接；但生产效率较差，质量较低。在高层钢结构建筑的制造过程中一般用作焊缝打底；在现场焊接中，是广泛采用的一种焊接技术。

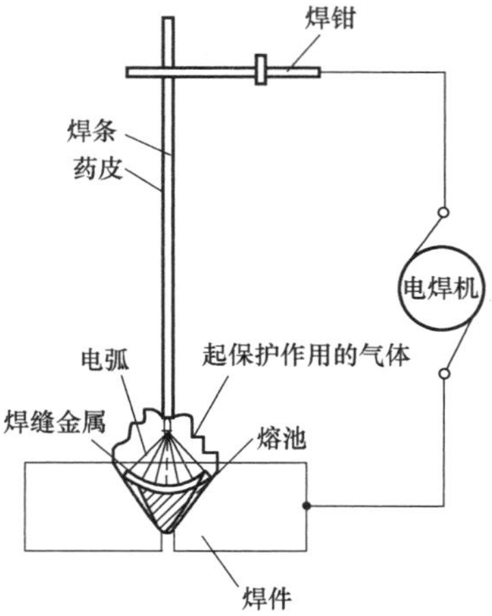

（1）原理。图 7-14 是手工电弧焊的原理示意图。它是由焊条、焊钳、焊件、电焊机和导线等组成电路。通过引弧后，在涂有焊药的焊条端和焊件间的间隙产生电弧，使焊条熔化，熔滴滴入被电弧吹成的焊件熔池中，同时焊药燃烧，在熔池周围形成保护气体，稍冷后在焊缝熔化的金属表面又形成熔渣，隔绝熔池中的液体金属和空气中的氧、氮等气体的接触，避免形成脆性易裂的化合物。焊缝金属冷却后就与焊件熔成一体。

图 7-14　手工电弧焊原理示意图

（2）操作工艺。

1）焊接参数的选择。焊接参数工艺的选择，应在保证焊接质量的条件下，采用大直径焊条和大电流焊接，以提高劳动生产率。

① 焊条直径的选择。主要根据焊件厚度选择，一般焊件的厚度越大，选用的焊条直径也越大。另外应注意：多层焊的第一层以及非水平位置焊接时，焊条直径应选小一点；在同样厚度条件下，平焊比在其他位置用的焊条直径大一些；立、横、仰焊位置的焊条，最大直径一般不超过 4mm；对某些要求防止过热及控制线能量的焊件，宜选用小直径焊条。

② 焊接电流电压的选择。手工电弧焊的电源可分为交流电或直流电。交流电手工电弧焊是建筑工地上应用最广泛的焊接方法。直流电手工电弧焊一般应用焊接要求较高的钢结构。

手工电弧焊电流主要根据焊条直径选择。电压主要取决于弧长，电弧长，则电压高；反之，则低。而手工电弧焊的电弧长度大致应等于焊条直径，电弧过长，热量不集中，焊缝变宽，熔深不一致；过短，则易短路，焊缝变窄，表面凹凸不平。手工电弧焊电流、电压参数选择参考有关手册。一般焊接电流初步选定后，要通过试焊调整，电流过大或过小都有弊端。

2）焊条的选用。在选用焊条时，应注意以下原则：

① 应与主体金属相匹配。

② 不同材质的母材焊接，焊条匹配强度低的母材。

③ 对于易裂的母材或结构的塑性、韧性要求高的重要结构，应选用塑性、韧性好，含氢量低及抗裂性能好的碱性焊条（低氢焊条）。

④ 应选用低氢焊条而无直流焊接电源时，可选用低氢钾型焊条。焊后消氢处理的加热温度应为 200～250℃，保温时间应依据工件板厚按每 25mm 板厚不小于 0.5h 且总保温时间不得小于 1h 确定，达到保温时间后应缓慢冷却至常温。

一般与主体金属钢材相匹配焊条的选用可参见表 7-5。

表 7-5　与主体金属钢材相匹配焊条的选用

钢号	焊条型号		备注
	型号	国标	
Q235	E4303	J422	厚板结构的焊接宜选用低氢型焊条
	E4316	J426	
	E4315	J427	
	E4301	J423	
16Mn	E5016	J506	主要承重构件、厚板结构及应力较大的低合金结构钢的焊接，应选用低氢型和超低氢型焊条，以防氢脆
	E5015	J507	
	E5003	J502	
	E5001	J503	

注：焊条型号中，E 表示焊条；前两位数字表示熔敷金属的最小抗拉强度（N/mm^2）；第三位数字表示适用的焊接位置；第三、四两位数字的组合则表示焊接电流种类和药皮类型。

3）焊缝的起头、接头及收尾。

① 焊缝的起头。焊缝的起头就是指刚开始焊接的操作。起头部分往往容易出现气孔、未熔透、宽度不够及焊缝堆积过高等缺陷。为了避免和减少这种现象，应该在引弧后稍将电弧拉长，对焊缝端头进行适当预热，并且多次往复运条，达到熔深和所需宽度后再调到合适弧长进行正常焊接。

② 焊缝的接头。在手工电弧焊操作中，焊缝接头的好坏，影响焊缝外观成形和焊缝质量。必须准确掌握接头部位，如过于推后，会出现焊肉重叠高起现象；反之，又会出现脱节凹陷。接头处应在熔池温度没有完全冷却时更换焊条，换焊条的动作越快越好，这样能增加电弧稳定性，保证和前焊缝的结合性能，减少气孔，并使接头美观。

接头一般是在弧坑前约 15mm 处引弧，然后移动到原弧坑位置进行焊接。用酸性焊条时，引燃电弧后可稍拉长电弧，待移到接头位置时再压低电弧；用碱性焊条时，电弧不可拉长，否则容易出现气孔。

③ 焊缝的收尾。焊缝的收尾是指焊缝结束时的收尾。焊缝收尾操作时，应保持正常的熔池温度，做无直线移动的横摆点焊动作，逐渐填满熔池后再将电弧拉向一侧熄弧。每条焊缝结束时必须填满弧坑。过深的弧坑不仅会影响美观，还会使焊缝收尾处产生缩孔、应力集中。

2．自动埋弧焊

埋弧焊是利用电弧作为热源的焊接方法，焊接时电弧在颗粒状的焊剂下层燃烧而完成焊接过程。

（1）原理。一般焊丝成卷装置在焊丝转盘上，焊丝外表裸露不涂焊剂，焊剂成散状颗粒装在焊剂漏斗中。通电使焊丝末端和焊件之间产生电弧后，电弧下的焊丝和附近焊件金属熔化形成熔池，焊剂也熔化并不断地从漏斗流下，将熔融的焊缝金属覆盖，焊剂将熔成焊渣浮在熔融的焊缝金属表面。部分蒸发的焊剂蒸气将电弧周围的焊剂熔渣排开，形成封闭空间，使电弧与外界空气隔绝，故而焊接时看不见强烈的电弧光，称为埋弧焊。

当埋弧焊的全部装备固定在小车上，由小车按规定的速度沿轨道前进进行焊接时，这种方法就称为自动埋弧焊，如图 7-15 所示。自动埋弧焊由于焊剂对电弧空间保护可靠，电弧热量集中，熔深大，焊接速度快，热影响区较小，焊接变形小；且自动化操作，焊接工艺条件好，焊缝质量稳定，光洁平直，内部缺陷少，化学成分和机械性能较均匀，生产效率也高。自动埋弧焊广泛用于焊接中厚度板的有规律的直长对接和贴角焊缝，可焊接碳素钢低合金钢、不锈钢、耐热钢及其复合钢等；但由于采用颗粒状焊剂，一般只适用于平焊位置。

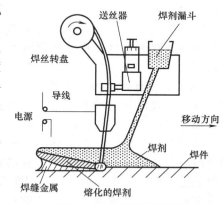

图 7-15 自动埋弧焊原理

（2）焊前准备。埋弧焊在焊接前必须做好准备工作，包括焊件的坡口加工、待焊部位的表面清理、焊件的装配以及焊接材料的清理等。

1）坡口加工：坡口加工要求按《埋弧焊的推荐坡口》（GB/T 985.2—2008）规定的坡口形式和尺寸，以保证焊缝根部不出现未焊透或夹渣，并减少填充金属量。坡口的加工可使用刨边机、机械化或半机械化气割机、碳弧气刨等。

2）待焊部位的表面清理：焊件清理主要是去除锈蚀、油污及水分，防止气孔的产生。

一般用喷砂、喷丸方法或手工清除，必要时用火焰烘烤待焊部位。在焊前应将坡口及坡口两侧各 20mm 区域内及待焊部位的表面铁锈、氧化皮、油污等清理干净。

3）焊件的装配：装配焊件时要保证间隙均匀，高低平整，错边量小，定位焊缝长度一般大于 30mm，并且定位焊缝质量与主焊缝质量要求一致。必要时采用专用工装、卡具。

对直缝焊件的装配，在焊缝两端要加装引弧板和引出板，待焊后再割掉，其目的是使焊接接头的始端和末端获得正常尺寸的焊缝截面，除去引弧和收尾容易出现的缺陷。

4）焊接材料的清理：埋弧焊用的焊丝和焊剂对焊缝金属的成分、组织和性能影响极大。因此焊接前必须清除焊丝表面的氧化皮、铁锈及油污等。焊剂保存时要注意防潮，使用前必须按规定的温度烘干待用。

（3）焊剂。

1）堆放高度。高度太小时，对电弧的保护不全，影响焊接质量；太大时，易使焊缝产生气孔和表面成形不良。因此必须根据使用电流的大小适当选择焊剂堆放高度，一般为 25～50mm。当电流及弧压大时，应适当增大焊剂堆放高度和宽度。

2）粒度。焊剂有一定的颗粒度要求，粒度要合适，使焊剂有一定的透气性，焊接过程不透出连续弧光，避免空气污染熔池形成气孔。焊剂一般分为两种：一种普通粒度为 2.50～0.45mm（8～40 目）；另一种是细粒度 1.43～0.28mm（10～60 目）。小于规定粒度的细粉一般不大于 5%，大于规定粒度的粗粉一般大于 2%，要做好对焊剂颗粒度分布的检测试验及控制，确定所使用的焊接电流。电流大时，应选用细粒度焊剂，否则焊缝外形不良；电流小时，应选用粗粒度焊剂，否则焊缝表面易出现麻坑。

3）回收次数。焊剂反复使用次数过多时应与新焊剂混合使用，否则影响焊缝质量。

（4）焊丝的数目。目前埋弧焊发展很快，已有双丝、三丝、多丝埋弧焊等工艺。其中双丝焊是用 2 根焊丝沿焊缝方向排列并同时施焊，可一次得到大量熔敷金属，焊接速度提高，焊接变形小。

双丝焊机应用 H 形截面和箱形截面贴角焊缝的焊接已相当普及。双丝焊机焊接贴角焊缝的前后丝布置如图 7-16 所示。

（5）对接直焊缝的焊接技术。对接直焊缝的焊接方法有单面焊和双面焊两种基本类型；根据钢板厚度又可分为单层焊、多层焊。常用的焊接方法有三种：

1）焊剂热法或焊剂-铜热法埋弧自动焊。在焊接对接焊缝时，为了防止熔渣和熔池金属的泄漏，采用焊剂热作为衬热进行焊接（热焊剂与焊接用焊剂相同）。焊剂要与焊件背面贴紧，以便能够承受一定的均匀的托力。如选用较大的焊接规范，使工件熔透，则达到双面成形。

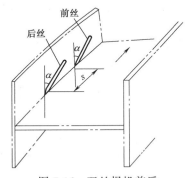

图 7-16　双丝焊机前后丝布置示意图

如用焊剂-铜热板取代焊剂热，则可以克服焊剂热托力不均匀的现象，同时在工件与铜热板之间的焊剂也起到了对熔池背面的保护和合金作用，以保护焊缝背面的成形。

2）手工焊封底埋弧自动焊。对无法使用衬热的焊缝，可先行用手工焊进行封底，然后再采用埋弧焊。

3）多层埋弧焊。对于较厚钢板，一次不能焊完的，可采用多层焊。一般要求：第一层焊时，要保证焊透，又要避免裂纹等缺陷；每层焊缝的接头要错开，不可重叠；每层焊高一般为 4~5mm。

（6）角接焊缝焊接技术。埋弧自动焊的角接焊缝主要出现在 T 形接头和搭接接头中，一般可采取船形焊和斜角焊两种形式。

注：埋弧焊用焊丝和焊剂应符合现行国家标准《埋弧焊用非合金钢及细晶粒实心焊丝、药芯焊丝和焊丝-焊剂组合分类要求》（GB/T 5293—2018）、《埋弧焊用热强钢实心焊丝、药芯焊丝和焊丝-焊剂组合分类要求》（GB/T 12470—2018）的规定。

3. CO_2 气体保护焊

CO_2 气体保护焊是利用 CO_2 气体为保护气体，依靠焊丝与焊件之间产生的电弧热来熔化金属，并与焊丝形成焊缝的一种电弧焊方法，如图 7-17 所示。

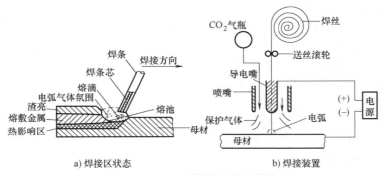

图 7-17　CO_2 气体保护焊示意图

（1）原理。CO_2 气体保护焊的原理是在焊接时焊丝由送丝机构通过软管经导电嘴送出，而 CO_2 气体从喷嘴以一定的流量喷出。当焊丝与焊件接触引燃电弧后，电弧下的焊丝和附近焊件金属熔化形成熔池，连续给送的气体把电弧、熔池与大气隔离，从而保持焊接过程的稳定，获得高质量的焊缝。操作时可用自动或半自动焊方式。由于焊接时没有熔渣，便于观察焊缝的成形过程，但操作时须在室内避风处，若在工棚施焊须搭设防风棚。

CO_2 气体保护焊电弧加热集中，焊接速度较快，焊件熔深大，热影响区较窄，焊接变形和应力较小；CO_2 在高温下具有的强氧化性可减少金属熔池中游离态氢的含量，其熔焊金属中的含氢量比低氢焊条施焊的还小，大大降低了金属的冷脆倾向；另外其耗量也仅为交流电手工焊的一半左右，且清渣工作量极小，效率比手工焊高 1~2 倍；但设备复杂，电弧光较强，金属飞溅多，表面成形较差，难用交流电进行焊接。

CO_2 气体保护焊可用于构件长焊缝自动焊及半自动焊接短焊缝，主要用于焊接低碳钢及低合金钢等黑色金属。

（2）操作工艺。

1）焊接参数的选择。

① 焊丝直径的选择。根据工件厚度、施焊位置及生产率的要求来选择焊丝直径。焊丝直径的选择参照有关手册。

② 焊接电流和电弧电压的选择。一般 CO_2 焊接的电流应根据工件的厚度、焊丝直径、施焊位置以及要求的熔滴过渡形式来选择。电弧电压选择时必须与焊接电流恰好配合，应在 16~24V 范围内。最佳电弧电压有时只有 1~2V 之差，应仔细调整。常用的焊接电流和电弧电压的范围参考有关手册。

2）焊丝的选择。焊丝成分应与母材成分接近，具有良好的焊接工艺性能。焊丝的直径通常是根据焊件的厚薄、施焊的位置和效率等要求选择。焊接低碳钢常用 H08MnSiA 焊丝，焊接低合金钢常用 H08Mn2S 焊丝。焊接薄板或中厚板的全位置焊缝时，多采用 1.6mm 以下的焊丝（称为细丝 CO_2 气保焊）。

① 引弧与熄弧。CO_2 气体保护半自动焊中，引弧前要把焊丝伸出长度调好。这取决于焊丝直径，约等于直径的 10 倍为合适。如果焊丝端部有球形头，应当剪掉，引弧时要选好适当的引弧位置，采用短滴引弧法。起弧后，要掌握好焊接速度，避免焊缝始端出现熔化不良和焊肉过高。为了引弧与熄弧时 CO_2 气体能很好地保护熔池，也可以采取提前送气和滞后停气的措施。熄弧后，熔池未完全凝固前，不要将焊柱立即抬起。

② 各种位置的焊接技术。各种位置的焊接技术一般有左向焊和右向焊两种操作方法。左向焊法：喷嘴不会挡住视线，能清楚地看到熔池和焊缝，便于控制焊缝的成形。熔池受电弧的冲击作用较小，能得到较大的熔宽，焊缝成形比较美观，所以左向焊法应用比较普通；右向焊法：气体保护效果较好，但因焊丝指向熔池，电弧对熔池一定的冲击作用，如果操作不当，会影响焊缝成形。

平焊多采用左向焊法。薄板平位置对接焊时，焊柱做直线运动，如果间隙较大，可以适当横向摆动，但幅度不要太大，以免影响气体对熔池的保护；中厚板 V 形坡口对接焊时，底层焊缝采用直线运动，上层焊缝可采用横向摆动的多层焊，也可采用多道焊法。

横焊多采用右向焊法。焊柱做直线运动，必要时也可做小幅度的往复摆动。平角焊和搭接焊时，采用左向焊法和右向焊法均可以。

立焊有向上和向下两种操作方法。向上立焊的熔深较大，多用于中厚板的细丝焊接，操作时适当地做三角形摆动，可以控制熔宽、改善焊缝的成形；向下立焊的焊缝成形良好，生产率高，但熔深较小，多用于薄板焊接。向下立焊必须选择合适的焊接规范，焊柱一般不做横向摆动。

仰焊应采用较细的焊丝及较小的焊接电流。薄板件仰焊时，一般多采用小幅度的往复摆动。中厚板仰焊时，应适当横向摆动，并在接缝或坡口两侧稍停片刻，以防焊肉中间凸起及液态金属下淌。

3）CO_2 气体保护自动焊接操作技术。自动焊时对工件的坡口、装配间隙要求都较严格，焊接规范的选择也要求较严格。一般自动焊采用短滴过渡，或采用大滴过渡，以减少飞溅，并保证焊接过程的稳定。自动焊对于平焊位置的对接、角接和 T 形接头等平直焊缝，可采用无热板的单面焊双面成形工艺。为防止烧穿也可采用铜热板，由焊机的行走小车沿焊缝做刀速自动行进，靠自动化程序控制，实现焊接过程。

4）特种 CO_2 气体保护焊。

① 粗丝 CO_2 气体保护焊。粗丝（焊丝直径 3~5mm）自动焊用于中厚板的水平位置焊接。它的特点是焊接熔化系数高，电弧穿透力强，熔深大。与埋弧焊比，在相同条件下，有较高的生产率，较低的焊接成本。虽然使用较大的焊接电流，但是电流密度比用细丝焊时低得多，而电弧电压也较低。焊接过程中，电弧深入熔池，形成所谓的"潜弧"现象，使飞溅减少，焊接过程稳定，焊缝成形良好。

② 药芯焊丝 CO_2 气体保护焊。药芯焊丝是一种新型的焊接材料。用普通 08 号钢带加焊药芯轧制而成，截面形式如图 7-18 所示。图 7-18a 多为小直径焊丝，$\phi=1.6~2.4mm$，与平外特性直流电源匹配；图 7-18b、c 直径为 2.4~3.2mm，与交流电源匹配。所用机械与图 7-18b、c 的 CO_2 气体保护焊相似。这种焊接工艺靠空心焊丝中含有造渣剂、合金剂、脱氧剂、稳弧剂等成分的焊药产生的气体保护熔池金属，它兼有引弧、稳弧、造渣和向焊缝金属掺合金的作用。有利于获得质量优良的焊缝，具有熔敷率比 CO_2 气体保护焊更高，抗风能

力强等优点，在美、俄、日等国家广泛应用。

5）CO_2气体保护焊注意事项。在一定的焊丝直径、焊接电流和电弧电压条件下，熔宽与熔深都随着焊接速度的增加而减小。如果焊接速度过快，容易产生咬边和未熔合等缺陷，同时气体保护效果变坏，可能出现气孔；焊速过低，产生率不高，焊接变形增大。一般自动焊速度应在 $15 \sim 40 \text{m/h}$ 范围内，自动焊则不超过 90m/h。

CO_2气体用钢瓶灌装，瓶内压力随外界温度升高而增大，所以 CO_2 气瓶不可靠近热源或置于烈日下暴晒，防爆炸。当压力小于 1.0N/mm^2 时，CO_2 气体中的含水率大大增加，不能继续使用，否则极易在焊缝根部及热影响区域出现细微氢致裂纹，危害很大。CO_2气流量根据焊接电流速度、焊丝伸长度及喷嘴直径等来选择。

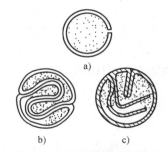

图 7-18　药芯焊丝截面形式

4. 电渣焊

（1）原理。电渣焊也是一种自动焊，主要用于中碳钢及中、高强度结构钢在竖直位置上的对接焊接。其原理同电弧焊有本质区别。电渣焊开始一般先在电极和引弧板之间产生电弧，利用其热量使周围的焊剂熔化而变成液态熔渣。当液态熔渣在焊件和冷却滑块的空间内达到一定深度（即形成渣池）时，电弧熄灭，此时电弧过程即转变为电渣过程。当焊接电流由电极经过渣池至焊件时，渣池产生的电阻热使电极和焊件熔化，在渣池下面形成金属熔池。随着金属熔池的不断升高，远离热源的熔池金属逐渐冷却而形成焊缝。其过程如图 7-19 所示。

电渣焊有丝极、板极、熔嘴和管状熔嘴等数种，其中管状熔嘴是一种新的工艺方法。其特点是焊丝的外面套一根细钢管（直径 $d = 12 \text{mm}$，壁厚 3mm），其外壁涂有一层厚 2mm 的药皮，焊接时管状熔嘴与焊丝一起不断送进和熔化。其药皮既自动补充熔渣，又向焊缝金属过渡一定的合金元素。而其他电渣焊要通过焊剂向焊缝过渡合金元素相当困难，因而不得不采用低合金钢焊接材料（如丝极、板极等）。熔嘴电渣焊适用于建筑结构的厚板对接、角接焊缝，尤其是高层钢结构建筑中的箱形柱柱面板与内置横隔板的立缝焊接。如图 7-20 所示为管状熔嘴电渣焊。

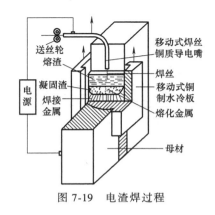

图 7-19　电渣焊过程

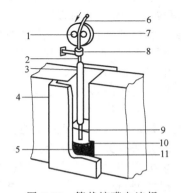

图 7-20　管状熔嘴电渣焊

1—送进压轮　2—管状熔嘴　3—药皮　4—水冷铜块
5—焊缝表面渣壳　6—焊丝　7—电动机　8—管状熔
嘴夹持器　9—渣池　10—熔融金属　11—焊缝

（2）焊剂。国产电渣焊专用焊剂有170和360两种。170为无锰、低硅、高氟型焊剂；360为中锰、高硅、中氟型焊剂。还有埋弧焊焊剂（如HJ430、431等）也可配合适当焊丝用于电渣焊。焊接含碳量低于0.30%~0.35%的碳素钢和低合金钢时，常用焊丝有H08Mn2Si、H10Mn2等。

焊接启动时，慢慢投入少量焊剂，焊接过程中应逐渐少量添加焊剂。

（3）速度。

1）焊接速度可在1.5~3m/h的范围内选取。

2）送丝速度常用的范围为200~300m/h，造渣过程中选取200m/h为宜。

（4）渣池深度。渣池深度稳定，所产生的热量稳定，焊接过程也稳定。一般深度与产生的电阻热成正比，取值常为35~55mm。

（5）引弧板、熄弧板。焊道两端应按工艺要求设置引弧板和熄弧板，一般引弧板长度应达到板厚的2~2.5倍，熄弧板长度应达到板厚的1.5~2倍。

（6）熔嘴。

1）熔嘴不应有明显锈蚀和弯曲。

2）安装管状熔嘴并调整对中，熔嘴下端距引弧板底面距离一般为15~25mm。

3）焊接过程中，应随时检查熔嘴是否在焊道的中心位置上，严禁熔嘴和焊丝过偏。

（7）焊接过程中注意事项。

1）随时检查焊件的炽热状态，一般约在800℃（樱红色）以上为熔合良好。当不足800℃时，应适当调整焊接工艺参数，适当增加渣池内总热量。

2）当翼缘板较薄时，翼缘板外部的焊接部位应安装水冷却装置，随时控制冷却水温在50~60℃，水流量应保持稳定。

3）熔嘴电渣焊不做焊前预热和焊后热处理，只是引弧前对引弧器加热100℃左右。

7.3.2 高强度螺栓连接

高强度螺栓连接是目前钢结构建筑最先进的连接方法之一。其特点是施工方便，可拆可换，传力均匀，没有铆钉传力的应力集中高，接头刚性好，承载能力大，疲劳强度高，螺母不易松动，结构安全可靠。在我国高层钢结构建筑中广泛应用，如上海的瑞金大厦、金茂大厦等高层钢结构建筑中也采用高强度螺栓连接。

1. 高强度螺栓连接的方法

高强度螺栓的连接方法分为摩擦型连接和承压型连接两种，如图7-21所示。

（1）摩擦型连接。该连接是拧紧螺母后，螺栓杆产生强大拉力，把接头处各层钢板压得很紧，以巨大的抗滑移力来传递内力，连接件之间产生相对滑移作为承载能力极限状态。摩擦力的大小是根据钢板表面的粗糙程度（与摩擦面处理的方法有关）和螺栓杆对钢板施加压力的大小来决定的。摩擦型连接螺栓形式有六角头型和扭剪型两种，两者的连接性能和本身

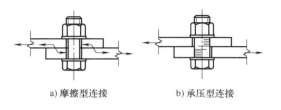

a) 摩擦型连接　　　　b) 承压型连接

图7-21　高强度螺栓的连接方法

的力学性能都是相同的，都是以转矩的大小取决螺栓轴向力的大小；其区别在于外形和施工方法不同，前者的转矩是由施工工具来控制的，后者的转矩是由螺栓尾部切口的扭断力矩来控制的。两者相比，扭剪型更具有施工简便、检查直观、受力良好、质量可靠等优点。高强

度摩擦型连接可以采用标准孔、大圆孔和槽孔，孔型尺寸可以按照表7-6取用。

表7-6 高强度螺栓连接的孔型尺寸匹配 （单位：mm）

螺栓公称直径			M12	M16	M20	M22	M24	M27	M30
孔型	标准孔	直径	13.5	17.5	22	24	26	30	33
	大圆孔	直径	16	20	24	28	30	35	38
	槽孔	短向	13.5	17.5	22	24	26	30	33
		长向	22	30	37	40	45	50	55

（2）承压型连接。该连接是由螺栓拧紧后所产生的抗滑移力及螺栓杆在螺孔内和连接钢板间产生的承压力来传递应力的一种方法。在荷载设计值下，以螺栓或连接件达到最大承载能力作为承载能力极限状态。承压型连接不得用于直接承受动力荷载的构件连接、承受反复荷载作用的构件连接和冷弯薄壁型钢构件连接。所以在高层钢结构建筑中都是应用摩擦型连接。

2. 高强度螺栓的材料要求

大六角头高强度螺栓连接副由一个螺栓杆、一个螺母和两个垫圈组成。螺栓性能等级分为8.8级和10.9级，前者用45号钢或35号钢制作，后者用20MnTiB、40B或35VB钢制作。扭剪型高强度螺栓连接副由一个螺栓杆、一个螺母和一个垫圈组成。螺栓性能等级只有10.9级，用20MnTiB制作。钢结构用高强度螺栓、螺母、垫圈的性能等级及机械性能要求见表7-7。其规格尺寸和钢材的化学成分、性能要求应符合有关规定。

表7-7 高强度螺栓、螺母、垫圈的性能等级及机械性能

类别		性能等级	推荐材料	机械性能				
				抗拉强度/MPa	屈服强度/MPa	伸长率（%）	收缩率（%）	冲击韧性/（J/cm²）
					不小于			
大六角头高强度螺栓	螺栓	10.9S 8.8S	20MnTiB、40B、35VB 35、45	1040~1240 830~1030	940 660	10 12	42 45	59 78
	螺母	10H 8H	45、35 15MnVB 35					
	垫圈	HRC35~45	45、35					
扭剪型高强度螺栓	螺栓	10.9S	20MnTiB	1040~1240	940	10	42	59
	螺母	10H	45、35 15MnVB					
	垫圈	HRC35~45	45、35					

3. 施工工艺

高强螺栓的施工，包括摩擦面处理、安装、初拧、终拧和检验等工作。

（1）栓杆长度。确定长度计算：$L = A + B + C + D$。式中，L为螺栓需要总长度（mm）；A为节点各层钢板厚度总和（mm）；B为垫圈厚度（mm）；C为螺母厚度（mm）；D为拧紧后露出2~4扣的长度（mm）。

（2）备料数量。按计算的数量增加5%的施工损耗。

（3）工艺要点。

1）安装前注意点。

① 高强度螺栓连接副应按批号分别存放，并应在同批内配套使用。在储存、运输和施工过程中不得混用，轻装、轻卸，防止受潮、生锈、玷污和碰伤。

② 高强度螺栓节点钢板的抗滑移面，应按规定的工艺进行摩擦面处理，并达到设计要求的抗滑移动系数（摩擦系数）。

③ 高强度螺栓使用前，应按有关规定对高强度螺栓的各项性能进行检验。

④ 安装高强度螺栓时，接头摩擦面上不允许有毛刺、铁屑、油污、焊接飞溅物。摩擦面应干燥，没有结露、积霜、积雪，并不得在雨天进行安装。

⑤ 使用定转矩扳子紧固高强度螺栓时，班前应对定转矩扳子进行核校，合格后方能使用。

2）安装时注意点。

① 一个接头上的高强度螺栓，应从螺栓群中部开始安装，逐个拧紧。初拧、复拧、终拧都应从螺栓群中部开始向四周扩展逐个拧紧，每拧紧一遍均应用不同颜色的油漆做上标记，防止漏拧。终拧后应用腻子（填料）封严四周，防止雨水侵入，初拧、复拧、终拧必须在同一天内完成。

② 接头如有高强度螺栓连接又有电焊连接时，是先紧固还是先焊接，应按设计要求规定的顺序进行。当设计无规定时，按先栓后焊的施工工艺顺序进行。

③ 高强度螺栓应自由穿入螺栓孔内，严禁用榔头等工具强行打入或用扳手强行拧入螺栓孔，否则螺杆产生挤压力，使转矩转化为拉力，使钢板压紧力达不到设计要求。当板层发生错孔时，允许用铰刀扩孔。扩孔时，铁屑不得掉入板层间。扩孔数量不得超过一个接头螺栓孔的 1/3，扩孔直径不得大于原孔径再加 2mm。严禁用气割进行高强度螺栓孔的扩孔工作。

④ 一个接头多颗高强度螺栓穿入方向应一致。垫圈有倒角的一侧应朝向螺栓头和螺母，螺母有圆台的一面应朝向垫圈，螺母和垫圈不应装反。并以扳手向下压的紧固方向为最佳。

⑤ 安装中出现板厚差（δ）时，$\delta \leqslant 1mm$ 可不处理；$1mm \leqslant \delta \leqslant 3mm$，将厚板一侧磨成 1：5 缓坡，使间隙<1mm；$\delta>3mm$ 时，要加设填板，填板制孔、表面处理与母材相同。

⑥ 当气温低于−10℃和雨、雪天气时，在露天作业的高强度螺栓应停止作业。当气温低于 0℃时，应先做紧固轴力试验，不合格者，当日应停止作业。

⑦ 高强度螺栓紧固方法。高强度螺栓的紧固是用专门扳手拧紧螺母，使螺栓杆内产生要求的拉力。

六角头高强度螺栓一般用两种方法拧紧，即转矩法和转角法。转矩法分初拧和终拧两次拧紧，进行初拧转矩用终拧转矩的 60%～80%，其目的是通过初拧，使接头各层钢板达到充分密贴。再用终拧转矩把螺栓拧紧。如板层较厚，板叠较多，初拧后板层达不到充分密贴，还要增加复拧，复拧转矩和初拧转矩相同。转角法也是以初拧和终拧两次进行。初拧用转矩法，终拧用转角法。初拧用定转矩扳子以终拧转矩的 50%～80%进行，使接头各层钢板达到充分密贴，再在螺母和螺栓杆上面通过圆心画一条直线，然后用转矩扳子转动螺母一个角度，使螺栓达到终拧要求。转动角度的大小在施工前由试验确定。

扭剪型高强度螺栓紧固也分初拧和终拧两次进行。初拧用定转矩扳手，以终拧转矩的 50%～80%进行，使接头各层钢板达到充分密贴，再用电动扭剪型扳子把梅花头拧掉，使螺栓杆达到设计要求的轴力。电动扭剪型扳子一般有大小两个套管，大套管卡住螺母，小套管卡住梅花头，接通电源后，两个套管按反向旋转，螺母逐渐拧紧，梅花头切口受剪力逐渐加大，螺母达到所需的转矩时，梅花头切口剪断，梅花头掉下。这时螺栓达到要求的轴力，如图 7-22 所示。

　　注：钢结构用大六角高强度螺栓应符合现行国家标准《钢结构用高强度大六角螺栓》（GB/T 1228—2006）、《钢结构用高强度大六角螺母》（GB/T 1229—2006）、《钢结构用高强度垫圈》（GB/T 1230—2006）等的规定。钢结构用扭剪型高强度螺栓应符合现行国家标准《钢结构用扭剪型高强度螺栓连接副》（GB/T 3632—2008）的规定。

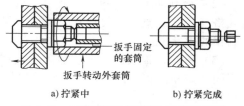

a) 拧紧中　　　　b) 拧紧完成

图 7-22　扭剪型高强度螺栓终拧示意图

7.4　高层建筑钢结构的制作和安装

7.4.1　钢结构构件的制作

　　由于高层建筑钢结构工程规模大、构件类型多、技术复杂、制作工艺要求严格，一般均由专业工厂来加工制作，组织大流水作业生产。这样做有利于结合工厂条件，便于采用先进技术。钢结构构件制作工艺流程如图 7-23 所示。

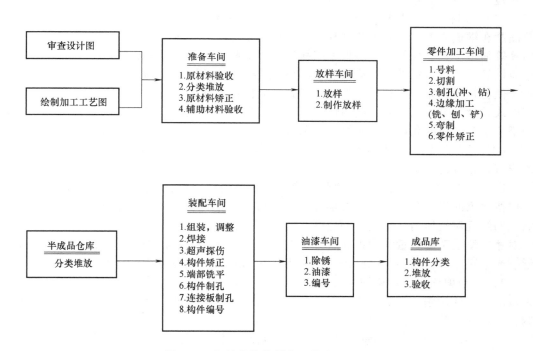

图 7-23　钢结构构件制作工艺流程

1. 加工制作前的准备工作

　　（1）审查设计图。即核对设计图中的构件数量，各构件的相对关系，接头的细部尺寸等；审查构件之间各部分尺寸有无矛盾，技术上是否合理，构件分段是否符合制作、运输、安装的要求。一般采取在平整地面上以 1∶1 的比例放样的方法进行。如审查过程发现问题，应会同设计单位、安装单位进行协商统一，再进行下一步工作。

（2）绘制加工工艺图。一般根据设计文件及相应的规范、规程等技术文件、材料供应的规格（尺寸、质量、材料），结合工厂加工设备的条件进行。根据加工工艺图，应编制构件制作的指导书。

（3）备料。根据设计图、加工工艺图算出各种材质、规格的材料净用量，并根据构件的不同类型和供货条件，增加一定的损耗量。目前国内外都以采用增加加工余量的方法来代替损耗。

（4）钢材的准备。检验钢材材质的质量保证书（记载着该批钢材的钢号、规格、长度、根数、出产单位、日期、化学成分和力学性能）；检查钢材的外形尺寸、钢材的表面缺陷；检验钢结构用辅助材料（包括螺栓、电焊条、焊剂、焊丝等）的化学成分、力学性能及外观。所有检验结构均应符合设计文件要求和国家有关标准。

（5）堆放。检验合格的钢材应按品种、牌号、规格分类堆放，其底部应垫平、垫高，防止积水。注意堆放不得造成地基下陷和钢材永久变形。

2. 零件加工

（1）放样。根据加工工艺图，以 1∶1 的要求放出整个结构的大样，制作出样板和样杆以作为下料、铣边、剪制、制孔等加工的依据。放样应在专门的钢平台或平板上进行，样板和样杆是构件加工的标准，应使用质轻、坚固、不宜变形的材料（如镀锌薄钢板、扁铁、塑料板等）制成并精心使用，妥善保管。

（2）号料。号料是指把已经展开的零件的真实形状及尺寸，通过样板、样箱、样条或草图画在钢板或型材上的工艺过程。以放样为依据，在钢材上画出切割、铣、刨边、弯曲、钻孔等加工位置。号料前，应根据图样用料要求和材料尺寸合理配料，尺寸大、数量多的零件应统筹安排、长短搭配、先大后小或套材号料；根据工艺图的要求尽量利用标准接头节点，使材料得到充分的利用而耗损率降到最低值；大型构件的板材宜使用定尺料，使定尺的宽度或长度为零件宽度或长度的倍数；另外根据材料厚度的切割方法适当的增加切割余量。切割余量、号料的允许偏差应符合有关规定。

（3）下料。钢材的下料方法有气割、机械剪切、等离子切割和锯切等，下料的允许偏差应符合相应的规定。

1）气割。利用氧气和燃料燃烧时产生的高温熔化钢材，并以高压氧气流进行吹扫，使金属按要求的尺寸和形状切割成零件。氧气切割是钢材切割工艺中最简单、最方便的一种，氧气的纯度对气体消耗量、切割速度、切割质量有很大的影响。近年来通过提高切割火焰的喷射速度使效率和质量大为提高，为了提高气割下料的效率和精度，目前多头切割和电磁仿形、光电跟踪等自动切割也已经广泛使用。气割适用于多头切割和曲线切割。

2）机械剪切。使用机械力（剪切、锯割、磨削）切割，适用于厚度在 12～16mm 以下钢板的直线性切割。相应的机械有剪板机、锯床、砂轮机等。剪切采用碳工具钢和合金工具钢，剪切的间隙应根据板厚调整。

3）等离子切割。利用特殊的割炬，在电流、气流及冷却水的作用下，产生高达20000～30000℃的等离子弧线流实现切割，切割时不受材质的限制，具有切割速度高、切口狭窄、热影响区小、变形小且切割质量好的特点，适用于切割用气割所不能切割或难以切割的不锈钢等高熔点的钢材。

（4）制孔。制孔分钻孔和冲孔两类，各级螺栓孔、孔距等的允许偏差应符合相关规定。

1）钻孔。钻孔适用性广，孔壁损伤小，孔的精度高。对于重要结构的节点，先预钻一级孔眼的尺寸，在装配完成调整好尺寸后，扩成设计孔径；一次钻成设计孔径时，为了使孔眼位置有较高的精度，一般均先制成钻模，钻模贴在工件上调好位置，在钻模内钻孔。为提高钻孔效率，可以把零件叠在一起钻几块钢板，或用多头钻进行钻孔。一般钻孔在钻床上进行，若工件太大，不便在钻床上进行时，可用电磁座钻加工。

2）冲孔。冲孔一般只能用于冲较薄的钢板和型钢，且孔径大小一般大于钢材厚度，否则易损坏冲头。冲孔效率高，但孔的周围会产生冷作硬化，孔壁质量差，只用于次要连接。冲孔一般用冲床。当碳素结构钢在环境温度低于 −20℃、低合金结构钢在环境温度低于 −15℃ 时，不得进行冲孔。

（5）边缘加工。边缘加工包括：为消除切割造成的边缘硬化而将板边刨去 2~4mm；为了保证焊缝质量而将钢板边刨成坡口；为了装配的准确性及保证压力的传递，而将钢板刨直或铣平。

边缘加工的方法有刨边、铣边、铲边、碳弧气刨、气割坡口等。刨边使用刨床，可刨直边也可刨斜边；铣边为端面加工，光洁度比刨边差一些，用铣床加工；铲边可以用手工或风铲，加工精度较差；碳弧气刨利用碳棒与被刨削的金属产生的电弧将工件熔化，压缩空气随即将熔化的金属吹掉；气割坡口将割炬嘴偏斜成所需要的角度，然后对准开坡口的位置运行割炬。边缘加工的允许偏差应符合相应的规定。

（6）弯曲。根据设计要求，利用加工设备和一定的工装模具把板材或型钢弯制成一定形状的工艺方法。弯曲一般有冷弯和热弯两种方法。

1）冷弯。钢板或型钢冷弯的工艺方法有滚圆机滚弯、压力机压弯以及顶弯、拉弯等，各种工艺方法均应按型材的截面形状、材质、规格及弯曲半径制作相应的胎膜，并经试弯符合要求后方准正式加工。冷弯后零件的自由尺寸的允许偏差应符合相应的规定。

2）热弯。热弯，也称为煨弯，是将钢材加热到 1000~1100℃（暗黄色）时立即进行煨弯，并在 500~550℃（暗黑色）之前结束。钢材加热如超过 1100℃，则晶格将会发生裂隙，材料变脆，致使质量急剧降低而不能使用；如低于 550℃，则钢材产生蓝脆而不能保证煨弯的质量，因此一定要掌握好加热温度。

（7）变形矫正。钢材在运输、装卸、堆放和切割过程中，有时会产生不同的弯曲波浪变形，如变形值超过规范规定的允许值时，必须在下料以前及切割之后进行变形矫正。钢结构的矫正是通过外力和加热作用，迫使已发生变形的钢材反变形，以使材料或构件达到平直及设计的几何形状的工艺方法。常用的平直矫正方法有人工矫正、机械矫正、火焰矫正和混合矫正等。钢材校正后的允许偏差符合相应规定。

1）人工矫正。人工矫正采用锤击法，锤子使用木锤，如用铁锤，应设平垫；锤的大小、锤击点的着力的轻重程度应根据型钢的截面尺寸和板料的厚度合理选择。该法适用于薄板或截面比较小的型钢构件的弯曲、局部凸出的矫正，但普通碳素钢在低于 −16℃、低合金钢低于 −12℃ 时，不得使用本法，以免产生裂纹。矫正后的钢材表面不应有明显的凹面和损伤，锤痕深度不应大于 0.5mm。

2）机械矫正。机械矫正采用多辊平板机，利用上、下两排辊子将板料的弯曲部分矫正调直；型钢变形多采用型钢调直机。机械矫正适用于一般板件和型钢构件的矫正，但普通碳素钢在低于 −16℃、低合金钢在低于 −12℃ 时不得使用本法，以免产生裂纹。

3）火焰矫正。用氧乙炔焰或其他火焰对构件或成品变形部位进行矫正，加热方式有点状加热、线状加热和三角形加热三种。点状加热适用于矫正板料局部弯曲或凹凸不平，加热点直径一般为 10~30mm，点距为 5~100mm；线状加热多用于 10mm 以上板的角变形和局部圆弧、弯曲变形的矫正，线的宽度应控制在工件厚度的 0.5~2.0 倍范围；三角形加热面积大，收缩量也大，适用于型钢、钢板及构件纵向弯曲及局部弯曲矫正，三角加热面面积的高度与底边宽度应控制在型材高度的 1/5~2/3 范围内，三角形顶点在内侧，底面在外侧。火焰加热的温度一般为 700℃，最高不应超过 900℃。火焰矫正一般只适用于低碳钢和 16Mn 钢，对于中碳钢、高合金钢、铸铁和有色金属等脆性较大的材料，由于冷却收缩变形产生裂纹而不宜采用。

3. 构件的组装和预拼装

（1）组装。组装是将设备完成的零件或半成品按要求的运输单元，通过焊接或螺栓连接等工序装配成部件或构件。组装应按工艺方法的组装次序进行，当有隐蔽焊缝时，必须先施焊，经检验合格后方可覆盖；为减少大件组装焊接的变形，一般采用小件组装，经矫正后再整体大部件组装；组装要在平台上进行，平台应测平，胎膜须牢固地固定在平台上；根据零件的加工编号，对其材料、外形尺寸严格检验考核，毛刺飞边应清除干净，对称零件要注意方向以免错装；组装好的构件或结构单元，应按图样用油漆编号。钢构件组装方法及适用范围见表 7-8。

表 7-8　钢构件组装方法及适用范围

名称	装配方法	适用范围
地样法	用比例 1:1 在装配平台上放出构件实样。然后根据零件在实样上的位置,分类组装起来成为构件	桁架、框架等少批量结构组装
仿形复制装配法	先用地样法组装成单面(单片)结构,并且必须定位点焊,然后翻身作为复制胎膜,在上装配另一单位结构,往返 2 次组装	横断面互为对称的桁架结构
立装	根据构件的特点,及其零件的稳定位置,选择自上而下或自下而上的装配	用于放置平稳,高度不大的结构或大直径圆筒
卧装	构件放置平卧位置配置	用于断面不大但长度较大的细长构件
胎膜装配法	把构件的零件用胎模定位在其装配位置上的组装(布置胎膜时,必须注意各种加工余量)	用于制造构件批量大、精度高的产品

（2）预拼装。由于受运输、安装设备能力的限制，或者为了保证安装的顺利进行，在工厂里将多个成品构件按设计要求的空间设置试装成整体，以检验各部分之间的连接状况，称为预拼装。

预拼装一般分平面预拼装和立体预拼装两种状态，拼装的构件应处于自由状态，不得强行固定。预拼装检验合格后，应在构件上标注上下定位中心线、标高基准线、交线中心点等必要标记，必要时焊上临时撑件和定位器等。其允许偏差应符合相应的规定。

4. 成品涂装、编号

（1）涂装。高层建筑钢结构构件一般只做防锈蚀处理，不刷面漆。通常是在加工验收合格后，对焊缝处、高强度螺栓摩擦面处刷两遍防锈油漆，待现场安装完后，再对焊缝和高强度螺栓接头处补刷防锈漆。

涂刷前必须将构件表面的毛刺、铁锈、油污以及附着物清除干净，使钢材露出铁灰色，以增加油漆与表面的黏结力，其方法、除锈等级见表 7-9。

表 7-9　除锈方法和除锈等级

除锈方法	喷射或抛射除锈			手工和电动工具除锈	
除锈等级	Sa2	Sa2½	Sa3	St2	St3

（2）编号。涂装完毕后，应在构件上标记构件的原编号，大型构件应表明质量、重心位置和定位标记。

5. 钢构件验收

钢构件制作完成后应按照施工图和现行《钢结构工程施工质量验收规范》（GB 50205—2001）、《高层民用建筑钢结构技术规程》（JGJ 99—2015）的规定进行成品验收。构件外形尺寸的允许偏差应符合相应的规范规定。

7.4.2　钢结构的安装

1. 基本要求

在高层建筑结构的施工中，钢结构的安装是一项很重要的分部工程，由于其规模大、结构复杂、工期长、专业性强，因此操作时除应执行国家现行《钢结构设计标准》（GB 50017—2017）、《钢结构工程施工质量验收规范》和《高层民用建筑钢结构技术规程》的规定外，还应注意以下几点：

1）在钢结构详图设计阶段，应与设计单位和生产厂家相结合，根据运输设备、吊装机械、现场条件以及城市交通规定的要求确定钢构件出厂前的组装单元的规格尺寸，尽量减少现场或高处的组装，以提高钢结构的安装速度。

2）安装前，应按照施工图和有关技术文件，结合工期要求、现场条件等，认真编制施工组织设计，作为指导施工的技术文件；另外还应根据施工单位的技术文件，组织进行专业技术培训工作，使参加安装的工程技术人员和工人确实掌握有关高层钢结构建筑的安装专业知识和技术，并经考试取得合格证。

3）高层建筑钢结构安装，应在具有高层建筑钢结构安装资格的责任工程师指导下进行。

4）安装用的专用机具和检测仪器，如塔式起重机、气体保护焊机、手工弧焊机、气割设备、碳弧气刨、电动和手动高强度螺栓扳手、超声波探伤仪、激光经纬仪等，应满足施工要求，并应定期进行检验和校正。土建施工、构件制作和结构安装三个方面使用的钢尺，必须用同一标准进行检查鉴定，并应具有相同的精度。安装用的连接材料（焊条、焊丝、焊剂、高强度螺栓等）应具有产品质量证明书并符合设计图和有关规范规定。

5）在确定安装方法时，必须与土建、水电暖卫、通风、电梯等施工单位结合，做好统筹安排、综合平衡工作；安装顺序应保证钢结构的安全稳定和不导致永久变形，且能有条不紊地较快进行。

6）高层建筑钢结构安装时的主要工艺，如测量校正、厚钢板焊接、高强度螺栓节点的摩擦面加工及安装工艺等，必须在施工前进行工艺试验，在其基础上确定各项工艺参数，并编出各项操作工艺。

2. 安装前的准备工作

（1）技术准备。

1）参加图样会审，与业主、设计、监理、总承包单位充分沟通，特别是加强与设计单位的密切配合，审查与其他专业工程配合施工的程序是否合理等。

2）了解现场情况，掌握气候条件。全面地了解现场施工场地各方面的条件，进行统一规划。并对温差、风力、湿度及各个季节的气候变化等自然气候条件进行了解，便于采取相应的技术措施，编制好钢结构安装的施工组织设计。

3）编制施工组织设计。在了解和掌握总承包施工单位编制的施工组织总设计安排的基础上，择优选定施工方法和施工机具，确定专项施工方案和安全及环境保护等。对于需要采用的新材料、新技术，应组织力量进行试制、试验工作。

4）各专项工种施工工艺确定，编制详细的吊装方案、测量监控方案、焊接及无损检测方案、高强度螺栓施工方案等。

5）根据设计结构图深化施工图，验算结构安装时的受力情况，科学地预测变形情况，采取科学合理的措施保证安装时的质量。

（2）施工组织与管理准备。

1）明确承包项目范围，签订分包合同。

2）确定合理的劳动组织，进行专业人员技术培训工作。

3）进行施工部署安排，对工期进度、施工方法、质量和安全要求等进行全面交底。

（3）物质准备。

1）各种机具、仪器的准备。

① 塔式起重机。高层建筑钢结构的安装采用的机械主要是塔式起重机。塔式起重机应根据结构平面的几何形状和尺寸、构件的质量、吊装方案等进行选用。一般情况下，应尽可能采用外附着式起重机；当选择内爬塔式起重机时，塔式起重机一般设在电梯井处。塔式起重机的位置和性能应能满足以下要求：臂杆长度对建筑物具有足够的覆盖面；有足够的起重能力，并满足不同位置构件起吊质量的要求；钢丝绳容量需满足起吊高度和起重能力的要求。当多机作业时，应考虑当塔式起重机为水平臂杆时，臂杆要有足够的高差，能够安全运转而不碰撞；各塔式起重机之间应有足够的安全距离，确保臂杆与塔身互不相碰。

② 焊接设备与辅助设备。焊接设备常用的有：焊接发电机、焊接整流器、焊接变压器、埋弧焊机、明弧焊机、电渣焊机和栓钉焊机等。辅助设备有远红外线烘干箱和空气压缩机等。

③ 切割设备。一般下料、加工常用的切割设备有手动和自动割枪、各种切（气）割机、切断机、下料机、剪切机、联合剪冲机等。压型钢板及薄钢板的切割设备为空气等离子弧切割机和激光切割机。

④ 焊接与气割工具及仪器仪表。焊接与气割工具包括用于打磨的各种砂轮机、用于清焊渣的风动打渣机、电焊条保温桶、焊接多用尺、散发式火焰枪、碳弧气刨枪等。焊接与气割仪器仪表包括超声波探伤仪、磁粉探伤仪、着色颜料、各种温度计、手持风速仪、气压表、电流表、电压表、测厚仪、百分表、游标卡尺、放大镜等。

⑤ 紧固工具。紧固工具主要是高强度螺栓扳子，包括扭剪型和转矩型螺栓用扳子，后者分电动与手动两种。

⑥ 测量仪器与工具。测量仪器包括激光经纬仪和激光铅直器、经纬仪、水平仪或精密水平仪、弯管目镜、全站仪等。测量工具包括：各种尺、弹簧秤、温度计、铁水平尺、激光靶、记号笔、油漆、报话机等。

⑦ 安装设备与工具。安装设备与工具包括千斤顶、铁扁担、钢丝绳及卡子、滑轮及附件等。

2）按施工平面布置的要求，组织钢构件及大型机械进场，并对机械进行安装及试运行。

3）构件的配套、预检。

① 构件配套按安装流水顺序进行，以一个结构安装流水段为单元，将所有钢构件分别由堆场集中到配套场地，在数量和规格齐全之后进行构件预检和处理修复，然后根据安装顺序，分批将合格的构件由运输车辆供应到工地现场。

② 钢构件在出厂前，制造厂根据制作规范、规定及设计图的要求进行产品检验，填写质量报告、实际偏差值。钢构件交付结构安装单位后，结构安装单位再在制造厂质量报告的基础上，根据构件性质分类，再进行复检或抽检。结构安装单位对钢构件预检的项目，主要是同施工安装质量和工效有关的数据，如几何外形尺寸、螺栓孔大小和间距、预埋件位置、焊缝坡口、节点摩擦面、构件数量规格等。

构件预检最好由结构安装单位和制造厂联合派人参加，同时还应组织构件处理小组，将预检出的偏差及时给予修复，严禁不合格构件送到工地现场，更不应到施工高层去处理。现场施工安装应根据预检数据，采取措施，以保证安装顺利进行。

4）安装前，应对建筑物的定位轴线、底层柱的安装位置线、柱间距、柱基地脚螺栓、基础标高和基础混凝土强度进行检查，待合格后才能进行安装。

3. 高层建筑钢结构安装

（1）安装流水段。高层建筑钢结构安装须按照建筑平面形状、结构形式、安装机械的数量和位置等，合理划分安装施工流水区段。

1）平面流水段的划分。应考虑钢结构在安装过程中的对称性和整体稳定性，安装顺序一般应由中央向四周扩展，以便于减少和消除构件连接误差积累、焊接变形等。如图 7-24 所示为北京长富宫饭店钢结构柱和梁安装，在平面上是划分成了两个流水段，其安装顺序符合从中央向四周扩展的安装原则。如图 7-25 所示为北京京城大厦钢结构安装平面流水段划分，按照斜对称方法，划分为两个流水段。

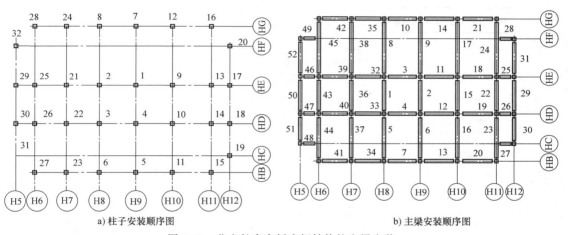

图 7-24　北京长富宫饭店钢结构柱和梁安装

2）立面流水段划分。立面流水段划分常以一节钢柱（各节所含层数不一）高度内所有构件作为一个流水段。每个流水段先满足以主梁或钢支撑带状桁架安装成框架的原则，再进行次梁、楼板及非结构构件的安装。塔式起重机的提升、顶升与锚固均应满足组成框架的需要。按照校正准备→整体校正→高强度螺栓紧固终拧→柱（螺栓）焊接→梁焊接→柱梁（螺栓）焊接→超声波检测→校正验收等工序开展。

（2）安装。

1）安装顺序。安装多采用综合法，其顺序一般是：平面内从中间的一个节间开始，以一个节间的柱网（框架）为一安装单元，先吊装柱，后吊装梁，然后往四周扩展。垂

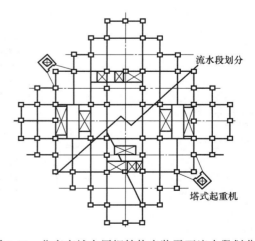

图 7-25　北京京城大厦钢结构安装平面流水段划分

直方向自下而上组成稳定结构后分层次安装次要构件，一节间一节间钢框架，一层楼一层楼安装完成，以便消除安装误差累积和焊接变形，使误差减小到最小限度。

筒体结构的安装顺序一般为先内筒后外筒，对称结构采用全方位对称方案安装。凡有钢筋混凝土内筒体的结构，应先浇筑筒体。

2）安装要点。一般高层及超高层建筑钢结构的安装工艺流程如图7-26所示。

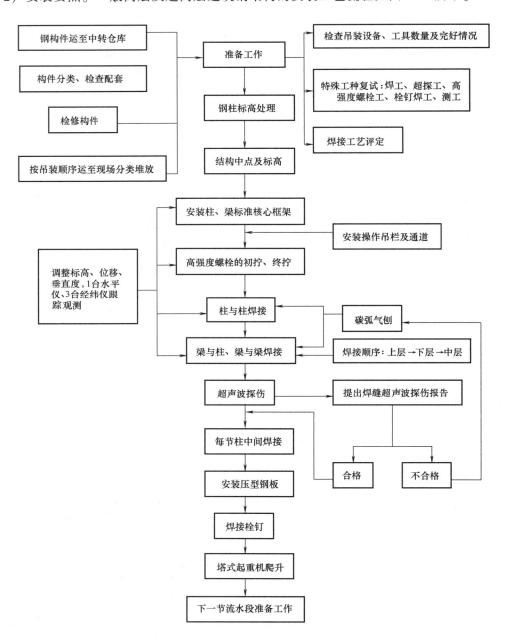

图 7-26　高层及超高层建筑钢结构安装工艺流程

① 凡在地面拼装的构件，须设置拼装架组拼，易变形的构件应先进行加固，组拼后的尺寸经校检无误后，方可安装。

② 各类构件的吊点，宜按下述方法设置：钢柱平运两点起吊，安装一点立吊。立吊是须在柱子根部垫以垫木，以回转法起吊，严禁根部拖地。钢梁用特制吊卡两点平吊或串吊。钢构件的组合件因组合件形状、尺寸不同，可通过计算重心来确定吊点，并可采用两点、三点或四点吊。

③ 钢构件的零件及附件应随构件一并起吊，对尺寸较大、质量较大的节点板，应用铰链固定在构件上；钢柱上的爬梯、大梁上的轻便走道也应牢固固定在构件上。

④ 每个流水段一节柱的全部钢构件安装完毕并验收合格后，方能进行下一流水段钢结构的安装。

⑤ 在安装前、安装中及竣工后均应采取一定的测量手段来保证工程质量测量。测量预控程序如图 7-27 所示。

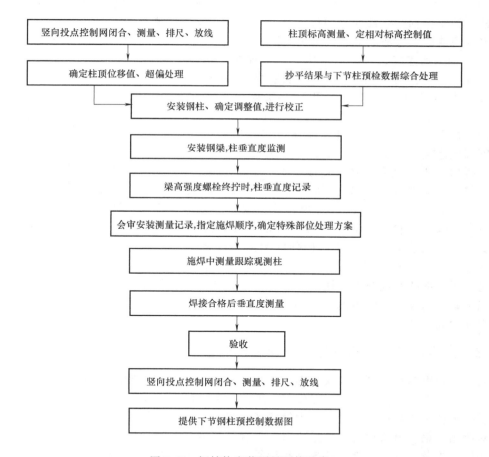

图 7-27　钢结构安装测量预控程序

⑥ 当天安装的构件，应形成空间稳定体系，以确保安装质量和结构的安全；当一节柱的各层梁安装校正后，应立即安装本节各层楼梯，铺好各层楼面的压型钢板；预制外墙板应根据建筑物的平面形状对称安装，使建筑物各侧面均匀加载；楼面上的施工荷载不得超过梁和压型钢板的承载力；叠合楼板的施工应随着钢结构的安装进度进行，两个工作面相距不宜

超过 5 个楼层。

⑦ 安装时，应注意日照、焊接等温度引起的热影响，施工中应有调整因构件伸长、缩短、弯曲而引起的偏差的措施。

⑧ 为控制安装误差，对高层建筑钢结构先确定标准柱（能控制框架平面轮廓的少数柱子），一般选平面转角柱为标准柱。其垂直度观测取柱基中心线为基准点用激光经纬仪进行。

（3）安装校正。

① 安装前，首先要确定是采用设计标高还是采用相对标高安装。柱子、主梁、支撑等大构件安装时，应立即进行校正，校正正确后，应立即进行永久的固定，以确保安装质量。

② 柱子安装时，应先调整位移，最后调整垂直偏差，应按规范规定的数值进行校正，标准柱子的垂直偏差应校正到 ±0.000；当上柱和下柱发生扭转错位时，可在连接上下柱的临时耳板处加垫板进行调整。

主梁安装时，应根据焊缝收缩量预留焊缝变形量。各项偏差均符合规范的规定。

③ 当每一节柱子的全部构件安装、焊接、栓接完成并验收合格后，才能从地面引测上一节柱子的定位轴线。各部分构件（即柱、主梁、支撑、楼梯等）的安装质量检查记录必须是安装完成后验收前的最后一次实测记录，中间检查记录不得作为竣工验收的记录。

（4）钢结构连接。目前钢结构的现场连接方法主要有：焊接连接，用于柱-柱连接，钢柱之间常用坡口焊连接；螺栓-焊接混合连接，用于柱-梁连接、梁-梁连接，一般上、下翼缘用坡口焊连接，而腹板用高强度螺栓连接，次梁与主梁的连接基本上是在腹板处用高强度螺栓连接，少量在上、下翼缘处用坡口焊连接，混合连接如图 7-28 所示；螺栓连接，用于支撑连接。

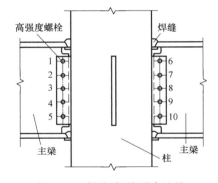

图 7-28　螺栓-焊接混合连接

柱与梁的焊接顺序是先焊接顶部柱、梁的节点，再焊接底部柱、梁的节点，最后焊接中间部分的柱、梁节点。高强度螺栓连接两个连接构件的紧固顺序是先主要构件，后次要构件；H 形构件的紧固顺序是上翼缘→下翼缘→腹板；同一节柱上各梁柱节点的紧固顺序是柱子上部的梁柱节点→柱子下部的梁柱节点→柱子中部的梁柱节点；每一节点安装紧固高强度螺栓的顺序是摩擦面处理→检查安装连接板（对孔，扩孔）→临时螺栓连接→高强度螺栓紧固→初拧→终拧。

7.4.3　高层建筑钢结构制作和安装焊接工艺

高层建筑钢结构的制作和安装焊接工艺有以下特点：结构构件钢板多为厚板或超厚板；钢材多为高强低合金钢，焊接性能较差，工艺复杂，接头形式复杂，坡口形式多样。焊接材料质量要求严格，焊接工作量大。为做好高层建筑钢结构的焊接工作，在焊接工作开始前，应针对所用的钢材材质焊缝的质量要求，焊缝的形式、位置、厚度等选定合适的焊接方法。选用相应的焊条、焊丝、焊剂的规格和型号，确定烘烤条件，焊接电流电压。同时做好厚钢板焊前预热温度确定，焊接顺序、引弧板的设置、层间温度的控制、可以停焊的部位、焊后热处理和保温等各项参数及相应的技术措施。焊接工艺和技术要求必须符合现行《钢结构焊接规范》（GB 50661—2011）的规定要求。

1. 焊接方法

高层建筑钢结构的焊接方法多采用 CO_2 气体保护焊、自动埋弧焊、电渣焊等。

在钢构件的制作中，翼缘板和腹板的长度拼接及 H 形、箱形柱和梁等构件纵向组合主焊缝的焊接，广泛采用埋弧焊。在要求全焊透的接头中，为了避免坡口底部因漏焊而破坏焊缝成形，还采用药皮焊条手工点弧焊或 CO_2 气体保护焊打底，然后用埋弧焊填充和盖面；如图 7-29 所示为 H 形截面采用埋弧焊的操作示意图。箱形截面柱与梁翼缘连接部位的柱内设置的横隔板，与柱身面板间的立缝一般采用熔嘴电渣焊焊接，箱形结构封闭后，通过预留孔用两台焊机同时进行电焊。由两根热轧 H 型钢（其中一根从腹部中线切开）组成或者用钢板组焊而成的一个 H 形截面和两个 T 形截面组成的十字形钢柱，由于十字形构件翼缘的障碍，腹板焊接可用手工电弧焊或 CO_2 气体保护半自动焊，整个焊接工作必须在模架上进行，利用丝杠、夹具把零件固定在模架上点焊，然后按十字形腹板的焊接顺序施焊。

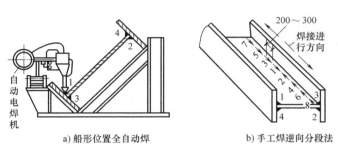

a) 船形位置全自动焊　　　b) 手工焊逆向分段法

图 7-29　H 形截面的埋弧全自动焊和手工焊

在钢结构的现场安装中，柱与柱的连接用横坡口焊，柱与梁的连接用平坡口焊；焊接母材厚度不大于 30mm 时采用手工焊，焊接母材厚度大于 30mm 时采用 CO_2 气体保护半自动焊。《高层民用建筑钢结构技术规程》（JGJ 99—2015）规定 CO_2 气体纯度不应低于 99.9%（体积法），其含水率不应大于 0.005%（质量法），若采用瓶装气体，瓶内气体压力低于 1MPa 时应停止使用。

2. 焊接前的准备工作

（1）焊条、焊丝、焊剂规格和型号等的选择。先根据焊接工艺试验确定焊接方法，再由不同焊接方法的操作工艺来进行选择。

（2）检查焊接操作条件，工具、设备和电源。焊工操作平台，脚平放风等操作条件都安装到位；焊机型号应正确、完好；事先放好设备平台，必要的工具应配备齐全，且放在操作平台上的设备排列应符合安全规定；电源线路要合理和安全可靠，安装稳压器。

（3）焊条（丝）、焊剂的烘烤。焊条和药芯焊丝使用前必须按质量要求进行烘烤，严禁使用湿焊条。焊条的烘烤制度见表 7-10。

表 7-10　焊条的烘烤制度

焊条种类	烘烤要求
酸性焊条	1. 包装好，未受潮，储存时间较短，可不烘烤 2. 视受潮情况，一般在 70~150℃ 烘箱中焙烘 1h
低氢碱性焊条	1. 使用前必须焙烘，在 300~350℃ 烘箱中焙烘 1~2h，然后放入低温烘箱保持 100℃ 恒温 2. 对含氢量有特殊要求时，在 350~400℃ 下烘烤 1~2h，然后放入低温烘箱中保持 100℃ 恒温 3. 焊接时从烘箱内取出焊条，应放在特制的具有 120℃ 保温功能的手提式保温筒内携带至焊接部位，随取随用，在 4h 内用完，超过 4h 则焊条必须重新焙烘，当天用不完的焊条重新焙烘后用。重复焙烘不得超过三次

焊剂不应受潮结块，焊剂在使用前必须烘干，烘干温度一般为中锰型焊剂（如 HJ430、

HJ431）250～300℃，烘烤时间 2h；无锰或低锰型焊剂（如 HJ230）300～400℃，烘烤 2h 后使用。使用中回收的焊剂经过筛除，去杂物后烘干，再与新焊剂配比使用。车间要定期回收焊剂以免浪费。

（4）热板和引弧板。坡口焊均用热板和引弧板，目的是保证底层焊接质量。引弧板可保证正式焊缝的质量，避免起弧和收弧时对焊接件增加初应力和产生缺陷，引弧板安装如图 7-30 所示。热板和引弧板均用低碳钢制作，间隙过大的焊缝宜用紫铜板。

（5）定位点焊。焊接结构在拼接组装、安装时，要确定零件、构件的准确位置，要先进行定位点焊，如果定位点焊的质量不好，这种短焊缝的焊接缺陷留在焊缝中，将会影响焊接结构的质量。定位点焊的尺寸可参考有关手册。

进行定位点焊时，应注意的事项如下：

1）定位点焊采用的焊材型号应与焊件材质相匹配。定位点焊必须由持有相应合格证的焊工施焊，定位焊缝应与最终焊缝有相同的质量要求。

2）点焊时，对要求预热的钢板要用高于正式焊缝的预热温度进行预热。

3）严禁在母材上引弧和收弧，应设引弧板。

4）定位点焊的位置应布置在焊道以内，且尽量避开构件的端部、边角等应力集中的地方，如图 7-31 所示。如遇到焊缝交叉时，定位焊缝应离交叉处 50mm 以上。

5）为了与正式焊缝搭接，定位焊缝的余高不应过高，定位点焊的起点和终点要与母材平缓过渡，防止正式焊接时产生未焊透等缺陷。

6）焊条直径比正式焊缝的直径小一些；电流要比正式焊缝提高 10%～15%，以防止点焊缝出现夹渣缺陷。

7）焊前必须清除焊接区的有害物，定位焊缝不得有裂纹、夹渣、焊瘤等缺陷。当定位焊缝上有气孔、裂纹时，必须清除后重新进行焊接。

8）定位焊缝厚度不宜超过设计焊缝厚度的 2/3，且不应大于 6mm。长焊缝焊接时，定位焊缝长度不宜小于 50mm，焊缝间距宜为 500～600mm，并应填满弧坑。

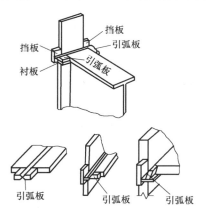

图 7-30 引弧板安装示意图

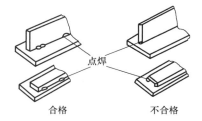

图 7-31 定位点焊位置示意图

（6）坡口检查。采用坡口焊的焊接连接，焊前应对坡口组装的质量进行检查，如误差超过规范所允许的误差，则应返修后再进行焊接。同时，焊接前对坡口进行清理，去除对焊接有妨碍的水分、垃圾、油污和锈等。

（7）焊工岗前培训。焊工必须事先培训和考核，培训内容同规范一致。考核合格后发合格操作证明（发证单位须具有发证资格），严禁无证操作。

3. 焊接工艺要点

（1）焊接顺序。采用合理的焊接顺序，可以防止产生过大的焊接变形，并尽可能减少焊接应力，保证焊接质量。

1）构件制作时合理的焊接顺序。

① 钢板较厚需要分多层焊时，从焊接区内部由下向上逐层堆焊。如图 7-32 所示为 H 形柱组拼、十字形构件的焊接顺序。

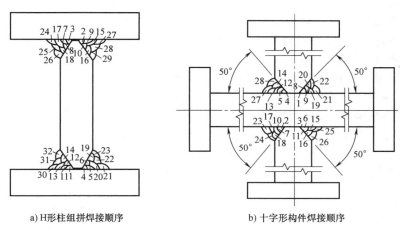

a) H形柱组拼焊接顺序　　　　b) 十字形构件焊接顺序

图 7-32　H 形柱组拼、十字形构件的焊接顺序示意图

② 先焊收缩量大的焊缝，后焊收缩量小的焊缝。

③ 尽可能对称施焊，使产生的变形互相抵消。

④ 焊缝相交时，先焊纵向焊缝，待焊缝冷却到常温后，再焊横向焊缝。

⑤ 从焊件的中心开始向四周扩展。

2）钢结构安装时应遵从的合理顺序。

① 只有在每一流水段的全部构件吊装、校正和固定并检查合格后，方可施焊。

② 应从建筑平面中心向四周扩展，采用结构对称、节点对称和全方位对称的焊接顺序。如图 7-33 所示，长富宫饭店、京城大厦的焊接顺序遵循了该原则。

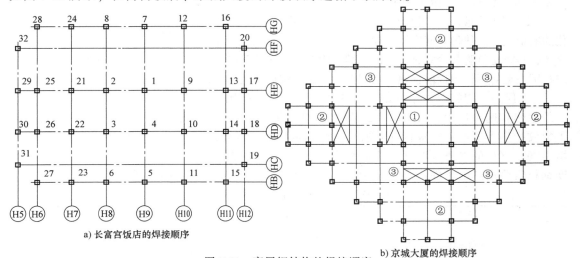

a) 长富宫饭店的焊接顺序　　　　b) 京城大厦的焊接顺序

图 7-33　高层钢结构的焊接顺序

③ 立面一个流水段，即一节柱（三层）竖向焊接顺序是：上层主梁→压型钢板支托→压型钢板点焊；下层主梁→压型钢板支托→压型钢板点焊；中间层主梁→压型钢板支托→压型钢板点焊；上柱与下柱焊接。

④ 柱与柱的焊接，应由两名焊工在两相对面等温、等速对称施焊。加引弧板进行柱与柱接头焊接时施焊方法：先第一个相对面施焊（焊层不宜超过4层）→切除引弧板→清理焊缝表面→再第二个相对面施焊（焊层可达8层）→再换焊第一个相对面→如此循环直到焊满整个焊缝，如图7-34所示。

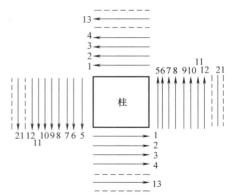

图7-34 箱形柱使用引弧板的焊接顺序

不加引弧板焊接柱接头时，一个焊工可焊两面，也可以两个焊工从左向右逆时针转圈焊接。每焊一遍后要认真清渣。焊到柱棱角处要放慢施焊速度，使柱棱成为方角焊缝，最后一层为盖面焊缝，可以用直径较小的焊条和电流施焊。不用引弧板，此操作可避免在焊缝端头、转角等应力集中部位，因焊缝的起焊点和收尾点的起弧和收弧产生未焊透等缺陷。柱接头围焊顺序示意图，如图7-35所示。

H型钢柱接头的施焊顺序为先腹板后翼缘板，如图7-36所示。

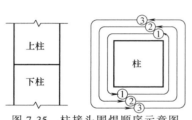

图7-35 柱接头围焊顺序示意图

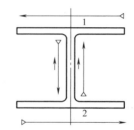

图7-36 H型钢柱接头施焊顺序

⑤ 梁和柱接头的焊接，必须在焊缝两端头加引弧板。引弧板安装如图7-30所示。引弧板长度为焊缝厚度的3倍，厚度与焊缝厚度相对应。施焊时，一般先焊H型钢的下翼缘板，再焊上翼缘板；一根梁的两个端头先焊一个端头，等其冷却至常温后，再焊另一端头。焊完后割去引弧板时，应留5~10mm。

（2）焊前预热、层间温度控制、焊后热处理。焊接过程，实质上是熔池位置随时间不断变化的冶金过程。热传导速度以及能否保证熔入焊缝金属组织中的氢有充裕时间逸出，形成理想的晶体，是防止氢脆和冷裂纹产生的关键。因此在焊接施工中，除了选用相应的低氢碱焊条外，还须特别注意对钢板焊接前预热、层间温度控制、焊后热处理等措施，并做出相应规定。

1）预热。焊接时由于局部的急热速冷，在焊接区域可能产生裂纹。预热可以减缓焊接区的急热和速冷过程，可以减小约束大的接头的收缩应力，排出焊接区的水分和湿气，防止了裂纹产生。所以正式焊接开始前，对厚钢板的焊缝区要进行预热。一般根据工作地点的环境温度、钢材的材质和厚度，选择相应的预热温度对焊件进行预热。表7-11列举了不同厚度钢材需要预热的条件；表7-12列举了不同材质的钢材需要预热的温度。

表7-11 不同厚度钢材需要预热的条件

钢材品种	钢材厚度/mm	气温/℃，低于
低碳钢结构	≤30	−30
	30~50	−10
	51~70	0

（续）

钢材品种	钢材厚度/mm	气温/℃,低于
高强低合金钢构件	≤10	−26
	10~16	−10
	17~24	−5
	25~40	0
	40 以上	任何温度

表 7-12 不同材质的钢材需要预热的温度

钢材品种	含碳量（%）	预热温度/℃
碳素钢	< 0.20	不预热
	0.20~0.30	< 100
	0.30~0.45	100~200
	0.45~0.80	200~400
低合金钢		100~150

凡需预热的构件，焊前应在焊道两侧板厚的 2 倍且不大于 100mm 范围内均匀预热，预热温度的测量应在距焊道 50mm 处进行。

当工作地点的环境温度为 0℃ 以下时，焊接件的预热温度、后热温度应通过试验确定。

2）层间温度控制。高强低合金钢厚板焊接中，要严格控制焊缝层间温度，使焊缝冶炼处于恒温状态，有利于氢的逸出。一般层间温度控制在 100~120℃ 范围内，应定时检测。当温度低于 100℃ 时重新加热至控制温度，再继续施焊。

3）焊后热处理。焊接厚度较大的钢材，当焊缝急速冷却时，焊缝区会存在很大的残余应力。随着时间的推移，由于应力腐蚀等原因，还会产出裂缝（延迟裂纹），造成结构的破坏。所以在构件焊接后必须进行焊后热处理，以消除强大的残余应力，同时利用残留氢的逸出。焊后热处理操作：在焊缝区板厚 2~3 倍范围内，用多排预热气焊柱均匀地加热到150~200℃，具体时间应根据施工环境、气温条件、钢板材质、钢板厚度来决定，一般时间控制在 1~2h。焊缝后热达到规定温度后，应使用石棉布覆盖按规定时间保温，使焊缝区缓慢冷却至常温。焊后热处理应于焊后立即进行。

对于板厚超过 30mm，具有淬硬倾向和约束度很大的低含金钢的焊接，必要时可进行焊后热处理，焊后热处理的温度一般为 200~300℃，后热时间为每 30mm 板厚 1h。

（3）焊接。应根据焊接工艺试验所确定的焊接方法及有关技术措施，遵循构件制作及现场安装时施焊的合理顺序对不同部位、不同接头的焊缝进行施焊。施焊过程中应注意：

1）每条焊缝一经施焊原则上要连续操作一次完成。大于 4h 焊接量的焊缝，其焊缝必须完成 2/3 以上才能停焊，然后再二次施焊完成。间隔后的焊缝，开始工作后中途不能停止。

2）凡在雨雪天气中施焊，必须设有防护措施，否则应停止作业。对于正在施焊而未冷却的部位遇雨，应用碳刨铲除后重焊。冬期施工时，应根据有关规定采取缓冷措施，如 CO_2 加热、防冻、焊后包裹石棉布等。

3）采用手工电弧焊，风力大于 5m/s（三级风）时；采用气体保护焊，风力大于 2m/s（二级风）时，均要采取防风措施。

4）为了减少焊缝中扩散氢的含量，防止冷裂和热影响区延迟裂纹的发生，在坡口的尖部均应采用超低氢型焊条打底 2~4 层，然后用低氢型焊条或气体保护焊做填充。

5）由于构件制作和安装均存在允许偏差，当柱和主梁安装校正预留偏差后，构件焊缝的间隙不符合要求时，必须进行处理。柱子间缝过大的处理方法是选用 φ4mm 焊条把间隙焊满，并进行清理，再按焊接工艺将焊缝焊好，如图 7-37a 所示。上柱和下柱的连接板，应在焊肉达到母材厚度的 1/3 时才允许割除，切割时应距母材表面 10～15mm，并要求均匀平整。主梁与柱子间缝隙过小的处理方法是先用气割垂直切一条 5mm 的间隙，再在柱子面上附上一块薄钢板以保护柱面，然后用气割切出斜面，用角向砂轮将坡口磨平，如图 7-37b 所示。

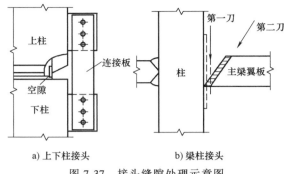

a) 上下柱接头   b) 梁柱接头

图 7-37　接头缝隙处理示意图

6）柱与柱、梁与柱的焊接接头，应在试验完毕将焊接工艺全过程记录下来，测量出焊缝收缩值，反馈到钢结构制作厂，作为柱、梁加工时增加长度的依据。现场焊缝收缩值受周围已安装柱、梁的影响，约束程度不同收缩也各异。

7）焊接时，焊工应遵守焊接工艺，不得自由施焊及在焊道外的母材上引弧。多层焊接宜连续施焊，每一层焊道焊完后应及时清理检查，清除缺陷后再焊。角焊缝转角处宜连续绕角施焊，起落弧点距焊缝端部宜大于 10.0mm，弧坑应填满。焊缝出现裂纹时，焊工不得擅自处理，应查清原因，订出修补工艺后方可处理。焊缝同一部位的返修次数不宜超过两次。当超过两次时，应按返修工艺进行。

8）焊接完毕，焊工应清理焊缝表面的熔渣及两侧飞溅物，检查焊缝外观质量。检查合格后应在工艺规定的焊缝部位打上焊工钢印。

9）高层建筑钢结构柱梁的钢板厚度较大，当厚度在 30mm 以上的厚板在焊接时，除了按正确顺序施焊外，为防止在厚度方向出现层状撕裂，应采取以下措施：

① 将易发生层状撕裂部位的接头设计成约束度小，能减小层状撕裂的构造形式。

② 焊接前，对母材焊道中心线两侧各 2 倍板厚加 30mm 的区域进行超声波探伤检查，母材不得有裂纹、夹层及分层等缺陷的存在。

③ 严格控制焊接顺序，尽可能减小垂直于板面方面的约束。采用低氢型焊条施焊，必要时可以采用超低氢型焊条。

④ 如果由于焊接原因而导致母材出现裂纹或层状撕裂时，原则上应更换母材，如得到设计部门和质检部门同意，也可局部处理。

4. 焊接质量检验

焊接质量检验分为焊接施工检查和验收检验。

施工检查是为了进行良好的焊接施工，在焊接前、焊接中、焊接后等过程中进行的一系列检查；验收检验是对焊接工作结果，对焊接区进行的质量检验。要确保焊接质量，应先把重点放在施工检查上，如果施工检查合格，验收检验也就比较容易了。

（1）施工检查。

1）焊接前的检查。检查项目包括焊接设备、木材、焊条、焊剂、焊接工艺和焊工技术水平等。为主控项目，应全数检查。

① 检查焊接材料的质量合格证明文件、中文标志及检验报告等。其品种、规格、性能等应符合现行国家产品标准和设计要求。

② 重要钢结构采用的焊接材料应进行抽样复验，复验结果应符合现行国家产品标准和设计要求。

③ 焊条、焊丝、焊剂、电渣熔嘴等焊接材料与母材的匹配应符合设计要求和国家现行行业标准《钢结构焊接规范》（GB 50661—2011）的规定。焊条、焊剂、药芯焊丝、熔嘴等在使用前，应按其产品说明书及焊接工艺文件的规定进行烘烤和存放。焊条外观不应有药皮脱落、焊芯生锈等缺陷；焊剂不应受潮结块。

④ 焊工必须经考试合格并取得合格证书。持证焊工必须在其考试合格项目及其认可范围内施焊。

⑤ 施工单位对其首次采用的钢材、焊接材料、焊接方法、焊后热处理等，应进行焊接工艺评定，并应根据评定报告确定焊接工艺。

2）焊接中的检查。主要检查母材的预热温度、焊接电流、电弧电压、焊接速度、焊接顺序、运条方法、焊接位置、层间温度等，是否符合工艺规程的规定要求。对于需要进行焊前预热或焊后热处理的焊缝，其预热温度或后热温度应符合国家现行有关标准的规定或通过工艺试验确定。

（2）验收检验。验收检验，即焊缝质量检验，分三级。碳素结构钢应在焊缝冷却到环境温度后进行检验；低合金结构钢在焊完 24h 后进行检验。各级的检验项目、检查数量和检查方法见表 7-13。

表 7-13　焊缝质量检验级别

级别	检验项目	检查数量	检查方法
一级	外观检查	全部	检查外观缺陷及几何尺寸,有疑点时用磁粉复验
	超声波检验	全部	
	X 射线检验	检查焊缝长度的 2%,至少应有一张底片	缺陷超出相应的规定时,应加倍透照,如不合格,100% 透照
二级	外观检查	全部	检查外观缺陷和几何尺寸
	超声波检验	检查焊缝长度的 50%	有一点,用 X 射线透照复验,如发现有超标缺陷,应用超声波全部检验
三级	外观检查	全部	检查外观缺陷及几何尺寸

高层建筑钢结构的焊缝质量检验，属于二级检验。二级焊缝不得有表面气孔、夹渣、焊瘤、裂纹、弧坑裂纹、电弧擦伤等缺陷。一般采用观察检查或使用放大镜、钢尺和焊缝量规检查二、三级。二、三级焊缝外观质量应符合现行标准《钢结构工程施工质量验收规范》（GB 50205—2001）规定。三级对接焊缝应按二级焊接标准进行外观质量检验。

5. 焊缝的修补

凡经过外观检查和超声波检验不合格的焊缝，都必须进行修补，对不同缺陷的焊缝采取不同的修补方法：

1）焊缝出现焊瘤，对超过规定的凸出部分必须进行打磨。

2）出现超过规定的咬边、低洼（弧坑）尺寸不正等缺陷，首先应清除熔渣，然后重新补焊。

3）对产生气孔过多、熔渣过多、熔渗差等缺陷，应打磨缺陷处，重新补焊。

4）对严重的飞溅，应在开始就立即查出原因，并改正之。

5）对未焊透焊缝应铲除重焊。

6）利用超声波探伤检查出的内在质量缺陷，如气孔过大、裂纹、夹渣等，应表明部位，用碳弧气刨机将缺陷处及周围 50mm 的完好部位全部刨掉，重新修补。

7）修补焊缝时必须把焊缝缺陷除掉，并用原定的焊接工艺进行施焊，完成后用同样的检验方法对修补的焊缝进行质量检验，如检查仍然有缺陷，允许第二次修补。一条焊缝修补不得超过三次，否则要更换母材。

7.5 钢结构的防腐与防火

7.5.1 钢结构的防腐

1. 钢结构的大气腐蚀

（1）钢铁的电化学腐蚀。钢铁的腐蚀在绝大多情况下是化学腐蚀过程。电化学腐蚀是钢铁和介质发生电化学反应而引起的腐蚀，在金属表面形成原电池是电化学腐蚀最主要的条件。当两种不同的金属放在电解质溶液中，并以导线连接，可以发现导线上有电流通过，这种装置称为原电池。在腐蚀过程中有隔离的阴极区和阳极区，电流可以通过金属在一定的距离内流动。原电池放电产生电化学反应，在阳极进行的是氧化反应，在阴极进行的是还原反应。

（2）大气腐蚀的机理。钢结构的腐蚀环境主要为大气腐蚀，大气腐蚀是金属处于表面水膜层下的电化学腐蚀过程。这种水膜实质上是电解质水膜，它是由于空气中相对湿度大于一定数值时，空气中水汽在金属表面吸附凝聚及溶有空气中的污染物而形成的。

（3）影响大气腐蚀的因素。

1）空气中的污染源：污染的大气中含有的硫化物、氮化物、碳化物以及尘埃等污染物，对金属在大气中的腐蚀影响很大。二氧化硫（SO_2）吸附在钢铁表面，极易形成硫酸对钢铁进行腐蚀，与干净大气的冷凝水相比，被 0.1% 的 CO_2 所污染的空气能使钢铁的腐蚀速度增加 5 倍。有 NaCl 颗粒尘埃溶于钢铁的水膜中，氯离子又有着极强的吸湿性，对钢铁会造成极大的腐蚀危害。尘埃会吸附腐蚀性介质和水汽，冷凝后就会形成电解质溶液。

2）相对湿度：相对湿度达到某一临界点时，水分在金属表面形成水膜，从而促进了电化学过程的发展，表现出腐蚀速度迅速增加。

3）温度：环境温度的变化影响金属表面水汽的凝聚，也影响水膜中各种腐蚀气体和盐类的浓度，以及水膜的电阻等。

（4）大气腐蚀的破坏形式。

大气腐蚀的主要破坏形式可以分为两大类，即全面腐蚀和局部腐蚀，全面腐蚀又称为均匀腐蚀，局部腐蚀则又可以分为点蚀、缝隙腐蚀、应力腐蚀、电偶腐蚀和腐蚀疲劳等。

1）均匀腐蚀。均匀腐蚀是最常见的腐蚀形态，其特征是腐蚀分布于整个金属表面，并以相同的速度使金属整体厚度减小。在一般情况下，大气腐蚀多数表现为均匀腐蚀，但大气腐蚀并不都是均匀腐蚀；均匀腐蚀造成大量金属损失，但由于腐蚀速度均匀，可以进行预测和防护，只要进行严格的工程设计和采取合理的防腐蚀措施，不会发生突然的腐蚀事故。

2）点蚀。点蚀是局部性腐蚀状态，可以形成大大小小的孔眼，但绝大多数情况下是相对较少的空隙。这种腐蚀破坏主要集中在某些活性点上，并向金属内部深处发展。其腐蚀深度要大于孔径。从表面上看，点蚀互相隔离或靠得很近，看上去呈粗糙表面。点蚀是大多数内部腐蚀形态的一种，即使是很少的金属腐蚀也会引起设备的报废。在不锈钢上最常见的是点蚀。

防止点蚀的发生，主要是选用高铬量或同时含有大量钼、氮、硅等合金元素的耐海水不锈钢。要选用高纯度的不锈钢，因为钢中含硫、碳等较少，提高了耐腐蚀性能。碳钢要防止点蚀发生，方法也是提高钢的纯度。

3）缝隙腐蚀。缝隙腐蚀是因金属与金属、金属与非金属相连接时表面存在缝隙，在有腐蚀介质存在时发生的局部腐蚀形态。

4）应力腐蚀。应力腐蚀是指在拉伸应力和腐蚀环境介质共同作用产生的腐蚀现象。这里强调的是应力和腐蚀的共同作用。因为产生腐蚀的介质至多也只是很轻微的腐蚀性。如没有任何应力存在，大多数材料在这种环境介质下都认为是耐腐蚀的；单独考虑应力的影响时，发生应力腐蚀破坏的应力通常是很小的，如不是处在腐蚀环境中，这样小的应力是不会使材料和结构发生机械破坏的。

5）电偶腐蚀。电偶腐蚀也称为双金属腐蚀。许多设备都是由多种金属组合而成的，如铝与铜、铁与锌、铜与铁等。电偶腐蚀首先取决于异种金属之间的电位差，电位差越大，其他条件不变，腐蚀可能性就越大。

6）腐蚀疲劳。腐蚀疲劳是指材料或构件受交变应力和腐蚀环境共同作用产生的失效。如果钢材在施工时除锈、防锈技术不好，或构件在使用中防锈层失效而出现锈层，由于钢材和锈层具有不同的电位，一旦出现锈层，会加速腐蚀作用。

（5）钢材的耐腐蚀性。

1）碳素钢的耐腐蚀性。碳素钢的耐腐蚀性较差，在大气、土壤、海水和甚至中性的淡水都不耐蚀。在腐蚀环境中使用结构钢材，应尽量选用含碳和含硫量低的钢材。碳和硫等元素加速钢在大气中的腐蚀速度。

2）低合金钢的耐腐蚀性。在钢铁中加入一定量的合金元素，如铬、镍、铜等（总含量不超过 5%），改善碳素钢的性能，以得到具有某些性能的低合金钢。加入稀土元素也能提高耐大气腐蚀性，稀土元素与铝共存，耐久性能还能提高。

低合金钢的耐大气腐蚀性能要比碳素钢高，一般在 1~1.5 倍，高的达 2~6 倍。

3）耐候钢的耐腐蚀性。耐候钢主要的防腐蚀机理是借助其表面生成的稳定的铁锈来阻止锈蚀向内部的入侵。国内现行生产的耐候钢有焊接结构用耐候钢和高耐候结构钢两种类型。焊接结构用耐候钢在提高耐腐蚀性的同时，还保持了它的可焊性。高耐候钢的耐腐蚀性能要强于焊接结构用耐候钢。高耐候钢按其化学成分可以分为铜磷钢和铅磷铬镍钢。这种钢材在表面会形成保护层，以提高耐大气腐蚀性能。

4）铸铁的耐腐蚀性。铸铁在钢结构建筑中应用很少，铸铁可以分为普通铸铁和耐腐蚀性铸铁。普通铸铁中大量的石墨和渗碳体在铁中形成了许多的微电池，其耐腐蚀性能较低；耐腐蚀性铸铁中含有铬、镍、铜和硅等合金元素。一般情况下，高硅铸铁能耐 30% 以下的沸腾硫酸，对任何温度和浓度的有机酸溶液的耐腐蚀性均好，但是对热强碱耐腐蚀性不强，不耐氢氟酸。

高铬铸铁对硝酸和亚硫酸溶液的耐腐蚀性较好，最适用于氧化性腐蚀介质，不耐盐酸和氢氟酸等还原性介质的腐蚀。高镍铸铁特别耐碱腐蚀，在海水、海洋大气或中性盐具有很强的耐腐蚀性，抗缝隙和抗孔蚀的能力要强于不锈钢。

5）镀锌钢材的耐腐蚀性。镀锌钢材在钢结构中的使用很广泛，镀锌层的防锈机理是：形成致密的保护膜，防止环境中的腐蚀介质与钢铁表面接触；锌的阴极保护作用为最主要的防锈作用。现在的镀锌钢材都趋向于涂装保护，一是可以增加它的保护性能；二是也为了装饰美观的要求。镀锌钢材的使用寿命取决于腐蚀环境和锌层厚度。

2. 建筑结构防腐蚀方法

（1）钢结构防腐蚀设计的构造要求。

1）中等腐蚀环境中的承重结构：尽量采用管形封闭截面、实腹式（工字形、H 形和 T 形）截面。

2）主梁、柱等重要的构件的传力焊缝，应采用连续焊缝。角焊缝的焊脚尺寸不应小于 8mm 及所焊板件的厚度（当板件厚度大于 8mm 时）。

3）钢结构所在室内环境的湿度不宜过高，一般控制长期环境湿度在75%以下。当在高湿度环境下作业时，应采取有效的通风排湿措施。

室内外湿度较大的侵蚀环境中，构件的螺栓连接处，应增设防水垫圈、防水帽或以防水油膏封闭连接处缝隙。

4）钢结构节点及连接构造应避免易于积灰和积湿的角、槽等，连接零件之间应有可供检查与维修的空间（净空不宜小于120mm）。

5）钢柱脚埋入地下部分，应以C10混凝土包覆（厚度不小于50mm），并包出地面120~150mm。所埋入部分表面应做除锈处理，但不用做涂装处理。当地下有侵蚀作用时柱脚不应埋入地下。

6）钢构件直接与铝合金金属制品接触时，会引起接触电偶腐蚀，应在构件接触表面涂1或2道铬酸锌底漆及配套面漆阻隔，或设置绝缘层隔离，相互间的连接紧固件应采用热镀锌的紧固件。

（2）采用铝合金、不锈钢等建筑材料。这些合金材料使造价显得很高，但有以下三个好处：

1）抵御大气腐蚀：铝合金和不锈钢型材的抗腐蚀性较强，一般不需要进行涂料防腐，可省去防腐施工费和材料费。

2）减轻结构自重：铝合金型材比钢材的自重要轻，一般情况下，铝合金网壳的自重要比同等跨度的钢网壳至少要轻50%以上。

3）提高建筑美学效果：铝合金和不锈钢有着很美的外观，组合建成的构件很富有现代气息，是建筑物中局部构件的绝好选材。

（3）长效防腐蚀方法。

1）热浸镀锌。热浸镀锌是将除锈后的钢构件浸入600℃高温熔化的锌液中，使钢构件表面附着锌层，锌层厚度对5mm以下薄板不得小于65μm，从而起到防腐蚀的作用。这种方法的优点是耐久年限长，生产工业化程度高，质量稳定，因而被大量用于受大气腐蚀较严重且不宜维修的室外钢结构中。近年来大量出现轻钢结构体系中的压型钢板等，也较多采用热浸镀锌防腐。热浸镀锌是在高温下进行的。对于管形构件应该让其两端开敞，否则易造成安全事故或锌液流通不畅，在管内积存。

2）热喷铝（锌）复合涂层。这是一种与热浸镀锌防腐效果相当的长效防腐方法。该施工工艺具体做法是先对构件表面做喷砂除锈，使其表面露出金属光泽并打毛。再用乙炔氧焰将不断送出的铝（锌）丝融化，并用压缩空气附到钢构件表面，以形成蜂窝状的铝（锌）喷涂层（厚度约80~100μm）。最后用环氧树脂或氯丁橡胶等涂料填充毛细孔，以形成复合涂层。

热喷铝（锌）复合涂层优点是对构件尺寸适用性强，构件形状尺寸几乎不受限制；工艺的热影响是局部的、受约束的、不会产生热变化。

与热浸镀锌相比，热喷铝（锌）复合涂层的工业化程度较低，喷砂喷铝（锌）的劳动强度大，质量的优劣受操作者的情绪影响，因此，使用范围不广。

（4）涂料防护。涂料防护是一种价格适中、施工方便、效果显著及适用性强的防腐蚀方法，在各类钢结构的防腐蚀应用中最为广泛。由于建筑钢结构多为室内结构，除了处在特殊的海滨或工业环境中之外，腐蚀环境一般不太恶劣时，用涂料进行防腐蚀，可以保持20~30年的防护效果。

现代涂料是化学物质的复杂混合物，它由四大类成分组成：主要成膜物质（油料、油脂）、次要成膜物质（颜料、体质颜料）、辅助成膜物质（助剂）、挥发性物质（浴剂）。防腐蚀涂料的成膜物质在腐蚀介质中具有化学稳定性，其屏蔽性可以起到隔离及防电化学腐蚀作用。

（5）常用涂料品种。

1）沥青涂料。沥青是防腐蚀涂料中重要的原材料，主要有天然沥青、石油沥青和煤焦沥青三种。在现代防腐蚀涂料中主要使用的是煤焦沥青。沥青的缺点是寒冬发脆，夏暑发软，暴晒后有些成分挥发逸出会使漆膜龟裂。

2）醇酸树脂涂料。用于涂料配制的醇酸树脂主要有纯干性油醇酸树脂、改性的干性油醇酸树脂和非干性油醇酸树脂。与以往的油性涂料相比，醇酸树脂涂料的干性、保色性、耐候性、附着力等均有很大程度的提高，主要用于干燥环境中的户内外钢结构。醇酸树脂涂料耐酸碱性差，耐水性差，不能用于水下结构。

3）酚醛树脂涂料。酚醛树脂涂料主要有醇溶性酚醛树脂、改性酚醛树脂、纯酚醛树脂等。醇溶性酚醛树脂涂料抗腐蚀性能较好，但施工不便，柔韧性、附着力不太好，应用受到一定限制。纯酚醛树脂涂料附着力强，耐水、耐湿热、耐腐蚀、耐候性好。

4）环氧树脂涂料。环氧树脂涂料附着力好，对金属、混凝土、木材、玻璃等均有优良的附着力；耐碱、油和水，电绝缘性能优良，但抗老化性差。环氧防腐蚀涂料通常由环氧树脂和固化剂两个组分组成。环氧树脂涂料是现在最为重要的防腐蚀涂料，并发展有多种类别用途的产品，见表 7-14。

表 7-14　环氧树脂常用涂料

环氧涂料产品	用途
环氧红丹防锈底漆	传统的防锈底漆，由于红丹的毒性，已不再使用
环氧富锌底漆	高性能防锈底漆，常与其他高性能防腐涂料构成重防腐涂料系统
环氧铁红防锈底漆	传统的防锈底漆
环氧磷酸锌防锈底漆	重要的防锈底漆，也可以作为环氧富锌涂料上面的中间漆使用
环氧云铁防锈漆/中间漆	更多的是作为重防腐涂料系统中的中间漆，起到很好的屏蔽作用
环氧煤沥青涂料	主要用于水下、埋地或潮湿的地方，可以厚膜型施工
各色环氧磁漆	具有良好耐化学品性能，不适用于外部环境，受紫外线作用会粉化

5）氯磺化聚乙烯涂料。目前，用于防腐蚀涂料生产的氯磺化聚乙烯有两种规格：H-20 和 H-30。该类涂料具有优良的耐酸碱性、耐油性、耐溶剂性和耐水性，适合在低温的环境下使用，适用温度-50~120℃，且具有优良的耐老化、耐臭氧性能，并具有弹性和抗冲击磨损。但很低的固体分意味着有机溶剂含量高，不利于环境保护。近年来此涂料由于不利于环境保护，已经慢慢退出了应用市场。

6）高氯化聚乙烯涂料。高氯化聚乙烯涂料是选用高密度、线性低分子、含氯量在 60%以上的聚乙烯为主要成膜物质，配以改性树脂、各种助剂、颜料和填料制成。高氯化聚乙烯涂料综合防腐蚀性能要优于氯磺化聚乙烯、氯化橡胶涂料，发展的产品有富锌底漆、铁红防锈底漆、云铁防锈涂料、面漆和清漆等一系列产品。

7）氯化橡胶涂料。氯化橡胶涂料的主要品种有氯化橡胶铁红防锈涂料、氯化橡胶铝粉防锈涂料、氯化橡胶云铁防锈涂料和氯化橡胶面漆。氯化橡胶面漆近来已经由丙烯酸面漆所替代。

8）聚氨酯涂料。聚氨酯涂料具有优良的防腐蚀和力学性能。按美国材料试验协会（ASTM）的划分分为五类：改性氨酯油（ASTM-1）、湿固化（ASTM-2）、封闭型（ASTM-3）（主要用作绝缘漆和特殊的烤漆）、催化固化型（ASTM-4）、羟基固化型（ASTM-5）。在钢结构防腐蚀涂料中，主要为改性氨酯油、湿固化和羟基固化型三种涂料。丙烯酸聚氨酯面漆是目前在钢结构中应用最为广泛的、经济有效的面漆品种。

（6）钢结构重防腐涂料。重防腐涂料是相对一般防腐蚀涂料而言的。它是指在严酷的腐蚀条件下，防腐蚀效果比一般腐蚀涂料高数倍以上的防腐蚀涂料。其特点是耐强腐蚀介质性能优异，耐久性突出，使用寿命达数年以上。目前常用的钢结构重防腐蚀涂料见表 7-15。

表 7-15　钢结构重防腐蚀涂料类别

底漆	改性后膜型醇酸涂料	中间漆	厚浆型环氧云铁中间漆
	环氧磷酸锌防锈底漆		改性厚浆型环氧树脂涂料
	环氧富锌底漆		
	无机富锌底漆		
原浆型或无溶剂涂料	改进厚浆型环氧涂料	面漆	丙烯酸聚氨酯面漆
	低表面处理厚浆型环氧树脂涂料		含氟聚氨酯面漆
	少溶剂或无溶剂玻璃鳞片涂料		聚硅氧烷面漆

注：对于厚浆型、无溶剂涂料以及玻璃鳞片涂料等，很难一定要把它列入底漆或中间漆的类别，在很多情况下，它可以直接作为底漆，也能用于富锌底漆上面作为中间漆使用，甚至可以当作不需要装饰性场合的面漆使用。

1）改性重防腐蚀醇酸树脂涂料。改性重防腐蚀醇酸树脂涂料固体分高，在施工性能、防腐蚀性能方面都有很大的提高。

佐敦油漆（Jotun Paints）和厚浆型醇酸树脂涂料为氨酯改性后的醇酸树脂涂料，分底漆和面漆，施工性能优良，防腐蚀性能良好，在 2002 年被选用于著名的埃菲尔铁塔防腐蚀维修保养。

2）环氧重防腐蚀涂料。环氧重防腐蚀涂料区别于原有的环氧防腐蚀涂料，结合钢结构应用的实际情况，在耐腐蚀性能、适用低表面处理的钢材、低溶剂含量、高固体涂料、优良的干燥性能等技术方面已有提高。有三类：环氧云铁中间漆、低表面处理改性环氧涂料、快干性环氧涂料。

3）富锌涂料。最主要的产品是环氧富锌底漆和无机富锌底漆。环氧富锌底漆防腐蚀性能优良，与钢材的附着力强，与环氧云铁中间漆和其他高性能面漆也有着很好的黏结力。

无机富锌底漆有三个类别，即水溶性后固化无机富锌底漆、水溶性自固化无机富锌底漆、醇溶性自固化无机富锌底漆。

无机富锌底漆与环氧富锌底漆的比较：在防腐蚀性能上，无机富锌底漆应比环氧富锌底漆要好，耐腐蚀性能和耐久性能、耐热和耐溶剂、耐化学品性能以及导静电方面优于环氧富锌底漆；但漆膜的柔韧性方面较差些。无机富锌底漆在施工时有一些特殊的要求，其固化要依靠较高的相对湿度，表面多孔性要求进行雾喷技术等，而环氧富锌底漆的施工要求相比之下要简单得多。

4）玻璃鳞片涂料。以具有良好的耐化学性能的玻璃鳞片作为主要防锈颜料的涂料，称为玻璃鳞片涂料。涂层的抗渗透性能强、附着力强、耐热、耐寒性能好、耐磨性能突出及其他力学性能，再配合优良性能的树脂组成的玻璃鳞片涂料，有优异的重防腐蚀性能。一般有环氧玻璃鳞片涂料（性能同环氧树脂涂料一样）、聚酯玻璃鳞片涂料（对钢结构有长效的防腐蚀效果，特别是耐压）。

5）超耐候性防腐蚀面漆。有日本发展的氟树脂面漆，欧美将发展的聚硅氧烷技术。氟树脂面漆多用聚氨酯来改性，耐候性能可以达到 10 年以上，而光泽没有大的变化；聚硅氧烷面漆耐候性是目前最佳的。其耐腐蚀性能、与无机硅酸锌涂料好的相容性，使传统的高性能三道涂层系统（富锌底漆／环氧中间漆／聚氨酯面漆），变成两道涂层系统（富锌底漆／丙烯酸聚硅氧烷涂料），见表 7-16 和表 7-17。

表 7-16 传统的重防腐蚀涂料方案

车间内施工方案			工地机械方案		
涂层	涂料	干膜厚度/μm	涂层	涂料	干膜厚度/μm
底漆	环氧/无机富锌底漆	75	底漆	环氧富锌底漆	75
中间漆	环氧云铁中间漆	125	中间漆	环氧云铁中间漆	125
面漆	丙烯酸聚氨酯面漆	50	面漆	丙烯酸聚氨酯面漆	50

表 7-17 丙烯酸聚硅氧烷涂料重防腐蚀体系

车间内施工方案			工地机械方案		
涂层	涂料	干膜厚度/μm	涂层	涂料	干膜厚度/μm
底漆	环氧/无机富锌底漆	75	底漆	环氧富锌底漆	75
面漆	丙烯酸聚硅氧烷涂料	125	面漆	丙烯酸聚硅氧烷涂料	125

6）金属质感面漆。钢结构建筑以往把白色作首选面漆颜色，现在一般用金属质感的面漆。金属质感面漆大多采用非浮型铝粉，它具有很好的遮盖力、着色力、闪烁性、随角异色效应、鲜艳性、光泽等，从而使涂膜产生美学效果。如北京的国家大剧院（图 7-38），就使用了具有铝粉的金属光泽的丙烯酸聚氨酯金属面漆，该面漆是在原有的丙烯酸聚氨酯面漆基础上配制而成的，具有突出的户外耐久性能和长期重涂性。

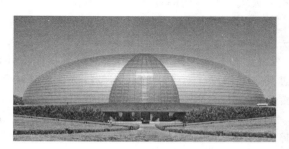

图 7-38 国家大剧院

（7）涂料的配套性。一般涂料产品的配套以相同品种为最好，如：醇酸底漆配醇酸面漆、氯化橡胶涂料配氯化橡胶涂料等。常见的不同涂料配套主要有以下几种：环氧底漆/中间漆+氯化橡胶面漆；环氧底漆/中间漆+丙烯酸面漆；环氧底漆/中间漆+聚氨酯面漆；环氧底漆/中间漆+含氟聚氨酯面漆/聚硅氧烷涂料；无机富锌底漆+环氧中间漆/面漆；环氧富锌+氯化橡胶/高氯化聚乙烯中间漆/面漆。

不能配套的涂料类别有：富锌底漆（环氧和无机富锌）上面不能涂油性和醇酸类，否则会引起漆膜皂化而使醇酸漆剥皮脱落；醇酸底漆上面不能涂氯化橡胶/环氧/聚氨酯等含强溶剂的涂料，否则会引起起皱、开裂、剥落等问题。

7.5.2 钢结构的防火

1. 钢结构在燃烧中的特点

钢结构已在建筑工程中发挥着独特且日益重要的作用，高层建筑、特别是超高层建筑中，采用钢结构承重的日益增多。钢材赋予这些建筑物以宽阔、轻盈而又不失稳固的建筑风格。钢结构在火的作用下是不会燃烧的，但是钢材在高温火焰的直接灼烧下，强度会随着温度的上升而下降，当到达一个临界点温度时，就会显著地降低强度而失去承载力。而且钢材的导热系数高，在大火中，热量会在钢材内部迅速传递，由火焰直烧处很快地影响到临近的低温部分。所以钢结构建筑受到大火的作用，很快就会变形坍塌，根本没有灭火的时间，最多只能扑灭余火。而火灾后的钢结构失去了强度且会变形成为麻花状，已经没有使用价值，因此钢结构建筑一旦损坏也就无法修复。钢结构建筑火灾的影响很大，会造成大量的人员伤亡和财产损失，社会影响极大。2001 年震惊世界的"9·11"事件中被飞机撞毁的纽约世界贸易大厦双子楼（图 7-39），飞机其实并没有将大厦撞倒，而是由于飞机在撞到大楼的同时破坏了大楼钢结构上的防火涂层，并爆炸起火，一个多小时燃烧后，结构软化，强度丧失而倒塌，造成2996人命丧废墟。

2. 钢结构的火灾防治

（1）防治的意义。由于钢结构耐火能力差，在发生火灾时因高温作用很快失效倒塌，耐火极限仅15min。若采取措施，对钢结构进行保护，使其在火灾时温度升高不超过临界温度，钢结构在火灾中就能保持稳定性。进行钢结构防火具有的意义如下：减轻钢结构在火灾中的破坏，避免钢结构在火灾中整体倒塌造成人员伤亡，减少火灾后钢结构的经济损失。

图 7-39　世界贸易大厦双子楼

（2）保护措施。对钢结构采取的保护措施，从原理上来讲，主要可划分为两种：截流法和疏导法。

1）截流法。阻滞火灾产生的热流量向构件传输，从而使构件在规定的时间内温升不超过其临界温度，分为喷涂法、包封法、屏蔽法和水喷淋法。这些方法的共同特点是设法减少传到构件上的热流量，因而称为截流法。

2）疏导法。与截流法不同，疏导法允许热量传到构件上，然后设法把热量导走或消耗掉，使构件温度不至升高到临界温度，起到保护作用。截流法和疏导法的特点比较见表7-18。

表 7-18　截流法和疏导法的特点比较

防火方法		原理	保护用材料	适用范围
截流法	喷涂法	用喷涂机具将防火涂料直接喷涂到构件表面	各种防火涂料	任何钢结构
	包封法	用耐火材料把构件包裹起来	防火板材、混凝土、轻质混凝土、加气混凝土、灰泥	钢柱、钢架
	屏蔽法	把钢构件包藏在耐火材料组成的墙体或吊顶内	防火板材	钢屋盖
	水喷淋法	设喷淋管网，在构件表面形成	水	大空间
疏导法	充水冷却法	蒸发消耗热量或通过循环把热量导走	充水循环	钢柱

对于各种构件，防火保护措施各有不同的要求。

1）柱的防火保护措施。柱的防火保护措施通常采用喷涂涂料或防火板材包覆。采用喷涂防火涂料保护时，应采用厚涂型钢结构防火涂料，其涂层厚度应达到设计值，且节点部位宜进行加厚处理。当采用黏结强度小于0.05MPa的钢结构防火涂层时，应设置与钢构件相连的钢丝网。采用防火板材包覆保护时，当采用石膏板、珍珠岩板等硬质防火板包覆时，板材可用黏结剂或钢件固定。当用岩棉等软质板材包覆时，应采用薄金属板或其他不燃性板材包覆。

2）钢梁、桁架的防火保护措施。梁的防火保护措施与柱相同，遇到下列情况时，涂层内应设置与钢构件相连的钢丝网：

① 承受冲击、振动荷载的钢梁。

② 涂层厚度等于或大于40mm的钢梁和桁架。

③ 涂料黏结强度小于或等于0.05MPa的钢构件。

④ 腹板高度超过1.5m的钢梁。

3）楼板的防火保护措施。当压型钢板作为承重楼板结构时，应采用喷涂防火涂料或粘贴防火板材的保护措施。

4）屋盖的防火保护措施。钢结构屋盖采用厚涂型钢结构防火涂料保护，当钢结构屋盖采用自动喷水灭火装置保护时，可不做喷涂钢结构防火涂料保护。

3．防火涂料

钢结构防火涂料在 90% 钢结构防火工程中发挥着重要的保护作用。

（1）防火原理。钢结构防火涂料的防火原理有三个：一是涂层对钢基材起屏蔽作用，使钢结构不至于直接暴露在火焰高温中；二是涂层吸热后部分物质分解放出的水蒸气或其他不燃气体，起到消耗热量、降低火焰温度和燃烧速度、稀释氧气的作用；三是涂层本身多孔轻质和受热后形成炭化泡沫层，阻止了热量迅速向钢基材传递，推迟了钢基材强度的降低，从而提高了钢结构的耐火极限。

（2）防火涂料的分类。

1）接防火原理分为非膨胀型和膨胀型两大类。

① 非膨胀型：非膨胀型防火涂料是通过下述作用来防火的：其一是涂层自身的难燃性或非燃性；其二是在火焰或高温的作用下能释放出灭火性气体，并形成非燃性的无机层隔绝空气。非膨胀型防火涂料按照成膜物质的特点，可分为无机和有机两种类型。

② 膨胀型：膨胀型防火涂料成膜后，在常温下是普通的漆膜。在火焰或高温作用下，涂层发生膨胀炭化，形成一个比原来厚度大几十倍，甚至上百倍的非易燃的海绵状的碳质层，它可以隔断外界火源对基材的加热，从而起到阻燃作用。

2）按溶剂类型分为溶剂型和水溶型两大类。两类涂料所选用的防火组分基本相同，其选用的溶剂以采用的成膜物质而定。溶剂型成膜物质一般选用氯化聚烯烃、丙烯酸树脂、氨基树脂、环氧树脂、酚醛树脂等，采用的溶剂为汽油、醋酸丁酯等。水溶型防火涂料的成膜物质一般选用氯偏乳液、丙烯酸乳液、苯丙乳液、聚醋酸乙烯酯等。这些材料均以水为溶剂。

这两类涂料在涂料的防火性能、理化性能以及耐候性能等方面，溶剂型防火涂料都优于水溶型防火涂料，但是，由于成本、环境污染等原因，水溶型防火涂料也发展得较快。

3）按涂层厚度分为超薄型、薄型、厚型钢结构防火涂料。其中超薄型用量最大，约占钢结构防火涂料的 70%；其次是厚型，约占 20%；薄型钢结构防火涂料目前用量较少。

① 超薄型：指防火涂层厚度在 3mm 以下，以溶剂型为主，具有良好的装饰和理化性能，受火时膨胀发泡形成致密、强度高的防火隔热层，该防火隔热层极大地延缓了被保护钢材的温升，提高钢结构构件的耐火极限，为一类新型防火涂料。超薄膨胀型钢结构防火涂料一般使用在耐火极限要求在 2.0h 以内的建筑钢结构上，如，可对一类建筑物中的梁楼板与屋顶承重构件及二类建筑中的柱、梁、楼板等进行有效防火保护。

由于该类防火涂料涂层超薄，工程中使用量较厚型、薄型钢结构防火涂料大大减少，从而降低了工程总费用，又使钢结构得到了有效的防火保护，是目前消防部门大力推广的品种。

② 薄型：指防火涂层厚度在 3～7mm 之间，主要是水溶型，具有较好的装饰性和理化性能，受火时能膨胀发泡，以膨胀发泡所形成的耐火隔热层延缓钢材的温升，保护钢构件。一般使用合适的乳液聚合物作基料，再配以复合阻燃剂、防火添加剂、矿物纤维等组成。其选用的乳液聚合物必须对钢基材有良好的附着力、耐久性和耐水性。其装饰性优于厚浆型防火涂料，稍差于超薄型钢结构防火涂料，一般耐火极限在 2h 以内。因此常用在 ≤2h 耐火极限的钢结构防火保护工程中，常采用喷涂施工。如，可对高层民用建筑中的梁，一般工业与民用建筑中支承单层的柱、梁、楼板以及屋顶承重构件中的钢结构进行防火保护。

③ 厚型：指防火涂层厚度在 8～50mm 之间，在火灾中利用材料的不燃性、低导热性或

涂层中材料的吸热性，延缓钢材的温升，保护钢材。其是用合适的黏结剂（如水玻璃、硅溶胶、磷酸铝盐、耐火水泥等），再配以无机轻质材料（如膨胀珍珠岩、膨胀蛭石、海泡石、漂珠、粉煤灰等）和增强材料（如硅酸铝纤维、岩棉、陶瓷纤维、玻璃纤维等）组成，具有成本较低的优点。施工常采用喷涂或抹涂，一般用在耐火极限大于或等于 2h 的钢结构防火保护。如高层民用建筑的柱、一般工业与民用建筑中的支承多层的柱的耐火极限均应达到 3h，须采用该厚型防火涂料保护。

4）按应用环境，可以简单地划分为室内和室外两大类钢结构防火涂料。

（3）防火涂料的选用。民用建筑及大型公共建筑的承重钢结构要采用防火涂料进行防火，一般由建筑师与结构工程师按建筑物耐火等级及构件耐火时限，根据现行标准《钢结构防火涂料应用技术规范》（CECS 24：90）的规定要求施工，各类防火涂料的特性及适用范围见表7-19，选用时要优先选用薄型防火涂料，选用厚型防火涂料时，外表面需要做装饰面隔护。装饰要求较高的部位可以选用超薄型防火涂料。

表 7-19　防火涂料的特性及适用范围

类别	特征	厚度/mm	耐火时限/h	适用范围
薄型防火涂料	附着力强、可以配色、一般不需要外保护层	2～7	1.5	工业与民用建筑楼盖与屋盖钢结构
超薄型防火涂料	附着力强、干燥快、可以配色、有装饰效果，一般不需要外保护层	3～5	2.0～2.5	工业与民用建筑梁、柱等钢结构
厚型防火涂料	喷涂施工、密度小、物理强度和附着力低，需要装饰面层施工	8～50	1.5～3.0	有装饰面层的建筑钢结构梁、柱等
露天防火涂料	喷涂施工，一般具有良好的耐候性	薄涂 3～10	0.5～2.0	露天环境中的框架、构架等钢结构
		厚涂 25～40	3.0	

4. 防火涂料涂装系统

防火涂料的涂装系统包括钢材表面喷砂到 ISO Sa2½级、防锈底漆、封闭面漆膨胀型防火涂料、面漆。

（1）防锈底漆。防火涂料作为功能性涂料，主要作用是防火。钢结构的防腐蚀仍需要由防锈底漆完成，用于钢结构防火涂料的防锈底漆，必须与防火涂料相兼容，两者间具有良好的附着力。防火涂料的底漆类型见表7-20。

表 7-20　防火涂料的底漆类型

底漆类型	漆膜厚度/μm	底漆类型	漆膜厚度/μm
醇酸磷酸锌防锈底漆（快干型）	75	改性环氧	125
环氧磷酸锌防锈底漆	75	无机富锌底漆	75
环氧云铁防锈底漆	125	无机富锌底漆+封闭漆	75+25～40
环氧富锌底漆	75	无机富锌车间底漆	15
环氧富锌底漆+封闭漆	75+25～40	无机富锌车间底漆+封闭漆	15+25～40

（2）封闭面漆。封闭面漆在防火涂料系统中非常重要。由于防火涂料本身的装饰性都比较差，因此有必要涂上一道面漆，且由于防火涂料的耐久性一直没有经过长期的实际考察，理论上说，有机物都会老化、降解等，这对防火涂料的性能是比较致命的。如果涂有耐老化的面漆涂层，可以解决这个问题。

1）面漆作用：一是抵抗腐蚀性介质和外应力对防火涂料的破坏，有效地封闭和阻挡水分、湿气渗透到涂料表层，与防火涂料上下配合，发挥保护钢材的总体效果；二是对建筑总体起装饰美化作用，如良好的光泽、丰富的色彩、平整光滑的外表等。

2）类型：防火涂料的面漆主要有醇酸涂料、丙烯酸涂料氯化橡胶涂料、聚氨酯涂料、硅氨烷类涂料、环氧涂料类等。

　　3）选用面漆注意的问题：首先考虑罩面漆与防火涂料层之间要有良好的附着力；尽量选同一种涂料的防火涂料与面漆（如氨基型防火涂料与氨基涂料或醇酸涂料配合使用较好）；选同一漆膜干燥机理的防火涂料与面漆（如同属常温干燥固化的氯化橡胶防火涂料与丙烯酸面漆之间的附着力好；溶剂型防火涂料与涂料之间的附着力好。但溶剂型防火涂料切勿用水溶性罩面漆配套罩面；常温干燥型防火涂料切勿用反应干燥型罩面漆配套）；不可选用强溶剂型的面漆涂在弱溶剂型防火涂料表面（如脂肪族聚氨酯面漆、特别是丙烯酸聚氨酯面漆主要用于膨胀型环氧防火涂料上面起装饰和耐老化的作用。其他类的防火涂料表面会因为强溶剂而引出涂层不兼容问题）。

7.5.3　涂装施工

1. 钢结构防腐涂装工艺

（1）材料要求。

1）建筑结构工程防腐材料品种、规格、颜色应符合国家有关技术指标和设计要求，应具有产品出厂合格证。

2）钢结构防腐材料使用前，其应按照国家现行相关标准进行检查和验收。

（2）操作工艺。

1）表面清理。表面清理除锈质量的好坏，直接影响到涂层质量的好坏。因此涂装工艺的表面除锈的质量等级应符合设计文件的规定要求。钢结构除锈质量等级应执行现行标准《涂覆涂料前钢材表面处理　表面清洁度的目视评定　第 1 部分：未涂覆过的钢材表面和全面清除原有涂层后的钢材表面的锈蚀等级和处理等级》（GB/T 8923.1—2011）的规定。

油漆涂刷前，应采用适当的方法将需要涂装部位的铁锈、焊缝药皮、焊接飞溅物、油污、尘土等杂物清理干净。

为了保证涂装质量，根据不同需要可以分别选用以下表面清理工艺：

①手动工具清理：用在不需要进行喷砂处理的小面积部位。清理去除所有松散的氧化皮、锈、涂料和其他有害的外来物质。这种方法不能除去黏附的氧化皮、锈和涂料。常用的工具有砂纸、无纺砂盘、钢丝刷、气锤、凿子等。

②动力工具打磨：是一种使用动力协助手动工具进行钢材表面处理的方法。可以除去所有松散的氧化皮、铁锈、旧漆膜和其他有害物质，不能除去附着牢固的氧化皮、铁锈和旧漆膜。常用的工具有砂轮、砂纸盘、钢丝盘、气铲、笔形钢丝刷、小砂轮等。

③抛丸处理：利用离心力的作用使高速旋转的叶轮把磨料抛出来进行表面清理。最常用的磨料是钢丸和钢砂，两者混合使用能够达到所要求的表面清洁度和粗糙度。

④喷砂处理：使用压缩空气将磨料从喷砂机中喷射出去，在需要清理的表面形成巨大的冲击力，除去锈、氧化皮和其他杂质等。

钢材表面进行处理达到清洁度后，一般应在 4~6h 内涂第一道底漆。涂装前钢材表面不允许再有锈蚀，否则应重新除锈。处理后表面沾上油迹或污垢时，应用溶剂清洗方可涂装。

2）涂装工艺。

①涂装施工环境条件的要求。一般应在相对湿度小于 80% 的条件下进行，环境温度应按照涂料产品说明书的规定执行。

②设计要求或钢材结构施工工艺要求禁止涂装的部位。为防止误涂，在涂装前必须进行遮蔽保护。如地脚螺栓和底板、高强度螺栓结合面与混凝土紧贴或埋入的部位等。

③涂料开桶前，应充分摇动。开桶后，原漆应不存在结皮、结块、凝胶等现象，有沉

淀应能搅起，有漆皮应除掉。为保证漆膜的流平性而不产生流淌，必须把涂料的黏度调整到一定范围之内。

④ 涂装施工过程中，应控制油漆的黏度、兑制时应充分地搅拌，使漆色泽均匀一致。调整黏度时必须使用专用稀释剂。如需代用，必须经过试验并取得业主的同意。

⑤ 涂刷顺序应自上而下、从左到右、先里后外、先难后易、纵横交错地进行涂刷。涂刷遍数及涂层厚度应执行设计要求规定。

⑥ 合理的施工方法对保证涂装质量、施工进度、节约材料和降低成本有很大的作用。所以正确选择涂装方法是涂装施工管理工作的主要组成部分。常用的涂装方法有刷涂法、手工滚涂法、浸涂法、空气喷涂法、雾气喷涂法。

⑦ 在涂刷第二层防锈底漆时，第一层防锈底漆必须彻底干燥，否则会产生漆层脱落。

⑧ 注意油漆流挂、皱纹、发黏、粗糙、脱皮、出现气泡、针孔等。

⑨ 涂装完成后，经自检和专业检并记录。涂层有缺陷时，应分析并确定缺陷原因，及时补修。修补的方法和要求与正式涂层部分相同。

3）两次涂装的表面处理和修补。两次涂装，一般是指由于作业分工在两地或分两次进行施工的涂装。当两道漆涂完后，超过一个月以上再涂下一道漆，也应算作按两次涂装的规定进行表面处理。如果涂漆间隔时间长，前道漆膜可能因老化而粉化（特别是环氧树脂漆类），则要求进行"打毛"处理，使表面干净并增加粗糙度，来提高附着力。

（3）质量验收要点。

1）涂装前用铲刀检查和用现行国家标准《涂覆涂料前钢材表面处理　表面清洁度的目视评定　第 1 部分：未涂覆过的钢材表面和全面清除原有涂层后的钢材表面的锈蚀等级和处理等级》（GB/T 8923.1—2011）规定的图片对照观察检查，钢材表面除锈应符合设计要求和国家现行有关标准的规定。处理后的钢材表面不应有焊渣、焊疤、灰尘、油污、水和毛刺等。

2）涂料、涂装遍数、涂层厚度均应符合设计要求。当设计对涂层厚度无要求时，涂层干漆膜总厚度：室外应为 $150\mu m$，室内应为 $125\mu m$，其允许偏差为 $-25\mu m$。每遍涂层干漆膜厚度的允许偏差为 $-5\mu m$。用干漆膜测厚仪检查。每个构件检测 5 处，每处数值为 3 个相距 50mm 测点涂层干漆膜厚度的平均值。

3）构件表面不应误涂、漏涂、涂层不应脱皮和返锈等。涂层应均匀，无明显皱皮、流坠、针眼和气泡等。

4）防腐涂料和防火涂料的型号、名称、颜色及有效期与质量证明文件相符。开启后，不应存在结皮、结块、凝胶等现象。

5）当钢结构处在有腐蚀介质环境或外露且设计有要求时，应进行涂层附着力测试，在检测处范围内，当涂层完整程度达到 70% 以上时，涂层附着力达到合格质量标准的要求。

6）涂装完成后，构件的标志、标记和编号应清晰完整。

2. 钢结构防火涂装工艺

（1）材料要求。

1）建筑钢结构工程防火涂料的品种和技术性能应符合现行《钢结构防火涂料》（GB 14907—2018）和《钢结构防火涂料应用技术规范》（CECS 24：90）标准规定和工程设计要求。

2）所选用的防火涂料必须有防火监督部门核发的生产许可证和厂方的产品合格证。

3）露天钢结构，应选用适合室外用的钢结构防火涂料。

4）用于保护钢结构的防火涂料应不含石棉，不用苯类溶剂，在施工干燥后应没有刺激性气味，不腐蚀钢材。

（2）操作工艺。

1）涂漆前应对基层进行彻底清理，并保持干燥。在不超过 8h 内，尽快涂头道底漆。

2）涂刷底漆时，应根据面积大小来选用适宜的涂刷方法。不论采用喷涂法还是手工涂刷法，其涂刷顺序均为先上后下、先难后易、先左后右、先内后外。

3）涂刷面漆时，应按设计要求的颜色和品种的规定来进行涂刷，涂刷方法与底漆涂刷方法相同。对于前一遍漆面上留有的砂粒、漆皮等应铲除刮去。

4）应正确配套使用稀释剂。当油漆黏度过大需用稀释剂稀释时，应正确控制用量，以防渗用过多，导致涂料内固体含量下降，使得漆膜厚度和密实性不足，影响涂层质量。同时应注意稀释剂与油漆之间的配套问题，如果错用就会发生沉淀离析、咬底或渗色等害病。

5）厚涂型钢结构防火涂料工艺及要求如下：

① 涂料配备。单组分湿涂料，现场采用便携式搅拌器搅拌均匀；单组分干粉涂料，现场加水或其他稀释剂调配，应按照产品说明书的配合比混合搅拌。搅拌和调配涂料，使之均匀一致，且稠度适当，既能在输送管道中流动畅通，喷涂后又不会产生流淌和下坠现象。防火涂料配置搅拌，应边配边用，当天配置的涂料必须在说明书规定时间内使用完。

② 涂装施工工艺及要求。喷涂应分遍完成，每遍喷涂厚度宜为 5~10mm，必须在前一遍基本干燥或固化后，再喷涂后一遍。喷涂保护方式、喷涂遍数和涂层厚度应根据防火设计要求确定。

施工过程中，操作者应采用测厚针或测厚仪检测涂层厚度，直到符合规定的厚度，方可停止喷涂。喷涂后，对明显凹凸不平处，采用抹灰刀等工具进行剔除和补涂处理，以确保涂层表面均匀。当防火涂层出现下列情况之一时，应重喷：

a. 涂层干燥固化不好，黏结不牢固或粉化、空鼓、脱落时。

b. 钢结构的接头、转角处的涂层有明显凹陷时。

c. 涂层表面有浮浆或裂缝宽度大于 1.0mm 时。

d. 涂层厚度小于设计规定厚度的 85% 时，或涂层厚度虽大于设计规定厚度的 85%，但未达到规定厚度的涂层的连续面积的长度超过 1m 时。

6）薄涂型钢结构防火涂料涂装工艺及要求如下：

① 涂料配备。运送到施工现场的钢结构防火涂料，应采用便携式电动搅拌器予以适当搅拌，使用均匀一致，方可用于喷涂。双组分涂料应按说明书规定的配合比进行现场调配，边配边用。单组分装的涂料也应充分搅拌。喷涂后，不发生流淌和下坠。

② 底层涂装施工工艺及要求。一般应喷涂 2~3 遍，每遍喷涂厚度不超过 2.5mm，必须在前一遍干燥后，再喷涂后一遍。喷涂时应确保涂层完全封闭，轮廓清晰。当设计要求涂层表明平整光滑时，应对最后一遍涂层做抹平处理，确保外表面均匀平整。

③ 面层涂装施工工艺及要求。当底涂层厚度符合设计要求，并基本干燥后，方可进行面层涂料涂装。面层涂料一般涂刷 1~2 遍。如第一遍是从左到右涂刷，第二遍应从右到左涂刷，以确保覆盖底部涂层。

（3）质量验收要点。

1）钢结构防火涂料的品种和技术性能符合设计要求，并经检测符合规定。

2）防火涂料涂装前钢材表面除锈及防锈底漆涂装符合设计要求和有关标准的规定。表面除锈用铲刀检查和用《涂覆涂料前钢材表面处理　表面清洁度的目视评定　第 1 部分：未涂覆的钢材表面和全面清除原有涂层后的钢材表面的锈蚀等级和处理等级》（GB/T

8923.1—2011）规定的图片对照观察检查。防火涂料涂装基层不应有油污、灰尘和泥沙等污垢。

3）钢结构防火涂料的黏结强度、抗压强度应符合《钢结构防火涂料应用技术规程》（CECS 24：90）的规定。检验方法应符合《建筑构件耐火试验方法 第1部分：通用要求》（GB/T 9978.1—2008）的规定。

4）薄涂型防火涂料的涂层厚度应符合有关耐火极限的设计要求。厚涂型防火涂料涂层厚度的80%及以上面积应符合有关耐火极限的设计要求。且最薄处厚度不应低于设计要求的85%。

5）薄涂型防火涂料涂层表面裂纹宽度不应大于0.5mm；厚涂型防火涂料涂层表面裂纹宽度不应大于1mm。

6）防火涂料的型号、名称、颜色及有效期与质量证明文件相符。开启后不存在结皮、结块、凝胶等现象。

7）防火涂料不应有误涂、漏涂，涂层应闭合，无脱层、空鼓、明显凹陷、粉化松散和浮浆等外观缺陷，乳凸已剔除。

7.6 典型钢结构工程施工案例

7.6.1 中央电视台新大楼钢结构施工

1. 工程概况

中央电视台（CCTV）新台址建设工程位于北京市中央商务区（CBD）规划范围内，2009年建成。234m高的中央主楼是该工程建设中的主要建筑，其独特的建筑形式、复杂的结构体系一出现，就引起了民众和专家学者的广泛关注。建筑设计由荷兰大都会建筑事务所（OMA）完成，结构设计由奥雅纳工程顾问公司（ARUP）和华东建筑设计研究院有限公司（ECADI）共同完成。

CCTV新台址主楼是由9层裙楼、3层地下室、两座斜塔（地上各52层和49层）和连接两塔楼的悬臂部分组成的一个不规则的空间门式结构。两个塔楼均以6°双向倾斜，高度分别是234m和194m，在37层（163m标高处）处通过L形的长悬臂连为一体，形成了独特的倾斜、悬臂、大体量空中连体的结构形式。两塔楼悬臂外伸67m和75m，高度55m，悬臂结构共14层，质量达 1.4×10^4 t，由37层、38层转换桁架及框筒结构支承。整个结构用钢量达 1.3×10^5 t，此楼是世界上单体用钢量最大的建筑（图7-40）。

塔楼分为塔楼1和塔楼2，两座塔楼结构相似。塔楼由核心筒、内部结构、外框筒三部分组成（图7-41）。塔楼内部核心筒及内柱为竖直，塔楼1和塔楼2外框筒双向倾斜。塔楼1在F21～F23、F28～F30、F36～F38，塔楼2在F22～F24、F37～F39之间设有转换桁架。

2. 施工难点

该工程项目结构复杂，受力形式多样，钢结构工程量大、分布范围广。结构倾斜，水平和垂直运输难度大。悬臂安装工艺复杂，结构变形控制难，测量控制要求高，焊接工作量大，质量要求高，安全防护要求高。

3. 钢结构安装顺序

钢结构安装顺序：搭设栈桥安装塔式起重机→两个塔楼同时安装钢结构→裙楼钢结构安装→塔楼钢结构按照计划流程继续安装→裙楼钢结构安装到屋面→主楼塔楼继续安装到顶

部→安装悬臂第一跨构件（图 7-42）。

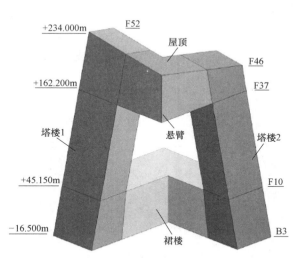

图 7-40　钢结构分布塔楼 1、塔楼 2、悬臂、裙楼四个区域

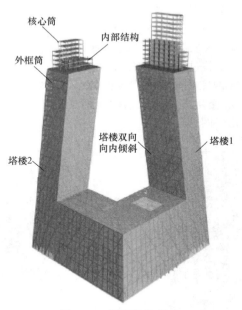

图 7-41　塔楼结构组成

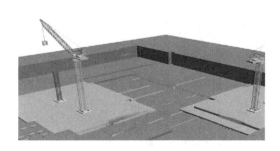

a) 搭设栈桥

b) 塔楼钢结构安装

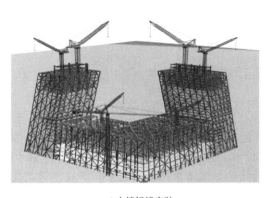

c) 主楼裙楼安装

d) 悬臂跨安装

图 7-42　钢结构安装顺序

悬臂跨安装是安装的一个难点，首先进行 F37~F39 悬臂Ⅰ、Ⅱ区第一跨和转换桁架支座斜腹杆安装，安装前需要在 F39 平面增加临时支撑（图 7-43）。F39~F43 层悬臂Ⅰ、Ⅱ区第一跨安装，并增加临时水平桁架段，此时塔楼施工至顶部。悬臂外框筒、转换桁架继续按块体扩大安装，为了减小悬臂整体向塔楼倾斜方向偏心，应加快悬臂外侧块体扩大安装进程。安装过程中要按照施工组织设计要求，定期测定外界气候条件及施工缝开合变化规律，1.5h 内完成全部高强度螺栓临时连接固定，然后进行精确定位、焊接（图 7-44）。安装 F42~F45 楼层外框筒、钢柱和钢梁，并拆除临时支撑（图 7-45）。最后安装屋面斜支撑和屋面钢梁（图 7-46）。

图 7-43　临时支撑安装

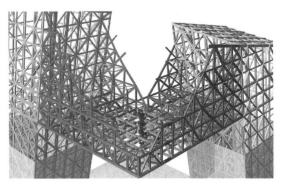

图 7-44　悬臂外框及转换桁架连接

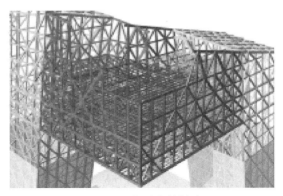

图 7-45　临时支撑拆除

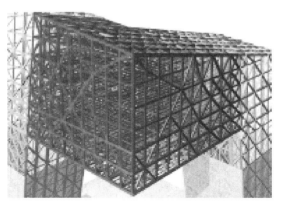

图 7-46　屋面支撑和钢梁安装

7.6.2　深圳京基 100 超高层钢结构综合施工技术

1. 工程概况

深圳京基 100（图 7-47），原名深圳京基金融中心广场（Kingkey Finance Center Plaza），又称为"蔡屋围金融中心"，位于深圳罗湖金融、文化中心区，京基 100 是集超甲级写字楼、高级公寓、住宅于一体的世界级城市综合体，高 441.8m，共 100 层，建筑面积约 60 万 m²，地下 4 层，地上 100 层，建筑高度 441.8m，钢结构总量 5.8 万 t。由深圳华森建筑与工程设计顾问有限公司设计，中国建筑第四工程局有限公司为总包单位，钢结构施工由中建钢构有限公司承担，荣获第十三届中国土木工程詹天佑奖。本工程钢材材质主要为 Q235B、Q345B、Q345C、Q345GJ、Q390GJC、Q420GJC，最厚钢板为 130mmQ420GJC。

　　京基 100 结构平面为矩形，采用钢筋混凝土框架核心筒加伸臂桁架结构体系，沿高度方向设有 4 个加强层，外筒钢结构共有 16 根箱形钢柱，通过 5 道腰桁架和东西外立面巨型斜撑连成一体（图 7-48），核心筒内有 24 根劲性钢柱，内外筒由伸臂桁架和楼层钢梁连成整体，形成高耸的空间稳定结构。

图 7-47　京基 100

图 7-48　钢结构腰桁架及斜支撑

2. 施工难点

　　（1）立面分区。工程的立面形式复杂，立面施工分区按照核心筒、外框架结构及柱内混凝土交替施工、压型钢板与栓钉施工、楼板钢筋绑扎及混凝土浇筑、防火涂料、外幕墙施工等过程。

　　（2）巨型钢管混凝土柱施工（图 7-49）。本工程巨型钢管混凝土柱尺寸类型较多，钢板厚度大，焊接质量控制要求高，柱内钢筋绑扎、焊接质量控制较难，柱吊装就位要求高，需要严格控制上下柱搭接时的柱内钢筋绑扎高度，柱内竖向肋板焊接对接需要焊工在柱内进行操作，多名焊工同时对称施焊，施工难度大。柱内混凝土采用 C60～C80 高抛自密实，辅助人工振捣，混凝土质量控制难。巨型钢管混凝土柱安装时要注意起吊方式、临时固定方式，在上下柱对接操作时，需要借助临时连接耳板固定上下柱接头位置，调整到符合安装偏差要求后进行焊接对接。

　　（3）伸臂桁架与顶模协调同步施工。在高层建筑中都需要有避难层和设备层，通常都将伸臂和避难层、设备层设置在同一层。由于伸臂本身刚度较大，又加强了结构抗侧力的刚

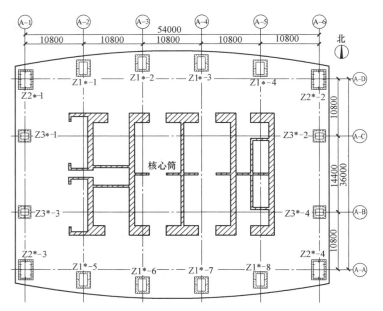

图 7-49 巨型钢管混凝土柱施工图

度，有时就把设置伸臂的楼层称为加强层或刚性加强层。基京 100 工程的伸臂桁架主要是连接内外筒，设置伸臂的主要目的是增大外框架柱的轴力，从而增大外框架的抗倾覆力矩，增大结构抗侧刚度，减小侧移。伸臂桁架的吊装需要从顶模空间吊入，吊装过程中会遇到结构构件阻碍，因此，需要变换吊点和水平移动，最终才能就位，施工难度大。同时，筒内构件吊装、外框节点吊装、伸臂桁架大斜臂与柱及核心筒的连接施工都是在高处完成，质量和安全控制要求高（图 7-50）。

（4）钢管桁架拱顶结构施工（图 7-51）。顶拱结构分布在 F94 以上，顶拱柱脚共 24 个，以铰支方式与 F94 外筒钢柱铰接。顶拱桁架有四种规格，其中圆形 3 种规格，分别为：$\phi600\text{mm}\times30$、$\phi400\text{mm}\times25$、$\phi300\text{mm}\times20$；方形一种规格，为 $600\text{mm}\times600\text{mm}\times30\text{mm}\times30$，钢材采用 Q345B。施工过程中顶拱安装与布置的塔式起重机之间存在冲突和交叉。

图 7-50 带斜支撑的伸臂桁架施工图

图 7-51 钢管桁架拱顶结构施工图

3. 施工监测

施工监测的目的就是根据实际的施工工序，以及现场获取的参数和数据，对结构进行实时理论分析和结构验算，对每一施工阶段，根据结构分析验算结果确定施工误差状态，采用预警体系对施工状态进行安全度评价和灾害预警，给施工过程提供决策性技术依据，从而正确地辅助施工，确保结构线形与受力状态符合设计要求。向阳面的检测选择温度相近时刻，避开极限温度时刻。背阴面由于温度变化平缓，可以不受时间限制。

温度测点：考虑季节温差、日照温差等因素影响，以及结构竖向及水平向不均匀温度场分布规律，布设在梯度变化较大的位置。应变测点：布设在结构中受力较大、状态复杂、对结构整体承载力与稳定性具有重要影响的部位。应变监测的主要部位是设计中应力较大的节点、弦杆、钢梁等，通过对这些最不利位置应变的实时监测，以达到使结构施工完成之后能符合理论设计值，从而保证结构的安全性。

位移测点：布设在结构整体位移或内外筒相对变形理论值较大区域。位移监测主要是各控制点的坐标及变形控制，防止在钢结构吊装施工过程中出现与理论值相差较大的转角和位移，施工完成后，各主控点的坐标和变形要满足设计要求。位移监测的目的主要就是通过各监测点的测量，得出各监测点吊装后实测坐标或位移，并与控制值进行对比，得出结构在各工况下的位移变化，为不同位置构件吊装、合龙时刻的合理选择提供实测依据。

第8章 高层建筑装饰工程施工

教学提示：高层建筑装饰工程施工技术难度大，且与多层建筑的装饰施工有所不同，尤其是幕墙工程、饰面工程（石材、瓷砖、金属饰面）等现代做法与普通建筑的粉刷和涂料饰面等施工工艺方法和技术特点有很大的差异。

教学要求：本章主要介绍高层建筑常用的幕墙工程、饰面工程（石材、瓷砖、金属饰面）。要求重点掌握这些现代装饰做法保证垂直、平整、牢固的技术原理。

8.1 概述

8.1.1 外装饰的功能及其发展

外装饰对建筑物主要是起保护作用，同时也是对建筑物表面进行艺术处理的手段。随着技术进步和生活水平的提高，建筑外装饰不再是简单的抹灰工程，而更趋向注重装饰的功能和艺术效果。

我国在 20 世纪 50~60 年代的建筑外装饰，基本停留于一般水平，除国家重点的公共建筑和纪念性建筑物以外，大部分建筑物是采用清水外墙，以红砖青瓦衬托和协调环境色彩。20 世纪 60 年代末随着混凝土构件和砌块的发展与应用，清水外墙大幅度减少，外装饰逐步趋向普通抹灰饰面。因而在 20 世纪 70 年代形成了外装饰"灰面孔"的统一格局。后来随着各类建筑涂料的开发，才逐渐丰富了外装饰的色彩。近年来在装饰工程中新材料和新工艺不断涌现，改善了装饰面的质感，提高了装饰效果。

随着高层建筑的兴起，对建筑外装饰的要求越来越高。为了减少大气污染对外墙面的影响，要求外装饰表面不易积灰，并能保持持久的光泽，因此在 20 世纪 80 年代马赛克和面砖外饰面得到应用。高级宾馆和写字楼等除采用装饰面砖以外，还开发应用了石材、玻璃幕墙和铝合金幕墙，把装饰材料推向更高的层次。

建筑物外装饰除达到装饰效果以外，还须具备以下功能：

（1）防水和防潮。为了防止室外雨水或潮湿渗入室内，要求装饰材料本身具有一定的密实性，对接缝要进行防水处理。

（2）保温和隔热。对于严寒和炎热地区，外装饰的保温和隔热更为突出。除了对结构材料和其厚度正确选择以外，装饰材料对建筑物的保温、隔热也可起到辅助的作用。

（3）隔声和吸声。对于有较大噪声的环境可利用装饰材料做隔声处理以防止噪声传播。

8.1.2 高层建筑室内装饰工程的发展

随着我国高层建筑的发展，高层建筑室内装饰工程也不断发展。20 世纪 70 年代以前，我国高层建筑室内装饰基本上都是采用传统的材料和做法。平顶装饰常用的是在黄砂石灰底纸筋灰面上刷石灰浆、大白浆与可赛银浆；在木龙骨纤维板面上刷无光调和漆；在木龙骨胶合板面上刷清水油漆等。内墙面装饰常用的是在黄砂石灰底纸筋灰面上刷无光调和漆、石灰浆、大白浆或胶合板清水腊克护壁，大理石墙面，瓷砖墙面，石膏粉刷等。地面装饰常用的是细石混凝土地面、油漆地面、硬木地板、大理石地面、磨光花岗石地面、现磨水磨石地面、马赛克地面等。施工工艺多为湿作业，手工操作，工具也较简单。20 世纪 70 年代开发应用了一些高层建筑室内装饰的新材料、新工艺和新机具。如在黄砂石灰底纸筋灰面上刷各色乳胶漆、聚乙烯醇涂料、聚乙烯醇缩甲醛涂料，贴纸基塑料纸、玻璃纤维墙布的平顶和墙面，以及预制水磨石和涂料地面等。施工工艺和机具，除研制应用了涂料滚涂的涂料滚筒、油漆喷斗等小机具以外，主要仍为湿作业，手工操作和传统工具。

从 20 世纪 80 年代初开始，广泛地开发应用了高层建筑室内装饰的新型建材、干作业工艺和先进的小型机具。在平顶装饰方面，有轻钢龙骨石膏板衬底的矿棉板平顶、喷涂点状涂料平顶、贴纸基塑料纸和玻璃纤维墙布平顶、无衬底板的硅酸钙板平顶、有孔石膏板平顶、水泥石棉板平顶、轻钢龙骨或木龙骨的胶合板衬底的镜面平顶、T 形轻钢龙骨轻质石膏板平顶等。在内墙面装饰方面，有在轻钢龙骨石膏板面上喷涂点状涂料、贴纸基塑料纸和玻璃纤维墙布的墙面、镜面和彩色铝合金板的墙面、胶粘瓷砖墙面等。在地面装饰方面，有化纤地毯、塑料地板、塑料石棉板地面、胶粘薄型硬木地板、印刷仿木纹地面、釉面地砖地面等。同时，胶体黏结剂得到广泛使用，胶质材料成了增强涂料附着力的重要成分。另外，干作业施工工艺的采用越来越普遍。在机具方面，出现了锯断、刨平、刨线条、钻孔、凿眼等多功能木工机具、自攻螺丝钉枪、冲击电钻、射钉枪、瓷硅切割机、墙布涂胶机、角向磨光机、型钉射钉枪和点状涂料喷枪等。从而使我国高层建筑室内装饰的现代化水平日益提高，经济效益和社会效益也有了明显改善。

8.1.3　高层建筑室内装饰技术开发的重要性

高层建筑室内装饰的目的是保护基体，美化建筑，给人们创造一个幽雅舒适的工作、生活和娱乐的环境。室内装饰所用的材料、施工工艺和机具的先进与落后，直接影响到建筑装饰效果和经济效益。过去，由于长期采用传统的材料和手工操作的湿作业工艺以及简单的机械工具，导致工期长，质量不易保证。近几年来上海、北京、广州、天津、深圳等地，在高层建筑室内装饰工程中，广泛开发应用了轻质新型建筑装饰材料、模块化一体化装饰材料的试验和干作业施工工艺，有效地加快了高层建筑装饰工程的施工速度，改善了装饰效果，也提高了高层建筑装饰施工的现代化水平。

今后高层建筑的装饰装修要朝着新型化、绿色化、装配化方向发展，在此基础上，制定新型装饰材料的生产质量标准、环保标准、施工操作规程和验收规范。进一步开发应用装饰与节能保温为一体的高性能玻璃、一体化铝合金装饰板，发展以塑代木、以塑代钢、以低碳环保和可持续应用为发展方向的装饰材料，获得更好的装饰效果和社会效益，为加快绿色低碳城市建设和建筑的可持续发展做出新的贡献。

8.2　幕墙工程

幕墙是建筑物外围护墙的一种形式。幕墙一般不承重，形似挂幕，又称为悬挂幕，即悬吊挂于主体结构外侧的轻质围墙。幕墙的特点是装饰效果好、质量轻、安装速度快，是外墙轻型化、装配化较理想的形式，因此在现代大型和高层建筑上得到广泛的采用。

幕墙所使用的材料有四大类型，即：骨架材料、板材、结构黏结及密封填缝材料、五金配件。

骨架材料：龙骨材料，钢材，铝型材，不锈钢拉索，不锈钢拉杆等。

板材：面板材料，石材，玻璃，铝单板，铝塑板，陶土板，阳光板等。

结构黏结及密封填缝材料：辅材，耐候胶，结构胶，泡沫棒，胶条，石材塑料垫块，绝缘垫片等。

五金配件：连接材料，钢件，埋板，铝角码，铝挂件，干挂件，不锈钢螺钉，螺栓，锚栓等。

我国目前在高层建筑中常用的幕墙有铝合金幕墙和玻璃幕墙。

8.2.1　铝合金幕墙

铝板从规格上分为两种：厚度在 1.2mm 以下的铝单板称为铝扣板（也称为铝方板），厚度在 1.5mm 以上的铝单板称为铝单板（也称为铝幕墙）。铝单板幕墙采用优质高强度铝合金板材。其构造主要由面板、加强筋和角码组成。角码可直接由面板折弯、冲压成形，也可在面板的小边上铆装角码成形。加强筋与板面后的电焊螺钉（螺钉是直接焊在板面背面的）连接，使之成为一个牢固的整体，极大增强了铝单板幕墙的强度与刚性，保证了长期使用中的平整度及抗风、抗震能力。如果需要隔声保温，可在铝板内侧安装高效的隔声保温材料。

铝合金幕墙的特点：

1）刚性好、质量轻、强度高。铝单板幕墙板耐腐蚀性能好，氟碳漆可达 25 年不褪色。

2）工艺性好。采用先加工后喷漆工艺，铝板可加工成平面、弧形和球面等各种复杂的几何形状。

3）不易玷污，便于清洁保养。氟涂料膜的非黏着性，使表面很难附着污染物，更具有良好向洁性。

4）安装施工方便快捷。铝板在工厂成形，施工现场不需裁切只需简单固定。

5）铝板幕墙可回收再利用，有利环保。铝板可 100% 回收，回收价值更高。

另外，铝板幕墙质感独特，色泽丰富、持久，而且外观形状可以多样化，并能与玻璃幕墙材料、石材幕墙材料完美地结合。其完美外观，优良品质，使其倍受业主青睐，其自重轻，仅为大理石的五分之一，是玻璃幕墙的三分之一，大幅度减少了建筑结构和基础的负荷，而且维护成本低，性能的价格比高。

就目前国内使用的铝板幕墙而言，绝大部分是复合铝板和铝合金单板。

1. 混凝土剪力墙面的铝板饰面

这种饰面构造比较简单，因为墙面上不设窗孔，铝板内不做保温层处理，铝板饰面为一个整片，因此节点构造和规格比较统一，同时有混凝土墙身作为依靠，固定较方便。下面以某工程为例介绍混凝土剪力墙表面满贴铝合金幕墙的节点处理和饰面构造。该工程采用美国国际铝业有限公司的铝挂板，规格为 1000mm×1500mm×3mm，幕墙以角铁为骨架，通过角铁扣件用膨胀螺栓将角铁骨架固定在混凝土墙面上，然后将铝板固定在骨架上，形成了整片铝合金墙面，其具体构造如图 8-1 所示。

铝板饰面的安装步骤如下：

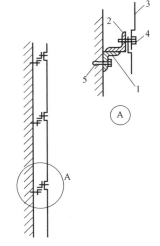

图 8-1　铝板饰面节点构造图

1—角钢扣件　2—角钢骨架　3—铝板
4—膨胀螺栓　5—安装孔（椭圆）

1）以建筑物的垂直控制线和楼层标高为依据，分别在混凝土墙面上弹出分块竖线和水平线。

2）在混凝土墙面上做出塌饼，作为控制铝板和混凝土墙面安装距离的依据，如个别墙面外凸尺寸过大则要先行修正，为了减少修正的工作量，混凝土墙身施工时要求以负公差控制墙身断面厚度。

3）打设膨胀螺栓，螺栓进墙深度要求大于 20mm。

4）安装角钢扣件，扣件为 40mm×40mm 角钢，长 300mm，其上面的螺孔为椭圆形，以便调整安装距离。

5）安装角钢骨架，经过测定平整度和垂直度，满足质量要求后将角钢骨架用电焊固定在扣件上。

6）安装铝板，用铆钉枪将铝板逐块固定在骨架上。

7）板缝处封防水硅胶。

8）清除板面保护胶纸，进行板面清理。

2. 框架结构墙面的铝合金幕墙

框架结构铝合金幕墙，一般为铝板和铝合金窗的组合幕墙。在框架结构上固定幕墙，是利用楼层结构的预埋件用扣件连接固定。由于墙身需设置保温层，因此构造比较复杂，施工难度相对较高。现以某工程铝合金窗和铝板组合幕墙为例介绍其构造和节点处理。该工程标准层每个房间的幕墙由一樘铝合金窗、一块窗肚墙铝板和两块窗间墙铝板组合而成。每个单件均以金属骨架为框，表面覆盖铝合金板，内侧粘贴厚度为 50mm 的矿棉墙体保温层。每块铝板由金属框通过钢扣件和结构楼面上的预埋件连接固定，如图 8-2 所示，而铝窗则用螺栓安装固定在四周铝板金属框上，形成整块铝合金组合面，在板面安装结束后，再在室内安装石膏板，外贴墙纸。

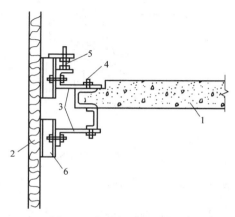

图 8-2　安装钢扣件示意图
1—楼层结构　2—金属板　3—钢扣件
4—前后调节螺栓　5—水平调节螺栓
6—连接槽钢

（1）铝板和铝窗组合墙面的安装步骤。

1）预埋件整理。将混凝土楼面的预埋件表面凿除，并清理干净。

2）弹线。在楼面混凝土上根据建筑物的轴线弹出横轴基准线和纵轴基准线。水平标高线从楼面标高向上翻高 1m，作为统一的标高基准线。

3）安装钢扣件。在预埋件面先打设扣件螺杆，其位置以横轴和纵轴基准线为依据。钢扣件分别安装在螺杆上，钢扣件螺孔呈长圆形槽口，以便前后调整位置，如图 8-2 所示。

4）安装铝板。三块单件铝板的安装顺序是先安装窗间墙，然后安装窗肚墙铝板，它们分别由连接片和钢扣件连接，再由扣件支承在结构预埋件上。

5）安装铝窗框。在铝板安装后，最后安装铝窗，窗的四周和铝板连接固定。

6）安装玻璃。

7）嵌缝和防水处理。用专用注入枪将硅酮封缝料嵌入铝板间缝隙。

8）幕墙表面清洗。要随装随清洗，及时清除飞在上面的砂浆等污泥，并在交工前做一次系统的清洗。铝合金蜂窝板及铝塑板的安装节点如图 8-3 和图 8-4 所示。

（2）铝合金组合墙面安装的质量。控制墙面的安装要严格控制三个要点：

1）每块铝板安装高度的控制。安装高度直接关系到铝板水平分格缝能否在同一水平线上，是外观质量的关键，要求较高。用水准仪测量水平，以标高基准线为准调节连接片上的水平螺栓，控制铝板的安装高度。

2）铝板饰面平整度控制。用悬挂线垂于基准轴线上来控制铝板面的平整度，如有误差则前后移动钢扣件槽口来进行调整。对于钢扣件的位置确定可在横轴基准线的外侧50cm处拉一根钢丝作为控制线，如图8-5所示，钢扣件则利用长圆形螺孔前后调节到需要的位置。

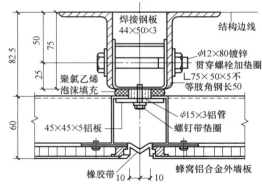

图 8-3 铝合金蜂窝板固定示意图

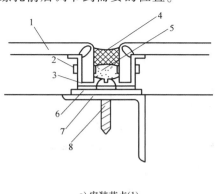

a) 安装节点(1)

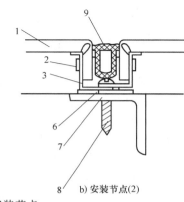

b) 安装节点(2)

图 8-4 铝塑板的安装节点

1—直角铝型材 2—窗间墙铝板 3—柱子 4—密封材料 5—支撑材料 6—垫片 7—角钢 8—螺钉 9—密封材料

3）铝板表面垂直度控制。从结构外侧用钢弦线引下一垂线作为基准垂线，以每层横轴基准线到垂线之间的水平距离相等并连续校正三层控制垂直度。

当铝板安装满足上述三个要点时，将钢扣件和预埋件焊接固定即可达到质量要求。如图8-6所示，铝板安装位置测定示意图。

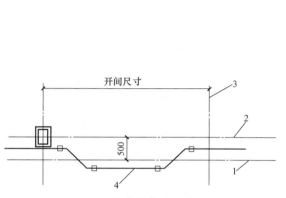

图 8-5 安装控制线示意图

1—控制线（钢丝） 2—横轴基准线
3—纵轴基准线 4—楼面边线

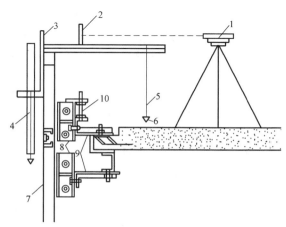

图 8-6 铝板安装位置测定示意图

1—水平仪 2—直尺 3—曲尺 4—测垂器 5—线锤
6—基准轴线 7—铝板 8—连接片 9—钢扣件 10—调节螺钉

（3）施工脚手架。幕墙安装不搭设脚手架，主要采用吊篮。吊篮可根据墙面形状加工成矩形、弧形以适应操作的需要。

8.2.2　玻璃幕墙

1. 铝框玻璃幕墙

铝框玻璃幕墙一般用于办公用房的外墙，它以铝合金为框中间镶嵌玻璃，形成以固定玻璃为主体的玻璃幕墙立面（图8-7和图8-8）。

图 8-7　上海陆家嘴高层建筑幕墙

图 8-8　纽约自由塔幕墙

（1）节点构造。以统长幕墙竖筋为支撑骨架，和结构楼板混凝土上的预埋件用角钢连接件焊接固定，玻璃分块镶嵌在骨架的竖横筋之间，最后用硅胶做防水嵌缝处理，其构造如图8-9所示。

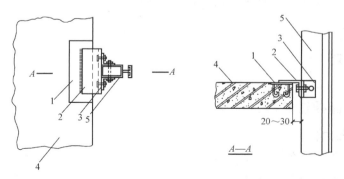

图 8-9　铝框玻璃幕墙节点构造示意图
1—预埋板　2、3—角钢连接件　4—混凝土楼板　5—玻璃幕墙竖筋

（2）安装步骤。安装步骤：将楼板面的预埋件表面清理干净→根据建筑物轴线弹出纵横两个方向的基准线和水平标高控制点→安装幕墙竖筋→安装幕墙横筋→镶嵌玻璃，并用硅胶嵌缝做防水处理。

2. 大块玻璃幕墙

大块玻璃幕墙用于高层建筑裙房外围,一般玻璃高度接近建筑物层高,以玻璃自身支承,端头固定,节点构造如图 8-10 所示。大块玻璃厚度为 10 ~ 19mm。整块玻璃高度在 5m 以内一般由玻璃本身支承自重,两端嵌入金属框内,用硅胶嵌缝固定。当高度过高时,除底部支撑以外,需在玻璃顶部增设吊钩悬吊玻璃,以减少底部支承压力。

大玻璃安装有一定难度,由于整块玻璃高度大、自重大,又容易碎裂,起重时不宜用吊索,操作者又无法用手扶托,因此要采用吸盘机,如图 8-11 所示。利用玻璃表面平整度高、吸附力强的特点,将玻璃平稳地吸牢并移动到安装地点。大块玻璃幕墙的安装顺序和安装方法如下:

1)按设计要求先固定好玻璃的顶框和底框。

2)玻璃就位。一般成品玻璃运到工地是装箱立放,长边着地,在拆除包装箱后,在玻璃两侧用手工吸盘由人工将其搬运至安装地点。

3)用吸盘机在玻璃一侧将玻璃吸牢,利用单轨电动葫芦将吸盘机连玻璃一起升高到一定高度,然后转动吸盘,将横卧的玻璃转动至竖直,并将玻璃上口先插入顶框,继续往上提,使玻璃下口对准底框槽口,然后将玻璃放入底框并安装支承在设计标高位置,如图 8-11 所示。

4)在玻璃与玻璃之间、玻璃与顶框或底框的凹槽内用硅胶嵌缝固定。

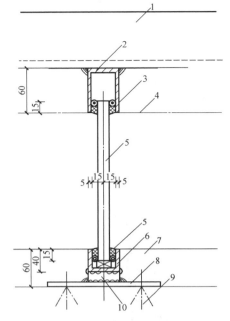

图 8-10 大块玻璃幕墙节点构造示意图
1—顶部角钢吊架 2—5mm 厚钢顶框 3—硅胶嵌缝
4—平顶面 5—15mm 厚玻璃 6—5mm 厚钢底框
7—地平面 8—3mm 厚钢板 9—M12 锚栓 10—垫铁

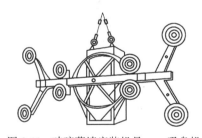

图 8-11 玻璃幕墙安装机具——吸盘机

8.3 饰面工程

8.3.1 小规格面砖镶贴施工

1. 材料品种和规格

面砖有釉面和毛面之分,颜色有米黄色、深黄色、乳白色等多种色彩,形状有正方形和长方形不同规格,其边长一般在 400mm 以下,厚度在 15mm 左右。近年来从国外进口的面砖规格各异,主要是厚度有所减薄(一般为 6 ~ 8mm)。

水泥应选用不低于 42.5 级的普遍硅酸盐水泥,有彩色和特殊要求的应该用白水泥。砂宜选用中粗砂,粒径为 0.35 ~ 0.50mm,颗粒坚硬,含泥量不大于 3%,用时须过筛。

2. 镶贴工艺

(1)逐块铺贴法。

1）要求刮糙层是一个既平整又粗糙、墙角方正、线条通顺的糙坯面。

2）按设计要求和面砖的规格弹好分格线，面砖的排列力求避免半块。

3）在墙面及转角处每隔 2m 左右做好贴面标志点（可用面砖角料）以控制面层的平整度、垂直度和黏结层的厚度。

4）面砖粘贴前先将其洗刷干净，放入桶内用清水浸泡 2h 以上，取出，表面晾干后使用。

5）面砖粘贴应分段或分块进行，每个分块自下而上粘贴，黏结砂浆宜用 1∶1.5 或 1∶2 水泥砂浆。操作时在面砖背面刮满刀灰，砂浆厚度 6～8mm，面砖上墙后，用小木锤轻轻敲打，用直尺调整平整度和垂直度。粘贴面砖应保持面砖上口平直，贴完一皮将砂浆刮平，放上分缝用小木条，然后再贴第二皮。木条宜次日取出，用水洗净后继续使用。

6）待铺贴一定面积后即可勾缝，勾缝用 1∶1 水泥砂浆，一般为凹缝，凹进面砖表面 3mm，要求批嵌密实。

7）面砖表面的清洁工作宜在当天随即做好。如完成后还有不洁之处，可用 5%～10% 稀盐酸清洗墙面。

（2）托板模具铺贴法。对于墙面造型特殊、要求多种颜色面砖交叉镶贴的墙面，可用托板模具铺贴小规格面砖。它比单块镶贴简便，工效一般可提高 3 倍以上，又可节约大量的嵌线条木料，并能确保镶贴质量。其铺贴步骤如下：

1）定线划块。自屋面向下根据建筑物轴线尺寸用线锤挂正，做出塌饼控制垂直度。然后依据窗盘、天盘标高弹出水平线控制水平尺寸。托板的大小根据建筑物的轴线尺寸和层高以能整除为好，以减少模具铺贴后的镶补工作。

2）拼花组合。按照设计的要求对不同颜色面砖进行花纹排列。先将面砖按编号反铺在模具内黏结面朝上，并在砖缝中撒上细砂，随后在砖面上铺满水泥黏结砂浆（1∶1.5～2.0）2～3mm。同时墙面糙坯层上抹上相同的水泥黏结砂浆，随即将托板模具对准基线上墙粘贴，用木榔头轻轻击平，然后取下模具，刷清砖缝间细砂，最后进行托板之间镶补工作，在铺贴 1d 后用纯水泥浆勾缝。

根据建筑物的外形，模具可设计为平面、凹弧形等各种形式的模具。模具材料应选用质地坚硬、遇水不易变形的木制品和硬塑料制品。模具要求尺寸正确、分格均匀、符合设计要求，模具板在每块面砖位置开一个小孔，防止起出模具时将面砖吸出，托板模具如图 8-12 所示。

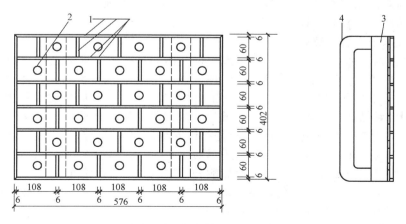

图 8-12　托板模具示意图

1—硬塑料条　2—板面开孔　3—托板木框　4—木手柄

8.3.2 大规格饰面板（边长大于 500mm）施工

1. 材料的品种

用于高层建筑外装饰的大规格饰面板一般选用天然石料。天然石料根据材质分为大理石和花岗石两种；根据表面加工处理的不同有光面、镜面、粗磨面、麻面、条纹面及天然石面等。大理石和花岗石均是色彩丰富、绚丽美观的高级装饰材料，价格昂贵，质量要求高。

2. 安装方法

（1）灌浆固定法。

1）按照设计要求在基层表面绑扎好钢筋网和结构预埋件，连接牢固。

2）每块墙面进行饰面板分块，按不同规格分别编号，并要求在平地上试拼，以校核其尺寸、排列和色泽的协调一致。

3）安装前饰面板材按设计要求用钻头打圆孔，穿上铜丝或镀锌钢丝。

4）自下而上进行安装，先在最下一皮两头做好找平标志，拉好横线，从中间向两边（或从一端向另一端）开始安装，将铜丝与结构表面的钢筋网绑扎固定，随时用托线板靠平靠直，保证板与板的接缝和四角平整。

5）板材与基层墙面的缝隙一般为 20~50mm，用石膏将一皮饰面板逐块临时固定，检查其平整度与垂直度，然后用 1：2.5 水泥砂浆（稠度一般为 8~12cm）分层灌注。灌浆高度每皮控制在 15~20cm，并振捣密实，待初凝后再继续灌浆，灌至离饰面板上口 5~10cm 时停止，然后将上口临时固定的石膏剔除，清理干净缝隙，继续安装上皮的饰面板，依次由下而上安装、灌浆、固定。

6）较大规格的饰面板除了和结构物的钢筋网拉结外，还应采用支撑形式帮助固定，在离墙面约 10cm 处搭设临时支撑，用木楔和板材面填实作临时固定。

7）安装和固定后的饰面板，当天应做好表面清理，并对已完工的贴面做好产品保护。光面和镜面饰面板须经清洗晾干后方可打蜡擦亮。

（2）扣件固定法。用扣件固定大规格饰面板是近期才发展的新工艺，费用较高。它改变了传统的饰面板固定用灌浆的湿作业法，而是采用在混凝土墙面上打膨胀螺栓，再通过钢扣件连接饰面板材的扣件固定法。每块板材的自重由钢扣件传递给膨胀螺栓支承。板与板之间用不锈钢销钉固定，板面接缝的防水处理是用密封硅胶嵌缝。用扣件固定饰面板，在板块与混凝土墙面之间形成空腔，无需用砂浆填充，因此对结构面的平整度要求较低。墙体外饰面受热胀冷缩的影响较小。饰面扣件固定如图 8-13 所示。

扣件固件法的安装步骤如下：

1）板材切割、磨边、钻孔、开槽。按照设计图要求在施工现场进行切割，由于板块规格较大，宜采用板块切割机切割，以保持切割边角挺直。板材切割后，为使边角光滑采用手提磨光机进行打磨。相邻板块采用不锈钢销钉固定，销钉插在板材侧面孔内，孔径 5mm、深 12mm，用电钻钻孔，要求钻孔位置正确。大规格板材由于自重大，除了由钢扣件将板块下口托牢以外，还在板块中部开槽设置承托扣件支承板材的自重。

2）涂防水剂。在板材背面涂上一层丙烯酸防水涂料，以加强外饰面的防水性能。

3）墙面修整。当墙面外表凸出过大影响扣件安装时，必须凿除。

4）弹线。从结构中引出楼面标高和轴线位置，在墙面上弹出安装板材的水平和垂直控制线，并做砂浆塌饼以控制板材安装的平整度。

5）涂墙面防水剂。由于板材与混凝土墙身之间不填充砂浆，为防止因材料性能或施工质量可能造成的渗漏，在外墙面上涂刷一层防水剂，以加强外墙的防水性能。

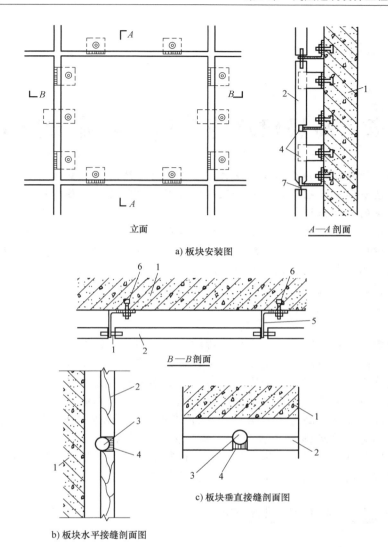

立面

A—A 剖面

a) 板块安装图

B—B 剖面

b) 板块水平接缝剖面图

c) 板块垂直接缝剖面图

图 8-13　用扣件固定饰面板
1—混凝土墙面　2—板块　3—泡沫条　4—密封硅胶　5—钢扣件　6—膨胀螺栓　7—销钉

6）板材安装。安装自下而上进行，在墙面最下一排板材安装位置的上下口拉两根水平尼龙丝。板材从中间或墙面阳角开始安装。先装好第一块作为基准，其平整度以塌饼为依据，用线锤吊直，经校准后加以固定。一排板材安装完毕，再进行上排扣件固定和板材安装，板材安装要求四角平整、纵横对缝。钢扣件和墙身用膨胀螺栓固定。扣件成角钢型，扣件上的孔洞均呈椭圆形，便于安装时调节位置，如图 8-14所示。

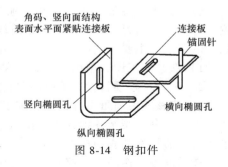

图 8-14　钢扣件

7）外饰面接缝的防水处理。外饰面板材接缝的防水处理采用密封硅胶嵌缝。嵌缝前先在接缝处嵌入柔性条状泡沫聚乙烯材料作为衬底，控制密封深度和加强密封材料的黏结力。

第9章　高层建筑施工质量和施工安全控制

教学提示：高层建筑具有工程体量大、结构复杂、交叉作业多、工序繁杂等特点，因此高层建筑施工质量和安全控制在工程建设领域具有重要意义，高层建筑的施工安全管理是高层建筑施工质量的有效保证。

教学要求：本章让学生了解高层建筑施工准备阶段、施工阶段的质量安全控制内容和控制要点，其中对地基基础、混凝土结构、地下防水、钢结构质量控制进行详细阐述。对于高层建筑施工从"人、机、料、法、环"（4M1E）质量管理以及建筑施工"五大伤害"安全控制进行阐述，并逐一进行案例分析。通过本章内容的学习，使学生能够掌握高层建筑施工质量和施工安全控制的流程和要点。

随着土地资源的日益紧张和城市化进程的发展，高层建筑在城市建设中发挥着越来越重要的作用。由于高层建筑具有结构复杂，工程量大，施工中工序多、交叉作业多、周期长等特点，给建筑施工带来相当大的难度，也带来了更多安全问题。高层建筑施工过程中存在很多难点和挑战，主要表现在基坑支护和地基处理复杂、高处作业多、垂直运输量大、安全防护要求高。因此，加强对高层建筑施工过程中的质量控制和安全管理的探讨和研究非常必要。高层建筑的施工管理涉及"人、机、料、法、环"（4M1E）等诸多方面的传统管理，随着技术进步以及现代高层建筑施工环境和结构复杂程度的增加，对施工质量安全控制有了更多更高的要求，需要全面提升工程质量安全控制技术和管理水平。

9.1　高层建筑施工质量控制

9.1.1　施工准备阶段的质量控制

1. 施工技术准备工作的质量控制

施工技术准备是指在正式开展施工作业活动前进行的技术准备工作。对于高层建筑来说，这类工作内容繁多。施工准备阶段的质量控制主要在室内进行，需要进行系统的分工和制度的完善，主要开展以下准备工作：

1）熟悉施工图，组织设计交底和图样审查。

2）进行工程项目检查验收的项目划分和编号。

3）审核相关质量文件，细化施工技术方案和施工人员、机具的配置方案，编制施工作业技术指导书，绘制各种施工详图（如测量放线图、大样图及配筋、配板、配线图表等），进行必要的技术交底和技术培训。

技术准备工作的质量控制，包括对上述技术准备工作成果的复核审查，检查这些成果是否符合设计图和相关技术规范、规程的要求；依据经过审批的质量计划审查、完善施工质量控制措施；针对质量控制点，明确质量控制的重点对象和控制方法；尽可能地提高上述工作成果对施工质量的保证程度等。

2. 施工现场准备工作的质量控制

（1）计量控制。施工过程中的计量，包括施工生产时的用料计划、投料计量、过程监测以及对项目、产品或过程的测试、检验、分析计量等多项内容，计量控制也是工程施工科学管理和节约成本的有效方法。

（2）测量控制。工程测量放线是建设工程产品由设计转化为实物的第一步工作。施工单位在开工前应编制测量控制方案，经项目技术负责人批准后报请建设单位、监理单位审核批准后实施。测量控制首先要对建设单位提供的原始坐标点、基准线和水准点等测量控制点进行复核，并将复测结果上报监理工程师审核，审核获批后施工单位才能建立施工测量控制网，进行工程定位和标高基准的控制。

（3）施工平面图控制。由于高层建筑一般都是建设在城市繁华区域，同时建筑体量大、平面复杂，施工受场地局限性影响严重。建设单位应按照合同约定并充分考虑施工的实际需要，事先划定并提供施工用地和现场临时设施用地的范围，协调平衡和审查批准各施工单位的施工平面图设计，尽量做到科学规划，根据工程特点合理安排施工。

9.1.2　施工阶段的质量控制

1. 地基基础工程质量控制

高层建筑基础的埋设较深，施工难度大，周期长，为了确保高层建筑施工安全，施工过程中必须进行质量控制。

（1）高层建筑基础施工的特点。

1）隐蔽性。高层建筑的基础施工属于地下隐蔽工程，对整个工程项目的影响重大，一般在基础工程整体施工完成后，会对地基基础进行相应的隐藏和验收。

2）潜在性。高层建筑采用深基础，地下室深度大、层数多、面积大，桩基埋深大，基础施工过程中潜在性的质量安全隐患多。很多结构构件深埋地下，在工程竣工后需要进行封闭式处理，因此，无法对其进行定期的质量检测，其故障难以得到及时的发现和处理，为建筑在正常生命周期内使用埋下许多潜在性的危险。

3）严重性。基础施工的质量对整个工程项目的影响重大，一旦出现质量问题，后期的工程质量就无法保证，进而造成重大的、不可消除的安全隐患，甚至会造成建筑整体的崩溃，产生灾难性的后果。因此，基础工程施工质量和安全控制是事关全局的大事，需要引起足够的重视。

（2）高层建筑基础施工的质量控制要求。

1）加强对施工现场的管理。高层建筑施工现场复杂，施工过程中要采取科学合理的措施和手段，对施工现场的人力、物力资源进行统一的管理和调配，保证施工严格按照设计要求进行，确保基础施工的质量。在对施工现场进行管理时，要根据工程施工进度计划，确保管理的全面性和全程性。

2）加强对工程测量的控制。准确而全面的测量数据是工程施工得以顺利进行的保证，也是影响工程质量的重要因素。因此，基础施工相关的技术人员和测量人员要严格按照设计的要求和相应的设计和施工规范标准，确保工程数据测量的准确性，减少人为因素造成数据误差，从而保证基础施工精度。

3）加强地基基础的施工材料质量控制。材料质量关系着整个工程质量，对施工质量控制有重要影响。在基础工程施工过程中，应严把材料控制关，进场材料一定要检查是否具有出厂合格证，对于批量的材料要按照质量检测验收要求进行抽检，确保材料在规格、材质方面满足相应的质量标准和要求。

　　4）加强对地基基础施工环节的质量控制。高层建筑地基基础施工工序复杂，需采用不同的施工方法和施工工艺，使得质量控制难度较大。因此，要根据工程特点和施工组织设计，进行施工环节的质量控制。特别是对影响工程质量和安全的重要施工环节，应进行重点控制，做好质量管理计划，有效实施质量控制。

　　2. 混凝土结构工程质量控制

　　（1）原材料的质量控制。原材料是组成混凝土的基础，原材料品质的优劣直接影响到混凝土质量的优劣，水泥的强度等级和体积安定性、砂石粒径和规格直接影响混凝土的质量。因此，要根据工程特点和混凝土使用部位，选择相应的水泥品种。石子主要控制好级配、针片状含量和压碎值。砂最好采用中粗砂，且含泥量和有机质的含量必须满足规范要求。各种外加剂的使用必须严格按照设计要求和外加剂使用说明，严格控制外加剂的使用量和组分。

　　（2）混凝土运输过程中注意事项。高层建筑混凝土用量大，混凝土运输时间对混凝土质量有很大影响，需要根据运输时段平均气温等具体确定。低温天气运输时应采取遮盖或保温设施；高温天气运输时要保证混凝土充分水化，避免短期失水影响强度。混凝土的自由下落高度不宜大于 1.5m，否则应设缓降措施，防止骨料分离。运输中保证不发生分离、漏浆、严重泌水、过多温度回升和坍落度损失。

　　（3）混凝土的浇筑。浇筑混凝土前，对模板及其支架、钢筋和预埋件必须进行检查，并做好记录。符合设计要求后，清理模板内的杂物及钢筋上的油污，堵严缝隙和孔洞，混凝土浇筑前模板要清理干净，浇筑面验收合格后才能进行混凝土浇筑。混凝土浇筑应采用平铺法或台阶法施工，严禁采用滚浇法。应按一定厚度、次序、方向，分层进行，且浇筑层面平整。浇筑墙体时应对称均匀上升，浇筑厚度一般为 30～50cm。若分层浇筑混凝土时，应先确定分层方式，按照施工组织设计要求进行浇筑。在混凝土浇筑过程中，尤其是浇筑顶板时，应设置位移变形观测点，设专人定期观测模板是否偏移，设专人检查、加固模板。混凝土浇筑期间，如表面泌水较多，应及时清除，并采取措施减少泌水。

　　（4）混凝土的振捣。高层建筑施工过程中混凝土使用量大，混凝土的振捣工序对混凝土质量会产生很大影响。混凝土的振捣就是使入模的混凝土完成成型与密实的过程，从而保证混凝土结构构件外形正确，表面平整，混凝土的强度和其他性能符合设计的要求。混凝土浇筑入模后应立即进行充分的振捣，使新入模的混凝土充满模板的每一角落，排出气泡，使混凝土拌合物获得最大的密实度和均匀性。

　　（5）混凝土的养护。混凝土浇捣后，之所以能逐渐凝结硬化，主要是因为水泥水化作用的结果，而水化作用需要适当的温度和湿度条件，因此，为了保证混凝土有适宜的硬化条件，使其强度不断增长，必须对混凝土进行养护。养护的目的是为混凝土硬化创造必要的湿度、温度等条件。常采用的养护方法有：自然养护、蒸汽养护、养生液法养护、满水法养护、标准养护、养护膜养护等。根据具体施工情况采用相应的养护方法，对高耸构筑物和大面积混凝土结构不便于覆盖浇水或使用塑料布养护时，宜喷涂保护层养护，防止混凝土内部水分蒸发，以保证水泥水化反应的正常进行。

　　在整个混凝土工程中，混凝土养护是一项耗时最长，对混凝土质量影响最大的施工工序。混凝土养护开始的时间要根据当地气候条件和混凝土所使用的水泥品种和使用部位来确定。对于一般环境下普通水泥品种，应在混凝土浇筑后的 12～18h 后开始养护，养护时间要持续 21～28d。

　　1）自然养护。混凝土带模养护期间，应采取带模包裹、浇水、喷淋洒水等措施进行养护，保证模板接缝处不致失水干燥。为了保证顺利拆模，可在混凝土浇筑 24～48h 后略微松开模板，并继续浇水养护至拆模后再继续保湿至规定龄期。

混凝土去除表面覆盖物或拆模后，应对混凝土采用蓄水、浇水或覆盖洒水等措施进行潮湿养护，也可在混凝土表面处于潮湿状态时，迅速用麻布、草帘等材料将暴露面混凝土覆盖或包裹，再用塑料布或帆布等将麻布、草帘等保湿材料包覆。包覆期间，包覆物应完好无损，彼此搭接完整，内表面应具有凝结水珠。有条件地段应尽量延长混凝土的包覆保湿养护时间。

2）蒸汽养护。混凝土的蒸汽养护可分静停、升温、恒温、降温四个阶段。混凝土的蒸汽养护应符合下列规定：

① 静停期间应保持环境温度不低于 5℃，浇筑结束 4~6h 且混凝土终凝后方可升温。

② 升温速度不宜大于 10℃/h。

③ 恒温期间混凝土内部温度不宜超过 60℃，最高不得超过 65℃。恒温养护时间应根据构件脱模强度要求、混凝土配合比情况以及环境条件等通过试验确定。

④ 降温速度不宜大于 10℃/h。

3）养生液法养护。喷涂薄膜养生液养护适用于不易洒水养护的异型或大面积混凝土结构。它是将过氯乙烯树脂溶液用喷枪喷涂在混凝土表面上，溶液挥发后在混凝土表面形成一层塑料薄膜，将混凝土与空气隔绝，阻止其中水分的蒸发以保证水化作用的正常进行。除非薄膜在养护完成后可以自行老化脱落，否则不宜于喷洒在以后要做粉刷的混凝土表面上。在夏季，薄膜成形后要防晒，否则易产生裂纹。混凝土采用喷涂养生液养护时，应确保不漏喷。

4）满水法养护。满水法养护方式能很好地保证混凝土在恒温、恒湿的条件下得到养护，能大大减少因温湿变化及失水所引起的塑性收缩裂缝，能很好地控制板厚及板面平整度，能很好地保证混凝土表面强度，避免楼面面层空鼓现象，能很好地保证混凝土外观质量、减少装饰阶段找平、凿平、护角等费用。

5）养护膜养护。混凝土节水保湿养护膜是以新型可控高分子材料为核心，以塑料薄膜为载体，黏附复合而成。高分子材料可吸收自身质量 200 倍的水分，吸水膨胀后变成透明的晶状体，把液体水变为固态水，然后通过毛细管作用，源源不断地向养护面渗透，同时又不断吸收养护体在混凝土水化热过程中的蒸发水。因此在一个养护期内养护膜能保证养护体保持湿润，相对湿度大于或等于 90%，有效抑制微裂缝，保证工程质量。

3. 地下室防水工程质量控制

地下室防水工程质量控制要点：

（1）组织好设计、图样会审和施工队伍审查。

1）设计是工程防水质量的关键，设计方应根据建设单位对地下室的功能要求，本着防排并举、刚柔结合的原则，在采用复合防水、多道设防等多种防水方案中，选择最佳的适合方案。

2）严把图样设计关。施工方要了解施工图中地下室防水期抗渗等级、防水构造的做法，以及对防水材料和施工方法的具体要求，与设计人员一起认真分析设计的科学性和可靠性，提高对地下室防水工程的重视，做好图样会审工作。

3）要严格审查施工队伍的资质、业绩、人员组织和质保体系；要重点抓住事前、事中、事后的质量控制，根据设计、施工规范要求列出质量预控点，加强跟踪检查；从原材料的选用到施工工艺各环节以及构造做法等都要严格把关。

（2）防水混凝土的质量控制。防水混凝土是高性能混凝土的一种，配制时应选择有相应资质和能力的试验室进行配合比设计，并进行严格的抗渗专题试验，待合格后，按所确认的配合比进行配制。抗渗混凝土的配制通常采用掺外加剂法，还要采用粗、细两级骨料，以提高混凝土密度，增强其结构抗渗能力。施工过程中要重视混凝土浇捣的质量控制，严格按经过设计后确定的方案进行浇捣，重视混凝土的振捣环节，防止漏振，避免产生冷缝造成渗水通道。采用商品混凝土时必须考虑路途远近及道路运输状况，适当延长混凝土的初凝时间，避免浇筑过程中出现冷缝，并推迟水泥水化热峰值出现时间，减小温度裂缝。地下混凝土结构模板不宜拆除过早，否则极易造成混凝土结构内伤，形成意想不到的渗水通道。防水混凝土宜延长带模养护时间，拆模后的竖向构件，如地下室侧壁等，应采用涂刷混凝土保护剂的方法进行养护。

（3）施工时采取有效的技术措施。

1）地下防水抗渗混凝土，施工要求连续不间断，不能留施工缝，一次连续浇筑完成。

2）地下室浇筑的顺序：地下室连在一起的内外墙必须一起浇筑，外墙自防水混凝土全部采用二次振捣工艺。

3）外墙面水平施工缝的防水处理：墙面水平施工缝用加止水条的形式防止渗水；新旧混凝土的接缝在混凝土浇筑前 24h 用高压清水冲洗，并多次湿润混凝土接缝面，使新旧混凝土有良好的接缝。

4）地下防水工程的防水层，应在地基及结构验收合格后施工。

5）地下室底板防水工程施工期间，地下水位应降至防水工程底部最低标高以下，直至防水工程全部完成为止。

6）防水涂料施工前应检查基层要坚实，具有一定强度，表面无浮土砂粒等污染物，且含水率应少于 9%。防水涂料涂布顺序应先垂直面后水平面，先阴阳角及细部后大面，每层涂布方向应顺直。

7）防水卷材在防水涂料施工完成最后一道涂膜固化干燥后，方可进行施工。卷材与防水涂料之间黏结材料必须是配套的专用黏结剂，用胶粘带、密封材料等做好卷材接缝的处理。黏结剂的剥离强度浸水 168h 后，其保持率应大于 70%。

8）在做好结构防水的前提下，在外墙做多层柔性防水，并在紧靠地下室外墙周围分层夯填黏土，墙内侧做五层柔性防水，即可收到较好的防水抗渗效果。

（4）加强特殊施工部位的防水处理。

1）施工缝处理。施工缝的处理是地下室防水工程施工的关键之一，处理不当将功亏一篑。在工程施工中尽量避免施工缝的出现，在底板与墙体连接处必须留置时，应做成企口缝并增设钢板止水带。其做法是在底板混凝土浇筑完毕，板墙起台（200mm 高）时，将已加工定型的钢板焊接连接后，插入榫头。钢板焊接要求满焊，钢板止水带埋入混凝土上下各一半，施工后起到增加渗水路径作用，达到防渗目的。

2）穿墙螺栓止水处理。混凝土墙板结构施工时，需要采用对拉螺栓对模板进行固定，但在地下室墙板施工时采用，极易形成渗水点，破坏混凝土结构自防水的效果。地下室外墙施工可采用加焊止水环片的螺栓。混凝土浇筑完毕，模板拆除后在对拉螺栓根部剔凿 20mm 左右的缺口，气焊烧断螺栓端杆，用防水砂浆封堵抹平缺口，消除漏点达到防水目的。

3）穿墙管道处理。一般工程地下一层穿墙管道较多，且多位于地下水位以下，在混凝土结构浇筑前应于穿墙管道处留置套管，套管上焊止水环，浇筑时套管周围混凝土要振捣密实。

（5）采用性能好、质量可靠的新型防水材料。质量可靠的防水材料是提高防水工程质量的保证。工程施工前应收集各种防水材料性能及使用情况的资料，选择施工方便、性能优良的防水材料。防水材料进场时，必须检查其是否符合设计要求，检查出厂合格证及准用证，并经抽样送试合格后方可使用。

（6）注重防水构造施工的质量控制。

1）底板和墙的交接处严禁留设施工缝，如需留，则一定要留设在墙身距底板 500mm 左右处，而且最好呈楞（凸）形。

2）设金属止水板时，宽、厚度要符合规范要求并要对接头部位进行焊接，为锚固牢靠，两边应做成短锯齿状。

3）变形缝处的橡胶止水带，一定要使两边的拉钢丝固定在钢筋上，浇筑混凝土时严防从一侧倾倒，振捣时两边均匀插捣，以确保止水带的准确位置。

4. 高层钢结构施工质量控制

（1）施工准备阶段质量控制。

1）施工单位和各参建单位熟悉设计图，了解工程特点和设计意图，找出需要解决的技术难题，并制定解决方案。

2）做好技术交底，施工和设计的结合、钢结构吊装与土建施工的结合、钢结构和混凝土构件的结合。

3）施工单位在编制施工组织设计和施工方案时，需从"人、机、料、法、环"五个方面制定切实可行的具体实施细则。

4）钢结构工程要针对制作阶段和安装阶段分别编制制作工艺和安装施工组织设计。其中，制作工艺内容应包括制作阶段各工序、各分项的质量标准、技术要求以及为保证产品质量而制定的各项具体措施。钢结构安装工程施工组织设计内容有质量保证体系和技术管理体系的建立，质量、进度控制的措施和方法，施工工期的安排等。

（2）预埋螺栓的质量控制。

1）施工基础预埋螺栓时首先熟悉图样，了解图样的意图，并制作安装模板。

2）预埋螺栓用安装模板及钢筋定位在柱子的主筋和模板上，保证预埋螺栓不受土建浇筑混凝土施工影响而移位。

3）将螺栓之间的间距、高低控制在允许的误差范围内；保护好螺栓螺扣在混凝土浇筑时不被损坏。

4）土建工程完工后，用经纬仪和水准仪对地脚螺栓的标高、轴线进行复查，并做好记录，交下一道工序验收。

（3）构件制作质量控制。高层钢结构工程的施工通常要经过工厂制作和现场安装两个阶段。一般制作工艺流程为：放样→下料→拼板→切割→组立→焊接→钻孔→组装→矫正成型→零配件下料→制作组装→焊接和焊接检验→防锈处理、涂装、编号→构件验收出厂。

在钢结构制作中，应根据钢结构制作工艺流程，抓住关键工序进行质量控制，如控制关键零件的加工，主要构件的工艺、措施，所采用的加工设备、工艺装备等。

（4）焊接工程质量控制。

1）钢结构施焊前，对焊条的合格证要进行检查，按说明书要求使用。焊工必须持证上岗证。

2）焊缝表面不得有裂纹、焊瘤，一、二级焊缝不得有气孔、夹渣、弧坑裂纹，一级焊缝不得有咬边、未满焊等缺陷，一、二级焊缝按要求进行无损检测，在规定的焊缝及部位要检查焊工的钢印。

3）不合格的焊缝不得擅自处理，定出修改工艺后再处理。同一部位的焊缝返修次数不宜超过 2 次。

（5）构件安装质量控制。

1）钢结构安装前，应对构件的质量进行检查，构件的永久变形和缺陷超出允许值时，应进行处理。

2）钢柱安装要检查柱底板下的垫铁是否垫实、垫平，防止柱底板下地脚螺栓失稳。

3）控制柱垂直和水平位移。安装工程中，在结构尚未形成稳定体系前，应采取临时支护措施。

4）当钢结构安装形成空间固定单元，并进行验收合格后，要求施工单位及时将柱底板和基础顶面的空间用膨胀混凝土二次浇筑密实。

5）控制钢结构主体结构的垂直度和整体平面弯曲度。

（6）紧固件连接质量控制。

1）注意高强度螺栓摩擦面的加工质量及安装前的保护，防止污染、锈蚀。并在安装前进行高强度螺栓摩擦面的抗滑移系数试验，检查高强度螺栓出厂证明、批号，对不同批号的高强度螺栓定期抽做轴力试验。

2）高强度螺栓安装要求自由穿入，不得敲打和扩孔。因此在钢结构制作时应准备一定的胎架模具以控制其变形，并在构件运输时采取切实可行的固定措施以保证其尺寸稳定性。

3）钢结构安装过程中板叠接触面应平整，接触面必须大于 75%，边缘缝隙不得大于 0.8mm。对高强度螺栓安装工艺，包括操作顺序、安装方法、紧固顺序、初拧、终拧进行严格控制检查，拧螺栓的扭力扳手应进行标定。终拧完毕应逐个检查，对欠拧、超拧的应进行补拧或更换。

（7）除锈及涂装工程质量控制。

1）施工人员要根据图样要求以及除锈等级采用不同除锈方法。

2）涂刷工程质量的控制应做到在钢结构涂刷前，涂刷的构件表面不得有焊渣、油污、水和毛刺等异物，涂刷遍数和厚度应符合设计要求。

3）涂装材料必须有合格证，防火涂料涂装工程必须由消防部门批准的施工单位施工。

9.2 高层建筑施工安全控制

随着高层建筑工程项目规模的大型化和复杂化，参与工程建设的人员和机械、材料等数量不断增加，技术难度不断加大，环境的不确定性不断加强，从而直接导致了高层建筑工程项目中不可预见因素突显，为高层建筑工程项目施工安全管理带来了困难和挑战。施工安全控制作为系统工程，涉及工程施工的全过程，具有整体性、综合性、动态性的特点，施工过程中必须严格进行安全控制，确保施工安全。

9.2.1 施工安全保证体系

1. 安全生产方针

安全生产方针是指政府对安全生产工作总的要求，它是安全生产工作的方向。《中华人民共和国安全生产法》里的"十二字方针"是"安全第一，预防为主、综合治理"。"安全第一"要说明的是安全与生产、效益及其他活动的关系，强调在从事生产经营活动中要突出抓好安全，始终不忘把安全工作与其他经济活动同时安排、同时部署，当安全工作与其他活动发生冲突与矛盾时，其他活动要服从安全，绝不能以牺牲人的生命、健康、财产损失为代价换取发展和效益。"预防为主"是指要立足基层，建立起预教、预测、预报、预警等预防体系，以隐患排查治理和建设本质安全为目标，实现事故的预先防范体制。将"综合治理"纳入安全生产方针，标志着对安全生产的认识上升到一个新的高度，是贯彻落实科学发展观的具体体现，秉承"安全发展"的理念，从遵循和适应安全生产的规律出发，综合运用法律、经济、行政等手段，人管、法管、技防等多管齐下，并充分发挥社会、职工、舆论的监督作用，从责任、制度、培训等多方面着力，形成标本兼治、齐抓共管的格局。

2. 安全生产目标

安全生产目标包括：生产安全事故控制指标（事故负伤率及各类安全生产事故发生率）、安全生产隐患治理目标、安全生产和文明施工管理目标。减少和控制危害，减少和控制事故，尽量避免生产过程中由于事故造成的人身伤害、财产损失、环境污染以及其他损失。

3. 健全安全生产制度，落实安全生产责任制和目标管理制度

建立和完善以项目经理为首，有各部门人员参加的安全生产领导小组，有组织有领导地开展安全管理活动，承担组织、领导安全生产的责任。生产班组配兼职安全员，做到安全管理无盲区。

（1）安全生产责任制。安全生产责任制是根据我国的安全生产方针和安全生产法规建立的各级领导、职能部门、工程技术人员、岗位操作人员在劳动生产过程中对安全生产层层负责的制度。安全生产责任制是企业岗位责任制的一个组成部分，是企业中最基本的一项安全制度，也是企业安全生产、劳动保护管理制度的核心。

实践证明，凡是建立、健全了安全生产责任制的企业，各级领导重视安全生产、劳动保护工作，切实贯彻执行党和国家的安全生产、劳动保护方针、政策和法律法规，在认真负责地组织生产的同时，积极采取措施，改善劳动条件，工伤事故和职业性疾病就会减少。反之，就会职责不清，相互推诿，而使安全生产、劳动保护工作无人负责，无法进行，工伤事故与职业病就会不断发生。

企业单位的各级领导在管理生产的同时，必须负责管理安全工作，认真贯彻执行国家有关劳动保护的法令和制度，在计划、布置、检查、总结、评比生产的同时，计划、布置、检查、总结、评比安全工作（即"五同时"制度）；企业单位中的生产、技术、设计、供销、运输、财务等各有关专职机构，都应在各自的企业业务范围内，对实现安全生产的要求负责；企业单位都应根据实际情况加强劳动保护机构或专职人员的工作；企业单位各生产小组都应设置不脱产的安全生产管理员；企业职工应自觉遵守安全生产规章制度。

对于建筑施工企业来说，要建立以总经理为组长的安全领导小组，小组成员包括分管安全的副总经理、技术负责人、安全生产部门负责人、质量部门负责人以及各工程项目负责人。每个施工项目的安全生产体系要建立以项目经理为组长的安全生产领导小组，具体要求如下：

1）建立项目经理，技术负责人、施工员、安全员及班组长在内，同各业务范围工作标准挂钩的安全生产责任制和检查监督制度。

2）项目经理对本段劳动保护、安全生产负总责。认真贯彻执行党和国家有关安全生产的方针、政策、法令、法规。在抓好生产的同时，必须管好安全生产工作。在计划、布置、检查、总结、评比生产的同时，要相应纳入安全生产工作，负责对职工进行安全生产教育。

3）技术主管、班组长、施工员对所负责区段的劳动保护、安全生产负总责。组织实施安全生产措施，进行安全技术交底，检查各生产班组的安全生产情况，督促工人遵章守纪。负责分析处理一般性事故的工作，发生重伤以上事故立即上报。

4）各级安全员模范遵守安全生产规章制度，各级领导安全作业，有权拒绝上一级的违章指挥，监督检查使用好安全帽、安全带、安全网等劳动保护用具，对各施工场点保持经常性检查，对生产中不安全因素及隐患要及时解决，不能解决要及时上报。

（2）各职能部门的责任。

1）工程技术部门负责按安全技术规程、规范、标准编制施工工艺、技术文件，提出相关的安全技术措施。

2）材料管理部门负责制定机械设备的安全技术操作规程和安全管理制度，加强检查、维修、保养，确保机械安全运转，对承重结构的材料，如钢丝绳、支架构件等要确保质量合格，及时做好报废更新工作。

3）综合办协助安全质量部门做好新工人、上岗工人、特殊工种工人的教育培训、考核，发上岗证工作。做好工伤事故统计、分析和报告，参加事故的调查和处理，提出防范措施。

4）医务部门负责对职工的定期健康检查和治疗工作，提出预防疾病的措施。

5）安保部门负责做好施工现场、仓库、宿舍的防火、防毒、防盗等安全保卫工作。

（3）执行安全生产目标管理制度。开工初，公司与项目经理部，项目经理部与各班组逐级签订安全生产管理目标责任书，并按规定进行检查、考核、总结。

（4）进行定期、适时的安全生产检查工作。

1）项目经理部每月组织一次检查，各班组由班组长（安全员）每日进行班前、班后检查，班中督促。

2）适时组织季节性劳动保护检查工作，重点是夏季的防暑降温，冬季的防寒防冻，汛期的防洪等各项措施的落实情况。

3）施工中发现的隐患通过发出安全生产隐患整改通知书，整改通知回执，整改完毕验核记录程序，做到发现的隐患逐个得到整改。

（5）安全教育与培训。

1）项目经理部经常开展安全生产宣传教育，使广大员工真正认识到安全生产的重要性、必要性，牢固树立安全第一的思想，自觉地遵守各项安全生产法令和规章制度。

2）对项目经理和项目专职安全员必须进行安全教育培训，取得"B类安全资格证书"。

3）对参加施工的所有人员必须进行上岗前的安全教育。

4）对特殊工种人员除进行一般安全教育外，还必须进行本工种专业安全技术培训，经考核合格持证后，方可独立操作，并按有关规定做好复审、复训。

9.2.2　施工安全事故处理

1. 有关定义

安全事故是指生产经营单位在生产经营活动（包括与生产经营有关的活动）中突然发生的，伤害人身安全和健康，或者损坏设备设施，或者造成经济损失的，导致原生产经营活动（包括与生产经营活动有关的活动）暂时中止或永远终止的意外事件。

工程安全事故是指建设单位、设计单位、施工单位、工程监理单位违反国家规定，降低工程质量标准，安全管理不到位，安全生产投入不足等因素，造成安全事故的行为。工程安全事故是工程建设活动中突然发生的，伤害人身安全和健康，或者损坏设备设施，或者造成经济损失的，导致原工程建设活动暂时中止或永远终止的意外事件。

2. 安全事故等级划分

根据《生产安全事故报告和调查处理条例》，工程建设安全事故划分为特别重大事故、重大事故、较大事故和一般事故4个等级。

1）特别重大事故，是指造成30人以上（包括30人，以下情况相同）死亡，或者100人以上重伤，或者1亿元以上直接经济损失的事故。

2）重大事故，是指造成 10 人以上 30 人以下死亡，或者 50 人以上 100 人以下重伤，或者 5000 万元以上 1 亿元以下直接经济损失的事故。

3）较大事故，是指造成 3 人以上 10 人以下死亡，或者 10 人以上 50 人以下重伤，或者 1000 万元以上 5000 万元以下直接经济损失的事故。

4）一般事故，是指造成 3 人以下死亡，或者 10 人以下重伤，或者 1000 万元以下直接经济损失的事故。

其中，事故造成的急性工业中毒的人数，也属于重伤的范围。

3. 施工安全事故处理程序

（1）事故报告。

1）事故发生后，事故现场有关人员应当立即向本单位负责人报告；单位负责人接到报告后，应当于 1h 内向事故发生地县级以上人民政府安全生产监督管理部门和负有安全生产监督管理职责的有关部门报告。

2）情况紧急时，事故现场有关人员可以直接向事故发生地县级以上人民政府安全生产监督管理部门和负有安全生产监督管理职责的有关部门报告。

3）安全生产监督管理部门和负有安全生产监督管理职责的有关部门接到事故报告后，应当依照下列规定上报事故情况，并通知公安机关、劳动保障行政部门、工会和人民检察院：

① 特别重大事故、重大事故逐级上报至国务院安全生产监督管理部门和负有安全生产监督管理职责的有关部门。

② 较大事故逐级上报至省、自治区、直辖市人民政府安全生产监督管理部门和负有安全生产监督管理职责的有关部门。

③ 一般事故上报至设区的市级人民政府安全生产监督管理部门和负有安全生产监督管理职责的有关部门。

安全生产监督管理部门和负有安全生产监督管理职责的有关部门依照前款规定上报事故情况，应当同时报告本级人民政府。国务院安全生产监督管理部门和负有安全生产监督管理职责的有关部门以及省级人民政府接到发生特别重大事故、重大事故的报告后，应当立即报告国务院。必要时，安全生产监督管理部门和负有安全生产监督管理职责的有关部门可以越级上报事故情况。

安全生产监督管理部门和负有安全生产监督管理职责的有关部门逐级上报事故情况，每级上报的时间不得超过 2h。

（2）事故报告内容。

1）事故发生单位概况。

2）事故发生的时间、地点以及事故现场情况。

3）事故的简要经过。

4）事故已经造成或者可能造成的伤亡人数（包括下落不明的人数）和初步估计的直接经济损失。

5）已经采取的措施。

6）其他应当报告的情况。

事故报告后出现新情况的，应当及时补报。

自事故发生之日起 30 日内，事故造成的伤亡人数发生变化的，应当及时补报。道路交通事故、火灾事故自发生之日起 7 日内，事故造成的伤亡人数发生变化的，应当及时补报。

事故发生单位负责人接到事故报告后，应当立即启动事故相应应急预案，或者采取有效措施，组织抢救，防止事故扩大，减少人员伤亡和财产损失。

事故发生地有关地方人民政府、安全生产监督管理部门和负有安全生产监督管理职责的有关部门接到事故报告后，其负责人应当立即赶赴事故现场，组织事故救援。

事故发生后，有关单位和人员应当妥善保护事故现场以及相关证据，任何单位和个人不得破坏事故现场、毁灭相关证据。

因抢救人员、防止事故扩大以及疏通交通等原因，需要移动事故现场物件的，应当做出标志，绘制现场简图并做出书面记录，妥善保存现场重要痕迹、物证。

事故发生地公安机关根据事故的情况，对涉嫌犯罪的，应当依法立案侦查，采取强制措施和侦查措施。犯罪嫌疑人逃匿的，公安机关应当迅速追捕归案。

安全生产监督管理部门和负有安全生产监督管理职责的有关部门应当建立值班制度，并向社会公布值班电话，受理事故报告和举报。

4. 事故调查

《生产安全事故报告和调查处理条例》规定，特别重大事故由国务院或者国务院授权有关部门组织事故调查组进行调查。重大事故、较大事故、一般事故分别由事故发生地省级人民政府、设区的市级人民政府、县级人民政府负责调查。省级人民政府、设区的市级人民政府、县级人民政府可以直接组织事故调查组进行调查，也可以授权或者委托有关部门组织事故调查组进行调查。未造成人员伤亡的一般事故，县级人民政府也可以委托事故发生单位组织事故调查组进行调查。上级人民政府认为必要时，可以调查由下级人民政府负责调查的事故。

自事故发生之日起 30 日内（道路交通事故、火灾事故自发生之日起 7 日内），因事故伤亡人数变化导致事故等级发生变化，依照本条例规定应当由上级人民政府负责调查的，上级人民政府可以另行组织事故调查组进行调查。

特别重大事故以下等级事故，事故发生地与事故发生单位不在同一个县级以上行政区域的，由事故发生地人民政府负责调查，事故发生单位所在地人民政府应当派人参加。事故调查组的组成应当遵循精简、效能的原则。

根据事故的具体情况，事故调查组由有关人民政府、安全生产监督管理部门、负有安全生产监督管理职责的有关部门、监察机关、公安机关以及工会派人组成，并应当邀请人民检察院派人参加。事故调查组可以聘请有关专家参与调查。

事故调查组成员应当具有事故调查所需要的知识和专长，并与所调查的事故没有直接利害关系。事故调查组组长由负责事故调查的人民政府指定。事故调查组组长主持事故调查组的工作。

事故调查组履行下列职责：

1）查明事故发生的经过、原因、人员伤亡情况及直接经济损失。

2）认定事故的性质和事故责任。

3）提出对事故责任者的处理建议。

4）总结事故教训，提出防范和整改措施。

5）提交事故调查报告。

事故调查组有权向有关单位和个人了解与事故有关的情况，并要求其提供相关文件、资料，有关单位和个人不得拒绝。

事故发生单位的负责人和有关人员在事故调查期间不得擅离职守，并应当随时接受事故调查组的询问，如实提供有关情况。事故调查中发现涉嫌犯罪的，事故调查组应当及时将有关材料或者其复印件移交司法机关处理。事故调查中需要进行技术鉴定的，事故调查组应当委托具有国家规定资质的单位进行技术鉴定。必要时，事故调查组可以直接组织专家进行技术鉴定。技术鉴定所需时间不计入事故调查期限。事故调查组成员在事故调查工作中应当诚信公正、恪尽职守，遵守事故调查组的纪律，保守事故调查的秘密。

未经事故调查组组长允许，事故调查组成员不得擅自发布有关事故的信息。事故调查组应当自事故发生之日起 60 日内提交事故调查报告；特殊情况下，经负责事故调查的人民政府批准，提交事故调查报告的期限可以适当延长，但延长的期限最长不超过 60 日。

事故调查报告应当包括下列内容：

1）事故发生单位概况。

2）事故发生经过和事故救援情况。

3）事故造成的人员伤亡和直接经济损失。

4）事故发生的原因和事故性质。

5）事故责任的认定以及对事故责任者的处理建议。

6）事故防范和整改措施。

事故调查报告应当附具有关证据材料。事故调查组成员应当在事故调查报告上签名。事故调查报告报送负责事故调查的人民政府后，事故调查工作即告结束。事故调查的有关资料应当归档保存。

5. 事故处理

（1）一般规定。重大事故、较大事故、一般事故，负责事故调查的人民政府应当自收到事故调查报告之日起 15 日内做出批复；特别重大事故，30 日内做出批复，特殊情况下，批复时间可以适当延长，但延长的时间最长不超过 30 日。有关机关应当按照人民政府的批复，依照法律、行政法规规定的权限和程序，对事故发生单位和有关人员进行行政处罚，对负有事故责任的国家工作人员进行处分。

事故发生单位应当按照负责事故调查的人民政府的批复，对本单位负有事故责任的人员进行处理。负有事故责任的人员涉嫌犯罪的，依法追究刑事责任。事故发生单位应当认真吸取事故教训，落实防范和整改措施，防止事故再次发生。防范和整改措施的落实情况应当接受工会和职工的监督。安全生产监督管理部门和负有安全生产监督管理职责的有关部门应当对事故发生单位落实防范和整改措施的情况进行监督检查。

事故处理的情况由负责事故调查的人民政府或者其授权的有关部门、机构向社会公布，依法应当保密的除外。

（2）工程安全事故处理原则。按照事故原因未查清的不放过、事故隐患未排除的不放过、责任人及群众未受教育的不放过、相关责任人未受到处罚的不放过的"四不放过"的原则，客观、公正地进行工程安全事故处理，负有事故责任的人员涉嫌犯罪的，依法追究刑事责任。

6. 法律责任

事故发生单位主要负责人有下列行为之一的，处上一年年收入 40%~80% 的罚款；属于国家工作人员的，并依法给予处分；构成犯罪的，依法追究刑事责任：

1）不立即组织事故抢救的。

2）迟报或者漏报事故的。

3）在事故调查处理期间擅离职守的。

事故发生单位及其有关人员有下列行为之一的，对事故发生单位处 100 万元以上 500 万元以下的罚款；对主要负责人、直接负责的主管人员和其他直接责任人员处上一年年收入 60%~100% 的罚款；属于国家工作人员的，并依法给予处分；构成违反治安管理行为的，由公安机关依法给予治安管理处罚；构成犯罪的，依法追究刑事责任：

1）谎报或者瞒报事故的。

2）伪造或者故意破坏事故现场的。

3）转移、隐匿资金、财产，或者销毁有关证据、资料的。

4）拒绝接受调查或者拒绝提供有关情况和资料的。

5）在事故调查中作伪证或者指使他人作伪证的。

6）事故发生后逃匿的。

事故发生单位对事故发生负有责任的，依照下列规定处以罚款：

1）发生一般事故的，处 10 万元以上 20 万元以下的罚款。

2）发生较大事故的，处 20 万元以上 50 万元以下的罚款。

3）发生重大事故的，处 50 万元以上 200 万元以下的罚款。

4）发生特别重大事故的，处 200 万元以上 500 万元以下的罚款。

事故发生单位主要负责人未依法履行安全生产管理职责，导致事故发生的，依照下列规定处以罚款；属于国家工作人员的，并依法给予处分；构成犯罪的，依法追究刑事责任：

1）发生一般事故的，处上一年年收入 30% 的罚款。

2）发生较大事故的，处上一年年收入 40% 的罚款。

3）发生重大事故的，处上一年年收入 60% 的罚款。

4）发生特别重大事故的，处上一年年收入 80% 的罚款。

有关地方人民政府、安全生产监督管理部门和负有安全生产监督管理职责的有关部门有下列行为之一的，对直接负责的主管人员和其他直接责任人员依法给予处分；构成犯罪的，依法追究刑事责任：

1）不立即组织事故抢救的。

2）迟报、漏报、谎报或者瞒报事故的。

3）阻碍、干涉事故调查工作的。

4）在事故调查中作伪证或者指使他人作伪证的。

事故发生单位对事故发生负有责任的，由有关部门依法暂扣或者吊销其有关证照；对事故发生单位负有事故责任的有关人员，依法暂停或者撤销其与安全生产有关的执业资格、岗位证书；事故发生单位主要负责人受到刑事处罚或者撤职处分的，自刑罚执行完毕或者受处分之日起，5 年内不得担任任何生产经营单位的主要负责人。

为发生事故的单位提供虚假证明的中介机构，由有关部门依法暂扣或者吊销其有关证照及其相关人员的执业资格；构成犯罪的，依法追究刑事责任。

参与事故调查的人员在事故调查中有下列行为之一的，依法给予处分；构成犯罪的，依法追究刑事责任：

1）对事故调查工作不负责任，致使事故调查工作有重大疏漏的。

2）包庇、袒护负有事故责任的人员或者借机打击报复的。

地方人民政府或者有关部门故意拖延或者拒绝落实经批复的对事故责任人的处理意见的，由监察机关对有关责任人员依法给予处分。

9.3 施工安全事故类型

9.3.1 建筑施工"五大伤害"

建筑施工属事故多发行业，安全隐患多存在于高处作业、交叉作业、垂直运输以及使用各种电气设备工具上。事故主要发生在高处坠落、触电伤害、物体打击、机械伤害及坍塌五个方面，即建筑施工"五大伤害"。从施工特点看，主要由于脚手架搭设不规范、高处作业防护不严、基坑及模板工程支护不牢、施工临时用电不规范、机械设备使用不当造成。究其根源，主要还是由施工企业安全管理不善、教育培训不力、不文明施工等原因造成的。

据统计，在建筑施工过程中，"五大伤害"方面的事故伤亡占建筑行业全部事故伤亡人数的 90% 以上，其中高处坠落占 50% 以上、物体打击占 20% 以上、机械伤害占 10% 以上、坍塌占 6% 以上、触电占 6% 以上。

9.3.2 "五大伤害"分类及原因分析

1. 高处坠落事故

按照国家标准《高处作业分级》（GB/T 3608—2008）规定：凡在坠落高度基准面 2m 或 2m 以上有可能坠落的高处所进行的作业，都称为高处作业。在施工现场高处作业中，如果未防护，防护不好或作业不当都可能发生人或物的坠落。人从高处坠落的事故，称为高处坠落事故。

（1）高处坠落事故分类。高处坠落事故是由于高处作业引起的，故可以根据高处作业的分类形式对高处坠落事故进行简单的分类。根据高处作业者工作时所处的部位不同，高处坠落事故可分为：临边作业高处坠落事故；洞口作业高处坠落事故；攀登作业高处坠落事故；悬空作业高处坠落事故；操作平台作业高处坠落事故；交叉作业高处坠落事故等。

（2）事故原因。根据事故致因理论，事故致因因素包括人的因素和物的因素两个主要方面。

人的因素主要有：

1）违章指挥、违章作业、违反劳动纪律的"三违"行为，主要表现为：

① 指派无登高架设作业操作资格的人员从事登高架设作业，比如项目经理指派无架子工操作证的人员搭拆脚手架即属违章指挥。

② 不具备高处作业资格（条件）的人员擅自从事高处作业。根据《建筑安装工人安全技术操作规程》有关规定，从事高处作业的人员要定期体检，凡患高血压、心脏病、贫血病、癫痫病以及其他不适合从事高处作业的人员不得从事高处作业。

③ 未经现场安全人员同意擅自拆除安全防护设施，比如砌体作业班组在做楼层周边砌体作业时擅自拆除楼层周边防护栏杆即为违章作业。

④ 不按规定的通道上下进入作业面，而是随意攀爬阳台、起重机臂架等非规定通道。

⑤ 拆除脚手架、井字架、塔式起重机或模板支撑系统时无专人监护且未按规定设置足够的防护措施，许多高处坠落事故都是在这种情况下发生的。

⑥ 高处作业时不按劳动纪律规定穿戴好个人劳动防护用品（安全帽、安全带、防滑鞋）等。

2）人操作失误，主要表现在以下几个方面：

① 在洞口、临边作业时因踩空、踩滑而坠落。

② 在转移作业地点时因没有及时系好安全带或安全带系挂不牢而坠落。

③ 在安装建筑构件时，因作业人员配合失误而导致相关作业人员坠落。

3）注意力不集中，主要表现为作业或行动前不注意观察周围的环境是否安全而轻率行动，比如没有看到脚下的脚手板是探头板或已腐朽的板而踩上去坠落造成伤害事故，或者误进入危险部位而造成伤害事故。

物的因素主要有：

1）高处作业的安全防护设施的材料强度不够、安装不当、磨损老化等。主要表现为：

① 用作防护栏杆的钢管、扣件等材料因壁厚不足、腐蚀、扣件不合格而折断、变形失去防护作用。

② 吊篮脚手架钢丝绳因摩擦、锈蚀而破断导致吊篮倾斜、坠落而引起人员坠落。

③ 施工脚手板因强度不够而弯曲变形、折断等导致其上人员坠落。

④ 因其他设施设备（手拉葫芦、电动葫芦等）破坏而导致相关人员坠落。

2）安全防护设施不合格、装置失灵而导致事故。主要表现为：

① 临边、洞口、操作平台周边的防护设施不合格。

② 整体提升脚手架、施工电梯等设施设备的防坠装置失灵而导致脚手架、施工电梯坠落。

3）劳动防护用品缺陷。主要表现为：高处作业人员的安全帽、安全带、安全绳、防滑鞋等用品因内在缺陷而破损、断裂、失去防滑功能等引起高处坠落事故。有些单位贪图便宜，购买劳动防护用品时只认价格高低，而不管产品是否有生产许可证、产品合格证，导致工人所用的劳动防护用品本身质量就存在问题，根本起不到安全防护作用。

（3）预防措施

1）加强安全自我保护意识教育，强化管理安全防护用品的使用。

2）重点部位项目，严格执行安全管理专业人员旁站监督制度。

3）随施工进度，及时完善各项安全防护设施，各类竖井、安全门栏必须设置警示牌。

4）各类脚手架及垂直运输设备搭设、安装完毕后，未经验收禁止使用。

5）安全专业人员加强安全防护设施巡查，发现隐患及时落实解决。

2. 触电伤害事故

触电伤害的特点是事故的预兆性不直观、不明显，而事故的危害性非常大。当流经人体的电流小于 10mA 时，人体不会产生危险的病理生理效应；但当流经人体的电流大于 10mA 时，人体将会产生危险的病理生理效应，并随着电流的增大、时间的增长将会产生心室纤维性颤动，乃至人体窒息，在瞬间或在两三分钟内就会夺去人的生命。因此，在保护设施不完备的情况下，人体触电伤害极易发生。所以，施工中，应做好预防工作，发生触电事故时要正确处理，抢救伤者。

根据安全用电"装得安全、拆得彻底、用得正确、修得及时"的基本要求，为防止发生触电事故，在日常施工（生产）用电中要严格执行有关用电的安全要求。

1）用电应制定独立的施工组织设计，并经企业技术负责人审批，加盖企业法人公章；必须按施工组织设计进行敷设，竣工后办理验收手续。

2）一切线路敷设必须按技术规程进行，按规范保持安全距离，距离不足时，应采取有效措施进行隔离防护。

3）非电工严禁接拆电气线路、插头、插座、电气设备、电灯等。

4）根据不同的环境，正确选用相应额定值的安全电压作为供电电压。安全电压必须由双绕组变压器降压获得。

5）带电体之间、带电体与地面之间、带电体与其他设施之间、工作人员与带电体之间必须保持足够的安全距离，距离不足时，应采取有效措施进行隔离防护。

6）在有触电危险的处所或容易产生误判断、误操作的地方，以及存在不安全因素的现场，设置醒目的文字或图形标志，提醒人们识别、警惕危险因素。

7）采取适当的绝缘防护措施将带电导体封护或隔离起来，使电气设备及线路能正常工作，防止人身触电。

8）采用适当的保护接地措施，将电气装置中平时不带电，但可能因绝缘损坏而带上危险的对地电压的外露导电部分（设备的金属外壳或金属结构）与大地做电气连接，减轻触电的危险。

9）施工现场供电必须采用 TN-S 的四相五线的保护接零系统，把工作零线和保护零线区分开，将保护接零作为防止间接触电的安全技术措施。同一工地不能同时存在 TN-S 或 TT 两个供电系统。注意事项有：

① 在同一台变压器供电的系统中，不得将一部分设备做保护接零，而将另一部分设备做保护接地。

② 采用保护接零的系统，总电房配电柜两侧做重复接地，配电箱（二级）及开关箱（三级）均应做重复接地。其工作接地装置必须可靠，接地电阻值 ≤4Ω。

③ 所有振动设备的重复接地必须有两个接地点。

④ 保护接零必须有灵敏可靠的短路保护装置配合。

⑤ 电动设备和机具实行一机一闸一漏电一保护，严禁一闸多机，刀开关选用合格的熔丝，严禁用铜丝或铁丝代替保险熔丝。按规定选用合格的漏电保护装置并定期进行检查。

⑥ 电源线必须通过漏电开关，开关箱漏电开关控制电源线长度不大于 30m。

3. 物体打击事故

物体打击事故是指失控的物体在惯性力或重力等其他外力的作用下产生运动，打击人体而造成人身伤亡事故。物体打击会对建设施工人员的人身安全造成威胁、伤害，甚至死亡。特别是在施工周期短，人员密集、施工机具多、物料投入较多、交叉作业多时，易发生对人身的物体打击伤害。

（1）事故分类。建筑行业发生物体打击伤害的事故相对比较高，尤其是现场操作人员。经常出现的事故可概括为以下几种：

1）工具零件、砖瓦、木块等物从高处掉落伤人。

2）人为乱扔废物、杂物伤人。

3）设备带病运转伤人。

4）设备运转中违章操作。

5）安全水平兜网、脚手架上堆放的杂物未经清理，经扰动后发生落体伤人。

6）模板拆除工程中，支撑、模板伤人。

（2）事故原因。

1）作业人员进入施工现场没有按照要求佩戴安全帽。

2）没有在规定的安全通道内活动。

3）工作过程中的一般常用工具没有放在工具袋内，随手乱放。

4）作业人员从高处往下抛掷建筑材料、杂物、建筑垃圾或向上递工具。

5）脚手板不满铺或铺设不规范，物料堆放在临边及洞口附近。

6）拆除工程未设警示标志，周围未设护栏或未搭设防护棚。

7）起重吊运物料时，没有专人进行指挥。

8）起重吊装未按"十不吊"规定执行。

9）平网、密目网防护不严，不能很好地去封住坠落物体。

10）压力容器缺乏检查与维护。

4. 机械伤害事故

机械伤害主要指机械设备运动（静止）部件、工具、加工件直接与人体接触引起的夹击、碰撞、剪切、卷入、绞、碾、割、刺等形式的伤害。各类转动机械的外露传动部分（如齿轮、轴、履带等）和往复运动部分都有可能对人体造成机械伤害。机械伤害常见原因：

（1）人的不安全行为。

1）操作失误。主要有：

① 机械产生的噪声使操作者的知觉和听觉麻痹，导致不易判断或判断错误。

② 操作者依据错误或不完整的信息操纵或控制机械造成失误。

③ 机械的显示器、指示信号等显示失误使操作者误操作。

④ 控制与操纵系统的识别性、标准化不良而使操作者产生操作失误。

⑤ 时间紧迫致使操作者没有充分考虑而处理问题。

⑥ 操作者缺乏对动机械危险性的认识而产生操作失误。

⑦ 操作者技术不熟练，操作方法不当。

⑧ 准备不充分，安排不周密，因仓促而导致操作失误。

⑨ 作业程序不当，监督检查不够，违章作业。

⑩ 人为地使机器处于不安全状态，如取下安全罩、切除联锁装置等。走捷径、图方便、忽略安全程序，如不盘车、不置换分析等。

2）误入危区。主要有：

① 操作机器的变化，如改变操作条件或改进安全装置时。

② 图省事、走捷径的心理，对熟悉的机器，会有意省掉某些程序而误入危区。

③ 条件反射下忘记危区。

④ 单调的操作使操作者疲劳而误入危区。

⑤ 由于身体或环境影响造成视觉或听觉失误而误入危区。

⑥ 错误的思维和记忆，尤其是对机器及操作不熟悉的新工人容易误入危区。

⑦ 指挥者错误指挥，操作者未能抵制而误入危区。

⑧ 信息沟通不良而误入危区。

⑨ 异常状态及其他条件下的失误。

（2）机械的不安全状态。机械的不安全状态，如机器的安全防护设施不完善，通风、防毒、防尘、照明、防震、防噪声以及气象条件等安全卫生设施缺乏等均能诱发事故。动机械所造成的伤害事故的危险源常常存在于下列部位：

1）旋转的机件具有将人体或物体从外部卷入的危险；机床的卡盘、钻头、铣刀等，传动部件和旋转轴的突出部分有钩挂衣袖、裤腿、长发等而将人卷入的危险；风翅、叶轮有绞碾的危险；相对接触而旋转的滚筒有使人被卷入的危险。

2）做直线往复运动的部位存在着撞伤和挤伤的危险。冲压、剪切、锻压等机械的模具、锤头、刀口等部位存在着撞压、剪切的危险。

3）机械的摇摆部位存在着撞击的危险。

4）机械的控制点、操纵点、检查点、取样点、送料过程等也都存在着不同的潜在危险因素。

5．坍塌事故

坍塌指物体在外力或重力作用下，超过自身的强度极限或因结构稳定性破坏而造成伤害的事故，如土石塌方、护坡坍塌、脚手架坍塌、楼面坍塌、桥面坍塌、堆置物倒塌等多种形式。在高层建筑施工中，坍塌主要有施工基坑（槽）坍塌、边坡坍塌、基础桩壁坍塌、模板支撑系统失稳坍塌及施工现场临时建筑（包括施工围墙）倒塌等。

（1）防止坍塌事故的基本安全要求。

1）工程施工必须认真贯彻执行《中华人民共和国安全生产法》《建设工程安全生产管

理条例》《重申防止坍塌事故的若干规定》和《关于防止施工坍塌事故的紧急通知》，在项目施工中必须针对工程特点编制安全施工专项组织设计，编制质量、安全技术措施。

2）工程土方施工，必须单独编制专项的施工方案，编制安全技术措施，防止土方坍塌，尤其是制定防止毗邻建筑物坍塌的安全技术措施。

① 按土质放坡或护坡。施工中，按土质的类别，对较浅的基坑要采取放坡的措施；对较深的基坑，要考虑采取护壁桩、锚杆等技术措施，必须有专业公司进行防护施工。

② 降水处理。对工程标高低于地下水水位的，首先要降低地下水水位，对毗邻建筑物必须采取有效的安全防护措施，并进行认真观测。

③ 基坑边堆土要有安全距离，严禁在坑边堆放建筑材料，防止动荷载对土体的振动造成原土层内部颗粒结构发生变化。

④ 土方挖掘过程中，要加强监控。

⑤ 杜绝"三违"现象。

3）模板作业时，对模板支撑宜采用钢支撑材料作为支撑立柱，不得使用严重锈蚀、变形、断裂、脱焊、螺栓松动的钢支撑材料和竹材作为立柱。支撑立柱基础应牢固，并按设计计算严格控制模板支撑系统的沉降量。支撑立柱基础为泥土地面时，应采取排水措施，对地面平整、夯实，并加设满足支撑承载力要求的垫板后，方可用以支撑立柱。斜支撑和立柱应牢固拉结，行成整体。

4）严格控制施工荷载，尤其是楼板上集中荷载不要超过设计要求。

（2）发生坍塌事故的应急措施。

1）当施工现场的监控人员发现土方或建筑物有裂纹或发出异常声音时，应立即报告给应急救援领导小组组长，同时下令停止作业，并组织施工人员快速撤离到安全地点。

2）当土方或建筑物发生坍塌后，造成人员被埋、被压的情况下，应急救援领导小组全员上岗，除应立即逐级报告给主管部门之外，应保护好现场，在确认不会再次发生同类事故的前提下，立即组织人员抢救受伤人员。

3）当少部分土方坍塌时，现场抢救组专业救护人员要用铁锹进行撮土挖掘，并注意不要伤及被埋人员；当建筑物整体倒塌时，造成特大事故时，由市应急救援领导小组统一领导和指挥，各有关部门协调作战，保证抢险工作有条不紊地进行。要采用起重机、挖掘机进行抢救，现场要有指挥并监护，防止机械伤及被埋或被压人员。

4）被抢救出来的伤员，要由现场医疗室医生或急救组急救中心救护人员进行抢救，用担架把伤员抬到救护车上，对伤势严重的人员要立即进行吸氧和输液，到医院后组织医务人员全力救治伤员。

5）当核实所有人员获救后，对受伤人员的位置进行拍照或录像，禁止无关人员进入事故现场，等待事故调查组进行调查处理。

6）对在土方坍塌和建筑物坍塌中死亡的人员，由企业及善后处理组负责对死亡人员的家属进行安抚，伤残人员安置和财产理赔等善后处理工作。

9.4　施工安全事故案例分析

9.4.1　武汉夺命电梯安全事故案例

1. 事故概况

2012 年 9 月 13 日 13：26，湖北省武汉市"东湖景园"在建住宅发生载人电梯坠落事故

（图 9-1）。一载满粉刷工人的电梯上升过程中突然失控，直冲到 34 层顶层后，电梯钢绳突然断裂，厢体呈自由落体直接坠到地面，造成梯笼内的作业人员随笼坠落，共有 19 人遇难，直接经济损失约 1800 万元。

该工程由湖北祥和建设集团总承包，湖北祥和建设集团成立于 1992 年 8 月，具备建设部颁发的房屋建筑工程施工总承包一级资质及建筑装饰装修工程专业承包一级资质，集团公司连续多年荣获"安全零事故单位"荣誉称号。

a) 电梯坠落现场

b) 人员坠落现场

c) 现场救援

图 9-1 武汉"东湖景园"工程事故现场

2. 事故原因分析

（1）事故的直接原因。升降机导轨架 66 节（33 楼顶部）和 67 节标准节连接处的 4 个连接螺栓，有两个没有螺母，连接失效，无法受力。加之额定只能承载 12 人的升降机，事发时承载了 19 人和 245kg 的物件，严重超载。当吊笼上升到 66 节（33 楼顶部）接近平台位置时，产生的倾翻力矩大于对重体、导轨架等固有的平衡力矩，升降机左侧吊笼顿时向左侧倾翻，连同 67 节以上的 4 节标准节一起坠落地面。

（2）事故间接原因。

1）项目开工手续不全。东湖景园项目由东湖村委托武汉万嘉置业有限责任公司（以下简称武汉万嘉）对外发包建设并负责管理，2011 年，武汉博特建设监理有限责任公司、湖北祥和建设集团有限公司分别承接了这一项目 C 区 C1～C7 号楼的监理和建设施工，而当时，东湖景园项目尚未办妥《建设工程规划许可证》和《建筑工程施工许可证》等手续，按规定不能开工。

2）项目部多人无证上岗。武汉万嘉员工王某出任东湖景园项目工程总负责人，武汉祥和则指派易某某为东湖景园 C 区项目部施工负责人，武汉博特指派丁某某作为东湖景园 C 区施工代理总监。2012 年 3 月，武汉祥和向武汉中汇机械设备有限公司租赁了 5 台施工升降机，和武汉中汇负责人魏某某约定由武汉中汇对升降机进行安装、维修、保养。

但调查发现，实际上，武汉万嘉不具备工程建设管理资质，武汉祥和派来的项目部负责人易某某、墙粉工程包工头肖某某、武汉中汇派来维修电梯的杜某某均不具备相应资质，其中易某某与安全员肖某某指派没有操作资格证的人操作升降机并购买伪造的资格证，丁某某指派无资质的安全员、监理员上岗。本来按规定应每月进行的电梯检修保养，实际上也没有落实。

3. 责任认定及事故处理

王某、魏某某、易某某等 7 人在生产、作业中违反有关安全管理规定，致使发生事故的施工升降机安装不规范，作业时维修保养不到位，作业现场管理秩序混乱，重大安全隐患未能及时排除，因而发生重大伤亡事故，致 19 人死亡，情节特别恶劣，已构成重大责任事故罪，分别被判处 4 年至 5 年有期徒刑不等。

湖北省安监局发布有关行政处罚公告，武汉东湖风景区东湖村因"9·13"重大建筑施工事故被罚款 120 万元。湖北祥和建设集团有限公司被罚款 140 万元，该公司董事长刘某某被罚款 4.968 万元，该公司总经理刘某被罚款 9.6 万元。湖北省住房和城乡建设厅对湖北祥和建设集团有限公司、武汉中汇机械设备有限公司、武汉博特建设监理有限责任公司三家企业列入不良行为记录，并公示 2 年。

武汉博特建设监理有限责任公司作为该工程的监理单位，安全生产责任不落实，内部管理混乱，对东湖景区施工和施工升降机安装使用的安全生产检查和隐患排查流于形式，未能及时督促整改事故施工升降机存在的重大安全隐患；使用非公司人员曾某的资格证书作为投标项目总监，实际未安排曾某参与项目投标和监理活动，违反了《建设工程安全生产管理条例》第十四条的规定，对事故发生负有监理责任。根据《中华人民共和国行政处罚法》第四十二条的规定，国家住房和城乡建设部于 2014 年 5 月 29 日发出了《住房城乡建设部行政处罚意见告知书》（建市罚告字［2014］16 号），根据《建设工程安全生产管理条例》第五十七条的规定，决定给予武汉博特建设监理有限责任公司房屋建筑工程监理资质由甲级降为乙级的处罚。

9.4.2　触电事故案例

1. 事故概况

某建安集团公司承建的银行大厦高层建筑工地，杂工陈某发现潜水泵开动后漏电开关动作，便要求电工把潜水泵电源线不经漏电开关接上电源，电工以不符合规定要求拒绝，但在陈某的多次要求下违章接线。潜水泵再次起动后，陈某拿一根钢筋欲挑起潜水泵检查是否沉入泥里，当陈某挑起潜水泵时，即触电倒地，经抢救无效死亡。

2. 事故原因分析

操作工陈某由于不懂电气安全知识，在电工劝阻的情况下仍要求将潜水泵电源线直接接到电源，同时，在明知漏电的情况下用钢筋挑动潜水泵，违章作业，是造成事故的直接原因。电工在陈某的多次要求下违章接线，明知故犯，留下严重的事故隐患，是事故发生的重要原因。

3. 事故主要教训

1）必须让职工知道自己的工作过程以及工作的范围内有哪些危险、有害因素，危险程度以及安全防护措施。陈某知道漏电开关动作了，影响他的工作，但显然不知道漏电会危及他的人身安全，不知道在漏电的情况下用钢筋挑动潜水泵会导致其丧命。

2）必须明确规定并落实特种作业人员的安全生产责任制。特种作业危险因素多，危险程度大，不仅危及操作者本人的生命安全，本案电工有一定的安全知识，开始时不肯违章接线，但经不起同事的多次要求，明知故犯，违章作业，留下严重的事故隐患，没有负起应有的安全责任。

3）应该建立事故隐患的报告和处理制度。漏电开关动作，表明事故隐患存在，操作工报告电工处理是应该的，但他不应该只是要求电工将电源线不经漏电开关接到电源上。电工知道漏电，应该检查原因，消除隐患，决不能贪图方便。

4. 总结

同本案相似的违章操作很常见，如当保险丝烧断时用铜线代替保险丝，冲压机的双手控制影响操作速度时将其中一个短路，改为单手控制等。违章的种类很多，后果都很相似，导致死亡事故或者重伤事故。随着生产的发展，生产设备的先进性和安全性不断提高，为安全生产提供了好的基础，但违章操作仍然是目前事故多发的主要根源。由此可见，设备和生产技术的高科技不能代替或弥补职工的低素质，更不能代替或弥补管理的低水平。必须树立"安全第一，预防为主"的安全观，使职工从"要我安全"转变到"我要安全，我会安全"。

一般情况下，发生触电事故的主要原因有以下几种：

1）缺乏电气安全知识。

2）违反操作规程，带电连接线路或电气设备而又未采取必要的安全措施；触及破坏的设备或导线；误登带电设备；带电接照明灯具；带电修理电动工具；带电移动电气设备；用湿手拧灯泡等。

3）设备不合格，安全距离不够；两线一地制接地电阻过大；接地线不合格或接地线断开；绝缘破坏导线裸露在外等。

4）设备失修，大风刮断线路或刮倒电杆未及时修理；胶盖刀闸的胶木损坏未及时更改；电动机导线破损，使外壳长期带电；瓷瓶破坏，使相线与拉线短接，设备外壳带电。

5）其他偶然原因，夜间行走触碰断落在地面的带电导线。

9.4.3 物体打击事故案例

1. 事故概况

某建筑公司总承包一高层住宅楼工程，孙某为项目经理，张某为生产副经理，卫某为安全员。总承包公司将外墙粉刷劳务分包，分包单元公司副经理金某分管该项目质量安全，高某为公包劳务项目负责人，外墙粉刷班组为图操作方便，经班长丁某同意后，拆除机房东侧外脚手架顶排朝下第四步围挡密目网，搭设了操作小平台。粉刷工张某在取用粉刷材料时，觉得小平台上料口空当过大，就拿来了一块 180cm×20cm×5cm 的木板，准备放置在小平台空当上。在放置时，因木板后段绑着一根 20#钢丝钩住了脚手架密目网，张某想用力甩掉钢丝钩住了脚手架密目网，张某想用力甩掉钢丝的钩扎，不料用力太大而失手，木板从 100m 高度坠落，正好击中运送建筑垃圾至工地东北角建筑垃圾堆场途中的普工杨某脑部。事故发生后，现场立即将杨某送往医院抢救，终因杨某伤势过重，经医院全力救治无效死亡。

2. 事故原因分析

（1）直接原因。粉刷工在小平台上放置 180cm×20cm×5cm 木板时，因用力过大失手，导致木板从 100m 高度坠落，击中底层推车的清扫普工杨某，是造成本次事故的直接原因。

（2）间接原因。

1）分包单位管理人员未按施工实际情况落实安全防护措施，导致作业班组擅自搭设不符规范的操作平台。

2）缺乏对作业人员的遵章守纪教育和现场管理不力。

3）总包单位对分包单位管理不严，对现场的动态管理检查不力。

（3）事故主要原因。外墙粉刷班长为图操作方便，擅自同意作业人员拆除脚手架密目网，违章在脚手架外侧搭设操作小平台，是造成本次事故的主要原因。

3. 事故预防及控制措施

1）分包单位召开全体管理人员和班组长参加的安全会议，通报事故情况，并进行安全意识和遵章守纪教育，重申有关规章制度，加强内部管理和建立相互监督检查制度，牢记血的教训始终绷紧安全生产这根弦，消除隐患，杜绝各类事故发生。

2）分包单位决定清退肇事班组，其所在分队列为今年下半年 C 档队伍，半年内停止参加公司内部任务招投标。

3）总包单位召开全体员工大会，通报事故情况，并重申项目安全管理有关要求。组织有关人员对施工现场进行全面检查，对查出的事故隐患，按条线落实人员限期整改，并组织复查。

4）总包单位进一步加强对施工队伍的安全管理和监督力度。项目部要结合装饰装潢施工特点，安全员要组织好专（兼）职安全监控人员，加强施工现场安全检查、巡视和执法力度，做到文明施工、安全生产。

4. 事故处理

1）本起事故直接经济损失约为 80 万元。根据《生产安全事故报告和调查处理条例》，本事故等级属于一般事故。

2）事故发生后，根据事故调查小组的意见，总、分包单位发文对本次事故负有一定责任者进行了相应的处理：

① 分包单位粉刷工张某，不慎将木板坠落，造成事故，对本次事故负有直接责任，决定给予公告除名，并处以罚款。

② 分包单位粉刷班长丁某，违章操作，事发后又安排作业人员擅自拆除操作小平台，对本次事故负有主要责任，决定给予公告除名，并处以罚款。

③ 分包单位项目施工负责人高某，默认施工班组违章搭设操作小平台，对本次事故负有管理责任，决定给予行政记过处分，并处以罚款。

④ 分包单位项目负责人高某，平时缺乏对管理人员和作业人员的安全和纪律教育，对本次事故负有管理责任，决定给予行政警告处分，并处以罚款。

⑤ 分包单位公司副经理金某，对项目管理缺乏安全生产的考核和安全意识的教育，对本次事故负有管理责任，决定给予行政警告处分，并处以罚款。

⑥ 总包单位项目部安全员卫某，对本次事故负有管理责任，决定给予行政警告处分，并处以罚款。

⑦ 总包单位项目部生产副经理张某，对本次事故负有管理责任，决定其做出公开检查，并处以罚款。

⑧ 总包单位项目部副经理孙某，对本次事故负有管理责任，决定其做出公开检查，并处以罚款。

9.4.4　机械伤害事故案例

1. 事故概况

绍兴高新技术创业服务中心（三期）工程位于绍兴高新区，建设单位为绍兴市科技创业投资有限公司，工程总承包单位为荣达公司，监理单位为华汇工程设计集团股份有限公司。工程建筑面积 3.89 万 m²，合同造价 7293.1830 万元。2014 年 12 月 15 日，项目开工建设。事发时工程进度：桩基工程已完工，地下室土方尚未开挖，2 台施工塔式起重机已安装完毕，现场正准备进行围护桩压顶梁施工的准备工作。

2015 年 3 月 24 日，荣达公司挖土项目的负责人朱某联系租用的一台小型"日立"挖掘机于下午 15 点左右进场，准备第二天开始工程围护桩压顶梁的施工。3 月 25 日上午 7 点多，挖掘机驾驶人余某和小工车某（死者）到达工地现场，于上午 8 点左右开始自东向西进行围护桩压顶梁施工的挖沟工作。10 点左右，华汇工程设计集团股份有限公司在巡查过程中发现该挖掘机未经申报擅自施工，遂发出书面监理通知书，要求及时整改，落实人员抓紧申报。在荣达公司和华汇工程设计集团股份有限公司的监督下，余某和车某停止了作业，但两家公司离开现场后，两人又开始擅自挖掘作业。中饭后在项目部管理人员未上班的情况下，两人又提前进行挖掘工作。12点50分左右，驾驶人余某发现挖掘机将沟内作业的车某的安全帽钩出，感觉出事了，立即下车去沟内观察，发现车某被挖掘机挖斗所碰已受伤倒地，工地附近凿桩人员赵某见状后立即报120，120急救人员到达后确认车某已死亡并报了110。事发现场的这台小型"日立"挖掘机是河南人余某与杜某合伙购置的二手机械。

根据现场情况分析，挖掘机在沟外对沟内的土进行挖掘，死者车某在沟内修土，挖掘机作业时由于围护桩遮挡驾驶人根本无法看清沟内的情况，施工存在视觉盲区。驾驶人余某在无现场人员指挥的情况下盲目进行挖掘作业，违反《建筑机械使用安全技术规程》（JGJ 33—2012）第5.1.10条"机械回转作业时，配合人员必须在机械回转半径以外工作。当需在回转半径内工作时，必须将机械停止回转并制动"的规定。

事故现场挖掘机在挖围护桩作业，事发时压顶梁沟已开挖了30m，沟宽约2.1m，开挖深度约1.3m，挖掘机距离车某到地直线距离约3.1m，挖掘机距离围护桩（即沟外边）1.5m。车某脸朝下倒在土坑里，脖子处有鲜血流出，挖斗处有一顶安全帽。

2. 事故原因

（1）直接原因。造成事故的直接原因是：挖掘机驾驶人余某在视觉存在盲区无现场人员指挥的情况下盲目进行挖掘作业，小工车某安全意识淡薄，在未确认安全距离的情况下，冒险进入挖掘机回转半径内施工，最终导致事故发生。

（2）间接原因。

1）施工管理不善。荣达公司施工项目部未与挖掘机产权单位签订租赁合同和安全协议，未对挖掘机从业人员开展安全生产知识教育，未进行书面安全交底，未向监理单位申报挖掘机使用计划与方案，对挖掘机擅自开工且违规作业未予以及时制止到位。

2）监理不到位。华汇工程设计集团股份有限公司对挖掘机无任何手续而进场施工的情况虽已发现并开出了书面监理通知书，但之后挖掘机在现场继续作业，监理人员未予以尽职制止。

3. 事故性质

这是一起因施工现场管理不善、人员违规作业导致的生产安全责任事故。事故类别为机械伤害。

4. 事故责任及处理意见

1）挖掘机驾驶人余某安全意识淡薄，在施工方、监理方责令停止作业、明知挖掘机回转半径内有人且无现场指挥人员的情况下仍然擅自违规进行挖掘作业，由此造成车某当场死亡，对这起事故的发生应负直接责任，责成市公安局对其依法追究责任。

2）荣达公司安全管理不善，未与挖掘机产权单位签订租赁合同并明确安全职责，未对挖掘机从业人员开展安全生产知识教育，未进行书面安全交底，未向监理单位申报挖掘机使用计划与方案，对挖掘机擅自开工且违规作业未予以及时制止，是导致事故发生的根本原因。责成市安监局按照安全生产法律法规对荣达公司进行行政处罚。责成市建管局按照有关法律法规对荣达公司进行处理。

3）荣达公司法定代表人茅某，未依法履行本工程施工单位主要负责人安全生产管理职责，未督促做好对挖掘机从业人员的安全知识培训教育，未督促、检查和及时消除生产安全事故隐患，导致本起事故发生，对事故发生负有领导责任。责成市安监局按照安全生产法律法规对荣达公司法定代表人茅某进行行政处罚。

4）华汇工程设计集团股份有限公司总监谢某某，监理职责履行不到位，对发出监理通知单后挖掘机继续违规作业的行为未予以跟踪制止。对于中午休息时间擅自施工的行为，也未进行有效管理，对事故发生负有责任。责成市建管局按照有关法律法规对谢某某进行严肃处理。

5. 机械伤害事故的预防

要预防机械伤害事故,主要从以下几方面入手:配备本质安全型机械设备、本质安全型机械设备配备有自动探测装置,在有人手等肢体处于机械设备的危险部位如刀口下时,此时即使有人员误触动设备开关,设备也不会动作,从而保护人员安全。

加强对机械设备及操作人员的管理制定详细的机械设备操作规程,并对设备操作人员加强培训,使职工提高安全意识,认识到操作过程中的危险因素。为职工配备合格的个人劳动保护用品,并督促职工正确使用。加强对设备操作区域的管理,及时清理杂物,使操作区保持干净整洁、通道畅通。定期对机械设备进行检查,及时处理设备存在的隐患和问题,使机械设备的各种安全防护措施处于完好状态。创造良好的工作环境。作业人员应注意作息时间,充分休息,保持良好的状态。

9.4.5　工程坍塌事故案例

1. 工程概况

广州海珠城广场用地面积 18816m²,总建筑面积超过 14 万 m²,基坑周长约 340m,原设计地下室 4 层,基坑开挖深度为 17m。该基坑东侧为江南大道,江南大道下为广州地铁二号线,二号线隧道结构边缘与本基坑东侧支护结构距离为 5.7m;基坑西侧、北侧临近河涌,北面河涌范围内为 22m 宽的渠箱;基坑南侧东部距离海员宾馆 20m,海员宾馆楼高 7 层,采用 φ340mm 锤击灌注桩基础;基坑南侧西部距离隔山一号楼 20m,楼高 7m,基础也采用 φ340mm 锤击灌注桩。该工程地质情况从上至下为:填土层,层厚 0.7~3.6m;淤泥质土层,层厚 0.5~2.9m;细砂层,个别孔揭露,层厚 0.5~1.3m;强风化泥岩,顶面埋深为 2.8~5.7m,层厚 0.3m;中风化泥岩,埋深 3.6~7.2m,层厚 1.5~16.7m;微风化岩,埋深 6.0~20.2m,层厚 1.8~12.84m。

2. 支护方案介绍

1) 基坑东侧、基坑南侧东部 34m、北侧东部 30m 范围,上部 5.2m 采用喷锚支护方案,下部采用挖孔桩结合钢管内支撑的方案,挖孔桩底标高为 -20.0m。

2) 基坑西侧上部采用挖孔桩结合预应力锚索方案,下部采用喷锚支护方案。

3) 基坑南侧、北侧的剩余部分,采用喷锚支护方案。后由于 ±0.00 标高调整,实际基坑开挖深度调整为 15.3m。

4) 本基坑在 2002 年 10 月 31 日开始施工,至 2003 年 7 月施工至设计深度 15.3m,后由于上部结构重新调整,地下室从原设计 4 层改为 5 层,地下室开挖深度从原设计的 15.3m 增至 19.6m。由于地下室周边地梁高为 0.7m。因此,实际基坑开挖深度为 20.3m,比原设计挖孔桩桩底深 0.3m。

5) 新的基坑设计方案确定后,2004 年 11 月重新开始从地下 4 层基坑底往地下 5 层施工,至 2005 年 7 月 21 日上午,基坑南侧东部桩加钢支撑部分,最大位移约为 4.0cm,其中从 7 月 20 日至 7 月 21 日一天增大 1.8cm,基坑南侧中部喷锚支护部分,最大位移约为 15cm。

3. 事故发生过程

海珠城广场基坑在 2005 年 7 月 21 日中午 12:20 左右倒塌,如图 9-2 所示。7 月 21 日上午 9:00 左右,海员宾馆反映宾馆靠基坑侧的墙脚一个晚上裂缝加宽了约 2cm,甲方有关人员马上联系设计人员、施工单位负责人。10:30 左右,相关人员到现场,一起到海员宾馆看,果然发现宾馆靠基坑侧墙脚 30m 范围出现一条 18mm 的新裂缝,到宾馆里面看,发现墙体裂缝增大，甲方及施工单位、设计单位负责人看完宾馆后就下到基坑内继续查看基坑是否有异常情况。下基坑后，发现在基坑南边人工挖孔桩及喷锚面交界处，从西往东的第3条人工挖孔桩挡土桩，桩底的上1m左右处，桩身出现竖向裂缝。至中午12：00时左右，南侧基坑底锚索夹片破坏，基坑发生坍塌。基坑西南角的临建内人员由于未能及时逃走，造成5人受伤，6人被埋，其中3人不幸遇难。基坑倒塌前1h，施工单位测量的挡土桩加钢管支撑部分最大位移为40mm。监测单位在倒塌前两天测出的基坑南侧喷锚支护部分的最大位移接近150mm。

a) 工程基坑

b) 基坑坍塌现场

c) 对相邻建筑物的危害

图9-2 坍塌事故现场图

4. 事故原因分析

1）超挖：原设计4层基坑（17m），后开挖成5层基坑（20.3m），挖孔桩成吊脚桩。

2）超时：基坑支护结构服务年限一年，实际从开挖及出事已有近三年。

3）超载：坡顶泥头车、起重机、钩机超载。

4）地质原因：岩面埋深较浅，但岩层倾斜。设计单位仍采用理正软件对原基坑设计方案进行复核、设计，而忽视现场开挖过程中岩面从南向北倾斜，倾斜角约为25°的实际情况。

第 10 章　装配式建筑施工

教学提示：为实现建筑业加快建筑工业化，贯彻执行我国《建筑产业现代化发展纲要》及国务院《关于大力发展装配式建筑的指导意见》要求，在今后很长一段时期内，要因地制宜发展装配式混凝土结构、钢结构和现代木结构等装配式建筑。装配式建筑的发展，可以节约工期，提高效率，减少排放，是建筑施工技术发展的一个重要方向。

教学要求：本章让学生了解装配式高层建筑的施工工艺和技术措施，装配式建筑发展政策以及发展前景。重点让学生掌握装配式建筑施工工艺流程和施工方法。

10.1　装配式建筑发展概况

10.1.1　装配式建筑的国内外发展

随着现代工业技术的发展，建造房屋可以像机器生产那样，成批成套地制造。只要把预制好的房屋构件，运到工地装配起来，因此，装配式建筑的建造模式也可以称为精益建造，是建筑业发展的一个重要方向。

17 世纪美洲移民时期所用的木构架拼装房屋，就是一种装配式建筑。1851 年伦敦建成的用铁骨架嵌玻璃的水晶宫是世界上第一座大型装配式建筑。第二次世界大战后，欧洲国家以及日本等国房荒严重，迫切要求解决住宅问题，促进了装配式建筑的发展。到 20 世纪 60 年代，英、法、苏联等国首先做了尝试。由于装配式建筑的建造速度快，而且生产成本较低，迅速在世界各地推广开来。20 世纪 70 年代就开始预制装配住宅的加工和建设，其中包括砌块建筑、大板建筑、盒子结构等。

1. 日本装配式住宅

日本工业化住宅厂家很多，各厂家不断研究开发新型住宅，满足市场要求。但是，钢结构体系基本相同，只是在屋面和墙面选材、室内外装修及设备上有所不同。积水房屋株式会社在日本工业化住宅中占领先地位，专利产品预制装配式住宅在继承传统工法的优点基础上，把日本传统的木结构住宅改进成钢结构和合成板结构，并采用米制整数值的模数提供了多样化自由设计以满足客户不同要求。

2. 美国装配式住宅

美国的住宅建筑市场发育比较完善，住宅构件和部件的商品化、集成化较高，各种机械和仪器业也很发达，各种技术服务的专业化、社会化程度很高。一般情况下，房屋构件在工厂制作成形以后，运到工地与其他各种建筑构件组成一个完整的住宅建筑。现场很少有湿作业，同样的工程建筑效率是国内目前建筑效率的数倍。并且由于美国的工业化住宅在管理机制上较为先进，能够把房屋作为一个最终产品来进行通盘的考虑和设计。所以，美国的装配式产业化住宅已经达到了一个相当高的程度和水平。

3. 我国装配式住宅发展概况

最近 10 年，特别是"十三五"以来，我国大力推广和发展装配式建筑，2015 年末发布

《工业化建筑评价标准》，决定 2016 年全国全面推广装配式建筑，并取得突破性进展；2015年住建部出台《建筑产业现代化发展纲要》计划到 2020 年装配式建筑占新建建筑的 20%以上，到 2025 年装配式建筑占新建筑的 50%以上；2016 年国务院出台《关于大力发展装配式建筑的指导意见》要求要因地制宜发展装配式混凝土结构、钢结构和现代木结构等装配式建筑，力争用 10 年左右的时间，使装配式建筑占新建建筑面积的比例达到 30%；2016 年国务院召开国务院常务会议，提出要大力发展装配式建筑推动产业结构调整升级，出台《国务院办公厅关于大力发展装配式建筑的指导意见》，对大力发展装配式建筑和钢结构重点区域、未来装配式建筑占比新建筑目标、重点发展城市进行了明确。当前，我国装配式建筑在国家政策支持下，全国各地依据国家政策要求，结合自身特点，大力发展装配式建筑，初步建成具有中国特色的装配式建筑体系，即形成了以轻钢结构为主，以木结构、轻钢-木结构、轻钢-钢筋混凝土结构和轻钢-钢结构为补充的装配式结构体系。特别是在住宅集成方面有了进一步的探索和应用。比如远大住工、万科等行业企业正在推行的装配式住宅、酒店和写字楼等。

10.1.2　装配式建筑的定义

由预制部品部件在工地装配而成的建筑，称为装配式建筑。按预制构件的形式和施工方法分为砌块建筑、板材建筑、盒式建筑、骨架板材建筑及升板升层建筑五种类型。

装配式建筑将部分或所有构件在工厂预制完成，然后运到施工现场进行组装。组装不只是"搭"，预制构件运到施工现场后，会进行钢筋混凝土的搭接和浇筑，以保障装配建筑的质量和安全性。

1. 砌块建筑

用预制的块状材料砌成墙体的装配式建筑，适于建造 3~5 层建筑，砌块建筑适应性强，生产工艺简单，施工简便，造价较低，还可利用地方材料和工业废料。建筑砌块有小型、中型、大型之分。小型砌块适于人工搬运和砌筑，工业化程度较低，灵活方便，使用较广。中型砌块可用小型机械吊装，可节省砌筑劳动力。大型砌块现已被预制大型板材所代替。

2. 板材建筑

板材建筑，又称为大板建筑，是由预制的大型内外墙板、楼板和屋面板等板材装配而成的。它是工业化体系建筑中全装配式建筑的主要类型。建筑内的设备常采用集中的室内管道配件或盒式卫生间等，以提高装配化的程度。板材建筑的主要缺点是对建筑物造型和建筑物布局有较大的制约性，并且小开间横向承重的板材建筑内部分隔缺少灵活性，在住宅的使用上有一定的局限性。

3. 盒式建筑

盒式建筑是从板材建筑的基础上发展起来的一种装配式建筑，这种建筑工厂化的程度很高，现场安装快。一般不但在工厂完成盒子的结构部分，而且内部装修和设备也都安装好，甚至可连家具、地毯等一概安装齐全，盒子吊装完成，接好管线后即可使用。

4. 骨架板材建筑

骨架板材建筑由预制的骨架和板材组成，承重骨架一般多为重型的钢筋混凝土结构，也有采用钢和木做成骨架和板材组合，常用于轻型装配式建筑中。骨架板材建筑结构合理，可以减轻建筑物的自重，内部分隔灵活，适用于多层和高层的建筑。

5. 升板升层建筑

升板升层建筑是板柱结构体系的一种，但施工方法则有所不同。这种建筑是在底层混凝土地面上重复浇筑各层楼板和屋面板，竖立预制钢筋混凝土柱子，以柱为导杆，用放在柱子上的油压千斤顶把楼板和屋面板提升到设计高度，加以固定。外墙可用砖墙、砌块墙、预制外墙板、轻质组合墙板等；也可以在提升楼板时提升滑动模板、浇筑外墙。升板升层建筑施工时大量操作在地面进行，减少高处作业和垂直运输，节约模板和脚手架，并可减少施工现场面积。

发展装配式建筑是建造方式的重大变革，是推进供给侧结构性改革和新型城镇化发展的重要举措，有利于节约资源能源、减少施工污染、提升劳动生产效率和质量安全水平，有利于促进建筑业与信息化工业化深度融合、培育新产业新动能、推动化解过剩产能。近年来，我国积极探索发展装配式建筑，但建造方式大多仍以现场浇筑为主，装配式建筑比例和规模化程度较低，与发展绿色建筑的有关要求以及先进建造方式相比还有很大差距。

10.1.3　装配式建筑的优点

装配式建筑大量的建筑部品由车间生产加工完成，构件种类主要有：外墙板、内墙板、叠合板、阳台、空调板、楼梯、预制梁、预制柱等。现场大量的装配作业，比原始现浇作业大大减少。采用建筑、装修一体化设计、施工，理想状态是装修可随主体施工同步进行。设计的标准化和管理的信息化，构件越标准，生产效率越高，相应的构件成本就会下降，配合工厂的数字化管理，整个装配式建筑的性价比会越来越高。符合绿色建筑节能环保的要求。

（1）有利于提高施工质量。装配式构件是在工厂里预制的，能最大限度地改善墙体开裂、渗漏等质量通病，并提高住宅整体安全等级、防火性和耐久性。

（2）有利于加快工程进度。效率即回报，装配式建筑比传统方式的进度快30%左右，有些装配量大的建筑，其效率提高更高。

（3）有利于提高建筑品质。室内精装修工厂化以后，可实现"在家收快递"，即拆即装，又快又好。

（4）有利于调节供给关系。提高楼盘上市速度，减缓市场供给不足的现状。行业普及以后，可以降低建造成本，同时有效地抑制房价。

（5）有利于文明施工、安全管理。传统作业现场有大量的工人，现在把大量工地作业移到工厂，现场只需留小部分工人就可以，从而大大减少了现场安全事故发生率。

（6）有利于环境保护、节约资源。现场原始现浇作业极少，健康不扰民，从此告别工地"灰蒙蒙"的现象，有利于减少粉尘、噪声等环保问题。此外，装配式建筑采用钢模板等机械化流水制造方式，设备等重复利用率高，垃圾、损耗、能耗等都能减少很多，有利于环境保护和节约资源和能源。

10.2　装配式建筑施工工艺和施工技术措施

10.2.1　装配式建筑构件生产工艺流程

以装配式建筑板为例，生产工序为：钢模制作→钢筋绑扎→混凝土浇筑→脱模→养护→堆放→运输等施工工艺，如图 10-1～图 10-6 所示。

10.2.2　装配式建筑施工流程

以预制框架结构为例，一层施工完毕后，先吊装上一层柱子，接着上主梁、次梁、楼板。预制构件吊装全部结束后，就开始绑扎连接部位钢筋，最后进行节点和梁板现浇层的浇筑，如图 10-7 所示。

图 10-1　钢筋绑扎的时候需预留孔洞

图 10-2　进行钢筋绑扎的时候需将吊钩预埋其中

图 10-3　混凝土浇筑，流水线作业

图 10-4　脱模后成品装配式板

图 10-5　分类存放的各类成品构件

图 10-6　成品构件运往施工现场进行施工

　　根据平面图确定安装塔式起重机的数量和型号供应使用，确定构件的吊装顺序，做到可穿插进行每道工序。

1. 工作流程

　　工作流程：引测控制轴线→楼面弹线→水平标高测量→预制墙板逐块安装（控制标高垫块放置→起吊、就位→临时固定→脱钩、校正→锚固筋安装、梳理）→现浇剪力墙钢筋绑

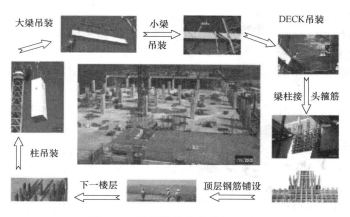

图 10-7　预制装配式结构施工流程

扎（机电暗管预埋）→剪力墙模板→支撑排架搭设→预制楼梯、预制阳台板、空调板安装→现浇楼板钢筋绑扎（机电暗管预埋）→混凝土浇捣→养护。

2. 装配式构件的吊装

（1）预制梁吊装施工。

1）预制梁的检查验收、编号。预制梁起吊时混凝土强度必须达到设计强度等级。按照设计要求检查构件的完整性（有无严重扭曲、断裂、破损及其他严重缺陷）、几何尺寸、形状、埋设件位置、接头钢筋、吊环、埋设件的稳固程度、位置和构件的轴线等。并检查表面处理是否符合要求。根据图样及确定的吊装顺序，将需要吊装的预制梁按构件上标好的编号顺序依次摆放就位。

2）预制梁吊装工艺流程（图 10-8）。每一根预制梁的安装工序为：绑扎吊件→起升→

吊装

钢筋就位

PC梁就位

PC梁精确就位

图 10-8　预制梁吊装工艺流程

就位→校正→固定→脱钩→下一根梁的绑扎、起吊。

吊装时应严格控制好吊装件与吊具吊钩之间的安全牢固，构件与吊具之间的可靠连接是整个吊装安放过程的重中之重。

起吊时应保持缓慢匀速起升，不得出现急升急停现象，吊装过程塔式起重机驾驶人时刻要保持安全意识。

预制梁吊至梁支座位置时，缓慢落钩并同时对准基准线就位。事先支撑架设好的排架应按梁底标高固定好，可调节支撑根据梁降落就位时随时调节。

根据测量放好的支座轴线、边线，在预制梁中心线上拉钢丝，也可在距预制梁中心线一整数尺寸距离处拉钢丝，用撬杠在上下游方向拨正预制梁。垂直方向挂垂线，垂直就位后微调梁底部可调支撑，支撑就位后将其固定。

最终校正合格后，按图样要求，将需要焊接固定的梁柱钢筋进行规范焊接。同时按此步骤穿插进行下一道梁的吊装施工。

（2）预制墙板施工方法。由于装配式建筑的预制墙板具有面积大、质量重的特点，必须设置临时支撑系统（图10-9）。可由2组槽钢限位和2组斜向可调节螺杆组成。根据现场施工情况现对质量过重或悬挑构件采用2组水平连接两头设置和3组可调节螺杆均布设置，确保施工安全。

根据给定的水准标高、控制轴线引出层水平标高线、轴线，然后按水平标高线、轴线安装板下搁置件。板墙垫灰采用硬垫块软砂浆方式，即在板墙底按控制标高放置墙厚

图 10-9　预制墙板的支撑系统

尺寸的硬垫块，然后沿板墙底铺砂浆，预制墙板一次吊装，坐落其上。吊装就位后，采用靠尺检验挂板的垂直度，如有偏差用可调节螺杆进行调整。预制墙板通过可调节螺杆与现浇结构连接固定。预制墙板安装、固定后，再按结构层施工工序进行后一道工序施工。

3. 钢筋混凝土叠合板施工

（1）安装准备。安装叠合板部位的墙体，在墙模板上安装墙顶标高定位方钢，宽度25mm，浇筑混凝土前调整好标高位置，保证此部位混凝土的标高及平整度。

对支撑板的墙或梁顶面标高进行认真检查，必要时进行修整，墙顶面超高部分必须凿去，过低的地方可依据坐浆标准填平，墙上留出的搭接钢筋不正不直时，要进行修整，以免影响薄板就位。

（2）搭设临时支撑架。安装叠合板时底部必须做临时支架，支撑采用满堂支撑，安装楼板前调整支撑标高与两侧墙预留标高一致。

（3）安装流程及要求。

1）叠合板吊具可采用吊运钢梁，保证吊点同时受力、构件平稳。避免起吊过程中出现裂缝、扭曲等问题，如图10-10所示。

2）塔式起重机缓缓将预制板吊起，待板的底边升至距地面500mm时略作停顿，再次检查吊挂是否牢固，板面有无污染破损，若有问题必须立即处理。确认无误后，继续提升使之慢慢靠近安装作业面。

3）叠合板要从上垂直向下安装，在作业层上空20cm处略作停顿，施工人员手扶楼板调整方向，将板的边线与墙上的安放位置线对准，注意避免叠合板上的预留钢筋与墙体钢筋

碰撞，放下时要停稳慢放，严禁快速猛放，以避免冲击力过大造成板面震折裂缝。五级风以上时应停止吊装。

4）调整板位置时，要垫以小木块，不要直接使用撬棍，以避免损坏板边角，要保证搁置长度，其允许偏差不大于 5mm。

5）楼板安装完后进行标高校核，调节板下的可调支撑。

图 10-10　板的吊装和就位

（4）板缝及叠合层部位施工。叠合层钢筋应为双向单层钢筋。绑扎钢筋前清理干净叠合板上的杂物，根据钢筋间距准确绑扎，钢筋绑扎时穿入叠合楼板上的桁架，钢筋上的弯钩朝向要严格控制，不得平躺。当双向配筋的直径和间距相同时，短跨钢筋应放置在长跨钢筋之下；当双向配筋直径或间距不同时，配筋大的方向应放置在配筋小的方向之下。拼缝处钢筋严谨漏放、错放；浇筑混凝土时下方需采用模板封堵。

4. 预制叠合阳台板安装施工

1）预制阳台在吊装时采用预制板上预留的 4 个吊环进行。

2）在阳台板吊装的过程中，阳台板离作业面 500mm 处停顿，调整位置，然后再进行安装，安装时动作要缓慢。

3）对准控制线放置好阳台板后，进行位置微调，保证水平放置，最后再用 U 形托调整标高。

4）阳台吊装安装好后，还要对其进行校正，保证安装质量。

5）阳台板吊装时，起吊时利用模数化吊装梁，起吊过程缓慢，确保平稳。

6）吊装过程中，距离作业层 300mm 处，稍停顿，调整、定位叠合板方向；吊装过程中避免碰撞，停稳慢放，保证叠合板完好。

7）安装时底部要做临时支架，支撑点间距是 150cm，每个开间支架设置 2~3 排。

5. 预制墙板吊装施工

1）为了保证不同构件之间吊装时两侧钢丝绳更换吊点而消耗大量时间，将吊梁设置为一侧两个吊点，另一侧根据工程构件需要设置构件编号吊点。

2）墙板吊装采用模数吊装梁，根据预制墙板的吊环位置采用合理的起吊点，用卸扣将钢丝绳与外墙板的预留吊环连接，起吊至距地 500mm，检查构件外观质量及吊环连接无误后方可继续起吊。

3）起吊前需将预制墙板下侧阳角钉制 500mm 宽的通长多层板，起吊要求缓慢匀速，保证预制墙板边缘不被损坏。

4）预制墙板吊装时，要求塔式起重机缓慢起吊至作业层上方 600mm 左右时，施工人员用两根溜绳用搭钩钩住,用溜绳将板拉住,缓缓下降墙板。

6. 预制飘窗安装施工

1)飘窗吊装采用吊耳、螺栓以及飘窗上的预留螺母进行连接。

2)连接后将飘窗吊至距离作业面 300mm 位置处,按照位置线,慢慢移动飘窗就位。等到飘窗螺栓调节至穿墙孔洞位置处时,将定制 U 形飘窗水平咬合措施件套放在飘窗上,用溜绳牵引飘窗,使得螺栓插入墙板连接孔洞。

7. 预制梁板施工

1)按要求做好预制台座,注意台座的反拱设置。

2)正常浇筑混凝土,注意振动密实,模板涂隔离剂。

3)湿润养护待混凝土强度达到 80% 时进行预应力张拉。

4)张拉应对称进行,采用应力控制伸长值校核。

5)张拉程序:0→初应力→超张拉 5% 持荷 2min→锚固。

6)及时压浆(一般水泥浆或水泥砂浆),压浆压力一般为 0.5~0.7MPa。

8. 预制楼梯板安装

预制楼梯板安装时,距离作业面 500mm 处稍停顿,根据楼梯板方向调整,就位时缓慢操作,避免楼梯板震折受损。待其基本就位后,根据控制线,采用撬棍微调校正位置,校正完后进行焊接固定。

(1)预制楼梯施工。预制部分与梁连接,一端固定,一端滑动。预制梯段对应位置预留栏杆孔,楼梯栏杆与楼梯梯段采用浆锚连接。

(2)工艺流程(图 10-11)。

(3)安装准备。熟悉图样,检查核对构件编号,确定安装位置,并对吊装顺序进行编号。

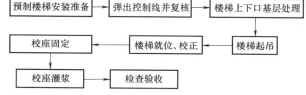

图 10-11 预制楼梯施工工艺流程

(4)弹控制线。根据施工图,弹出楼梯安装控制线,对控制线及标高进行复核。楼梯侧面距结构墙体预留 20mm 空隙(具体根据工程施工图进行预留),为后续初装的抹灰层预留空间;梯井之间根据楼梯栏杆安装要求预留空隙。

(5)基层处理。在吊装预制楼梯之前将楼梯埋件处砂浆灰土等杂质清除干净,确保预制楼梯连接质量。在楼梯段上下口梯梁处铺 20mm 厚 1:1 水泥砂浆找平灰饼(强度等级 ≥ M15),找平层灰饼标高要控制准确。

(6)楼梯段吊装(图 10-12)。预制楼梯板采用水平吊装,用螺栓将通用吊耳与楼梯板内预埋吊装螺母连接,起吊前检查卸扣卡环,确认牢固后方可继续缓慢起吊。

(7)预制楼梯板就位。待楼梯板吊装至作业面上 500mm 处略作停顿,根据楼梯板方向调整,就位时要求缓慢操作,严禁快速猛放,以免造成楼梯板震折损坏。

(8)楼梯段校对。楼梯板基本就位后,根据控制线,利用撬棍微调、校正。预留螺栓和预制楼梯端部的预留螺栓孔一定要确保

图 10-12 预制楼梯段吊装示意图

居中对正。

（9）楼梯段安放。楼梯段校正完毕后，将梯段落平，预埋螺栓与楼梯预留螺栓孔校正后用专用灌浆料灌浆，预留孔口部砂浆封堵。预制楼梯固定铰端安装示意图如图 10-13 所示，预制楼梯滑动铰端安装示意图如图 10-14 所示。

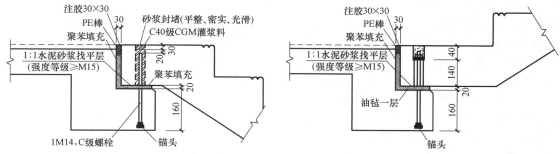

图 10-13　预制楼梯固定铰端安装示意图　　　图 10-14　预制楼梯滑动铰端安装示意图

（10）缝隙处理。预制楼梯预留孔灌浆固定后，在预制楼梯板与休息平台连接部位的缝隙采用聚苯填充，缝隙最后用 PE 棒封堵并注胶密封（图样设计另有要求时，按图样要求施工）。

（11）预制楼梯板安装保护。预制楼梯板进场后堆放不得超过四层，堆放时垫木必须垫放在楼梯吊装点下方。在预制楼梯安装完成后，预制楼梯采用多层板钉成整体踏步台阶形状保护踏步面不被损坏，并且将楼梯两侧用多层板固定做保护。

10.3　装配式建筑发展政策环境

装配式建筑发展背景有两个里程碑式的文件，一是 1999 年国务院发布的 72 号文件《关于推进住宅产业现代化，提高住宅质量的若干意见》。在这一文件发布之后，全国开始推进住宅产业化的工作，但由于住宅产业化步伐不够，相应的国家和地方政策不足，住宅产业化在十多年的发展过程中是相当缓慢的，直到"十二五"后期，质量受到高度重视，产业化发展的势头才呈现了一个快速发展的趋势。据统计，在 2013 年以前全国累计住宅产业化的建筑量不到 1800 万 m²，占总建筑量的 10%，还包括一些成品住房；到了 2014 年，全国大概已经超过了 2000 多万 m²；到了 2015 年，有将近 3800 万 m²，基本呈现了翻番的发展势头。应该说从"十二五"末期到现在发展势头越来越好，所以这是一个里程碑式的阶段。

二是《中共中央国务院关于进一步加强城市规划建设管理工作的若干意见》（中发〔2016〕6 号）这一文件。而国务院最新颁布的《大力发展装配式建筑的指导意见》对全行业全面推动装配式建筑是新的里程碑式的文件。因为在中发〔2016〕6 号文件里提到了，用 10 年左右的时间要使装配式建筑的比例达到 30%。在新的文件里做了进一步明确，到 2020 年达到 15%，2025 年达到 30%。所以做好推广装配式建筑的各项工作需要更多政策支持和良好的发展环境。

为了实现上述目标，国家在《大力发展装配式建筑的指导意见》及《"十三五"装配式建筑行动方案》里，鼓励各地制定更高的发展目标，按照顶层设计的要求，全国划分为"重点推进、积极推进、鼓励推进"三类地区有重点地"自上而下"逐步推进。三类地区的发展目标主要是：第一类地区是长三角、珠三角、京津冀地区，几乎是全面推进装配式建筑的发展，因此，城市装配式建筑的企业将迎来更大的市场机遇；第二类是在人口三百万以上城市的重点区域、新区域全面地推广装配式建筑；第三类是其他的有积极性的企业也要积极地推进装配式建筑的发展。这个总体目标非常宏大，实现起来也比较难。新政策里还明确了问责制，要层层地进行考核，同时也提出了若干项的重点任务，按照装配式建筑的设计、施工、标准规范生产以及最重要的工程总承包等方面如何去做都提出了非常具体明确的要求。同时《大力发展装配式建筑的指导意见》也提出了政策保障措施，如金融、税收、发展、土地方面如何进行支持。未来，各地将会在国家宏观文件指导下积极地去创新，出台一些相应的具体政策。现在江苏、浙江、福建、湖南、北京、上海等地都已率先出台了一些比较好的指导意见，还配有监督、检查、问责的机制。

《大力发展装配式建筑的指导意见》特别提到了钢结构、木结构如何发展，提到了装配式装修如何发展，这跟我们过去的一些理念是有所不同的。过去可能重点是发展比较传统的混凝土预制构件，现在则要求把这三大结构体系并列发展，这对于钢结构行业是一个利好的消息。上海市要求，5000m^{2}以上的建筑，整个上海全行政区必须做装配式建筑，基本实现了建筑装配式的全覆盖。

在政府的政策引领下，传统建筑业发展模式逐渐发生转变，为了在市场中取得竞争力，更多的建筑企业和地产公司在装配式建筑发展上积极寻求变革，找到适应市场需求和具有核心竞争力的建筑产品，为社会提供更高标准的居住服务。各地发展装配式建筑的政策不断出台，试点建筑的类型越来越多，不仅在工业建筑、住宅的方面实现了装配式，如今在办公建筑、商业建筑以及酒店、宾馆等也实现了装配化发展。越来越多的全产业链的企业加入装配式建筑转型升级。很多企业潜心研究技术开发，进行装配式建筑的设计、施工、生产，盈利能力远远超过了传统的企业。国家及行业相关部门出台多种促进装配式建筑发展的技术攻关项目，其目的是装配式建筑能够在满足安全适用耐久的条件下，尽量使得装配式建筑实现节能减排和成本节约。

科技部"十三五"列了大量的绿色建筑和装配式建筑的课题，很多大的院所、龙头企业积极地申报，系统地研究绿色建筑和装配式建筑需要解决的问题。国家和地方的相关装配式建筑的标准规范条文修订速度加快，包括钢结构标准的梳理、高层装配式结构标准规范的研究等都在开展。行业龙头企业研发的技术体系在逐渐完善。依赖于重点高校和企业之间进行的产学研合作进行研发、检测、实验，有利于把科研力量跟企业的装配式工程项目更好地结合起来。

中央政府出台了《关于大力发展装配式建筑的指导意见》《国务院办公厅关于促进建筑业持续健康发展的意见》等多个文件，标志着装配式建筑正式上升到国家战略层面。政策中明确提出"力争用 10 年左右时间使装配式建筑占新建建筑的比例达到 30%"的具体目标。详细政策汇总见表 10-1。

在顶层框架的要求指引下，住建部和国务院政策协同推进加快。一方面，不断完善装配式建筑配套技术标准；另一方面，对落实装配式建筑发展提出了具体要求。并且要求各地方政府针对国家政策文件和住建部的具体要求，提出适合本地区发展的目标计划。

表 10-1　近年来装配式建筑国家支持政策汇总

时　间	部　门	政　策	相关内容
2016 年 2 月	国务院	《关于进一步加强城市规划建设管理工作的若干意见》	加大政策支持力度，力争用 10 年左右时间，使装配式建筑占新建建筑的比例达到 30%。积极稳妥推广钢结构建筑

（续）

时　间	部　门	政　策	相　关　内　容
2016 年 9 月	国务院	《关于大力发展装配式建筑的指导意见》	以京津冀、长三角、珠三角三大城市群为重点推进地区，常住人口超过 300 万的其他城市为积极推进地区，其余城市为鼓励推进地区，因地制宜发展装配式混凝土结构、钢结构和现代木结构等装配式建筑。力争用 10 年左右的时间，使装配式建筑占新建建筑面积的比例达到 30%
2017 年 2 月	国务院	《国务院办公厅关于促进建筑业持续健康发展的意见》	要坚持标准化设计、工厂化生产、装配化施工、一体化装修、信息化管理、智能化应用，推动建造方式创新，大力发展装配式混凝土和钢结构建筑，在具备条件的地方倡导发展现代木结构建筑，不断提高装配式建筑在新建建筑中的比例。力争用 10 年左右的时间，使装配式建筑占新建建筑面积的比例达到 30%
2017 年 3 月	住房和城乡建设部	《建筑节能与绿色建筑发展"十三五"规划》	大力发展装配式建筑，加快建设装配式建筑生产基地，培育设计、生产、施工一体化龙头企业；完善装配式建筑相关政策、标准及技术体系。积极发展钢结构、现代木结构等建筑结构体系
2017 年 3 月	住房和城乡建设部	《"十三五"装配式建筑行动方案》 《装配式建筑示范城市管理办法》 《装配式建筑产业基地管理办法》	全面推进装配式建筑发展，提出到 2020 年，全国装配式建筑占新建建筑的比例达到 15% 以上，其中重点推进地区达到 20% 以上，积极推进地区达到 15% 以上，鼓励推进地区达到 10% 以上；培育 50 个以上装配式建筑示范城市，200 个以上装配式建筑产业基地，500 个以上装配式建筑示范工程，建设 30 个以上装配式建筑科技创新基地

　　通过查阅各省、直辖市市、自治区的相关文件，截至 2018 年，已经有 30 多个省市地区就装配式建筑的发展给出了相关的指导意见以及配套的措施和阶段性目标，并陆续出台具体细化的地方性装配式建筑政策扶持行业发展（表 10-2）。

表 10-2　地方层面关于装配式建筑的规划目标

省、自治区、市	规　划　目　标
北京	到 2020 年，实现装配式建筑占新建建筑面积的比例达到 30% 以上，推动形成一批设计、施工、部品部件生产规模化企业，具有现代装配建造水平的工程总承包企业以及与之相适应的专业化技能队伍
上海	全市符合条件的新建建筑原则上采用装配式建筑，单体预制率达 40% 以上或装配率达到 60% 以上。外环线以内采用装配式建筑的新建商品住宅、公租房等项目 100% 采用全装修，实现同步装修和装修部品构配件预制化
天津	到 2020 年，全市装配式建筑占新建建筑面积的比例达到 30% 以上，其中：重点推进地区装配式建筑实施比例达到 100%；其他区域商品住宅装配式建筑实施比例达到 20% 以上。实施装配式建筑的保障性住房和商品住宅全装修率达到 100%
广东	到 2020 年年底前，装配式建筑占新建建筑面积的比例达到 15% 以上，其中政府投资工程装配式建筑面积占比达到 50% 以上；到 2025 年年底前，装配式建筑占新建建筑面积比例达到 35% 以上，其中政府投资工程装配式建筑面积占比达到 70% 以上
广西	2018 年、2019 年、2020 年采用装配式建筑的比例要分别达到 10%、15%、20%。至 2020 年装配式建筑比例达 20% 以上

（续）

省、自治区、市	规 划 目 标
江苏	到 2020 年，全省装配式建筑要占新建建筑面积的比例达 30% 以上，占成品住房比例达 50% 以上。提升新建成品住房比例。到 2020 年，全省新建成品住房比例达到 40% 以上，其中设区市新建成品住房比例达到 50% 以上，其他城市达到 30% 以上。装配式建筑和政府投资的新建公共租赁住房全部实现成品住房交付
安徽	到 2020 年，装配式施工能力大幅提升，力争装配式建筑占新建建筑面积的比例达到 15%。到 2025 年，力争装配式建筑占新建建筑面积的比例达到 30%
吉林	到 2020 年，培育起以装配式建筑设计、施工、部品部件规模化生产优势企业为核心，全产业链协作的产业集群，创建 2 或 3 家国家级装配式建筑产业基地；全省装配式建筑面积不少于 500 万 m²；长春、吉林两市装配式建筑占新建建筑面积的比例达到 20% 以上，其他设区城市达到 10% 以上
辽宁	到 2020 年年底，全省装配式建筑占新建建筑面积的比例力争达到 20% 以上，其中沈阳市力争达到 35% 以上，大连市力争达到 25% 以上，其他城市力争达到 10% 以上。到 2025 年年底，全省装配式建筑占新建建筑面积的比例力争达到 35% 以上，其中沈阳市力争达到 50% 以上，大连市力争达到 40% 以上，其他城市力争达到 30% 以上
黑龙江	到 2020 年年末，全省装配式建筑占新建建筑面积的比例不低于 10%；试点城市装配式建筑占新建建筑面积的比例不低于 30%。到 2025 年年末，全省装配式建筑占新建建筑面积的比例力争达到 30%
浙江	到 2020 年，该省装配式建筑要占新建建筑面积的比例达 30% 以上
山东	到 2020 年，建立健全适应装配式建筑发展的技术标准、监督管理、推广应用、人才培育四大体系，济南市、青岛市装配式建筑占新建建筑面积的比例达到 30% 以上，其他设区城市和县（市）分别达到 25%、15% 以上
山西	到 2020 年年底，全省 11 个设区城市装配式建筑占新建建筑面积的比例达到 15% 以上，其中太原市、大同市力争达到 25% 以上
贵州	到 2020 年年底，全省培育 10 个以上国家级装配式建筑示范项目，20 个以上省级装配式建筑示范项目，建成 5 个以上国家级装配式建筑生产基地、10 个以上省级装配式建筑生产基地、3 个以上装配式建筑科研创新基地，培育一批龙头骨干企业形成产业联盟，培育 1 个以上国家级装配式建筑示范城市；全省采用装配式建造的项目建筑面积不少于 500 万 m²，装配式建筑占新建建筑面积的比例达到 10% 以上，积极推进地区达到 15% 以上，鼓励推进地区达到 10% 以上
福建	到 2020 年，全省实现装配式建筑占新建建筑面积的比例达到 20% 以上。其中，福州、厦门市为全省装配式建筑积极推进地区，比例要达到 25% 以上。到 2025 年，全省实现装配式建筑占新建建筑面积的比例达到 35% 以上
云南	到 2020 年，初步建立装配式建筑的技术、标准和监管体系；昆明市、曲靖市、红河州装配式建筑占新建建筑面积的比例达到 20%，其他每个州、市至少有 3 个以上示范项目。到 2025 年，力争全省装配式建筑占新建建筑面积的比例达到 30%，其中昆明市、曲靖市、红河州达到 40%
湖南	到 2020 年，全省市州中心城市装配式建筑占新建建筑面积的比例达到 30% 以上，其中：长沙市、株洲市、湘潭市三市中心城区达到 50% 以上
湖北	到 2020 年，武汉市装配式建筑占新建建筑面积的比例达到 35% 以上，襄阳市、宜昌市和荆门市达到 20% 以上，其他设区城市、恩施州、直管市和神农架林区达到 15% 以上。到 2025 年，全省装配式建筑占新建建筑面积的比例达到 30% 以上
河南	到 2020 年年底，全省装配式建筑装配率不低于 50%，占新建建筑面积的比例达到 20%，政府投资或主导的项目达到 50%，其中郑州市装配式建筑占新建建筑面积的比例达到 30% 以上，政府投资或主导的项目达到 60% 以上。到 2025 年年底，全省装配式建筑占新建建筑面积的比例力争达到 40%，其中郑州市装配式建筑占新建建筑面积的比例达到 50% 以上，政府投资或主导的项目原则上达到 100%
河北	到 2020 后年，全省装配式建筑占新建建筑面积的比例达到 20% 以上，其中钢结构建筑占新建建筑面积的比例不低于 10%。培育 2 个国家级装配式建筑示范城市、20 个省级装配式建筑示范市（县）、30 个省级装配式建筑产业基地、80 个省级装配式建筑示范项目
四川	到 2020 年，全省基本形成适应发展装配式建筑的市场机制和发展环境，装配式建筑占新建建筑面积的 30%，装配率达到 30% 以上，其中五个试点市装配式建筑占新建建筑面积的比例达 35% 以上；新建住宅全装修达到 50%

（续）

省、自治区、市	规划目标
甘肃	到 2020 年建成一批装配式建筑试点项目，以试点项目带动产业发展，初步建成全省产业布局合理的装配式建筑产业基地，逐步形成全产业链协作的产业集群。到 2025 年，基本形成较为完善的技术标准体系、科技支撑体系、产业配套体系、监督管理体系和市场推广体系，力争装配式建筑占新建建筑面积的比例达到 30% 以上
陕西	2020 年重点推进装配式建筑占新建建筑面积的比例达到 20% 以上，2025 年全省达到 30% 以上
宁夏	到 2020 年，全区基本形成适应装配式建筑发展的政策和技术保障体系，装配式建筑占同期新建建筑面积的比例达到 10%
海南	到 2020 年，政府投资的新建公共建筑以及社会投资的、总建筑面积 10 万 m² 以上的新建商品住宅项目和总建筑面积 3 万 m² 以上或单体建筑面积 2 万 m² 以上的新建商业、办公等公共建筑项目，具备条件的全部采用装配式方式建造
青海	到 2020 年，基本建立适应我省装配式建筑的技术体系、标准体系、政策体系和监管体系。全省装配式建筑占同期新建建筑面积的比例达到 10% 以上，西宁市、海东市装配式建筑占同期新建建筑面积的比例达到 15% 以上，其他地区装配式建筑占同期新建建筑面积的比例达到 5% 以上。创建 1 或 2 个国家级装配式建筑面积示范城市和 1 或 2 个国家级装配式产业基地
新疆	到 2020 年，装配式建筑占新建建筑面积的比例：积极推进地区达到 15% 以上，鼓励推进地区达到 10% 以上
内蒙古	2020 年，全区新开工装配式建筑占当年新建建筑面积的比例达到 10% 以上，其中，政府投资工程项目装配式建筑占当年新建建筑面积的比例达到 50% 以上，呼和浩特市、包头市、赤峰市装配式建筑占当年新建建筑面积的比例达到 15% 以上
西藏	到 2020 年，全区培育 2 家以上有一定竞争力的本土装配式建筑企业，引进 3 家以上国内装配式建筑龙头企业；建成 4 个以上装配式建筑产业基地，其中，拉萨市要完成 2 个以上装配式建筑产业基地建设，日喀则市要完成 1 个以上装配式建筑产业基地建设。"十四五"期间，相关项目审批部门要确保国家投资项目中装配式建筑占同期新建建筑面积的比例不低于 30%

10.4　装配式建筑发展前景

近年来，装配式建筑发展迅速，首先得力于国家政策的导向性和相关文件要求，2016 年 2 月 21 日，中共中央、国务院印发《关于进一步加强城市规划建设管理工作的若干意见》，提到鼓励建筑企业装配式施工，现场装配。力争用 10 年左右时间，使装配式建筑占新建建筑的比例达到 30%；2016 年 3 月 5 日，李克强总理在政府工作报告中提到"大力发展钢结构和装配式建筑，提高建筑工程标准和质量"，未来很长一段时期内，装配式建筑必将迎来属于自己的时代。

随着装配式建筑的崛起，传统的建造方式、运营模式、建造理念或将遭到颠覆，建筑业将迎来一场变革。从"秦砖汉瓦"到"预制构件"集成化施工，装配式建筑带来的不仅仅是建筑外形的变化，更是建造方式的一场革命。与传统建造方式相比，装配式建筑建造速度快，受气候条件制约小，节约劳动力并可提高建筑质量。

1. 装配式建筑发展概况

我国现有的建筑技术路径（称为传统技术）形成于 1982 年，即钢筋混凝土现浇结构体系，又称为湿法作业。客观上讲，这种施工方式在一定的时期内对城乡建设快速发展贡献很大，但弊端也十分突出，比如：钢材、水泥浪费严重；用水量过大；工地脏、乱、差，粉尘等控制不力，对环境影响较大；有质量通病，开裂渗漏问题突出等。变革传统建造方式，发展装配式建筑是节能环保的需求。

国内装配式建筑施工领先企业——远大住宅工业有限公司实施了多种功能的装配式建

筑，例如"小天城"项目（图 10-15）结构安装 19d、长沙国际会展酒店（图 10-16）结构安装 8d、新方舟宾馆（图 10-17）结构安装 7d 等。特别是远大 57 层的"小天城"项目，是由工人昼夜施工，以堆积木的方式组合起来，结构安装工期 19d，内装工期为 360d。"小天城"楼高 200 多米，建筑面积约 18 万 m²，包括 3.6km 的步行街、19 个 10m 高的大厅，可容纳 4000 人的工作场所及 800 户住宅。"小天城"采用可持续建筑模块化材料，95% 的工程量在远大工厂内完成。大楼外墙采用多种特有技术，比常规建筑节能 80%。该大楼主体结构均由钢架构成，材料工厂预制达 93%，该大楼可抗击 9 度地震。远大住宅工业有限公司董事长张剑指出，"与传统手工建筑方式不同，装配式建筑讲究的是工业标准化的建筑理念，最终将传统建筑模式升华为制造业的管理式"。所以从"秦砖汉瓦"到装配式建筑，这必将是一场革命。

图 10-15 "小天城"装配式建筑

图 10-16 长沙国际会展酒店

图 10-17 新方舟宾馆

远大住宅工业有限公司生产车间（图 10-18）里宽敞明亮，设备整齐，一套先进的信息化系统控制着整个生产流程。同时在项目施工现场，工人很少，除塔式起重机之外看不到施工机械，好像已经完工一样。传统的建筑工地将变为建筑工厂的总装车间。装配式建筑却不同，施工中用到的部件、构件如墙体、屋面、阳台、楼梯等基本在工厂中完成，然后运到项目工地进行总装，建筑工地上不必有太多的工人和设备。

近几年来，随着城市化进程加快，国家对基础设施建设投入逐年加大，建筑行业得到了

图 10-18　远大住宅工业有限公司生产车间

空前发展，传统的建筑生产组织方式，因为其对人工劳动严重依赖、简单重复劳动多、科技含量低，使得建筑施工行业作业效率普遍低下、原材料消耗大、环境污染等问题越发严重。这种现场施工、现场砌筑、人随项目走的习惯性做法已经不符合当今世界"节能减排、绿色发展"的发展要求。同时，由于传统、粗放的产业经营方式导致的高成本、低效率也极大地影响了建筑企业的盈利能力，使建筑行业成为微利行业。如何才能扭转这种被动局面，提升我国建筑业整体发展质量和可持续发展能力，装配式建筑是一个很好的选择。

2013 年以来，我国各省市纷纷出台建筑产业化扶持政策，在招商引资、财政税收、土地转让、市场推广等方面重点支持装配式建筑的发展，摒弃传统粗放落后的建筑生产方式，追求质量、高效、集约，发展绿色低碳建筑。

据住房和城乡建设部有关人士透露，2015 年我国新建装配式建筑 3500 万～4500 万 m^2。如果按照我国每年新建建筑面积 20 亿 m^2 计算，2015 年我国装配式建筑占新建建筑的比例为 2% 左右。而中共中央、国务院《关于进一步加强城市规划建设管理工作的若干意见》中提出，力争用 10 年左右时间，使装配式建筑占新建建筑的比例达到 30%。

10 年时间，从 2% 到 30%，这无疑是跨越式发展，实现目标并不容易。事实上，在我国装配式建筑的发展路上，还存在着技术高、成本高、门槛高三座大山，前路并不平坦。

2. 装配式建筑特征

（1）技术含量高。装配式建筑在内的建筑产业化是一项技术要求特别高、操作规程特别严的工作，在推进过程当中随时会出现各种技术问题。设计标准化包括结构设计标准化和房型标准化的缺失，是建筑产业化发展的重要瓶颈之一。目前，从装配式建筑全行业看，很多设计、施工、构件加工企业还存有技术盲点，国内现行设计规范都是按照传统施工现浇理论或者说是按便于现浇施工的思想构建起来的，这导致企业在推进建筑产业化时没有标准可依，不知道该怎么做。技术标准的缺失，甚至导致一些装配式建筑的设计、施工存在安全隐患。如今我国装配式 PC 构件推行的多为预制装配式混凝土结构体系，专家介绍，采用此种结构体系，构件之间的连接以现浇节点为主，将预制 PC 构件的钢筋伸入现浇构件中锚固连接，保证了房屋的整体性，相比装配式大板结构，质量有明显进步。然而，构件之间连接点的质量隐患并没能随之挥去。目前我国施工队伍的专业水平还难以保证连接节点的施工工艺完全做到保质保量。而更令人担忧的是，项目封顶后，很难检查连接节点的质量到底如何。

装配式建筑技术要求高，而在很长一段时间内由于缺乏材料生产、设计、施工等技术标准，使得相关企业在装配式建筑发展过程中处于探索状态和"无章可循"的窘境，行业主管部门也认识到这方面的问题，在加紧推进装配式建筑相关技术和施工标准的修订工作。从装配式建筑来看，目前技术体系仍不完备，行业发展热点主要集中在装配式混凝土剪力墙住宅上，框架结构及其他房屋类型的装配式结构发展并不均衡，无法支撑整个预制混凝土行业的健康发展。装配式建筑的梁、柱钢筋如何配比，水、电设施的集成化施工安装等，目前没有统一标准体系。住房和城乡建设部发布了《装配式混凝土结构技术规程》（JGJ 1—2014），该规程的编制依据安全适用、技术先进、经济合理、确保质量的原则，适用于抗震设防类别为乙类和丙类，设防烈度在 8 度以下的装配式混凝土结构民用建筑。该规程为装配式建筑的实施提供了工程设计和验收的技术支持和依据。

（2）初期成本高。相比传统方式建造的房子，装配式建筑的优点是显而易见的，如工期短、无噪声、无粉尘、节能环保等，从目前装配式建筑推广情况来看，在中央及地方建设行业主管部门的政策激励和强制推动下，装配式建筑呈高速增长态势，但实际上，市场对装配式建筑的认可和接受程度较低，主要因素有多个方面，如安全性、质量保证等，其中成本高是一个重要因素。成本主要包括工厂化前期的厂房建设、设备购置、技术研发等资金投入，PC 工厂大面积堆场以及配套设备和工具的堆存成本，PC 的运输和吊装成本以及人员专业化培训等成本。这些成本因素制约着装配式建筑的发展。

一个行业是否能够可持续发展，与行业内的企业是否有持续的盈利能力有关。目前来看，像装配式剪力墙结构这样的部品构件，本身的造价一定时期内不会低于现浇剪力墙，在不考虑政策补贴的情况下，推广难度较大。缺乏全国统一的模块化生产标准，导致各构配件生产厂家只能根据业主的设计要求尺寸生产相应的构配件，也是成本居高不下的重要原因。

（3）准入门槛高。装配式建筑是建筑产业现代化全产业链中的一部分，如果放在产业化这样的大背景下来看，装配式建筑发展并不简单。建筑产业现代化是一个庞杂的系统工程，牵涉到行业管理理念、生产标准、管理流程、施工工法、作业习惯、品质控制等一系列变革。现在我国建筑产业化的发展只集中在主要结构部品的加工制作和施工方面，没有形成完整产业链，导致产品不够匹配，成本也较高。建筑产业化会涉及设计、施工、加工、装饰、监管的全过程，还会延伸至工厂设备制造、交通运输工具生产、建筑材料技术等前端，是一次产业链的升级，装配式建筑需要融入这个产业链。形成完整的产业化链条是推进建筑装配化的关键因素。

目前我国的建筑产业化、装配式建筑在顶层设计、技术标准、关键技术、全产业链打造等方面仍存缺陷，这是全行业必须正视的客观现实。建筑产业化有非常高的门槛，技术、投资、人才、市场等要求都非常高，现在业内绝大部分企业在各个方面都有很大欠缺。未来的建筑产业现代化呼唤"规划—设计—制造—施工—运营管理"全产业链的发展模式，呼唤各个专业领域统一的整合平台。

据不完全统计，截至 2018 年，全国已有 30 多个省市出台了针对装配式建筑及建筑产业化发展的指导意见和相关配套措施，不少地方更是对建筑产业化的发展提出了明确要求。而中共中央、国务院《关于进一步加强城市规划建设管理工作的若干意见》提出的"10 年30%"的目标，更为装配式建筑的发展提供政策支持。传统的建筑业具有"高增速、大规模、多机会、低利润、技术要求低"的特征，未来随着装配式建筑的发展，建筑行业内分化将变得激烈。

近年来，建筑企业由于受技术、政策、市场等众多因素影响，对装配式建筑基本处于观望态度。试水装配式建筑的多以民营企业为主，比如万科、远大住工、杭萧钢构等。而随着政府对装配式建筑的发展政策制定和具体要求，这几年来企业对待装配式建筑的态度发生了明显转变，一些大型国有企业已经纷纷跟上脚步，加大了产业化投入力度，比如北京住总、中国建筑、中冶建设、上海建工等，中国建筑股份有限公司还专门成立中建科技集团，来推动新型建筑工业化与建筑节能的发展。因此，在很长一段时期内，装配式建筑必将迎来一个产业发展机遇期。

10.5 我国装配式建筑行业未来发展趋势分析

建筑产业化和装配式建筑是在全球科技革命以及"绿色低碳"发展的大背景下，我国建筑产业发展模式变革的重大决策。发展装配式建筑是新时期践行绿色发展理念和提升城市发展品质的必然要求。从客观上来讲，我国目前的房屋建造方式，即钢筋混凝土现浇体系，虽对城乡建设快速发展贡献很大，但弊端也十分突出。这表明传统的建造方式已经难以满足绿色低碳建筑的发展要求，装配式建筑是建造绿色低碳建筑的重要方式之一，是建筑业转型发展的必然方向。

1. 装配式建筑节能减排优势明显

装配式建筑是指部分或全部构件在工厂预制完成，然后运输到施工现场，并将构件通过可靠的连接方式组装而建成的建筑。装配式建筑主要包括装配式混凝土结构、钢结构、现代木结构三大结构体系。因为具备标准化设计、工厂化生产、装配化施工、一体化装修、信息化管理、智能化应用等特点，是现代工业化生产方式的代表。与传统建筑相比，从设计、加工、安装、装修都更加强调标准化、模块化，因此效率更高。

从能源消耗角度来看，第一，场内运输方面，电耗差异最主要来源为运输工程的塔式起重机使用。预制装配式住宅多是大型构件吊装，而现浇住宅是将钢筋、混凝土等各类材料分多次吊装，现浇住宅塔式起重机用电量偏多；第二，在装修工程方面，预制装配式住宅预制外墙采用夹心保温，不需要使用电动吊篮；第三，现浇住宅木模板使用量大，加工能耗增加；第四，混凝土工程中预制装配式住宅混凝土消耗量较大，空压机振捣器工作量较大，耗电量增加。所以，现浇住宅比预制装配式住宅耗电量增加较大。从油耗和煤耗方面看，现浇住宅混凝土浇筑使用泵车进行垂直向上浇筑，需要消耗大量柴油。而预制装配式住宅现场吊装主要是消耗电能。预制装配式住宅预制构件蒸汽养护中锅炉运行消耗煤，现浇住宅采用自来水养护，不消耗煤。

现浇住宅和预制装配式住宅单位面积物资能源消耗：

（1）钢筋工程资源、能源消耗量分析（表 10-3）。

资源消耗：包括构成工程实体的结构钢用量、施工过程中措施钢筋和钢质预埋件的投入量。

能源消耗：包括结构钢筋、措施钢筋的加工耗电量以及钢质预埋件的加工、安装耗电量。

表 10-3　钢筋工程资源、能源消耗数据表

数 据 名 称	现浇住宅	预制装配式住宅
资源消耗总量/（kg/m²）	55.04	54.50
预埋件/（kg/m²）	0.62	1.10
钢筋/（kg/m²）	54.42	53.40
能源消耗总量/（kW·h/m²）	1.95	1.92
预埋件/（kW·h/m²）	0.77	0.78
钢筋/（kW·h/m²）	1.19	1.15

（2）混凝土工程资源、能源消耗量分析（表 10-4）。

资源消耗：包括预制构件生产和施工现场混凝土的消耗量；水资源消耗量包括现浇混凝

土和预制构件的养护用水量以及施工机具的清洗用水量。

能源消耗：主要包括混凝土浇筑过程中的空压机和振捣器的耗电量、混凝土泵送车的耗油量、预制构件蒸汽养护锅炉耗煤量等。为便于比较，将各类能源消耗折算为标准煤消耗量。

表 10-4　混凝土工程资源、能源消耗数据表

数 据 名 称	现浇住宅	预制装配式住宅
混凝土/（m³/m²）	0.39	0.43
水/（m³/m²）	0.78	0.58
能源消耗折合标准煤/（kg/m²）	0.64	1.27
耗电量/（kW·h/m²）	0.19	0.25
耗油量/（MJ/m²）	16.58	7.99
耗煤量/（kg/m²）	0.00	1.25

（3）模板工程资源、能源消耗量分析（表 10-5）。预制构件减少了预制装配式住宅的木模板用量。预制构件制作全部采用钢模板，且构件安装需要大量的支撑杆件，导致预制装配式住宅钢模板用量高于现浇住宅。

表 10-5　模板工程资源、能源消耗数据表

数 据 名 称	现浇住宅	预制装配式住宅
木模板消耗量/（m²/m²）	14.46	4.20
钢模板消耗量/（m²/m²）	0.09	0.13
木模板耗电量/（kW·h/m²）	0.24	0.06
钢模板耗电量/（kW·h/m²）	0.17	0.22
总耗电量/（kW·h/m²）	0.40	0.28

预制装配式住宅由于木模板用量较现浇住宅少，木模板的加工能耗少，能耗节省优势明显。同时，由于预制装配式住宅钢模板用量较现浇住宅大，因此，钢模板加工能耗较高。

（4）外装修工程资源、能源消耗量分析（表 10-6）。外装修工程主要是保温施工。测算对象主要包括保温板、砂浆、黏结材料等。预制装配式住宅外墙夹芯保温与结构使用寿命相同，而现浇住宅外墙保温设计使用年限为 25 年。在计算中，去现浇住宅保温材料用量和施工能耗的两倍与预制装配式住宅进行对比。

表 10-6　外装修工程资源、能源消耗数据表

数 据 名 称	现浇住宅	预制装配式住宅
保温板消耗量/（kg/m²）	3.06	1.55
黏结材料消耗量/（kg/m²）	8.10	1.34
砂浆消耗量/（kg/m²）	16.20	2.68
外保温耗电量/（kW·h/m²）	0.67	0.17

（5）运输工程资源、能源消耗量分析（表 10-7）。运输工程分为场外运输和场内运输。

场外运输包含各类建筑材料和构配件的运输，由于场外运输能耗与货物产地、运输路线、载重量、驾驶人习惯等关系密切，因此未考虑场外运输。

场内运输主要包括构件厂龙门式起重机运行和施工现场塔式起重机运行耗电量。预制装配式住宅多为大型构件吊装，而现浇住宅施工往往是将钢筋、混凝土等材料多次吊装，增加塔式起重机平移和空载升降次数，所以，现浇住宅塔式起重机用电量较预制装配式住宅明显增高。

表 10-7 运输工程资源、能源消耗数据表

数 据 名 称	现浇住宅	预制装配式住宅
运输耗电量/(kW·h/m²)	4.40	1.88

（6）施工废弃物（表 10-8）。混凝土剪力墙结构建造废弃物包括钢材、木材、混凝土块、砂浆、保温材料等。钢材废弃物包括钢筋截料和破损扣件两种。预制构件厂对钢筋截料回收后用于预埋件制作，所以预制装配式住宅钢筋废弃物中略低于现浇住宅。预制构件生产过程中混凝土损耗量很少，废弃量低于现浇住宅。砂浆废弃主要来自施工现场的外墙保温施工，现浇住宅砂浆废弃量较大。由于竖向施工操作面复杂、材料保护、工人操作水平和环保意识不够，导致现浇住宅保温板废弃量较大。

表 10-8 施工废弃物数据表

数 据 名 称	现浇住宅	预制装配式住宅
保温材料	0.33	0.15
砂浆	0.17	0.03
混凝土	14.39	10.80
钢材（kg/m²）	1.09	0.69
合计（kg/m²）	15.98	11.68

（7）建造阶段碳排放比较（表 10-9）。综合环境影响评价因素包括气候变化、臭氧层破坏、酸化等多个方面。重点针对碳排放影响因子进行数据比较，将现浇住宅和预制装配式住宅单位面积物资能源消耗统一折算为碳排放指标。

表 10-9 碳排放数据表

资 源	碳排放因子	传统住宅	装配式住宅
钢材/kg	2	110.08	109
混凝土/m³	260.2	101.478	111.886
木材/kg	0.2	2.892	0.84
砂浆/kg	1.13	18.306	3.0284
保温材料/kg	11.2	34.272	17.36
能源/[kgCO₂/(kW·h)]	0.68	8.35	5.39
合计/kg		275.38	247.50

2. 装配式建筑迎来爆发式增长

中共中央、国务院《关于进一步加强城市规划建设管理工作的若干意见》《关于大力发展装配式建筑的指导意见》和《关于促进建筑业持续健康发展的意见》等文件明确提出用 10 年左右的时间，使装配式建筑占新建建筑面积的比例达到 30%。30 多个省（市、区）陆续出台了贯彻意见，各城市人民政府正在积极贯彻落实以上文件精神，让政策真正落地。以江苏、上海、湖南为代表的省（市）通过政府引导、市场主导、各方主体参与，全面推进装配式建筑的发展，走在全国前列。

根据《建筑产业现代化发展纲要》的要求，到 2020 年，装配式建筑占新建建筑的比例到 20% 以上，直辖市、计划单列市及省会城市 30% 以上，保障性安居工程采取装配式建造的比例达到 40% 以上。新开工全装修成品住宅面积比率 30% 以上。直辖市、计划单列市及省会城市保障性住房的全装修成品房面积比率达到 50% 以上。到 2025 年，建筑品质全面提升，节能减排、绿色发展成效明显，创新能力大幅提升，形成一批具有较强综合实力的企业和产业体系。装配式建筑占新建建筑的比例 50% 以上，保障性安居工程采取装配式建造的

比例达到 60%以上。全面普及成品住宅，新开工全装修成品住宅面积比率 50%以上，保障性住房的全装修成品房面积比率达到 70%以上。

2015 年统计数据显示，目前我国新建建筑中装配式建筑的比例为在 3%~5%，2015 年，我国房屋建筑业产值约为 11.6 万亿元，如果到 2020 年，装配式建筑比例要达到 20%，则装配式建筑产值将超过 2.3 万亿元（不考虑行业增长），增长约 300%。装配式建筑将会迎来一个非常广阔的发展前景。

第 11 章　建筑业信息化及 BIM 技术应用

教学提示： 为实现建筑业加快建筑信息模型（BIM）、基于网络的协同工作等新技术在工程中的应用，信息化发展在优化建筑业企业和项目管理流程，提升企业和项目管理信息系统的集成应用水平中发挥重要作用。BIM 技术为建设项目全生命周期设计、施工和运营服务提供技术支撑，特别是在实际施工中，可以模拟施工、优化施工组织设计和方案、合理配置项目生产要素，从而最大范围内实现资源合理利用，对建造阶段的全过程管理发挥巨大价值。

教学要求： 本章让学生了解建筑业信息化发展历程和信息化在高层建筑全生命周期中的作用。介绍建筑企业信息化之路、施工项目信息化管理、BIM 技术在高层建筑施工中的应用几大方面内容。重点让学生掌握施工项目信息化管理方式、BIM 技术基本内涵和工程应用。

11.1　建筑施工企业信息化之路

"十三五"期间，我国进入信息技术革命时代，随着信息技术和信息产业在经济与社会发展中的作用日益显著，越来越多的企业正通过信息化建设来进行创新和转型，建筑业也同样面临信息化建设的挑战。目前国内建筑施工企业的信息化的进程参差不齐，而且高资质企业信息化建设水平明显高于低资质企业。造成建筑企业信息化建设参差不齐现状的原因有很多，例如：建筑业属于传统行业，受传统工作方式的影响较深，企业对信息技术和先进管理模式的重要性和作用还没有一个比较深刻的认识；建筑企业的领导对信息化建设的认识不够，缺乏顶层设计；企业管理观念没有转变，管理流程缺乏规范化、制度化等。

1. 建筑施工企业信息化建设的必要性和重要性

随着国家产业结构调整和简政放权，土木建筑行业市场竞争日趋激烈，"微利"成为目前很多施工企业的主要特征，但随着信息技术的不断发展，也给施工企业创造了一个实现集约化、精细化管理的平台。施工企业必须认识到基于信息技术的知识扩散和创新的意义，认识到知识管理、数据处理的重要性，并采取相应的管理措施，从而达到通过信息化建设来转型升级，提高企业的核心竞争力，保持企业竞争优势的目的。促进企业持续健康发展的愿望和提高企业管理水平、提升企业盈利能力的紧迫感，是推进企业信息化建设最直接最有效的驱动力。

（1）信息化可以提高建筑施工企业核心竞争力。面对严峻复杂的竞争环境，建筑施工企业不仅要关注外部环境变化给企业带来的机会和挑战，更要向内发现、积累企业自身独特的资源优势，形成有别于其他企业、为本企业特有的超常竞争能力，即实施企业核心竞争力战略。

（2）信息化可以推动建筑施工企业整体管理水平的提高。信息化管理可使企业信息即时化，管理高效化，从而提高企业快速决策反应能力。借助企业信息化系统的建设应用，以项目管理为核心，以成本管理为主线，以运营管理为支撑，实现公司工作流程系统化、规范化、科学化，提高公司各级单位综合管理能力和水平，提高公司经济效益，提升公司核心竞争力，是实现企业发展战略目标的必经之路和捷径。

传统的管理方式和操作手段已经无法满足企业快速发展和管理变革的需要，而先进的管理思想和理念遇到落实和执行的瓶颈时，引入整体信息化管理系统，科学地运用信息化的手段来保证企业的集中管控和业务高效执行，已经成为建筑施工企业首选的管理创新手段。

2. 建筑施工企业信息化建设的方法和措施

信息化建设对于建筑施工企业而言，是一个变革的过程，这个过程来源于信息化管理对建筑施工这样传统企业造成的思想观念和传统工作方式的巨大冲击。因此，要做好信息化建设，不但在工程项目上实现信息化，还需要从施工企业整体管理上进行规划实施，实现系统性的信息化。

信息化不是技术问题，而是管理问题；信息化建设不是技术形式，而是经济形式。建筑施工企业的信息化建设之路任重而道远，要真正发挥信息化建设的作用，企业尤其是企业领导层必须认识到基于信息化建设的重要意义，认识到信息化对企业长久发展和经济效益提高的重要作用，从而通过信息化来提高企业的管理能力和管理水平，提高企业的核心竞争力。

11.2　工程项目管理信息化

1. 项目管理信息化背景

建筑业是为全社会和国民经济各部门提供最终建筑产品的物质生产部门。近年来，随着建筑市场的竞争加剧，建筑行业也面临产业增幅下降、劳动力成本上升等严峻态势。建筑工程建设具有明显的生产规模大宗性与生产场所固定性的特点。建筑企业70%左右的工作都发生在施工现场，施工阶段的现场管理对工程成本、进度、质量及安全等至关重要。由于传统的施工现场管理具有劳动密集和管理粗放特性，因而运转效率低下，在劳务管理、安全施工、绿色施工、材料管理等方面存在诸多问题。

（1）劳务管理。施工队伍流动性大，现场人员随意进出；工人身份难以验证；工人出勤缺乏电子记录，工资核算与支付证据链不清，劳资纠纷频繁发生。

（2）安全施工。高支模、塔式起重机等高发事故危险源点多、线长、面广，单靠人力巡检排查，工作效率低，而且难以做到全过程、全方位的监督管理，管理效率低下，容易出现监管漏洞和安全事故（图11-1）。

图 11-1　施工安全事故

（3）绿色施工。施工现场的扬尘、噪声、污水排放的监测工作存在周期长、数据量大的特点，传统方式依靠人工测量，耗费人力，工作效率低，记录的数据没有系统性，主观性较强，缺乏说服力（图11-2）。

（4）材料管理（图11-3）。钢筋、钢管等各类建筑材料进场，多数依赖人工点数验收，费时费力，仅依靠保管人员，容易造成材料规格、数目误报和错报。此外，在一些工程中，相关人员为获取非法利益，还存在虚报材料数量和不合格材料进场等问题。

图 11-2　施工现场扬尘

图 11-3　现场材料信息化管理

2. 互联网+智慧工地的项目管理信息化

互联网+智慧工地（图11-4），是将互联网的理念和技术引入工程项目管理中，从施工现场源头抓起，最大限度地收集人员、安全、环境、材料等关键业务数据，依托物联网、互联网，建立云端大数据管理平台，打通从一线操作与远程监管的数据链条，实现劳务、安全、环境、材料各业务环节的智能化、互联网化管理，提升建筑工地的精益建造管理水平。实现"互联网"与建筑工地的跨界融合，促进行业转型升级。

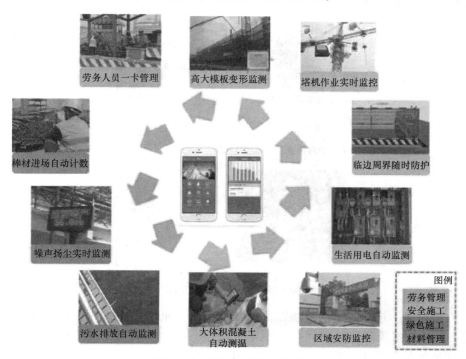

图 11-4　互联网+智慧工地模式

互联网+智慧工地的优点：

1）劳务管理。

保障劳资双方权益：建立工人出勤与工资支付台账，有效减少劳资纠纷。

实时掌握上岗情况：工人刷卡进场，现场 LED 屏与云平台可实时统计并展示进场人数。

促进劳务作业规范：智能终端随时登记违规行为、会议签到记录和安保巡检情况，辅助加强劳务管理。

科学控制用水资源：工人刷卡定时洗浴，合理分配热水使用并避免浪费。

便利工人后勤生活：工人持卡就餐、购物、住宿、用水，一卡通用，走遍工地。

2）安全施工。

实时监测记录可溯：对高支模、塔机、临边洞口等事故高发区域进行实时监测，节省人力投入，一旦发生事故，可查询历史记录，辅助追查事故原因。

超限报警预防事故：对高支模状态、塔机作业、大功率用电情况等监测参数设置阈值，超过阈值现场声光报警，可提前预防事故，减少损失。

3）绿色施工。

自动监测无人值守：对噪声、扬尘等情况实现全天候自动定量监测，提升效率。

积累数据分析趋势：实时积累现场数据，为改进施工环境提供分析基础。

4）材料管理。

自动点数提高效率：对钢筋等棒材实现拍照自动计数，提升清点效率。

保存记录避免扯皮：保存收货清点记录，减少数目误报和成本虚高现象。

3. 高支模变形监测（图 11-5）

高支模变形监测系统由传感器、智能数据采集仪、报警器及监测软件组成，用于实时监测高大模板支撑系统的模板沉降、支架变形和立杆轴力，实现高支模施工安全的实时监测、超限预警和危险报警功能。

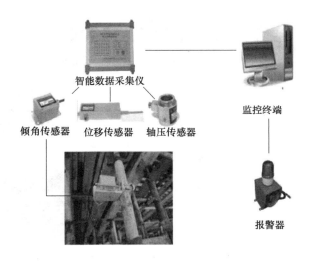

图 11-5　高支模板变形监测

（1）自动监测。可实时监测模板沉降、立杆轴力、水平杆倾角等多种被测量。可根据设计设定各参数的报警阈值。

（2）现场报警。配备报警器，当监测值超过阈值自动报警，支持现场声光报警、短信报警等多种报警方式。

（3）数据曲线。实时数据全程记录，数据变化通过曲线图动态展现，历史记录可追溯。

4. 塔式起重机运行监控系统（图 11-6）

塔式起重机运行监控系统由安装于驾驶室的黑匣子、各类传感器、无线通信模块和地面监控软件组成，用于实时获取塔式起重机当前运行参数，监控塔式起重机运行状态，实时显示塔式起重机交叉作业运行情况，进行塔式起重机碰撞危险的报警和制动控制，最大程度上保障塔式起重机作业安全。

（1）风速超限防护。通过风速传感器采集当前风速，当风速大于安全上限时，在驾驶室及监测中心进行声光报警。风速安全上限可进行手工设置。

（2）禁行区域设置防护。对塔式起重机吊装物在空中经过的楼宇、高压线、学校上空等禁行区进行设置，吊臂或吊钩即将进入禁行区时，系统通过驾驶室的黑匣子和地面监测软件进行声光报警。

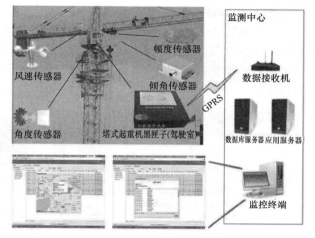

图 11-6　塔式起重机运行监控系统

（3）群塔碰撞防护。系统可以自动计算并显示相互邻近塔式起重机之间的运行状态。当塔式起重机位于交叉作业区域，塔式起重机间距小于设定间距，可能发生碰撞危险时系统将进行声光报警。

（4）制动控制。在碰撞发生前先报警提示，若继续前行则根据算法对要碰撞的方向进行制动，停止前进。

5. 周界防护系统（图 11-7）

红外对射

声光报警器

可调支架

实施现场

图 11-7　周界防护系统

周界防护利用可移动的红外对射装置，在临建危险区域（破损护栏附近或洞口四边）放置红外对射进行防护，当有人进入危险区遮断对射之间的红外光束时，立即触发报警。

（1）人工智能识别。采用人工智能模糊判断识别穿过报警区域的物体，降低误报率。

（2）智能功率发射。自动感知周围环境变化，根据环境状况来自动调节对射的发射功率，大大延长发射管的使用寿命，降低电能消耗。

（3）设置探测灵敏度。调节红外光束最短遮断时间，改变红外对射探测灵敏度。

（4）设置报警时间。设置发出报警信号后，声光报警工作时间。

6. 区域安防监控系统（图 11-8）

区域安防监控系统利用高度集成化的监控一体机，整合防区内视频监控、烟雾感应、温湿监控、入侵探测、网络报警等多种功能，实现布防区域内的防水、防火、防盗等立体化的安全防护，系统支持视频录像、云台控制、语音对讲、联动报警，可大大简化布防区域的安防管理工作，提高安全防护效率。

电子地图

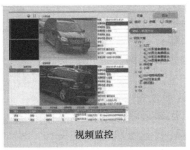
视频监控

烟感报警

入侵报警

图 11-8　区域安防监控系统

7. 大体积混凝土无线测温系统（图 11-9）

大体积混凝土无线测温系统由温度传感器、无线温度采集器、无线中继器和管理软件组成，主要用于高层建筑的大体积混凝土浇筑过程中温度变化的自动监测，确保施工安全。

（1）连续测温。按照设定采样频率自动测量并记录温度。

（2）自动报警。可对混凝土内部温度和内外温差设置阈值，超过阈值自动报警。

（3）曲线报表。提供单点或多点日温度测量曲线、单点或多点内外温差对比曲线、多点月温度对比曲线等。

（4）无线传输。支持 GPRS 或 CDMA 远端通信，客户可以在任意距离的办公室内查看数据。

8. 噪声扬尘监测系统（图 11-10）

噪声扬尘监测系统依托自动化监测终端，可以在无人看管的情况下，针对不同环境扬尘重点监控区进行连续自动监测，并通过 GPRS 或 CDMA 移动公网、专线网络（中国电信、

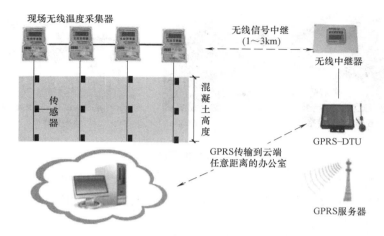

图 11-9 大体积混凝土无线测温系统

 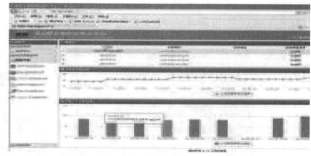

图 11-10 噪声扬尘监测系统

中国移动、中国联通）传输数据；主要用于城市功能区监测、工业企业厂界监测、施工场界监测。

（1）扬尘噪声监控。可自动监测噪声、PM10 和 PM2.5。

（2）视频叠加功能。监测噪声、扬尘信号可直接叠加到实时视频监控画面。

（3）超标录音采集。噪声超标可自动录音存档。

（4）气象参数扩展。提供风速、风向、温度、湿度、大气压等环境参数监测，为监测数据的后期分析提供参数保障。

（5）超标报警控制。噪声、扬尘的超标信号可控制报警灯或降尘设备雾炮等设备。

（6）户外 LED 显示。可接入 LED 屏现场实时显示监测数据，监测数据分析，对噪声、扬尘的历史监测数据进行统计分析。

9. 污水排放监控系统（图 11-11）

污水排放监控系统由 COD 在线分析仪、浊度分析仪、数字 PH 计、无线数据传输模块、PC 监控软件等系统组成，用于实现对企业废水和现场污水的自动采样、流量的在线监测和主要污染因子的在线监测。

（1）现场监测。可实时监测水质、排污量等多项数据，监测电动阀门的开、关状态。

（2）图形报表。利用多样的图形展示手段，进行实时、历史数据的展示，达到直观、清晰的效果。

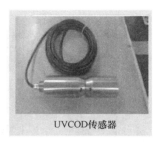

悬浮物浓度计传感器　　　数字化PH计传感器　　　UVCOD传感器

图 11-11　污水排放监控系统

（3）远程管理。支持通过 GPRS 传输设备进行远程参数设置、程序升级。

（4）超限报警。可设定污水 COD 上限值，COD 监测数据越限时系统可自动停阀，停止排污，并上报告警信息。

（5）数据查询。具备实时数据、历史数据、报警数据的查询功能。

10. 棒材自动计数系统（图 11-12）

棒材自动计数系统依托于便携式棒材计数仪，通过拍摄钢筋等棒材的端面图像，实现进场棒材的自动点数与验收，可大大提高点数速度，管理人员通过系统保存现场照片和验收记录，可以有效监控材料验收作业，防止材料虚报。

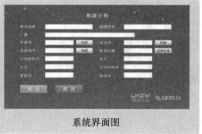

系统界面图　　　　　　　　　系统界面图

夜间验收应用效果　　　　　　　现场应用效果

图 11-12　棒材自动计数系统

11.3　BIM 技术及其标准

BIM 技术是一种应用于工程设计建造管理的数据化工具，通过参数模型整合各种项目的相关信息，在项目策划、运行和维护的全生命周期过程中进行共享和传递，使工程技术人员对各种建筑信息做出正确理解和高效应对，为设计团队以及包括建筑运营单位在内的各方建设主体提供协同工作的基础，在提高生产效率、节约成本和缩短工期方面发挥重要作用。

BIM 的英文全称是 Building Information Modeling，国内较为一致的中文翻译为建筑信息模型。随着 BIM 技术的应用拓展，在工程施工过程中 BIM 也可以理解为 Building Information Management。

BIM 不是简单地将数字信息进行集成，而是一种数字信息的应用，并可以用于设计、建造、管理的全过程数字化方法。这种方法支持建筑工程的集成管理环境，可以使建筑工程在其整个进程中显著提高效率、大量减少风险。

1. BIM 定义

BIM 主要是基于国际智慧建造联盟（Building SMART International Ltd.）提出的 BIM 理念，涉及数据模型用的 IFC（Industry Foundation Classes）标准、数据字典用的 IFD（International Framework for Dictionaries）标准（现改称 The building SMART Data Dictionary，BSDD）、数据处理用的 IDM（Information Delivery Manual）标准、模型视图用的 MVD（Model View Definition）标准等。这些标准现已大部分转化为国际标准。

Building SMART International Ltd. 对 BIM（建筑信息模型）的定义有 3 种。

1）Building Information Model：建筑信息模型是一个设施物理特征和功能特性的数字化表达，是该项目相关方的共享知识资源，为项目全生命周期内的所有决策提供可靠的信息支持。

2）Building Information Modeling：建筑信息模型应用是建立和利用项目数据在其全生命周期内进行设计、施工和运营的业务过程，允许所有项目相关方通过不同技术平台之间的数据互用在同一时间利用相同的信息。

3）Building Information Management：建筑信息管理是指利用数字原型信息支持项目全生命周期信息共享的业务流程组织和控制过程。建筑信息管理的效益包括集中和可视化沟通、更早进行多方案比较、可持续分析、高效设计、多专业集成、施工现场控制、竣工资料记录等。

2. 美国国家 BIM 标准

美国国家 BIM 标准的全称为 National Building Information Modeling Standard（NBIMS），主编单位为美国建筑科学研究院（National Institute of Building Sciences，NIBS）。该标准比较系统地总结了在北美地区常见的 BIM 应用方式方法，于 2007 年完成第 1 版的第 1 部分《综述、原则与方法》（另有第 2 部分《策划》），于 2012 年完成第 2 版，2016 年完成第 3 版。美国国家 BIM 标准的定义主要有 3 点：

1）BIM 是一个设施（建设项目）物理和功能特性的数字表达。

2）BIM 是一个共享的知识资源，是一个分享有关这个设施的信息，为该设施从建设到拆除的全生命周期中的所有决策提供可靠依据的过程。

3）在项目的不同阶段，不同利益相关方通过在 BIM 中插入、提取、更新和修改信息，以支持和反映其各自职责的协同作业。

美国 BIM 标准 NBIMS-US 中将建筑工程全生命周期划分为策划（Conceive）、规划（Plan）、设计（Design）、施工（Build）、运营（Operate）、改造（Renovate）、报废（Dispose）七个阶段（图 11-13）。

3. 英国国家标准

英国标准学会 BSI 发布实施了工程应用方面的 BIM 国家标准 BS 1192，该标准目前有 5 部分，覆盖了工程项目不同阶段，具体是：

第 1 部分：《建筑工程信息协同工作规程》（BS 1192：2007）（Collaborative Production of

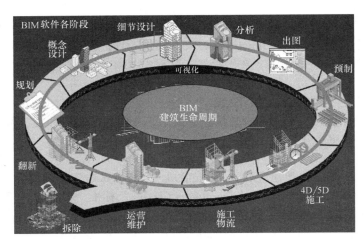

图 11-13 美国 BIM 标准的建筑全生命周期划分

Architectural，Engineering and Construction Information-Code of Practice）。

第 2 部分： 《BIM 工程项目建设交付阶段信息管理规程》（BS PAS 1192-2：2013）（Specification for Information Management for the Capital/Delivery Phase of Construction Projects Using Building Information Modelling）。

第 3 部分：《BIM 项目/资产运行阶段信息管理规程》（BS PAS 1192-3：2014）（Specification for Information Management for the Operational Phase of Assets Using Building Information Modelling）。

第 4 部分：《使用 COBie 满足业主信息交换要求的信息协同工作规程》（BS PAS 1192-4：2014）（Collaborative Production of Information Part 4：Fulfilling Employers Information Exchange Requirements Using COBie-Code of Practice）。

第 5 部分：《建筑信息模型、数字建筑环境与智慧资产管理安全规程》（BS PAS 1192-5：2015）（Specification for Security Minded Building Information Modelling，Digital Built Environments and Smart Asset Management）。

英、美等国的 BIM 应用标准现已基本覆盖工程项目各个阶段，使得工程技术应用有标准可依；但其应用对工程技术人员的信息技术水平和能力有较高要求，因此目前大多采用专门的 BIM 团队形式开展工作。为了更好地适应我国的工程项目招投标、施工图审查、竣工验收等制度，降低我国广大工程建设各专业人员实施 BIM 的难度，有利于 BIM 在当前形势下的推广，有必要编制和施行我国的 BIM 应用标准。

4. 我国 BIM 国家标准

我国虽然先后等效和等同采用了国际 IFC 标准［分别是《建筑对象数字化定义》（JG/T 198—2007）和《工业基础类平台规范》（GB/T 25507—2010）］，但这些标准仍然只适用于 BIM 模型本身及相关软件开发，对 BIM 模型在工程建设方面的实际应用作用有限。我国 BIM 国家标准《建筑信息模型应用统一标准》（GB/T 51212—2016）正式发布，自 2017 年 7 月 1 日起开始实施。

《建筑信息模型应用统一标准》的任务是结合中国工程建设国情统一应用 BIM 技术的方式和方法，使项目全生命周期内的各参与方能够信息共享、协同工作，解决建设行业的信息孤岛问题，提高我国工程建设的质量与效率。

我国 BIM 国家标准将项目全生命周期阶段划分为策划与规划、勘察与设计、施工与监理、运行与维护及拆除或改造与加固五个阶段（图 11-14）。

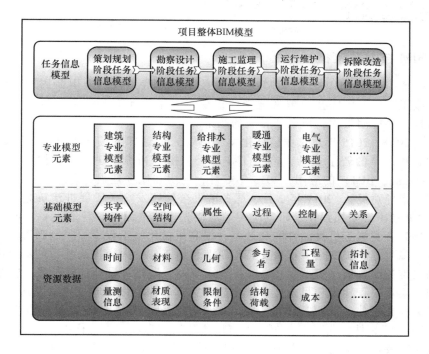

图 11-14　项目整体 BIM 模型

　　BIM 的一个基本前提是项目全生命周期内不同阶段不同利益相关方的协同，包括在 BIM 中插入、获取、更新和修改信息以支持和反映该利益相关方的职责。

　　《建筑信息模型应用统一标准》（GB/T 51212—2016）所划分的建筑工程项目全生命周期的五个阶段中，各个阶段的具体专业任务各有不同。另外，具体到不同项目，各阶段的具体工作任务也有所不同。因此，对应的任务信息模型也并非一成不变。任务信息模型可根据需要进行拆分、新增等操作，但这项工作必须在项目开始实施、模型建立应用之前进行，通过综合考虑项目全生命周期工作任务需要，来对任务信息模型的数量和种类进行整体规划。

　　任务信息模型是建筑信息模型的基础，也是项目模型的组成部分。按照模型一致性、协调性原则建立和应用的任务信息模型，在理想和理论上应能够集成为一个逻辑上唯一的项目整体模型；但由于任务信息模型划分及各任务实施难免挂一漏万，或者受限于主、客观条件仅建立了若干部分的任务信息模型，所以也可能集成的只是项目部分模型。

　　施工与监理阶段以《建筑工程施工质量验收统一标准》（GB 50300—2013）为主要依据，按分部工程建立任务信息模型；并根据住房和城乡建设部建市［2006］40 号文的规定，考虑了建筑智能化工程施工、消防设施工程施工、建筑装饰装修工程施工、建筑幕墙工程施工等任务信息模型。如此，做到了与勘察设计阶段相关任务信息模型的良好衔接。此外，也按 BIM 要求加入工程造价预算及决算信息、施工组织设计信息。

　　建筑信息模型的基本要求是所有信息协调一致。应用能力尤其是数据互用能力，是建筑信息模型软件的 BIM 能力评判标准。针对目前建筑信息化市场软件品牌众多，不少均自认为是 BIM 软件。为了澄清市场，《建筑信息模型应用统一标准》提出按相关要求对 BIM 软件进行认证，并建议项目相关方采用经过认证的 BIM 软件。充分发挥各企业其实现 BIM 技术的独特工作方式，同时也尽可能为没有 BIM 技术应用经验的企业提供一种方便的工作方式。

11.4 高层建筑施工 BIM 技术应用

11.4.1 BIM 技术政策概述

按照上一节中对于 BIM 技术的理解，BIM 技术在现代工程的全生命周期过程中应用广泛，特别在施工阶段，BIM 技术越来越受到重视，国家和地方各省市积极支持和鼓励 BIM 在工程中的推广和应用工作，出台了相应的政策文件。

为贯彻《2011—2015 年建筑业信息化发展纲要》的通知和住房和城乡建设部《关于推进建筑业发展和改革的若干意见》有关工作部署，指导和推动建筑信息模型（Building Information Modeling，BIM）的应用，2015 年 6 月，住房和城乡建设部印发《关于推进建筑信息模型应用的指导意见》。2017 年 2 月，国务院办公厅印发《关于促进建筑业持续健康发展的意见》。意见指出，要加强技术研发应用。加快先进建造设备、智能设备的研发、制造和推广应用，提升各类施工机具的性能和效率，提高机械化施工程度。限制和淘汰落后、危险工艺工法，保障生产施工安全。积极支持建筑业科研工作，大幅提高技术创新对产业发展的贡献率。加快推进建筑信息模型（BIM）技术在规划、勘察、设计、施工和运营维护全过程的集成应用，实现工程建设项目全生命周期数据共享和信息化管理，为项目方案优化和科学决策提供依据，促进建筑业提质增效。随着影响的不断加强，各地方政府也先后推出相关 BIM 政策，2014 年 5 月，北京市发布关于《民用建筑信息模型设计标准》，提出 BIM 的资源要求、模型深度要求、交付要求是在 BIM 的实施过程规范民用建筑 BIM 设计的基本内容，在一定程度上指导北京地区民用建筑的施工要求。2014 年 9 月，广东省发布《关于开展建筑信息模型 BIM 技术推广应用工作的通知》，明确了未来五年广东省 BIM 技术应用目标，要求到 2020 年底，全省建筑面积 2 万 m^2 及以上的建筑工程项目普遍应用 BIM 技术。2014 年 10 月，上海市政府发布《关于在本市推进 BIM 技术应用的指导意见》。在指导意见中明确了上海市政府未来三年 BIM 技术应用目标和重要任务，同时也制定了政策落实的具体保障措施。2015 年 5 月，深圳市正式发布了《深圳市建筑工务署政府公共工程 BIM 应用实施纲要》及《深圳市建筑工务署 BIM 实施管理标准》，提升了 BIM 应用的科学化、标准化水平。2016 年 1 月，湖南省出台了《关于开展建筑信息模型应用工作的指导意见》。文件明确了未来五年湖南省关于 BIM 应用目标，除基本的市政工程硬性规定使用 BIM 技术外，通知中还强调社会资本投资额在 6000 万元以上（或 2 万 m^2 以上）的建设项目应采用 BIM 技术。2016 年 4 月，浙江省发布《浙江省建筑信息模型（BIM）技术应用导则》。文件中明确规定了浙江省 BIM 技术实施的组织管理和各类 BIM 技术应用点的主要内容，便于建立完整的 BIM 工作体系和标准规范。江苏省作为建筑业大省，2016 年 8 月，出台了《关于进一步加强城市规划建设管理工作的实施意见》，明确把 BIM 技术作为发展推进的重要技术。

从 2010 年 BIM 概念引入国内，到近期自国家层面到地方层面密集的 BIM 推广应用政策的出台，都表明 BIM 技术在国内已经进入了从试点应用到全面应用的阶段。而作为 BIM 应用的主力军和先行群体，特一级施工总包企业大多已经走上了 BIM 之路。近几年，随着国家政策的推动和建设各参与方的不断努力，BIM 技术在我国得到了快速发展，各个省市及企业都在积极探索 BIM 技术在建设各个阶段的应用价值，很多大型的建筑在建造过程中都在尝试 BIM 技术来解决一些问题，发挥其带来的实际价值。在住房和城乡建设部针对《关于推进建筑信息模型应用的指导意见》落实情况的调研中可以看到，约 6 成被调研企业已经从人员、机制、项目等不的同层面在推动 BIM 技术的落地应用。

11.4.2　BIM 技术在施工阶段的主要应用

1. 图样会审

传统的图样会审主要是各专业人员通过熟悉图样，发现图样中的问题，但难以发现空间上的问题。而基于 BIM 的图样会审是在三维模型中进行的，各工程构件之间的空间关系一目了然。

利用 BIM 技术，在 BIM 模型创建过程中，BIM 工程师对图样进行仔细审查并进行问题整理，形成图样问题审查报告，针对报告中的主要问题，通过 BIM 模型直观展示，使问题暴露的更加彻底，会审人员了解的也更加清晰。相比于传统的图样会审，效率及质量都有极大的提升。

2. 场地布置

现代工程项目具有"高、大、难"的特点，很多高层建筑处于城市的中心区域，施工场地受外界条件限制较大，工程项目的组织协调要求越来越高，项目周边复杂的环境往往会带来场地狭小、基坑深度大、周边建筑物距离近、需要绿色环保施工和安全文明施工要求高等问题，如何有效地布置施工临时场地、料场、加工棚等成为一大难题。

BIM 技术的出现给平面布置工作提供了一个很好的方式，通过应用工程现场设备设施族资源，在创建好工程场地模型与建筑模型后，将工程周边及现场的实际环境以数据信息的方式挂接到模型中，建立三维的现场场地平面布置，并通过参照工程进度计划，可以形象直观地模拟各个阶段的现场情况，灵活地进行现场平面布置，有效地控制现场成本支出，减少场地狭小等原因造成的二次搬运而产生的费用。

3. 施工模拟

施工模拟即通过直观的三维模型动画并结合相关的施工组织来指导复杂的施工过程。与二维图样的施工组织设计相比，通过 BIM 技术，可以提前进行施工预演，对施工的流程、工序以及施工时的环境进行真实模拟与分析，为施工方提供数据报告，施工人员也能够更清楚、更透彻地掌握施工流程。减少了建筑质量问题、安全问题，减少了返工和整改，可以节约成本，提高效率。

4. 碰撞检查

BIM 最直观的特点在于三维可视化，利用 BIM 的三维技术可以降低识图误差，在前期进行碰撞检查分析，对各专业间的冲突点、跨专业的冲突点以及空间与构件之间的距离不足等问题，进行硬碰撞、软碰撞等检查，提前发现问题，优化工程设计，从而减少在建筑施工阶段可能存在的错误和返工，加快了施工进度。

5. 三维技术交底

施工技术交底在实际施工中起主导作用，许多技术交底只停留在形式上，并不能达到对各工程施工操作规程、施工工艺等说明的目的。

基于 BIM 技术的施工项目技术交底，可通过三维可视化能真实再现施工过程，将每个施工细节通过三维软件展现出来，提高了施工人员的工作效率，使工程施工变得更加简单，还能有效地将施工技术通过三维模型传递给施工人员，极大地提高了项目交底的质量。

6. 提供运维信息支持

施工过程中给 BIM 模型加入大量信息，比如材料供应商信息、设备使用说明等，在竣工交付时，便可移交给业主一个真实的建筑和一个虚拟的模型。业主在使用过程中，当需要查看身边某设备的信息时，只需要通过数据信息查看虚拟的三维建筑即可，为后期的运行维护提供技术支持。

此外，BIM 技术在施工阶段还可进行进度、造价、质量、安全、合同等多种施工管理控制，实现其在施工全过程中的综合运用。

11.4.3 "中国尊"项目 BIM 技术应用

1. 项目概况

"中国尊"位于北京商务中心区核心区 Z15 地块，东至金和东路，南邻规划中的绿地，西至金和路，北至光华路，是北京市最高的地标建筑。该项目用地面积 11478m²，总建筑面积 43.7 万 m²，其中地上 35 万 m²，地下 8.7 万 m²，建筑总高 528m，建筑层数地上 108 层、地下 7 层（不含夹层），可容纳 1.2 万人办公，为中信集团总部大楼。"中国尊"由北京中信和业有限公司投资，预计总投资达 240 亿元。"中国尊"于 2012 年 9 月开始打入地下桩。2013 年 7 月 29 日正式开工建设。2014 年 12 月 10 日地下结构全面封顶。2016 年 8 月 18 日，"中国尊"超越 330m 高的国贸三期，成为北京第一高楼。2017 年 8 月 18 日，"中国尊"塔冠钢结构吊装完成，外框 106 层混凝土浇筑完成，北京第一高楼结构顺利实现封顶。2018 年 10 月全面竣工投入使用，成为首都新地标，北京第一高楼。（图 11-15）

a) 效果图　　　　　　　　　　　　b) 施工实体图

图 11-15　"中国尊"效果图及施工图

工程结构形式为巨型框架+型钢混凝土核心筒结构体系，巨型框架由巨柱、转换桁架、巨型斜撑和重力柱组成，核心筒由钢板剪力墙、钢暗柱、钢暗梁、钢楼梯、阻尼器组成，总用钢量约 12 万 t。

该超高层建筑工程结构复杂，施工难度大、工期紧。投入的人力、物力、财力和技术设备数量巨大。钢结构工程结构体量大，结构复杂，安装难度大，工期短，仅 36 个月完成结构封顶，平均 7d 完成一层，技术要求高。

"中国尊"大厦项目施工前制定了建设全生命周期 BIM 技术应用的基本目标，遵循绿色建造基本原则，要求所有参建单位使用 BIM 技术。该项目是国内第一个真正意义上从设计阶段就运用 BIM 技术的项目，北京市建筑设计研究院作为联合体的牵头单位，从设计之初组建专人团队集中办公，实现二维设计和三维设计并举，BIM 模型是在二维蓝图交付后的半个月内提交。在施工阶段利用该 BIM 设计模型做深化设计，让所有参与这个项目的工程师和项目涉及的其他参与方公司一起，统一在 BIM 标准平台上进行操作，实现同期进场，施工总包方把所有的专业单位整合在一起，参与 BIM 技术人员就达 100 余人。

2. 基础工程施工

基础工程现状为基坑红线外两道地下连续墙及两道地下连续墙间的外围桩已施工完毕，红线范围内基坑土方已开挖至相对标高 -27.000m（±0.000m 对应绝对标高 38.350m）。本次基础工程的主要内容为：896 根工程桩及桩头拆除、-27.000m 位置处基坑内的水平支撑、基坑 -27.000m 以下至底板下表面标高以上 30cm 范围内的土方开挖及外运弃土、疏干井、栈桥施工等。本工程的地质条件土层参数见表 11-1，基础底板直接持力层为第⑦土层，由黏土、重粉质黏土组成；桩端持力层为第⑫土层，估算的该层压缩模量为 150~160MPa、桩端阻极限值为 3000kPa。

表 11-1　土层参数

土层编号	岩土性质	层顶绝对标高/m	侧摩阻极限值/kPa	压缩模量/MPa
⑥	卵石、圆砾	10.96~14.76	—	100.0
⑦	黏土、重粉质黏土	0.49~3.13	70	14.8
⑧	卵石、圆砾	-2.36~0.28	140	115.0
⑨	粉质黏土、重粉质黏土	-9.31~-5.72	75	18.6
⑩	中砂、细砂	-14.64~-11.57	80	59.5
⑪	粉质黏土、重粉质黏土	-27.24~-23.99	75	20.3
⑫	卵石、圆砾	-37.24~-31.72	160	155.0
⑬	粉质黏土、重粉质黏土	-48.84~-45.02	80	25.8

3. 工程重点及难点分析

1）工期紧，根据招标文件要求工期为 218d。

2）项目工程量大、工程复杂，桩基成孔量约 6 万 m^3，土方工程量约 17 万 m^3，土方挖运期间还要交叉其他施工企业进行预应力锚杆施工。

3）空间有限，基坑地处 CBD 核心地带，占地面积 11478m^2，高峰期施工设备包括旋挖钻机、铲车、起重机、混凝土罐车等，尚需考虑建筑材料堆场及加工场等。

4）桩基直径大，桩长及钢筋笼均较长，空钻部分又多达 10 多米，地层多为密实砂卵石层，尤其⑫层卵石粒径最大达 12cm，桩基成孔、钢筋笼安装等施工难度大，对机械设备的能力及施工人员的技术水平要求均较高。

5）需增设栈桥以用于机械及人员行走，栈桥是整个坑内垂直运输的命脉，栈桥的设计及施工方案的优劣是本项目交通组织的关键，栈桥立柱的位置易与基坑水平支撑或工程桩的位置相冲突。

为解决以上难点，本工程采用 BIM 技术创建"中国尊"BIM 三维模型，并增设时间维度（4D），模拟施工过程，对工程进行基于 BIM 技术的全面施工管理。

4. BIM 技术实施

（1）创建 BIM 施工模型。BIM 施工模型（即施工阶段的 BIM 模型）不同于 BIM 设计模型（即设计阶段的 BIM 模型），BIM 施工模型用于指导施工，要能够真实地反映施工现状，比如在 BIM 施工模型中要体现圈梁、构造柱等构造措施和施工段的划分等，而 BIM 设计模型并不包括这些内容。并且 BIM 施工模型除了包含建筑实体模型外，还应该包含施工机械、临时设施等施工过程元素模型。在"中国尊"基础工程中，建筑实体包含的内容很多，有桩基础、降水井、地下连续墙、锚杆等（图11-16）。

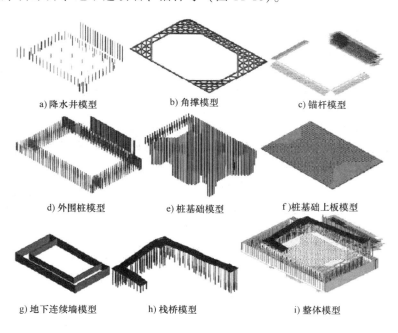

a) 降水井模型   b) 角撑模型   c) 锚杆模型

d) 外围桩模型   e) 桩基础模型   f) 桩基础上板模型

g) 地下连续墙模型   h) 栈桥模型   i) 整体模型

图 11-16 "中国尊"基础建筑实体模型

在"中国尊"基础工程中，建筑实体的工程概况见表11-2。

表 11-2 "中国尊"基础建筑实体的工程概况

建 筑 实 体	工 程 概 况
降水井	97 口降水井
基坑内水平支撑	位于基坑内相对标高−27.00m 处
锚杆	基坑边坡支护
红线外围桩	桩长 21m，位于两道地下连续墙之间
桩基础	896 根工程桩，桩长 26.1～45.1m
桩基础上板	350mm 厚，位于桩顶
地下连续墙	两道地下连续墙，墙厚 800mm，位于红线外
栈桥（包括桥板、立柱）	基坑四周运输通道
基础工程	包含以上建筑实体

（2）碰撞检测。碰撞检测可以提前查找和报告建筑不同部分间的冲突。碰撞分硬碰撞和软碰撞（间隙碰撞）两种，硬碰撞指实体与实体之间交叉碰撞；软碰撞指实体间实际并没有碰撞，但间距和空间无法满足相关施工要求，例如空间中两根管道并排架设时，因为要考虑到安装、保温等要求，两者之间必须有一定的间距，如果这个间距不够，即使两者未直接碰撞，但其设计仍是不合理的。利用以 BIM 为基础的碰撞检测工具可以选择性地检测指定系统之间的碰撞，如检测机电系统和结构系统之间的碰撞，也可以通过构件分类以更容易进行碰撞检查。

"中国尊"基础工程建立 BIM 施工模型后，导入专门的碰撞检测工具 Navisworks 中，对基坑模型进行碰撞检测。发现了一定量的设计问题并进行了设计修改，如栈桥柱与基坑内支撑的碰撞，如图 11-17a 所示；栈桥柱与工程桩碰撞，如图 11-17b 所示。设计修改为取消有碰撞的栈桥柱，在工程桩上面做钢结构格构柱作为栈桥柱使用，修改后的 BIM 模型如图 11-18所示。

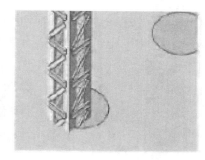

a) 栈桥柱与基坑内支撑碰撞图　　　　　　　　b) 栈桥柱与工程桩碰撞图

图 11-17　碰撞检测

（3）钢结构工程 BIM 施工。BIM 核心技术贯穿设计和施工全流程，施工过程中，针对钢结构的复杂特点，建立钢结构整体模型（图 11-19）。钢结构组采用 BIM 技术开展深化设计、材料加工和构件制作，通过 BIM 技术对其进行放样，在构件厂根据模型对其进行穿孔、预留连接器等工作。

图 11-18　修改后的栈桥、栈桥柱和工程桩模型

在钢结构的深化设计过程中（图 11-20），传统的二维图样在细节问题上无法做到预先解决，只能等到现场发生问题后才提出变更的方案，这样既耗费工期又产生经济损失。BIM 的应用可以给出良好的解决方案，通过将现有的模型进行合并，并进行碰撞检查，发现设计缺陷和漏洞从而及时修改模型，进行合理的深化设计。工程中，应用 BIM 模型解决了大量的碰撞问题，也解决了交叉作业中出现的问题，减少现场施工的错误，大大缩短了钢结构工程的施工工期。

5. BIM 应用总结

"中国尊"项目从策划、设计、建造到正式投入运营，全生命周期长达数十年甚至上百年。从项目实施情况来看，建筑信息模型将和二维图样一起承担全过程中信息传递的重任。特别是在施工中，项目部技术人员不必局限于传统的二维图样设计，而是利用现有的建模信息建立建筑物的三维参数化模型，进而利用模型的可视化功能指导现场的施工。

在协同设计平台的管理下，设计团队按照系统划分的方式搭建 BIM 模型，并建立数据库，所有系统清晰、完整，由各系统负责人专项研究和深化。数据库和 BIM 模型共同构成了项目的"全信息平台"。结合工程实践，设计团队研究并建立合理、高效的全专业数据平台，确保数据安全录入、采集和向下一阶段的传递，实现主要设计节点各专业互通，同时把设计过程的数据和模型传递到项目施工过程中，保证项目实施的高效性和数据模型的准确性，确保了施工质量和进度。

BIM 在当今的我国建筑业是个很热的概念，建立以 BIM 应用为载体的项目管理信息化，

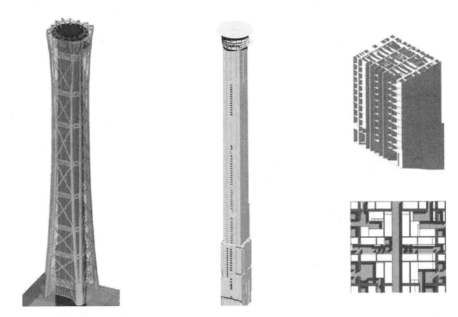

图 11-19　钢结构整体模型

a) 主体结构钢结构深化模型

b) 钢板剪力墙模型

图 11-20　钢结构深化模型

有望提高建筑质量、缩短工期、降低建造成本、支持生命周期运营。然而，BIM 的发展也是困难重重，认知不够、应用不多等因素都在制约着 BIM 的应用范围，相信随着我国 BIM 国家标准《建筑信息模型应用统一标准》（GB/T 51212—2016）的实施，国家及地方各级政府的住房和城乡建设部门的推广政策支持下，BIM 技术将会在建筑全生命周期各阶段的应用取得更加广泛的效果。

11.4.4　"世贸深坑酒店" 项目 BIM 技术应用

1. 项目概况

上海佘山世茂洲际酒店，又名 "世贸深坑酒店"，海拔 -88m，被誉为 "世界建筑奇迹"，也被称为 "世界海拔最低的五星级酒店"。地上 3 层、地平面下 16 层（其中水面以下 2 层），总建筑面积约 6 万 m² （图 11-21）。该工程规划设计时间为 7 年，施工周期达 5 年，于 2018 年建成营业。施工总承包方为中国建筑第八工程局有限公司，钢结构工程施工为浙江杭萧钢构股份有限公司。该项目位于一座深达 80 多米的废弃大坑，该深坑原是采石场，经过几十年的采石，形成一个周长千米、深百米的废弃深坑。

图 11-21　"世贸深坑酒店"效果图及施工图

2. 工程特点

（1）设计特点。该工程设计委托了设计迪拜帆船酒店的世界顶级设计公司阿特金斯团队。工程整体布局根据基地的地形状况，采石坑东边崖壁竖向较为平整陡峭，适宜依崖壁建造建筑。因此，在酒店的整体规划上，将主体建筑放置在采石坑的东面崖壁位置，沿崖壁竖向布置酒店的主体客房和餐饮娱乐设施。与主体建筑相连的裙房在限高 10m 的控制下，尽可能在水平方向展开，使建筑各个功能部分既可相通，又保有各自单独的出入口。为此，整体建筑布局需要满足设计要求。

设计中最大限度利用基地周边的景观资源，酒店客房设置于主体建筑内，沿崖壁而建，面向横山，充分利用"柔性要素"，使酒店主体依靠岩壁以最大面展开，寻求自然的生长和演变。所有酒店客房都设置退台的走廊和阳台，强化"空中花园"理念的同时，充分吸纳外部景观。

酒店主体建筑主要分为 3 部分：地上部分、坑下至水面部分、水下部分，地上部分的裙房平面以主楼为西边边界，向东、北和南水平铺展；坑下至水面部分以建筑主楼为主；水下部分是酒店的特色客房区和特色水下餐厅。建筑平面上延续主楼的曲线形式，客房布置在曲线的外延，满足观看水景的要求。酒店的立面形式源于"瀑布""空中花园""自然崖壁"和"山"，主楼使用玻璃和金属板材，塑造层叠的崖壁和天然生长出的空中花园。

（2）施工难点。基坑降水排水难度大。利用坑底形成的湖坑进行加固及施工拦水坝，形成围堰湖，将坑底施工用水集中排至围堰湖内，再利用大功率排水泵将围堰湖内施工用水抽至坑顶，经净化达标后排至市政管道。

主体异型钢结构施工难度大。现场地形特殊，构件运输和吊装不便。本工程主体钢结构大部分处于深坑之中，现场构件运输和吊装与传统建筑施工存在很大的差异性，施工精度控制、平台搭设、人员操作等方面都很困难。

垂直运输难度大。坑底与坑顶高差达 74m，坑壁为悬崖，导致人员、材料等垂直运输难度大增，需要布置向下的人货电梯，以满足人员到坑底作业、材料向下运输的需要，但人货电梯的布置方式与地面以上施工方式不同，施工困难。

混凝土向坑底输送困难。坑底大底板混凝土需要向下运送 74m，坑壁为悬壁，运输难度大。

现场坑顶裙房地质情况复杂。工程桩为一桩一探，施工难度高，由于工程桩必须打至岩石持力层到中风化层，但现场情况复杂，岩石风化程度不同。

坑顶、坑壁、坑底爆破工作量大，精度要求高。坑底结构形式复杂，崖壁不规则，导致爆破量较大。爆破过大，将会影响坑顶大梁，因此精度要求高。

现场结构复杂，变化大，测量要求高。坑底、崖壁地形复杂，结构为异型结构，且钢结构对接精度要求高。

现场高处作业、临边作业多，安全控制要求高。爆破施工、崖壁加固施工、坑顶大梁施工、人货梯方案实施等一系列施工作业都存在较大安全隐患。

结构防水要求高。该工程坑底有 24m 永久处于水下，为箱形基础，设计功能为地下室水下观光，故对结构、防水等要求较高。

3. BIM 技术应用

（1）放线机器人。BIM 机器人基于 BIM 的现场 3D 激光测量放样技术。它是采用"BIM 云平台数据同步及 BIM 云链接测量"技术实现 BIM 模型与现场构件的对应关系，通过"激光标记棱镜杆系统"技术，提高棱镜投射点定位速度和精度，通过"连接平板计算机与棱镜杆装置"技术实现了 3D 测量技术能单人操作完成。

该项目引用了 BIM 放线机器人，利用其快速、精准、智能、操作简便的优势，将 BIM 模型中的数据直接转化为现场的精准点位，取得了良好的效果。

（2）三维激光扫描。BIM 具有可视化、协调性、模拟性、优化性和可出图性特点，而三维激光扫描技术则具有数据真实性、准确性特点。通过三维激光扫描施工现场得到真实、准确性的数据，建立 BIM 体系模型，通过 BIM 体系模型建立整套的 BIM 施工技术方案，对比检测得知施工现场是否在施工质量控制范围之内。深坑建造情况复杂，使用三维激光扫描技术可以为建筑的现状数据完整的采集和归档，为设计、施工提供真实的基础数据。也可以用于设计和施工协同、详图、制造和施工现场管理，给项目各方提供交流展示与管理的平台。

（3）方案优化。以该工程混凝土"一溜到底输送方案优化"为例。本工程特殊的工程特点，由地表下探 77m，为解决混凝土超深向下输送的难题，施工过程中采用了自主设计一溜到底以及三级泵送两套输送装置，将一溜到底超深混凝土输送装置与崖壁模型进行整合，寻找坑壁最优安装位置，方便日常维修，通过空间三维模拟，排除安装此装置可能产生的碰撞问题，为施工过程提供重要的参考依据。

参 考 文 献

[1] 中华人民共和国住房和城乡建设部. 建筑工程施工质量验收统一标准：GB 50300—2013 [S]. 北京：中国建筑工业出版社，2013.

[2] 中华人民共和国住房和城乡建设部. 建筑工程施工质量评价标准：GB/T 50375—2016 [S]. 北京：中国建筑工业出版社，2016.

[3] 中华人民共和国住房和城乡建设部. 建筑地基基础工程施工质量验收规范：GB 50202—2018 [S]. 北京：中国计划出版社，2018.

[4] 中华人民共和国住房和城乡建设部. 建筑施工测量标准：JGJ/T408—2017 [S]. 北京：中国建筑工业出版社，2017.

[5] 中华人民共和国建设部. 工程测量规范：GB 50026—2007 [S]. 北京：中国计划出版社，2007.

[6] 中华人民共和国住房和城乡建设部. 建筑地基处理技术规范：JGJ 79—2012 [S]. 北京：中国建筑工业出版社，2012.

[7] 中华人民共和国住房和城乡建设部. 建筑基坑支护技术规程：JGJ 120—2012 [S]. 北京：中国建筑工业出版社，2012.

[8] 中华人民共和国住房和城乡建设部. 岩土锚杆与喷射混凝土支护工程技术规范：GB 50086—2015 [S]. 北京：中国计划出版社，2015.

[9] 中华人民共和国住房和城乡建设部. 建筑边坡工程技术规范：GB 50330—2013 [S]. 北京：中国建筑工业出版社，2013.

[10] 中华人民共和国建设部. 建筑桩基技术规范：JGJ 94—2008 [S]. 北京：中国建筑工业出版社，2008.

[11] 中华人民共和国住房和城乡建设部. 建筑基坑工程监测技术规范：GB 50497—2009 [S]. 北京：中国计划出版社，2009.

[12] 中华人民共和国住房和城乡建设部. 大体积混凝土施工规范：GB 50496—2018 [S]. 北京：中国计划出版社，2018.

[13] 中华人民共和国住房和城乡建设部. 混凝土结构设计规范：GB 50010—2010 [S]. 北京：中国建筑工业出版社，2010.

[14] 中华人民共和国住房和城乡建设部. 装配式混凝土结构技术规程：JGJ 1—2014 [S]. 北京：中国建筑工业出版社，2014.

[15] 中华人民共和国住房和城乡建设部. 高层建筑混凝土结构技术规程：JGJ 3—2010 [S]. 北京：中国建筑工业出版社，2010.

[16] 中华人民共和国住房和城乡建设部. 高层民用建筑钢结构技术规程：JGJ99—2015 [S]. 北京：中国建筑工业出版社，2015.

[17] 中华人民共和国住房和城乡建设部. 空间网格结构技术规程：JGJ 7—2010 [S]. 北京：中国建筑工业出版社，2010.

[18] 中华人民共和国住房和城乡建设部. 民用建筑工程室内环境污染控制规范：GB 50325—2010 [S]. 北京：中国计划出版社，2010.

[19] 中华人民共和国住房和城乡建设部. 屋面工程技术规范：GB 50345—2012 [S]. 北京：中国建筑工业出版社，2012.

[20] 中华人民共和国建设部. 玻璃幕墙工程技术规范：JGJ 102—2003 [S]. 北京：中国建筑工业出版社，2003.

[21] 中国建筑科学研究院. 外墙饰面砖工程施工及验收规程：JGJ 126—2015 [S]. 北京：中国建筑工业出版社，2015.

[22] 中华人民共和国建设部. 金属与石材幕墙工程技术规范：JGJ 133—2001 [S]. 北京：中国建筑工业出版社，2001.

［23］中华人民共和国住房和城乡建设部. 建筑涂饰工程施工及验收规程：JGJ/T29—2015［S］. 北京：中国建筑工业出版社，2015.

［24］中华人民共和国建设部. 滑动模板工程技术规范（征求意见稿）：GB 50133—2017［S］. 北京：中国计划出版社，2017.

［25］中华人民共和国住房和城乡建设部. 组合钢模板技术规范：GB/T 50214—2013［S］. 北京：中国计划出版社，2013.

［26］中华人民共和国住房和城乡建设部. 建筑工程冬期施工规程：JGJ/T 104—2011［S］. 北京：中国建筑工业出版社，2011.

［27］中华人民共和国住房和城乡建设部. 钢筋机械连接技术规程：JGJ 107—2016［S］. 北京：中国建筑工业出版社，2016.

［28］中华人民共和国住房和城乡建设部. 钢筋焊接及验收规程：JGJl8—2012［S］. 北京：中国建筑工业出版社，2012.

［29］中华人民共和国住房和城乡建设部. 建筑工程大模板技术标准：JGJ/T74—2017［S］. 北京：中国建筑工业出版社，2017.

［30］中华人民共和国住房和城乡建设部. 钢结构高强度螺栓连接技术规程：JGJ 82—2011［S］. 北京：中国建筑工业出版社，2011.

［31］中华人民共和国住房和城乡建设部. 混凝土泵送施工技术规程：JGJ/T 10—2011［S］. 北京：中国建筑工业出版社，2011.

［32］中华人民共和国住房和城乡建设部. 混凝土外加剂应用技术规范：GB 50119—2013［S］. 北京：中国建筑工业出版社，2013.

［33］中华人民共和国住房和城乡建设部. 混凝土质量控制标准：GB 50164—2011［S］. 北京：中国建筑工业出版社，2011.

［34］中华人民共和国住房和城乡建设部. 普通混凝土拌合物性能试验方法标准：GB/T 50080—2016［S］. 北京：中国建筑工业出版社，2016.

［35］中华人民共和国住房和城乡建设部. 清水混凝土应用技术规程：JGJ 169—2009［S］. 北京：中国建筑工业出版社，2009.

［36］中华人民共和国住房和城乡建设部. 蒸压加气混凝土建筑应用技术规程：JGJ/T17—2008［S］. 北京：中国建筑工业出版社，2008.

［37］中华人民共和国住房和城乡建设部. 砌体结构工程施工质量验收规范：GB 50203—2011［S］. 北京：中国建筑工业出版社，2011.

［38］中华人民共和国住房和城乡建设部. 混凝土结构工程施工质量验收规范：GB 50204—2015［S］. 北京：中国建筑工业出版社，2015.

［39］中华人民共和国建设部. 钢结构工程施工质量验收规范：GB 50205—2001［S］. 北京：中国计划出版社，2001.

［40］中华人民共和国住房和城乡建设部. 屋面工程质量验收规范：GB 50207—2012［S］. 北京：中国建筑工业出版社，2012.

［41］中华人民共和国住房和城乡建设部. 地下防水工程质量验收规范：GB 50208—2011［S］. 北京：中国建筑工业出版社，2011.

［42］中华人民共和国住房和城乡建设部. 建筑装饰装修工程质量验收标准：GB 50210—2018［S］. 北京：中国建筑工业出版社，2018.

［43］中华人民共和国住房和城乡建设部. 建筑机械使用安全技术规程：JGJ 33—2012［S］. 北京：中国建筑工业出版社，2012.

［44］中华人民共和国住房和城乡建设部. 建设工程施工现场供用电安全规范：GB 50194—2014［S］. 北京：中国计划出版社，2014.

［45］中华人民共和国住房和城乡建设部. 液压滑动模板施工安全技术规程：JGJ65—2013［S］. 北京：中国建筑工业出版社，2013.

［46］中华人民共和国住房和城乡建设部. 建筑施工模板安全技术规范：JGJ 162—2008［S］. 北京：中国

建筑工业出版社，2008.

[47] 中华人民共和国住房和城乡建设部. 建筑施工门式钢管脚手架安全技术规范：JGJ 128—2010 [S]. 北京：中国建筑工业出版社，2010.

[48] 中华人民共和国住房和城乡建设部. 建筑施工扣件式钢管脚手架安全技术规范：JGJ 130—2011 [S]. 北京：中国建筑工业出版社，2011.

[49] 中华人民共和国住房和城乡建设部. 建筑施工碗扣式钢管脚手架安全技术规范：JGJ 166—2016 [S]. 北京：中国建筑工业出版社，2016.

[50] 四川省住房和城乡建设厅. 装配整体式混凝土结构设计规程：DBJ51/T024—2014 [S]. 成都：西南交通大学出版社，2012.

[51] 中华人民共和国住房和城乡建设部. 装配式混凝土结构技术规程：JGJ 1—2014 [S]. 北京：中国建筑工业出版社，2014.

[52] 四川省住房和城乡建设厅. 建筑工业化混凝土预制构件制作、安装及质量验收规程：DBJ51/T008—2012 [S]. 成都：西南交通大学出版社，2012.

[53] 中华人民共和国住房和城乡建设部. 混凝土结构工程施工规范：GB 50666—2011 [S]. 北京：中国建筑工业出版社，2011.

[54] 中华人民共和国住房和城乡建设部. 钢筋套筒灌浆连接应用技术规程：JGJ 355—2015 [S]. 北京：中国建筑工业出版社，2015.

[55] 中华人民共和国住房和城乡建设部. 建筑施工高处作业安全技术规范：JGJ 80—2016 [S]. 北京：中国建筑工业出版社，2016.

[56] 中华人民共和国住房和城乡建设部. 建设工程施工现场环境与卫生标准：JGJ 146—2013 [S]. 北京：中国建筑工业出版社，2013.

[57] 中华人民共和国住房和城乡建设部. 建设工程项目管理规范：GB/T 50326—2017 [S]. 北京：中国建筑工业出版社，2017.

[58] 中华人民共和国住房和城乡建设部. 建筑施工组织设计规范：GB/T 50502—2009 [S]. 北京：中国建筑工业出版社，2009.

[59] 中华人民共和国住房和城乡建设部. 工程网络计划技术规程：JGJ/T 121—2015 [S]. 北京：中国建筑工业出版社，2015.

[60] 叶良，刘薇，孙平平. 建筑工程施工 [M]. 北京：北京大学出版社，2014.

[61] 王仕统，郑延银. 现代高层钢结构分析与设计 [M]. 北京：机械工业出版社，2018.

[62] 张广峻，负英伟. 建筑钢结构施工 [M]. 北京：电子工业出版社，2011.

[63] 国务院办公厅. 关于大力发展装配式建筑的指导意见：国办发 [2016] 71 号 [A/OL]. (2016-09-30). http://www.gov.cn/zhengce/content/2016-09/30/content 5114118. htm.

[64] 仲继寿. 我国建筑工业化的发展路径 [J]. 建筑，2018 (10)：18-20.

[65] 张国良. 装配式住宅产业化现状及发展前景研究 [J]. 工程建设与设计，2017 (15)：38-39，43.

[66] 王广明，刘美霞. 装配式混凝土建筑综合效益实证分析研究 [J]. 建筑结构，2017，47 (10)：32-38.

[67] 杨聪武，冯铭. 钢结构住宅产业化设计探讨 [J]. 建筑结构，2011，41 (S1)：893-898.

[68] 韩俊强. 钢结构住宅产业化研究 [D]. 武汉：武汉理工大学，2008.

[69] 张爱林. 工业化装配式多高层钢结构住宅产业化关键问题和发展趋势 [J]. 住宅产业，2016 (1)：10-14.

[70] 李忠富. 再论住宅产业化与建筑工业化 [J]. 建筑经济，2018，39 (1)：5-10.

[71] 但敏，贺培源. 关于我国钢结构住宅产业化发展的几个问题 [J]. 中国科技投资，2016 (21)：36.

[72] 孙广秀，马晓蕊，张卫琴，等. 建造装配式住宅推进住宅建设工业化 [J]. 住宅科技，2010，30 (12)：34-37.

[73] 潘璐. 中国产业化住宅产业化面临的障碍性问题分析和对策研究 [D]. 重庆：重庆大学，2008.

[74] 高颖. 住宅产业化：住宅部品体系集成化技术及策略研究 [D]. 上海：同济大学，2006.

[75] 郭平，盛蕾，李林鹏，等. 住宅产业化与传统建设方式全生命周期成本对比分析 [J]. 工程经济，

2017, 27 (1)：61-66.

[76] 张云波，方舟，祁神军. 政府主导下住宅产业化多主体协同机理及策略 [J]. 华侨大学学报，2017，38 (3)：336-342.

[77] 张洁，任旭. 我国住宅产业化标准体系构建研究 [J]. 工程管理学报，2017，31 (3)：81-86.

[78] 徐鹏鹏，王珺，刘贵文，等. 我国建筑工业化中设计标准化存在的问题与对策探讨 [J]. 建筑经济，2018，39 (3)：5-8.

[79] 张晓哲. 钢结构装配式住宅构件标准化探究 [D]. 北京：北京工业大学，2008.

[80] 张岭江，蒋慧伦，蒋健卓，等. 国内住宅产业化和建筑工业化领域研究的可视化分析：基于科学知识图谱的方法 (CNKl) [J]. 住宅与房地产，2018 (5)：2-5.

[81] 张茂国，段坤朋，徐晗，等. 我国钢结构住宅产业化研发现状和发展趋势 [J]. 城市住宅，2016，23 (11)：27-31.

[82] 冯金钰. BIM 技术在预制装配式住宅中的应用研究 [J]. 建筑技术开发，2017，44 (24)：1-2.